DES

FORMES IMAGINAIRES

EN ALGÈBRE.

DEUXIÈME PARTIE.

INTERVENTION DE CES FORMES

DANS LES ÉQUATIONS DES CINQ PREMIERS DEGRÉS.

PAR M. F. VALLÈS,

Inspecteur général honoraire des Ponts et Chaussées, Membre de la Société philomathique
et des Académies de Laon, Cherbourg et Liége.

PARIS,

GAUTHIER-VILLARS, IMPRIMEUR-LIBRAIRE

DU BUREAU DES LONGITUDES, DE L'ÉCOLE POLYTECHNIQUE,

SUCCESSEUR DE MALLET-BACHELIER,

Quai des Augustins, 55.

1873

PARIS. — IMPRIMERIE DE GAUTHIER-VILLARS,
Quai des Augustins, 55.

AVANT-PROPOS.

Un des plus puissants moyens de faciliter la conception des principes est d'en faire des applications; de montrer comment, d'une part, la théorie dirige la pratique; comment, d'autre part, celle-ci vérifie la première. Cette constatation de l'accord qui existe entre l'une et l'autre est le moyen par excellence de satisfaire et de développer l'intelligence.

Si, dans toute science, une exposition préliminaire des principes est indispensable afin de préciser le but et les moyens propres à cette science, il ne faut pas croire que cette exposition soit suffisante pour nous mettre en possession de tous les faits, de toutes les ressources, de tous les moyens d'action qu'un certain ordre d'idées est susceptible de mettre à notre disposition. Sans doute les principes sont la raison de tout; mais ils ne sont pas, ils ne peuvent pas être la manifestation immédiate des variétés de ce tout. Or c'est par cette manifestation que la science nous est surtout profitable; c'est, par conséquent, à l'aide d'applications successives et détaillées de ces principes, soit que nous les considérions isolément, soit que nous les étudiions dans leurs combinaisons, que nous parviendrons, d'une part, à en connaître les conséquences pratiques et utiles, d'autre part, à apprécier, même pour les circonstances encore inexplorées, toute la fécondité de leurs ressources.

Mais, dès le début surtout, il faut se garder de se laisser aller à l'ambition de traiter des questions transcendantes; cela peut être flatteur pour l'amour-propre de celui qui écrit, mais c'est peu utile, si même ce n'est pas décourageant, pour l'intelligence de celui qui cherche à s'instruire. L'important, en effet, n'est pas de montrer que l'on possède beaucoup de science, mais d'en faire passer le plus possible dans l'esprit des autres.

Sans doute il ne peut être que très-intéressant de voir comment certaines questions de haute analyse, généralement si compliquées, lorsqu'elles sont traitées par le réel, se simplifient et se justifient, pour ainsi dire, d'instinct, lorsqu'on leur applique les considérations directives. Mais c'est là un mode de conviction qui, en vertu même de son côté transcendant, ne peut convenir qu'à un très-petit nombre d'intelligences supérieures.

D'ailleurs, admettons que ces intelligences soient convaincues, seront-elles pour cela disposées à travailler à l'œuvre de propagation? Généralement non. Souvent le manque de temps, un sentiment personnel d'indifférence quelquefois, la crainte, si l'on se trompe, de compromettre une réputation acquise, crainte d'autant plus grande qu'on est classé plus haut dans la hiérarchie scientifique, sont autant de motifs, peu confessés, je le sais, mais très-réels, de s'abstenir. On gardera donc ses convictions, et l'on s'occupera peu de les communiquer aux autres. En outre, certains esprits sont ainsi faits que, lorsque des idées nouvelles ne sont pas leur œuvre personnelle, ce n'est que très-rarement qu'ils poussent à leur adoption. Qu'on ne s'imagine pas, lorsque nous disons toutes ces choses, que nous cédons à l'influence d'intentions agressives : telle n'est pas notre pensée. Nous constatons certaines faiblesses humaines, et nous les regrettons ; mais, sous l'expression très-sincère de ces regrets, ne se cache aucune idée de critique personnelle. Pour une telle critique, si nous avions à la faire, nous n'emploierions pas d'autre moyen que la forme directe et explicite. Nous ajoutons même que, à tout prendre, ce n'est peut-être pas un très-grand mal que les choses se passent ainsi. La temporisation, pourvu qu'elle n'ait rien d'excessif, peut avoir son utilité, parce qu'il est rare que l'adoption d'idées nouvelles, lorsqu'elle est trop précipitée, soit exempte d'inconvénients.

Ce qu'il faut, pour qu'une réforme s'accomplisse sûrement et sagement, c'est que les masses soient bien convaincues de sa nécessité. L'acte qui la consacre, donnant alors satisfaction à un désir général, toutes les difficultés d'exécution s'aplanissent promptement en présence de l'assentiment universel. L'essentiel, à notre avis, est donc de convaincre le plus grand nombre, et pour cela il faut se mettre à sa portée.

Or, pour atteindre ce but, quelques exemples simples auront toujours plus d'efficacité que ceux qui, par eux-mêmes, possèdent déjà des complications. A quoi bon faire choix de difficultés dans les applications, alors que ce qu'on se propose consiste précisément à faire disparaître les difficultés qui pourraient nous embarrasser dans les principes? Que, par des moyens faciles, on ait bien compris en quoi consistent ces principes, quelle est leur signification, leur étendue, quelles sont les restrictions avec lesquelles on doit les accueillir, non-seulement on sera en mesure de s'élever à l'intelligence des questions les plus compliquées, mais on le fera avec une rectitude de jugement, avec une vérité d'appréciation qui n'est pas toujours l'apanage de ceux qui, trop dédaigneux de ce qui n'est qu'élémentaire, s'imaginent que le transcendant seul est digne d'eux. Une telle disposition d'esprit a le double inconvénient de n'avoir rien d'utile pour la majorité de ceux qui veulent faire leur initiation dans la science, et de ne pas mettre à l'abri des erreurs ceux-là même qui s'y livrent trop exclusivement.

Je sais bien que n'est pas toujours réputé fort celui qui n'écrit que des choses que tout le monde comprend; je sais que, en général, on est assez porté à croire que l'auréole scientifique est peu de chose tant qu'on peut la voir distinctement et qu'elle ne prend de l'importance qu'à la condition d'éblouir; je sais encore que nous sommes disposés à augmenter la faculté de compréhension chez les autres de tout ce qui fait défaut dans la part qui nous en est dévolue à nous-même, de telle sorte que le certificat de supériorité accordé à certaines œuvres ne prouve souvent qu'une chose, c'est que la capacité qui le délivre n'a pas compris celle qui le reçoit.

Mais ce sont là des préjugés que nous considérons comme trop funestes pour que l'envie nous prenne de les fortifier en nous y soumettant.

Etre clair et vrai, voilà surtout ce qui importe. Nous ne sortirons donc pas des routes les plus humbles; mais, en même temps, nous choisirons celles qui nous paraissent devoir conduire aux résultats les plus utiles. A ce double point de vue nous croyons devoir nous occuper ici, avec quelques développements, d'études théoriques sur les équations résolubles des cinq premiers degrés et de la question qui a pour objet de construire géométriquement les racines de ces équations, d'en donner l'image visible, qu'elles soient réelles ou imaginaires. Un tel sujet n'est pas moins à la portée de l'élève qu'à celle du maître; ce qu'il a d'élémentaire n'enlève rien à son importance, et les interprétations qu'il recevra par l'application des principes qui constituent la théorie des formes imaginaires auront le triple avantage de montrer l'utilité de ces principes, de nous apprendre comment ils doivent être appliqués, et de nous donner, chemin faisant, des éclaircissements sur des questions que la science n'a pas encore suffisamment élucidées.

Notre but, dans cet écrit, n'est pas de courir après de nouveaux procédés de calcul, et d'ajouter quelques termes à la série des formules déjà acquises à la science, mais de nous bien éclairer sur la véritable signification de celles de ces formules qui sont déjà connues, d'étudier l'esprit des méthodes à l'aide desquelles elles ont été obtenues, de scruter, autant qu'il peut nous être permis de le faire, la raison des choses, le pourquoi des faits analytiques. Nous prions le lecteur de ne pas perdre de vue cette déclaration, parce qu'elle nous excusera vis-à-vis de lui de la longueur des développements dans lesquels nous serons quelquefois obligé d'entrer. Autant il est facile d'être succinct lorsqu'on veut se borner à la simple constatation des faits reconnus vrais et à les exposer, pour ainsi dire, sous forme de recettes, autant, au contraire, il est nécessaire de multiplier les explications lorsqu'on se propose de faire connaître la suite de conceptions par lesquelles l'esprit a pu être conduit, non pas seulement à admettre certaines vérités, mais à comprendre toute la rationnalité de leur existence. Faire de l'Algèbre avec des formules n'est pas toutefois une chose que nous voulions blâmer; se priver de ce moyen, ce serait renoncer à la ressource des recherches antérieures et des connaissances qu'elles ont produites; car les formules ne sont pas autre chose que l'expression abrégée, mais complète, de faits acquis, et il serait aussi dérisoire que rétrograde de ne pas vouloir en tenir compte; mais faire un emploi trop exclusif de ce mode d'investigation ne nous paraît pas suffisant; car, si, dans la science, il est bon de pouvoir dire qu'une chose est, parce que, de déductions en déductions plus ou moins éloignées, il est prouvé qu'elle doit être, il est encore mieux d'arriver à connaître les raisons directes qui, sans aucun intermédiaire quelquefois, la justifient, en même temps qu'elles nous disent pourquoi elle ne saurait être autrement. Nous croyons que l'artiste qui se bornerait à construire une machine par les seules connaissances pratiques de son mécanisme serait peu capable, ou de l'améliorer, ou d'en corriger les défauts, et que ce n'est qu'à la condition de s'être précédemment familiarisé avec les principes théoriques régulateurs de tous les mouvements de ses organes qu'il lui sera permis de marcher avec succès dans la voie du progrès.

Les formules de l'Algèbre, par exemple, nous montrent que, en fait, il existe des résultats réels et des résultats imaginaires, que les uns et les autres sont tantôt positifs, tantôt négatifs; or ce que nous poursuivons ici, c'est la recherche des causes de ces variétés, des circonstances dans lesquelles elles se produisent, de la signification qu'il faut attribuer à chacune. L'Algèbre nous apprend encore que toute équation a autant de racines que l'indique son degré; mais la constatation de ce fait ne nous suffit pas, et, tout en l'acceptant à titre de conséquence analytique, nous voulons en outre connaître comment il se rattache aux conceptions premières que nous nous faisons de l'Algèbre, dans quels principes de cette science il prend son point de départ, et arriver ainsi à avoir mieux encore que l'expression écrite de ces racines, mais à placer, à côté de la forme, l'intelligence des résultats et à déduire de ces études tout le degré d'utilisation dont les réponses analytiques sont susceptibles.

Que toutes ces choses soient dans l'Algèbre et dans ses formules, c'est incontestable; où donc pourrions-nous les trouver ailleurs que chez elle? mais ce qui est incontestable aussi, c'est que les rapports qui sont affirmés dans ces formules ne sont pas toujours si facilement saisissables, qu'une simple inspection soit suffisante pour nous donner la connaissance intime de tous les détails qui les concernent. Ce n'est souvent qu'à l'aide d'un long travail, dans lequel la réflexion doit toujours être le guide du calcul, mais où celui-ci peut à son tour provoquer la réflexion, que nous parvenons à obtenir la connaissance complète de la constitution d'une expression analytique et à l'apprécier dans toute la nécessité de ses causes, dans toute l'étendue de ses effets. Si de nombreux succès ont été obtenus dans cette matière, ce serait se tromper étrangement que de croire qu'il n'y a plus de conquêtes à faire; nous n'en voulons pour preuve que les incertitudes qui assiégent certains esprits sur les expressions négatives, l'ignorance dans laquelle nous avons été si longtemps sur la signification de la forme imaginaire, l'impossibilité dans laquelle nous sommes encore aujourd'hui de résoudre les équations d'un degré supérieur au quatrième, et tant d'autres impossibilités qui se rencontrent à tout instant dans la science de l'intégration. La matière ne manque donc pas à l'esprit d'investigation, et ce serait un vaste programme que celui qui contiendrait l'expression de tout ce qu'il nous reste à élucider. Parmi les questions qui viendraient y prendre place, nous nous sommes borné à en choisir quelques-unes des plus simples, mais l'on verra que, malgré cette simplicité, elles nous fourniront une abondante récolte d'utiles enseignements. Nous nous proposons de soumettre successivement au lecteur les résultats des recherches que nous avons entreprises à cet égard, et nous débutons aujourd'hui par l'exposé de nos études sur les équations algébriques des cinq premiers degrés.

Des formes imaginaires en Algèbre

Leur intervention dans les équations des cinq premiers degrés.

Chapitre premier
Objet et importance de ces études.

Sommaire. — I. Nous ne cherchons pas à découvrir de nouveaux procédés de calcul, nous tenons surtout à nous bien éclairer sur l'esprit des méthodes qui ont cours. — II. Jusqu'à présent, par suite de l'incompréhension de l'imaginaire, les raisonnements algébriques n'ont pu avoir d'autre base que la considération du réel. — III. L'interprétation concrète de l'imaginaire, fixant le sens des formes algébriques qui le caractérisent, nous donne les moyens de la faire intervenir, soit dans l'énoncé des questions à résoudre, soit dans le cours des raisonnements. — IV. Explications justificatives à ce sujet; de la signification qu'au point de vue géométrique, il faut attribuer aux équations lorsque les racines de celles-ci sont réelles. — V. De la signification géométrique des équations lorsque leurs racines deviennent imaginaires. — VI. A l'aide des observations précédentes, on se rend tout aussi bien compte de l'intervention du réel que de celle de l'imaginaire dans l'algèbre pure. D'ailleurs cette intervention n'intéresse pas seulement la science de l'étendue, mais encore celle de certaines quantités autres que les espèces géométriques. Réflexions à ce sujet.

I

Les méthodes de résolution des équations des quatre

premiers degrés sont consignées dans la plupart des ouvrages d'algèbre, et, s'il s'agissait uniquement d'apprendre comment se résolvent les équations de ces degrés, il suffirait de renvoyer le lecteur à ces ouvrages.

Mais l'objet que nous avons en vue est moins de rechercher ici un ou plusieurs modes de résolution de ces équations, auxquelles nous joindrons quelques cas de celle du cinquième degré; notre intention n'a pas tant pour but de découvrir des moyens algébriques propres à obtenir les formules finales qui représentent les racines, que d'examiner en détail la nature des procédés déjà connus et mis en pratique pour arriver à ce résultat, de réfléchir sur l'esprit des méthodes suivies par les géomètres, de montrer pourquoi des routes, en apparence identiques, ne conduisent pas toujours aux solutions espérées, de caractériser enfin par des indications précises et circonstanciées à quelles variétés du type général des équations correspondent les modifications diverses qu'on peut faire subir aux procédés mis en œuvre pour les résoudre; de parvenir ainsi à connaître, dans ce qu'elle a de plus intime, la composition des équations de ces premiers degrés, et à se bien pénétrer, autrement que par le fait brut des calculs, de la nécessité et de la rationalité des rapports en vertu desquels la forme générale de ces équations est liée à celle des racines.

Dans ces importantes recherches, nous procéderons du simple au composé; il faut toujours se méfier, lorsqu'on s'occupe d'études du genre de celles que nous poursuivons ici, de se livrer dès l'abord à un système de généralités qui peut séduire certains esprits, mais qui a l'inconvénient très-grand, selon nous, de dissimuler, sous les apparences de la fécondité, la connaissance de nombreux et utiles détails qui seuls peuvent répandre la lumière sur l'ensemble des objets qu'on se propose d'explorer.

Lorsqu'à la suite de recherches minutieuses, d'investigations réitérées, d'analyses suffisamment spécialisées, les faits divers qui constituent une théorie sont parfaitement connus dans leur individualité, lorsque les éléments essentiels d'une science ne peuvent plus échapper à une appréciation exacte et complète des diverses propriétés qui leur appartiennent, alors le moment est venu de procéder à l'étude des rapports généraux qui les lient entre eux ; de rechercher et de formuler les propositions diverses qui peuvent leur être communes, en un mot, de faire la synthèse de la science. Jusque-là c'est à l'aide de l'analyse qu'il faut apprendre à connaître les principes véritablement constitutifs des théories ; c'est encore à l'aide de l'analyse que, dans une science déjà constituée, il faut chercher à éclairer les passages obscurs, à combler les lacunes, à perfectionner la synthèse. La synthèse, en un mot, est un édifice dont la raison est toujours l'architecte, mais dont l'analyse recherche, prépare et fournit les matériaux.

Nous prendrons en conséquence, pour point de départ, les principes les plus évidents de la science, pour aborder successivement les principes plus compliqués ; nous nous élèverons pas à pas des circonstances les mieux connues aux cas les plus difficiles, cherchant à éclairer ces derniers à l'aide des premiers, et enchaînant ces matières par les liens d'une solidarité qui, jusqu'à ce jour, n'a été, selon nous, que médiocrement entrevue.

II.

Si l'on se reporte par la pensée aux considérations sur lesquelles repose la théorie générale des équations dans l'algèbre proprement dite, il ne sera pas difficile de reconnaître que les seules conceptions sur lesquelles se sont appuyés les géomètres soit dans leurs recherches, soit dans l'exposition de cette partie de la science, consistent, à très-peu d'exceptions près, à supposer que l'inconnue x qui figure dans une équation de degré quelconque, varie quant à sa grandeur seulement. On cherche quelles sont les limites supérieure et inférieure des valeurs de x ; on apprend à composer, avec une équation donnée, d'autres équations dont les racines sont les racines augmentées ou diminuées d'une certaine quantité, multipliées ou divisées par un certain nombre, et ainsi de suite. C'est presque toujours de la grandeur des racines qu'on s'occupe, c'est surtout leur valeur numérique et réelle qu'on a en vue.

Cependant, comme dans les cas en très-petit nombre pour lesquels on a pu résoudre les équations et obtenir des formules donnant de toutes pièces la valeur des racines, il est arrivé que la discussion de ces formules a conduit, non pas seulement à une grandeur pure et simple, mais à des grandeurs accompagnées ou du signe négatif ou du signe imaginaire, force a été aux géomètres d'accepter ces divers modes de solution et de les introduire, en ce qui concerne les racines des équations, dans la série des possibles. On a donc été contraint, par l'inévitable puissance du fait, à admettre plusieurs catégories de racines et à les classer en positives, négatives et imaginaires.

A l'origine on n'avait pu accorder une signification acceptable qu'aux racines réelles positives, et encore la multiplicité des valeurs de cette sorte, pour une même question, fournie par les équations a-t-elle été et est elle-même aujourd'hui, dans beaucoup de cas, une source d'irrésolution qui, si elle ne nuit pas toujours à la solution des problèmes, est de nature à constater qu'il existe encore un vide à remplir dans cette théorie si importante de l'algèbre.

Quant aux racines négatives elles furent d'abord rejetées comme des non-sens, des impossibilités, de mystérieuses contradictions contre lesquelles notre intelligence ne pouvait accepter le combat.

Cependant quelques esprits plus aventureux ou, pour mieux dire, plus réfléchis, ayant interrogé avec à-propos et discernement ces résultats compliqués de la forme négative, crurent, dans certains cas, pouvoir les faire servir à la solution de quelques problèmes; les exemples de ce genre d'application se multiplièrent, on ne se contenta pas de remarquer qu'à tout prendre, en exécutant, au point de vue abstrait, sur ces quantités négatives les opérations indiquées par la composition de l'équation, on satisfaisait pleinement à celle-ci, on reconnut aussi qu'en concret, mais principalement dans le domaine de la géométrie, ces mêmes quantités étaient susceptibles de compréhensibles applications, et peut être faut-il chercher dans ces premières révélations l'origine de cette branche de la science qui a reçu le nom de Géométrie analytique. Quoi qu'il en soit, les racines négatives ne sont plus aujourd'hui pour nous des impossibilités théoriques ; si nous n'avons pas encore fait à cet égard, sous le point de vue de l'exposition des principes et sous celui des applications, tout ce qui est nécessaire, toujours est-il que généralement nous sommes désormais en possession de l'intelligence, de la compréhension des résultats négatifs ; que dans certains cas, il est vrai, il y aura des espèces de quantités pour lesquelles les interprétations pourront nous manquer, mais, théoriquement parlant, le point de vue sous lequel une racine négative doit être acceptée et utilisée est suffisamment fixé dans la science.

Il n'en est pas de même, à coup sûr, des racines imaginaires qui sont généralement restées à l'état d'énigmes, dans lesquelles on n'a absolument rien trouvé de compréhensible et d'applicable. On sait bien, sans doute, qu'en ce qui concerne les opérations abstraites, ces sortes d'hiéroglyphes algébriques, traités suivant certaines règles de calcul, doivent conduire à des résultats exacts ; mais outre que, même dans cette voie, tout n'a pas encore été mis hors d'état d'être contesté, on ne saurait se refuser à reconnaître que si, du domaine des calculs purement abstraits, on passe au domaine concret, il n'existe plus, dans ce cas, aucun moyen de mettre en œuvre, de combiner, d'interpréter ces racines. Ce que je dis ici est trop généralement admis et compris pour qu'il soit nécessaire d'insister plus longuement sur ce sujet.

Cette incertitude dans laquelle nous sommes touchant les expressions imaginaires, cette impossibilité de soumettre ces formes dites symboliques aux appréciations de notre intelligence, ont contraint les géomètres à n'en tenir aucun compte, malgré tout ce qu'il y a de fréquent et de logiquement nécessaire dans leur manifestation, et les ont réduits à ne pouvoir faire aucune découverte certaine dans la théorie des équations, à ne pouvoir en exposer les principaux points de doctrine qu'en supposant que les variations de l'inconnue, soit en deçà, soit au-delà de la valeur qui annule le premier membre, se font par voie de grandeur ou de petitesse seulement, et c'est sur des considérations de cette nature que reposent exclusivement toutes les méthodes produites jusqu'à ce jour pour la résolution numérique des équations.

Ce que nous avançons à ce sujet est tellement vrai que le fameux principe que toute équation a une racine n'a, pendant longtemps, été démontré que pour les cas où l'équation est susceptible d'avoir une racine réelle. Dans cette circonstance les variations de grandeur qu'on peut faire subir à l'inconnue, permettent de justifier la conclusion signalée. Mais par ce qu'il est possible qu'une équation de degré pair dont le dernier terme est positif n'ait que des racines imaginaires, la puissance des raisonnements mis en œuvre a dû nécessairement s'arrêter devant l'inflexibilité de ce fait, et laisser les esprits dans le doute. Ce n'est que plus tard et pour ainsi dire de nos jours que le principe dont nous parlons a pu être étendu à tous les cas. Mais il a fallu pour cela, et il était impossible qu'il en fût autrement, sortir des vues exclusives dans lesquelles on s'était maintenu jusqu'alors, et en venir à compter avec la forme imaginaire quelque incomprise qu'elle fût. Après avoir remarqué que, lorsqu'une équation a une racine de la forme $a+b\sqrt{-1}$, elle doit nécessairement en avoir une autre de la forme $a-b\sqrt{-1}$, on est enfin parvenu à démontrer que toute équation de degré pair est décomposable en facteurs réels du second degré, et dès lors le principe que toute équation a une racine a pu être généralement établi. Mais il est facile de remarquer que d'Alembert, Lagrange, Laplace et les divers auteurs qui ont écrit sur cette matière n'ont pu parvenir au but qu'avec l'intermédiaire d'autres équations dérivées de la première et ayant au moins une racine réelle, c'est-à-dire d'équations dans lesquelles il peut être permis de supposer que les variations de l'inconnue se font uniquement par voie de gradation arithmétique. En dehors de cette voie, et l'influence directe des évolutions de l'imaginaire exclue, les raisonnements analytiques sont à peu près impossibles.

III.

Nous admettons sans difficulté que tant qu'on a considéré l'imaginaire comme une manifestation qui, tout algébrique qu'elle soit dans sa forme, est au fond un non-sens, ou tout au moins une chose dont la signification échappe à l'intelligence, il était impossible de s'en servir comme base de nos raisonnements. Nous admettons encore que si l'imaginaire, échappant à cet état d'incompréhension absolue dans lequel on a voulu le placer, doit être accepté comme l'expression d'une opération, mais d'une opération qui ne saurait être réalisée, soit avec l'idée du nombre, soit avec l'idée de toute autre quantité, nous admettons, disons-nous, que, même alors, on hésite, sinon sur la légitimité de certaines opérations auxquelles on peut le soumettre, du moins sur l'utilité des ressources qu'en cet état son emploi pourrait nous offrir.

Car, tout en le considérant comme l'indice d'une impossibilité, ce que notre raison admet volontiers, et, par suite, tout en reconnaissant l'opportunité de son intervention dans les calculs des questions impossibles, cela ne fait pas que notre esprit soit immédiatement prêt à saisir si cette fin de non-recevoir, quoique légitime, si ce refus de concours, quoique algébriquement exprimé, sont susceptibles de cet ordre, de cette mesure, de ces relations nécessaires du plus au moins qui seules peuvent autoriser et rationaliser l'étude algébrique de quoi que ce soit.

Comme être passif, comme conséquent inévitable d'une conception vicieuse, je le comprends et je l'accepte. Mais puis-je bien savoir où j'irai et où je me trouverai si j'arrive lorsque, changeant les rôles, je voudrai faire de lui, irréalisé et irréalisable, un être actif, un antécédent volontairement introduit soit dans l'énoncé d'une question, soit dans le cours des raisonnements?

Sans doute, puisqu'il est un être algébrique, des calculs pourront être exécutés sur lui et les résultats en seront légitimes. Mais quelle sera la signification de ces résultats? quelle en sera l'utilité? comment justifier l'une et l'autre? comment les réglementer? C'est ici que l'irrésolution nous a gague, que les appréciations deviennent difficiles et que, privé de boussole, par le fait de cet état réfractaire de constante irréalisation, l'esprit se voit obligé de se réfugier dans une prudente réserve.

Mais si la forme imaginaire qui, pour le nombre et pour d'autres quantités, n'est qu'un indice d'interdiction, cesse de se maintenir dans cet état purement restrictif, si les diverses opérations dont cette forme contient l'expression algébrique et abstraite, deviennent réalisables pour certaines quantités et sont susceptibles d'être concrètement pratiquées avec elles, si nous en obtenons ainsi une image visible, une représentation saisissable et bien comprise, n'est-il pas évident qu'une analogie, disons mieux, une équivalence complète s'établira entre la forme écrite et la forme réalisée et que de cette équivalence pourront résulter les plus précieux enseignements, soit pour la théorie de la forme imaginaire, soit pour l'utilisation de cette forme, désormais bien comprise, comme base de nos raisonnements.

Or nous sommes en droit d'espérer qu'aujourd'hui l'on reconnaîtra que l'imaginaire est décidément entré dans cette phase de réalisation, nous pensons que les résultats consignés dans nos précédentes publications, déjà acceptés par quelques intelligences, le seront bientôt par toutes et que le moment est venu de faire une nouvelle excursion dans le domaine des applications.

Acceptons donc que toute expression de la forme $a+b\sqrt{-1}$, réductible, comme on sait, à $\rho(\cos\theta+\sqrt{-1}\sin\theta)$, représente par exemple, en géométrie, une longueur ρ dirigée suivant une droite qui fait un angle θ avec une autre droite prise comme point de départ de la mesure des angles, qu'elle devient ainsi un objet géométriquement et très rationnellement défini, dont les variations en plus et en moins sont instinctivement saisissables, sinon dans leurs résultats éloignés, du moins dans leurs causes et dans leurs moyens actuels; rapprochons cette circonstance de celle en vertu de laquelle les racines d'une équation se présentent sous la forme réelle ou imaginaire, ne perdons pas de vue que le réel n'est qu'un cas particulier de l'imaginaire, celui, entre autres, dans lequel l'angle θ est nul, et nous reconnaîtrons alors que la résolution d'une équation quelconque en x, comme :

$$a_0 + a_1 x + a_2 x^2 + \ldots\ldots + a_n x^n = 0 ,$$

lorsqu'on voudra la pratiquer au point de vue géométrique, consistera d'une manière générale à trouver, non seulement le nombre ρ par les diverses puissances duquel il faut successivement multiplier les longueurs a_0, a_1, a_2, ... a_n pour que la somme de ces produits soit nulle, mais encore la direction successivement doublée, triplée, quadruplée, etc., suivant laquelle il faudra disposer les longueurs ainsi multipliées par les puissances de ρ, pour que l'extrémité du contour déterminé par cette double opération vienne tomber sur le point de départ. De sorte que, tandis que jusqu'à ce jour, on n'a considéré dans l'inconnue x que ses variations arithmétiques et continues, nous sommes conduits à reconnaître que, pour traiter la question dans toute sa généralité, il faut, à ce premier mode de faire progresser l'inconnue, en joindre simultanément un autre en vertu duquel on étudiera les effets produits par les variations angulaires considérées dans l'ensemble de leur développement.

IV.

Approfondissons maintenant cet important sujet, cherchons à en connaître et à en apprécier tous les détails et montrons par un exemple facile, mais très-suffisant tout ce qu'il y a d'instructif dans les observations générales que nous venons d'exposer.

Considérons l'équation complète du troisième degré :

$$a_0 + a_1 x + a_2 x^2 + a_3 x^3 = 0$$

et procédons à l'analyse des diverses questions à la solution desquelles elle est susceptible de s'appliquer au point de vue géométrique.

Et d'abord les divers coefficients a_0, a_1, a_2, a_3 pourront tous représenter ou des longueurs ou des surfaces ou des volumes soumis à la condition que, si l'on ajoute au premier le produit du second par le nombre x, puis le produit du troisième par le nombre x^2, puis enfin le produit du quatrième par le nombre x^3, on obtient un résultat nul. Dans ce cas, x sera un nombre qui, suivant les états de grandeur et de signe des longueurs, surfaces ou volumes a_0, a_1, a_2, a_3 sera lui-même ou positif ou négatif, ou répétiteur ou diviseur ou irrationnel, mais qui, s'il est réel, sera toujours acceptable, quelle que soit sa constitution, parce qu'en vertu du principe de la continuité dont jouissent les quantités a_0, a_1, a_2, a_3, toutes les opérations dont x portera l'empreinte pourront être pratiquées sur ces quantités.

Nous ne parlerons pas, quant à présent, du cas où x serait imaginaire; nous nous en occuperons spécialement tout à l'heure.

Si maintenant a_0, a_1, a_2, a_3 ne sont pas des êtres géométriques, si l'on suppose que ce sont des nombres, et si cependant la question à laquelle se rapporte la proposée appartient au domaine de la géométrie, il faudra admettre que c'est x qui, à son tour, doit être considéré comme une longueur, comme une surface, comme un volume. Mais à cet égard il est nécessaire de bien s'entendre sur la signification du premier membre de la proposée, parce que dans certains cas, pour les mêmes circonstances de surface ou de volume, cette signification peut être conçue de plusieurs manières.

Disons d'abord que lorsque x représente une longueur, et il en est de même lorsqu'il représente une surface ou un volume, les coefficients a_1, a_2, a_3 devront être considérés comme de simples pluralités. Mais il sera nécessaire, pour que la condition donnée conserve l'homogénéité sans laquelle elle ne serait plus concevable, d'admettre que a_0 est l'expression d'une longueur dans le premier cas, d'une surface ou d'un volume dans les cas suivants. Au reste, c'est là une circonstance que l'algèbre accepte très-bien et qu'elle produit pour ainsi dire d'elle-même suivant l'état de la question, parce que a_0 peut toujours être considéré comme multiplié par x^0, c'est-à-dire par l'unité, unité qui sera numérique si x est un nombre, qui sera concrète s'il est une quantité et qui, par conséquent, fera du premier terme une quantité de même espèce que celle que x représente.

Que si a_0, a_1, a_2, a_3 ne sont pas entiers, s'ils sont fractionnaires ou irrationnels nous ne les accepterons pas moins sous ces divers états parce que les opérations qui les accompagnent, aussi bien que celles qui pourront affecter la valeur de x, pourront parfaitement être exécutées, en vertu du principe de la continuité, sur l'unité concrète, longueur, surface ou volume que x représente.

Il faudra d'ailleurs entendre dans ces divers cas que x, x^2, x^3 sont la première, la seconde, la troisième puissance de la partie numérique qui figure dans la représentation de la longueur, de la surface ou du volume qu'on cherche à déterminer.

Mais, indépendamment de cette manière de concevoir que la proposée s'appliquera à des volumes, il y en a une autre sur laquelle il est utile de donner quelques explications. Il est possible, tout en concevant que x^3 représente un volume, qu'il résulte de l'énoncé de la question que x doit être considéré comme le côté cubique de ce volume. De cette acception admise pour x, il résulte nécessairement que x^2 ne devra plus être considéré comme un volume, mais comme un carré dont x sera le côté, et qu'à son tour x sera une longueur. La loi de l'homogénéité des termes semblerait donc détruite, et elle le serait en effet, si l'on devait continuer à admettre que les coefficients sont des nombres exprimant de simples pluralités, puisque alors on se trouverait en présence d'une condition en vertu de laquelle des quantités hétérogènes devraient, par leur assemblage, disparaître toutes et ne laisser dans l'esprit que l'idée du néant, ce qui est essentiellement antipathique à la raison. Mais, dans ce cas, ces coefficients doivent être considérés, savoir : a_2 comme étant la partie numérique de la représentation d'une longueur qui serait la troisième dimension d'un volume dont x^2 est la base ; et a_1 comme étant la partie numérique de la représentation d'une surface qui serait la base d'un volume dont la troisième dimension est x. Quant à a_0 il faudra le supposer accolé à l'unité concrète des volumes ; enfin a_3 continuera à être un nombre proprement dit ; par ce moyen l'homogénéité des termes se trouvera rétablie.

Ceci n'intéresse d'ailleurs que la conception du sens

qu'il faut attacher à la composition du premier membre de la proposée. Quant à la valeur algébrique de x elle restera la même soit que, d'après l'énoncé de la question, il faille entendre les choses de la première manière, soit qu'il faille les entendre de la seconde.

Dans le cas où la proposée exprimerait une relation de surfaces, si, d'après l'état de la question, x doit être considéré comme le côté du carré x^2, on devra comprendre que le coefficient de x^2 est un nombre, que celui de x est la partie numérique de la représentation d'une longueur formant l'une des dimensions d'une surface dont l'autre dimension est x, que a_0 exprime une surface, qu'enfin dans $a_3 x^3$, il faudra faire deux parts, l'une x^2 qui sera comme précédemment une surface, l'autre $a_3 x$ indiquant simplement combien de fois cette surface doit être répétée; on pourra encore comprendre que c'est $a_3 x$ qui est surface et que x^2 en est le nombre répétiteur.

Quoi qu'il en soit, qu'il s'agisse de longueurs, de surfaces ou de volumes, que x^2 et x^3 soient simplement les deuxième et troisième puissances de x, ou qu'on soit conduit à considérer x comme le côté d'un carré ou d'un cube, au point de vue algébrique, les valeurs des solutions seront les mêmes, parceque ces diverses suppositions laissent intacte la condition algébrique initiale et qu'elles n'intéressent que l'interprétation géométrique qu'il faut ultérieurement attribuer à ces solutions une fois que leur mesure a été obtenue.

V.

En se confinant dans le réel, telles sont les seules questions géométriques susceptibles de correspondre à l'équation proposée. Ce sont, comme on voit de simples questions de mesure d'après lesquelles les quantités a_0, a_1, a_2, a_3, augmentées ou diminuées conformément à certaines conditions intéressant seulement la continuité, doivent ensuite, par leur assemblage, en partie additif, en partie soustractif, faire aboutir à zéro. Ce sont bien des questions de géométrie, si l'on veut, puisque les quantités mises en jeu sont des longueurs, des surfaces et des volumes; mais ce serait aux mêmes titres des questions de statique s'il s'agissait de forces, de dynamique s'il s'agissait de vitesses, de toute autre quantité, en un mot, suivant la spécialisation qu'on en voudra faire.

En ce qui concerne plus particulièrement la géométrie, l'ensemble des opérations dont il s'agit, s'il est question des longueurs, s'exécutera sans sortir d'une même ligne droite, et jusqu'ici rien dans cet ordre de considérations ne nous donne l'idée que la proposée soit susceptible d'être la représentation d'un contour géométrique qui, partant d'un point donné, et formant une suite d'évolutions soumises à certaines conditions, vient aboutir finalement au point de départ. L'esprit cependant conçoit que c'est là un moyen, et un moyen des plus puissants et des plus féconds, d'annuler une suite d'opérations dont il est nécessaire que le résultat définitif soit zéro.

A proprement parler, on voit que ce que nous signalons ici n'est autre chose que la figuration des triangles, des quadrilatères et généralement des contours polygonaux fermés, êtres géométriques qu'il suffit de nommer pour en faire comprendre instantanément la haute importance. Or les questions qui s'y rattachent sont, bien plus que les précédentes, des questions géométriques. Car tandis que ces dernières n'ont, au fond, de géométrique que le nom, et n'intéressent que la continuité, les autres, dans lesquelles la longueur se montre inséparable de la direction, réunissent dans leur énoncé les deux éléments essentiels et constitutifs de la science de l'étendue, c'est-à-dire la variation du continu intimement combinée avec la variation angulaire, ce qui embrasse sans exception tous les cas possibles de la géométrie.

On conçoit maintenant que s'il est vrai, comme nous l'avons démontré et plusieurs fois rappelé, que les directions sont susceptibles d'être algébriquement exprimées à l'aide de certaines spécialités de la forme imaginaire, que si, de plus, cette forme, considérée dans toute sa généralité, n'est autre chose que l'expression de la longueur dirigée, il va être possible à l'algèbre de suivre pas à pas toutes les évolutions de la géométrie, de faire immédiatement et consécutivement la traduction des divers éléments dont se compose un tracé rectiligne quelconque, de nous mettre ainsi en possession de l'équivalence analytique de l'ensemble d'une figure, et, dès lors, la solution de toutes les questions auxquelles pourra donner lieu le tracé en question ne sera plus qu'une affaire de calcul.

Par ce moyen, parfaitement fixés sur ce qu'est l'imaginaire en géométrie, ayant une conception bien claire de ce qu'il signifie, nous pourrons, dans toutes les recherches relatives à la science de l'étendue, l'introduire de toutes pièces, soit dans l'énoncé d'une question, soit dans le cours de nos raisonnements, parce qu'il nous sera toujours permis de nous rendre un compte exact de la convenance de son introduction, sachant bien que tant par sa nature que par ses effets, il est en parfait état de conformité avec les conceptions qui nous déterminent à le faire intervenir.

Nous pourrons donc, au sujet de la précédente équation $a_0 + a_1 x + a_2 x^2 + a_3 x^3 = 0$, non-seulement faire les diverses hypothèses passées ci-dessus en revue, au sujet de la signification de x, mais admettre en outre celle que x est de la forme $a + b\sqrt{-1}$, parce que nous saurons que, dans la science de l'étendue, cette forme correspond à un objet réalisable et parfaitement défini, — à une longueur dirigée, dont l'élément continu ρ est égal à $\sqrt{a^2+b^2}$, et dont la direction est celle d'un angle α ayant $\frac{a}{\sqrt{a^2+b^2}}$ pour cosinus et $\frac{b}{\sqrt{a^2+b^2}}$ pour sinus. De telle sorte qu'alors le premier membre de la proposée deviendra l'expression écrite de la construction d'une figure à quatre côtés rectilignes prenant son point de départ à l'origine d'une longueur a_0 qu'on peut supposer tracée sur une ligne quelconque dont le second côté, venant à la suite de a_0, aura pour longueur $a_1\rho$ et pour direction celle déterminée par la droite qui fait un angle α avec celle sur laquelle on a porté a_0, dont le troisième côté aura une longueur $a_2\rho^2$ située sur une direction faisant un angle 2α avec celle de a_0, dont le quatrième côté enfin aura pour longueur $a_3\rho^3$ et pour direction celle d'une droite faisant un angle 3α avec celle sur laquelle a_0 est placé.

Que si nous parvenons, en faisant cette construction, à un point autre que celui qui marque l'origine de a_0, ce sera la preuve que les quatre chemins, ainsi mis bout à bout à la suite les uns des autres, ne donnent pas, relativement à cette origine, un déplacement nul; que par conséquent ρ et α ou leurs équivalents a et b ne sont pas les éléments qu'il faut employer pour réaliser la condition proposée, qu'en un mot $a+b\sqrt{-1}$ n'est pas une racine de l'équation. Mais si, à l'inverse, il est certain que cette expression est une racine, les valeurs de ρ et de α qu'on en déduira produiront une figure à quatre côtés dont l'extrémité du quatrième viendra se confondre avec l'origine du premier, c'est-à-dire un quadrilatère fermé. Des observations tout-à-fait semblables s'appliqueront évidemment à une figure polygonale quelconque.

En conséquence rien ne s'opposera à ce que la longueur dirigée devienne désormais l'objet de nos spéculations, parceque non-seulement nous possédons l'intelligence de cet être géométrique, mais parcequ'en outre nous avons les moyens d'obtenir l'équivalence analytique de sa constitution dans tout ce qu'elle a de complexe; et réciproquement lorsque dans les explorations de toute sorte auxquelles nous pourrons nous livrer pour parvenir à la connaissance des propriétés des longueurs, nous serons en présence d'un résultat imaginaire, nous serons avertis par là que ce n'est pas avec la seule considération du continu que la propriété inscrite dans l'énoncé pourra être satisfaite, mais avec l'emploi simultané du principe de continuité avec celui de direction.

Ajoutons en terminant, que si, au lieu des longueurs, il s'agit de surfaces et de volumes, comme il résulte de la définition de ces sortes de quantités, que les éléments linéaires qui servent à les mesurer interviennent exclusivement en vertu des propriétés qu'ils possèdent au seul point de vue du principe de la continuité et qu'à cet égard les considérations directives doivent absolument être mises de côté ; il s'ensuit que, vis-à-vis de ces quantités, une solution imaginaire sera l'indice de l'impossibilité de résoudre le problème dans les termes mêmes où il a été proposé. Mais cette solution, dans cette circonstance comme dans toutes les autres, nous éclairera, par sa forme même, sur la nature de l'obstacle qui nous aura arrêté, et nous donnera les moyens de faire disparaître dans l'énoncé les contradictions qui ont eu pour conséquence inévitable la manifestation de l'imaginaire.

VI.

Si donc, tant que l'intelligence de la forme imaginaire nous a manqué, nous n'avons pu nous défendre d'un légitime sentiment de surprise en la voyant apparaître dans les recherches d'algèbre pure, il n'en saurait plus être ainsi aujourd'hui que la conception de cette forme nous est acquise, et que nous pouvons, dans la science de l'étendue tout au moins, en reproduire les diverses circonstances à l'aide des longueurs dirigées. Car une équation d'un degré quelconque étant donnée, et cette équation devant être appliquée à des considérations géométriques, il est tout aussi possible que l'inconnue x concerne des surfaces et des volumes, quantités qu'on ne doit nécessairement envisager qu'au seul point de vue de la continuité que des longueurs dirigées.

A la première circonstance appartiendront les racines réelles, à la seconde, toutes les racines qu'elles soient réelles ou imaginaires. Les unes ne seront donc ni plus ni moins nécessaires que les autres, toutes auront leur raison d'intervenir, parcequ'elles ont toutes à satisfaire à des conditions spéciales et nettement définies. Faisons même remarquer que non seulement ces deux natures de résultats sont désormais passées dans l'ordre des choses compréhensibles, mais encore que tout devient réciproque entre le réel et l'imaginaire, car si ce dernier est un empêchement lorsqu'on s'occupe de réaliser le contin, le premier est un empêchement non moins grand lorsqu'il est question d'imaginariser, c'est-à-dire d'obtenir les figures géométriques du directif. Le seul sentiment qui puisse dès lors subsister dans notre esprit n'est certainement plus celui de la surprise, mais celui d'une profonde admiration pour cette remarquable propriété que possède l'algèbre d'avoir des formes propres à tout, des formes qui nous feront connaître les divers degrés de grandeur et de petitesse que nous aurons à considérer dans les longueurs, et d'autres formes qui nous indiqueront sur quelles directions ces longueurs devront être placées pour satisfaire à une certaine catégorie de conditions.

D'ailleurs, suivant une remarque souvent reproduite dans nos écrits, ce n'est pas seulement à la science de l'étendue que l'imaginaire sera applicable ; il le sera également à toutes les quantités qui, ainsi que les longueurs, pourront être considérées comme ayant des modes d'existence ou d'action analogues à ceux des directions, c'est-à-dire, pour parler d'une manière plus générale et pour tout ramener au même principe, aux quantités qui, entre l'état positif et l'état négatif, posséderont un troisième état intermédiaire tel que l'opération de le reproduire deux fois, en partant du positif, fait aboutir au négatif.

De telles propriétés appartiendront-elles à des quantités autres que les longueurs ? Il n'est nullement irrationnel de répondre à cette question par l'affirmative. De ce que, jusqu'à présent, rien de semblable ne s'est produit, qui pourrait prétendre que ce qui est resté occulte ne se verra pas un jour ? N'avons nous pas été pendant des siècles en présence des directions ? n'avons nous pas eu le sentiment instinctif des propriétés angulaires ? Et cependant qu'avons-nous fait pour rechercher, pour connaître, pour poser directement les règles les plus essentielles de ces variations ? Nous sommes restés à cet égard dans la plus inactive ignorance. C'est à l'aide des considérations relatives aux variations du contin que nous avons toujours essayé de nous rendre compte des variations ou directif; nous avons créé à ce sujet une science tout entière, la trigonométrie. Mais sur la théorie propre des directions, sur le principe de la perpendicularité qui est le fondement de cette théorie nous n'avons rien vu, rien précisé, et la preuve c'est que le voile d'incompréhension qui recouvrait l'imaginaire s'est subitement déchiré le jour où l'on a songé à formuler et à écrire ce principe. Or, si dans des choses si apparentes, et journellement mises en œuvre, nous avons été si longtemps à le reconnaître, serait-on bien en droit de s'étonner que pour des objets moins usuels, moins fréquemment étudiés, ce principe restât encore à l'état latent? Mais aujourd'hui que l'éveil est donné, que l'attention est bien fixée sur tous ces points, nous devons nous attendre à de nouvelles et prochaines révélations.

S'il nous était permis d'entrer pour un instant dans le domaine des choses non prouvées sans doute mais tout au moins possibles, ne pourrions-nous pas, sans trop d'excentricité, établir certaines analogies entre ce sujet et les diverses circonstances des mouvements ondulatoires de l'éther, mouvements dans lesquels on a été conduit à admettre que la propagation de la vibration directe se rapporte au phénomène de la chaleur, et celle de la vibration perpendiculaire au phénomène de la lumière. Serait-il, d'après cela, déraisonnable de se demander ce que pourrait signifier la vibration qui ne serait ni directe, ni perpendiculaire, mais inclinée? Ne serait-il pas possible que ces modifications dans la direction de la vibration lumineuse correspondissent à des modifications éprouvées par la lumière et qui se manifestent par les colorations diverses? De plus, si la vibration perpendiculaire n'exerce aucune action sur la vibration longitudinale, n'est-il pas naturel d'admettre que la vibration inclinée lui en fera éprouver une en rapport avec cette inclinaison, et n'en résultera-t-il pas des puissances calorifiques différentes pour les rayons diversement colorés? En nous exprimant ainsi, nous sommes loin de prétendre que telles sont les véritables lois de ces phénomènes, mais qui pourrait affirmer à priori que tout est impossibilité dans cet ordre d'idées. Des recherches ultérieures pourront seules nous apprendre la vérité sur ce point.

Mais sortons du domaine des hypothèses et affirmons qu'à coup sûr, d'autres conceptions que celles de la géométrie seront susceptibles d'être analytiquement interprétées par la forme imaginaire. Dans une publication qui fera suite à celle-ci nous ferons voir qu'il existe en effet, même pour les nombres entiers, certaines catégories d'opérations arithmétiques tout à fait similaires aux évolutions de l'opération imaginaire, de telle sorte que les formes analytiques de celle-ci peuvent ainsi utilement concourir à la découverte de nombreuses et remarquables propriétés des nombres entiers, qu'elles peuvent même devenir le type de la constitution qu'il faut donner à ces nombres pour les rendre propres à satisfaire à certains ordres de conditions.

Résumant tout ce qui vient d'être exposé, nous dirons que, parce qu'une même équation peut servir à résoudre des questions s'appliquant à des quantités très-diverses; parce que, d'une part, dans les recherches d'algèbre pure, il n'est fait aucune désignation spéciale de ces quantités; parceque, d'autre part, au nombre de ces quantités il en est pour lesquelles la forme imaginaire s'explique, pour lesquelles même elle est indispensable, il n'y a nullement lieu de s'étonner que l'algèbre nous donne, par le réel et par l'imaginaire, les moyens de satisfaire à tous les cas. S'il en était autrement, si l'algèbre pure, c'est-à-dire l'algèbre de toutes les quantités, ne devait s'appliquer qu'à quelques-unes d'entre elles, elle deviendrait une algèbre spéciale et restreinte, ce ne serait plus l'algèbre générale. Aussi, loin d'être surpris qu'elle conduise à l'imaginaire, il nous faut reconnaître que c'est précisément parce qu'à côté du réel elle place l'imaginaire qu'elle est vraiment universelle.

Passons maintenant aux applications, et voyons

comment, dans les détails, l'accord s'établit entre la diversité de nos conceptions et celle des formes algébriques.

Chapitre deuxième.

Équations du premier et du second degré.

Sommaire. §. 1er. Équations du premier degré. — I. L'expression d'une racine doit toujours être un résumé des opérations inverses de celles de l'énoncé ; application au premier degré et facilité que donnent ces idées pour la conception des résultats négatifs. — II. Des circonstances d'impossibilité qui se présentent dans l'équation du premier degré ; elles sont de deux espèces, savoir : l'impossibilité d'opération, l'impossibilité de nombre.

§. 2e Équations du second degré. — III. Examen du cas particulier où l'équation est réduite à la forme $x^2 + b = 0$; conception de l'intervention de l'imaginaire dans ce cas. — IV. Cause de l'existence de deux racines. — V. Examen du cas général de l'équation du second degré ; comment la forme de la racine réalise les inverses des opérations de l'énoncé. — VI. Existence de deux racines et observations sur la forme qu'elles affectent. — VII. Des racines réelles, de leur positivité et de leur négativité, corrélations entre ces deux états et celui de l'énoncé. — VIII. Circonstances en vertu desquelles les deux racines deviennent imaginaires ; corrélations de cette forme avec les conditions initiales. — IX. Les racines sont ou toutes deux réelles, ou toutes deux imaginaires ; Observations à ce sujet.

§. 1er Équations du premier degré.

I.

S'il est vrai, ainsi que nous l'avons établi, que la

multiplicité des racines des équations d'un degré quelconque est une conséquence directe et nécessaire du nombre de racines que l'unité possède pour ce degré, il faudra en conclure que l'unité, pour le premier degré, n'ayant qu'une racine, les équations de ce degré n'auront qu'une seule solution. En outre, la racine de l'unité, dans ce cas, étant réelle et égale à $+1$, l'unique racine d'une équation du premier degré ne pourra éprouver de ce chef aucune influence imaginaire ; elle n'en éprouvera pas davantage de la part des coefficients si ceux-ci sont réels, d'où nous pouvons conclure que toute équation du premier degré à coefficients réels ne peut avoir qu'une racine dont l'expression sera toujours réelle.

La simplicité de cette conséquence, jointe à la facilité des moyens fournis par l'algèbre pour obtenir dans ce cas la valeur de la racine, nous permettra d'être bref sur cette première étape de la théorie des équations. Nous pourrions même nous borner à ce qui précède, si nous ne trouvions, dans la constitution si peu compliquée de l'équation du premier degré, une occasion d'appuyer sur un exemple, pour lequel tout devient pour ainsi dire instinctif, la vérité des observations que nous avons présentées dans notre première publication sur la mise des problèmes en équation, (Voir Chapitre III, pages 30 et suivantes) et sur les relations obligées qui lient l'expression algébrique de la racine à celle de l'énoncé.

C'est une idée fort naturelle à coup sûr, mais à laquelle on n'a prêté qu'une trop médiocre attention, que celle qui consiste à concevoir que toutes les modifications légitimes qu'on fait subir à l'énoncé d'une question doivent être en équivalence avec cet énoncé. A supposer même qu'elles reçoivent, par le fait des procédés mis en œuvre, une plus grande extension que lui, elles n'en doivent pas moins contenir toujours en elles la condition initiale sur laquelle il nous a convenu de consulter l'algèbre. S'il en était autrement, si cette condition venait à disparaître, non seulement la science ne serait plus d'aucune utilité, mais elle ne servirait qu'à égarer notre intelligence. L'équation finale qui donne la racine n'est donc et ne peut être autre chose que celle de l'énoncé lui-même, écrite sous une autre forme sans doute, mais contenant un ensemble de nombres et d'opérations dont le fonctionnement sera exactement équivalent à celui des nombres et des opérations de l'énoncé.

Or pour qu'il en soit ainsi, pour que les opérations de l'énoncé pratiquées sur la racine conduisent à l'annulation demandée, que faudra-t-il? Que l'expression de cette racine, telle qu'elle est consignée dans l'équation finale, contienne en elle, sans excès comme sans défaut, l'indication même des inverses de toutes les opérations qui figurent dans la condition initiale, moyennant quoi son intervention dans cette condition, détruisant successivement toutes les opérations qui y sont indiquées, aura pour mission évidente d'en annuler les effets.

Voilà certes un moyen rationnel et très-général de résoudre les équations; malheureusement il est fort rare que cette corrélation entre les opérations de l'énoncé et leurs inverses pour les racines soit facilement saisissable, et ce n'est qu'à l'aide d'une suite de combinaisons analytiques que, dans la plupart des cas, on parvient à la connaître. Déjà, pour le second degré, elle ne se présente pas avec le caractère de l'évidence, et, à partir du troisième, elle revêt une complication qui rend à peu près impossible l'emploi de ce procédé; mais elle se montre pour ainsi dire d'elle-même dans le premier degré, et il n'est pas sans intérêt, au point de vue des principes surtout, d'en suivre l'application dans cette circonstance.

La forme la plus générale d'une équation du premier degré à une inconnue, lorsqu'ayant fait passer tous ses termes dans le premier membre le second se réduit à zéro, est la suivante

$$ax + b = 0 .$$

Dans ce cas, le plus simple de tous, l'esprit saisit facilement, dans sa forme et dans ses effets, d'abord l'ensemble des opérations qui constituent le premier membre, en second lieu, celles à l'aide desquelles il doit être annulé. Dès lors la part que doit prendre l'inconnue dans ces opérations est facile à déterminer, et la forme qu'elle doit revêtir, pour que son concours réalise le résultat exigé par l'équation, devient presque évidente.

En effet, puisque le produit de l'inconnue par a

ajouté à b doit donner zéro, il faudra, d'une part, que l'inconnue possède en elle ce qui est nécessaire pour détruire l'effet de la multiplication par a, c'est-à-dire une division par cette même quantité ; il faudra, d'autre part, que ce qui restera de l'inconnue, après que cette première opération aura été effectuée, réuni à b anéantisse cette quantité, ce qui ne se pourra que tout autant que le résultat de la première opération, ayant une valeur absolue égale à b, portera avec lui l'indication qu'il doit être employé par voie de soustraction. Dans ces conditions, le premier membre de la proposée sera en effet nul. Il suit de là que l'expression de la racine devra avoir pour forme algébrique la quantité b soumise à deux opérations qui sont une division par a et une soustraction, ce qui s'écrit $-\frac{b}{a}$. Or ces deux opérations, on le voit, sont précisément les inverses de celles qui figurent dans le premier membre de la proposée.

Ceci paraîtra tellement simple qu'on serait tenté, au premier abord, d'y voir une trivialité plus encore qu'un raisonnement algébrique ; nous n'en disconvenons pas. Mais comme, en somme, cela nous conduit à obtenir, sans le plus léger doute, sans la moindre difficulté, la parfaite intelligence d'un résultat négatif, ne serons-nous pas en droit de demander ce qu'il faut donc penser de cet épouvantail du nombre isolé que le souffle d'une trivialité suffit à dissiper, de ce non-sens qu'une observation des plus simples permet de comprendre, de ces êtres auxquels il faut refuser l'existence, assure-t-on, bien que la plus rigoureuse logique leur ait donné le jour, et dont les explications les plus élémentaires suffisent à établir la constitution, à légitimer la raison d'être, à signaler et à caractériser les usages ?

Singulières aberrations en vérité, bien faites pour nous apprendre combien il est nécessaire de scruter les principes, et à quelles perplexités on s'expose lorsqu'on veut s'avancer dans une voie dont on ne connaît qu'incomplètement le point de départ et la direction.

II.

II.

Examinons maintenant quels seront les divers cas d'impossibilité qui pourront se rencontrer dans l'équation du premier degré. Nous avons déjà expliqué que cette équation ne pouvait jamais conduire à la forme imaginaire ; sa racine sera donc toujours réelle. Mais ce ne sera pas une raison pour qu'elle soit constamment réalisable, conformément aux termes mêmes de l'équation qui est la traduction immédiate de l'énoncé. Ainsi que nous allons le constater, elle pourra avoir ses empêchements qui, sans doute, ne seront pas imaginaires dans le sens exclusivement mathématique qu'il faut attacher à ce mot, mais qui le seront, à coup sûr, si, dépouillant cette expression de la notion algébrique qui la définit, nous lui donnons pour unique attribution de désigner d'une manière générale quelque chose qui ne se peut pas, sans nous expliquer d'ailleurs sur le mode spécial d'empêchement qu'au point de vue du calcul, elle introduit dans la question.

Développons et justifions cette pensée à l'aide de quelques exemples.

Prenons une urne dans laquelle nous plaçons 18 boules ; puis donnons à 3 personnes la mission d'introduire la main dans cette urne et d'y déposer chacune un même nombre de boules. Si x représente ce dernier nombre, l'ensemble de toutes ces opérations sera exprimé par $3x + 18$; et le résultat obtenu, c'est-à-dire le nombre total de boules contenues dans l'urne, à la fin de ces opérations, sera variable suivant la valeur particulière qui aura été attribuée à x. Si, par exemple, on dit qu'on a trouvé 24 boules, on en conclura que le nombre de celles qui ont été déposées par les trois personnes est égal à 24 diminué des 18 primitivement introduites, et par conséquent à 6. Et puisque chacune en a déposé le même nombre, il s'en suit que ce nombre doit avoir 2 pour valeur.

Tant que le nombre final de boules sera supérieur à 18, tant que l'excès sera en même temps un multiple de

3, comme nous le supposons pour le moment, la question sera très-compréhensible, et il existera toujours pour x une valeur numérique qui, par l'exécution des opérations indiquées, en donnera la solution.

Mais si l'on disait qu'après l'introduction des trois mains, il arrive que le nombre de boules contenu dans l'urne est moindre que 18, il est évident que la question cesserait d'être compréhensible, parce qu'il n'est pas possible de diminuer 18 en lui <u>ajoutant</u> tel nombre qu'on voudra de boules.

Admettons, par exemple, que le résultat final est égal à 12; on devrait donc avoir $3x + 18 = 12$ et par conséquent en supprimant 12 de part et d'autre, il resterait à satisfaire à la condition $3x + 6 = 0$, condition qui est certainement irréalisable tant que les prescriptions de l'énoncé, qui exigent un dépôt effectif, seront maintenues.

L'Algèbre cependant nous fait une réponse, et cette réponse nous apprend que x est égal à -2, ce qui veut dire que pour mettre d'accord, soit les nombres donnés, soit les opérations à pratiquer, avec le résultat final annoncé, il faut faire usage du nombre 2, non plus comme augmentatif, ainsi que le voudrait l'énoncé, mais comme diminutif; non plus comme un nombre de boules ajouté, mais comme un nombre soustrait, car tel est le sens naturel et obligé qu'on doit attacher à un nombre qui porte l'empreinte d'une soustraction nécessaire. Par conséquent, eu égard à la condition même imposée par l'énoncé, l'algèbre nous fait voir, ainsi que nous l'avions pressenti, que, tant qu'on voudra maintenir cette condition, la question sera impossible, puisque là où nous voulons forcément placer une addition, elle nous impose la condition non moins obligatoire d'une soustraction.

Si donc on désignait par le mot <u>imaginaire</u> toute espèce d'impossibilité, nous serions en droit de dire que, dans le cas actuel, la réponse obtenue est imaginaire. Mais cette réponse, loin d'être pour cela un non-sens, est au contraire très-rationnelle, car, à l'impossibilité évidente des opérations de l'énoncé, elle oppose l'impossibilité, non moins évidente, de les pratiquer dans le sens où elles sont commandées. Il y a donc ici une corrélation des plus logiques de cause à effet, et notre intelligence, loin de se rejeter dans le doute et l'incompréhension, ne peut être que satisfaite d'un résultat qui confirme sans conteste l'irréalisation de ce qui n'est pas réalisable.

Mais l'algèbre fait encore mieux que de confirmer une impossibilité, ou de nous apprendre qu'il en existe une au cas où ne l'aurions pas aperçue dès l'abord; elle nous fait voir en outre quelle est la nature de cette impossibilité, et en cela elle vient utilement éclairer nos conceptions; elle nous montre que cette impossibilité a pour origine une méprise dans laquelle nous sommes tombés au sujet de l'opération qui a été commandée aux trois personnes; elle nous dit ce qu'est cette méprise, elle écrit la rectification dans sa réponse, et déclare que ce n'est pas une addition de boules, mais une soustraction que nous devions prescrire si nous voulions que le nombre final de boules trouvées dans l'urne fût réellement égal à 12.

Je me garderai donc bien de faire de la réponse algébrique −2, un seul tout indivisible qu'on a appelé un nombre négatif, un nombre isolé, c'est-à-dire cette chose incompréhensible, qu'on déclare en effet ne pas comprendre, ne pas exister même; je me garderai d'admettre une conclusion si antipathique à la raison, conclusion que l'algèbre, à coup sûr, ne commande pas; mais je dirai que cette réponse indique très clairement d'abord que ce que l'on cherche n'est pas réalisable, si l'on doit se conformer aux conditions prescrites; en second lieu, que si l'on veut cependant que le nombre définitif résultant des opérations soit 12, il faut introduire dans ces opérations une modification telle que la pluralité 2 soit mise en œuvre comme soustractive, au lieu de l'être comme additive. L'explication étant posée en ces termes, tout devient fort clair, ce nous semble, et l'on ne refusera pas plus à cette réponse la faculté d'existence que lui a donnée l'algèbre, que celle que lui accorde la raison d'être compréhensible et praticable.

Occupons-nous maintenant d'un autre ordre

d'impossibilité qui peut se rencontrer dans les questions auxquelles se rapporte l'équation du premier degré.

Dans l'exemple que nous venons d'analyser, la difficulté tient à ce que l'opération primitivement conçue d'ajouter des boules est inconciliable avec le résultat annoncé et qu'il faudrait à cette opération en substituer une autre que l'algèbre indique d'ailleurs. C'est donc, comme on voit, une impossibilité d'opération; or il peut y avoir aussi l'impossibilité de nombre, de pluralité; et nous allons en expliquer la nature.

Supposons, par exemple, que, dans l'hypothèse du problème précédent, après le versement des boules fait par trois personnes qui en déposent chacune le même nombre, on dise que le nombre total de ces objets trouvés dans l'urne est égal à 32. Comme le nombre 32 est supérieur à 18, on comprend très-bien que non seulement ce résultat est conciliable avec l'opération d'ajouter des boules dans l'urne, mais encore qu'une addition, dans ce cas, est tout-à-fait indispensable. Toutefois, comme on ne laisse pas faire cette opération avec toute la latitude dont elle est naturellement susceptible, comme on la soumet à certaines conditions, comme on veut qu'elle soit pratiquée suivant un mode spécial et défini, on conçoit qu'il pourra se rencontrer telles circonstances numériques qui, sans nuire au principe reconnu qu'il faut ajouter, n'en permettront pas la pratique suivant toutes les exigences imposées par le mode prescrit.

C'est ce qui arrive, en effet, dans le cas actuel, car le nombre total des boules étant 32, il s'ensuit que celui des boules introduites par les opérations qui ont suivi celle ayant pour objet d'en déposer d'abord 18, est égal à 14. D'ailleurs, chacune des trois personnes ayant dû déposer le même nombre de boules, il faudrait que ce nombre fût le tiers de 14; mais la pluralité 14 n'étant pas divisible par 3, et, d'un autre côté, les boules étant considérées ici comme des objets indivisibles, comme devant toujours conserver l'intégralité de leur forme, on voit qu'il n'y a aucun moyen de concevoir que trois dépôts numériquement identiques puissent produire le résultat annoncé ; aussi le nombre $\frac{14}{3}$, indiqué comme solution par l'algèbre, est-il, sous la condition expresse de l'indivisibilité des boules, l'irrécusable indice d'une impossibilité.

Cela ne voudra pas dire qu'on ne pourra pas, à un point de vue général, à l'aide de trois opérations de dépôt, augmenter de 14 le nombre de boules primitivement contenu dans l'urne ; cela pourra, au contraire, se faire de plusieurs manières qui, si l'on désigne par x, y, z le nombre de boules introduites par chaque personne, seront les diverses solutions de l'équation indéterminée $x + y + z = 14$. Mais la condition de soumettre ces dépôts à être faits chacun avec un même nombre de boules identiques, ayant toutes mêmes dimensions, parfaitement semblables, en un mot, ramenant cette équation à la forme $3x = 14$, sera certainement irréalisable, et c'est bien là, nous le répétons, ce qu'indique l'algèbre, lorsqu'elle nous fait connaître dans sa réponse que, pour satisfaire à la question, il faudrait que la pluralité 14 fût divisée par 3.

Lorsqu'on réfléchit à la nature de ces deux impossibilités, on ne saurait se refuser à reconnaître que les indications algébriques par lesquelles elles se révèlent sont de véritables interdictions dans le dernier cas, tandis que dans le premier elles se réduisent à une modification très-compréhensible, très-exécutable dans le mode d'opérer. Il est certain cependant que, d'après le cours des idées reçues, l'obstacle du négatif, dont on a fait le nombre isolé, est considéré comme autrement sérieux que celui du fractionnaire. Cela vient, ainsi que nous l'avons expliqué dans nos précédents écrits, de ce que les calculs algébriques sont presque exclusivement appliqués aux quantités concrètes continues pour lesquelles l'opération fractionnaire s'explique et se pratique toujours. Nous nous sommes ainsi familiarisés, dès le début, à accepter sans difficulté cette forme de solution, quelque inadmissible qu'elle soit pour les pluralités proprement dites.

Si, en effet, il s'agit de ces dernières, et généralement des espèces à unité indivisible, il ne se présente aucun moyen d'éviter la difficulté, parce qu'alors l'obligation de diviser porte forcément sur la seule idée de pluralité et que notre esprit se refuse absolument à en comprendre la praticabilité. Mais s'il s'agit, par exemple, de longueurs dont l'unité module[1] est continue et indéfiniment divisible, il n'en sera plus ainsi, et il deviendra alors possible de passer des 18 mètres dont il a été question dans le problème précédent à 32, par trois additions qui seront toutes faites avec des longueurs parfaitement égales.

En effet, comme alors la différence 14 entre ces deux nombres représentera, non plus une pluralité simple, mais une pluralité indicative du mètre, d'un objet essentiellement divisible, on divisera l'unité métrique en trois parties, on en prendra 14 et l'on obtiendra ainsi la longueur que chaque personne devra ajouter à la première pour que, conformément à l'ensemble des conditions de l'énoncé, on se soit élevé de 18 mètres à 32.

On voit donc comment, dans ce cas, quoique la division du nombre 14 en trois parties reste toujours irréalisable, on peut, à l'aide du fractionnement de l'unité concrète qui accompagne 14, satisfaire à la condition que les trois dépôts soient parfaitement similaires, c'est-à-dire que chacun se fasse avec la même longueur.

On conçoit d'ailleurs que ces impossibilités, que nous avons dû considérer séparément pour en étudier les causes et les effets, pourront, dans quelques circonstances, se trouver cumulées dans une même question. Mais, qu'elles soient séparées ou réunies, on ne perdra pas de vue qu'il existe entre elles une différence essentielle : que la première,

---

(1) Je rappelle ici que pour distinguer l'unité numérique et indivisible qui s'applique exclusivement à la pluralité, des autres unités concrètes qu'on convient d'adopter pour la mesure des quantités, j'ai proposé de donner à ces dernières la dénomination d'unités _modules_, ou simplement de _modules_. (Voir _Interprétation des formes imaginaires_, Chap. VII - Art. VII. - page 141)

même lorsqu'il s'agit de simples pluralités, peut s'expliquer par le fait d'une méprise concernant la nature d'une certaine opération qui figure dans l'énoncé et qu'elle disparaît lorsque l'on remplace cette opération par celle que l'algèbre vient prescrire elle-même de lui substituer ; tandis que, dans le second cas, l'impossibilité est complètement irrésoluble tant qu'il s'agit de pluralités, mais se résout et cesse d'exister lorsqu'il s'agit d'espèces continues.

On comprend, d'après cela combien il serait imprudent de méconnaître l'utilité des résultats de l'algèbre, de les considérer comme à tout jamais inintelligibles, d'aller même jusqu'à leur refuser l'existence, parce que, dans certaines circonstances, envisagés à un point de vue spécial, ils ne sont pas explicables. Que ces résultats soient vrais, voilà l'essentiel ; qu'ils soient des conséquences déduites de raisonnements rigoureux, voilà ce à quoi nous devons toujours nous attacher. Le moment vient toujours où une vérité, quoique longtemps considérée comme inutile, quoique longtemps incomprise, finit par porter ses fruits. Pendant des siècles, la vapeur, conséquence nécessaire, mais négligée, de l'échauffement de l'eau, n'est intervenue dans nos usages que comme une inutilité, quelquefois même comme un inconvénient, et aujourd'hui elle emporte le monde dans la voie du progrès. Livrons-nous donc à de persévérantes investigations, à des études obstinées, mais en même temps consciencieuses et toujours exigentes. Ne rejetons rien des choses que la raison nous dit être vraies, alors même que notre intelligence ne serait pas suffisamment édifiée sur leur signification ; car personne, dans le présent, ne peut dire d'une découverte qu'elle est petite ; l'avenir seul, qui finit toujours par comprendre l'intégralité de ce qui est vrai, est le juge suprême appelé à prononcer sur ces questions.

---

§. 2.

§.2. Équations du second degré.

III.

La forme générale de l'équation du second degré est, comme on sait
$$x^2 + ax + b = 0 \quad ,$$
les coefficients a et b pouvant recevoir tel état qui pourra convenir de grandeur et de signe.

Mais simplifions pour un instant cette équation et considérons le cas particulier dans lequel le premier membre est dépouillé du terme en x; alors l'équation se réduit à
$$x^2 + b = 0 \, .$$

Appliquant à cette circonstance un raisonnement analogue à celui que nous avons employé pour le premier degré, nous dirons que puisque le produit de l'inconnue par elle-même, ou son carré, ajouté à $\underline{b}$ doit donner zéro, il faudra, d'une part, que l'inconnue possède en elle ce qui est nécessaire pour détruire l'effet de cette élévation au carré, c'est-à-dire une racine du même degré, et, d'autre part, que, cet effet étant détruit, il ne reste plus que ce qui doit annuler b, c'est-à-dire $-b$; d'où l'on conclut sans peine que la racine cherchée doit être $\sqrt{-b}$. Ainsi, dans le cas actuel, l'inconnue a pour forme algébrique l'expression d'une quantité b soumise à deux opérations, savoir, une soustraction et une extraction de racine carrée, opérations qui sont précisément les inverses de celles qui figurent dans l'énoncé.

Remarquons maintenant que ceci nous place dans une situation qui, eu égard aux idées reçues, présente des difficultés d'un tout autre ordre que celles que nous venons de rencontrer dans le premier degré; car, tandis que la simple manifestation du signe négatif est l'indice d'une soustraction, opération que nous pouvons toujours comprendre et pratiquer, il n'en est plus de même d'une extraction de racine entée sur une soustraction. C'est là une espèce de greffe, toujours d'après les idées reçues, dont nous ne connaissons ni l'essence ni la matière première.

Cependant il n'est pas possible, au point de vue du raisonnement dont nous avons fait usage, de ne pas reconnaître que cette expression a tout au moins une existence légitime, et que sa constitution est bien telle que les conditions de l'énoncé seront satisfaites lorsqu'on l'introduira dans cet énoncé à la place de x. Seulement en ne lui déniant pas l'existence, en reconnaissant même que son usage nous donne les moyens de résoudre la question, nous devons avouer qu'en dehors de cet usage, et considérée en elle-même, elle contient l'indice d'opérations que nous pouvons bien ultérieurement détruire par le calcul, mais que nous ne saurions résoudre et pratiquer dans leur manifestation actuelle; elle constitue, au point de vue des moyens de réalisation, une véritable impossibilité.

Mais, quelque importune que cette conséquence puisse paraître à l'esprit, en ce qui concerne la pratique, elle ne peut, d'un autre côté, que lui agréer infiniment au point de vue du bon sens, si nous venons à reconnaître que cette impossibilité qui surgit à la fin est la réponse nécessaire à une impossibilité introduite au début. Ce n'est pas, en effet, à l'algèbre, qui n'a d'autre rôle à remplir que celui d'opérer des transformations légitimes, que peut incomber la responsabilité des résultats, ce sont les questions que nous lui adressons qui seules doivent être ici solidaires des obscurités qui se trouvent dans les réponses.

Or, pouvions-nous espérer de réussir lorsque nous avons demandé que l'addition d'un carré à b donnât une somme nulle? que la réunion de deux choses essentiellement positives l'une et l'autre produisît le néant algébrique? Evidemment non; aussi n'avons-nous pas réussi, aussi avons-nous trouvé pour dernier mot une impossibilité, et l'on conviendra sans peine qu'un succès dans cette circonstance aurait été, pour notre intelligence, un bien plus sérieux embarras qu'un refus de concours.

La conséquence à laquelle nous sommes parvenu, loin de nous surprendre, est donc trop conforme aux exigences du bon sens pour qu'elle ne soit pas accueillie par l'esprit avec une vive satisfaction ; elle est la déclaration aussi nette que légitime de l'impuissance où est l'algèbre d'exécuter avec le réel ce qui n'est pas exécutable avec lui. D'ailleurs, entre ces deux impossibilités il y a équivalence complète, ainsi qu'il est rationnel que cela soit, puisque l'une doit être l'exacte traduction de l'autre. L'empêchement initial consiste en effet en ce que, pour que la question fût satisfaite, il faudrait trouver une valeur de x qui changeât le signe du carré, ce qui ne se peut pas en réel ; d'un autre côté, l'obstacle final consiste à extraire la racine carrée du négatif. Or si cela se pouvait, les carrés négatifs existeraient par cela même. La solidarité est donc complète entre ces deux impossibilités.

Nous n'insistons pas davantage sur ces détails, les idées générales dont ils sont une application ayant reçu tous les développements nécessaires dans nos précédents écrits.

IV.

Après ces diverses explications sur l'essence même de la solution, occupons-nous de sa forme algébrique et présentons une observation au sujet de laquelle on ne trouve rien d'analogue dans le premier degré.

On remarquera qu'en vertu des règles ordinaires du calcul algébrique, le carré de $\sqrt{-b}$ aurait été égal à $-b$ soit qu'on eût pris pour racine $+\sqrt{-b}$, soit qu'on eût pris $-\sqrt{-b}$; l'une et l'autre de ces deux expressions doivent donc être acceptées pour valeur de x, et de là résulte cette conséquence que l'équation du second degré dont nous venons de nous occuper est susceptible de deux solutions, elle a deux racines.

La forme de ces racines étant, comme nous venons de le reconnaître, $+\sqrt{-b}$ et $-\sqrt{-b}$, si l'on remarque qu'on n'altère pas leur valeur en les multipliant par l'unité, qu'alors elles prennent la forme $+1\sqrt{-b}$, $-1\sqrt{-b}$, que d'ailleurs $+1$ et -1 sont les deux racines carrées de l'unité, on voit qu'on pourra englober les racines sous la forme unique $\sqrt{1}\,\sqrt{-b}$ et il s'en suivra que l'équation du premier degré en x

$$x = \sqrt{1}\,\sqrt{-b}\ , \quad \text{ou} \quad x - \sqrt{1}\,\sqrt{-b} = 0\ ,$$

considérée avec toute la généralité que comporte $\sqrt{1}$, sera l'exacte représentation de la proposée.

Il devient apparent d'après cela que, dans le cas actuel, avoir résolu l'équation c'est avoir substitué au polynome qui en formé le premier membre, et qui est du second degré en x, un autre polynome du premier degré seulement par rapport à l'inconnue qui, sans dire plus que lui, est susceptible de reproduire tout ce qu'il exprime lui-même.

On reconnaîtra d'ailleurs que ces diverses conséquences découlent en définitive de ce que l'unité a deux racines distinctes.

Le lecteur ne perdra pas de vue cette observation, sur laquelle nous nous sommes déjà expliqué dans l'ouvrage qui a précédé celui-ci, et qui se généralisera de plus en plus, à mesure que nous poursuivrons ces études sur la constitution des équations.

V

Considérons maintenant le type général de l'équation du second degré, savoir :

$$x^2 + ax + b = 0\ .$$

Dans le cas actuel, les opérations apparentes auxquelles se trouve soumise l'inconnue x° sont au nombre de quatre.

D'abord une élévation au carré, en second lieu une multiplication par a, puis deux additions : la première ayant pour objet de réunir ensemble le carré au produit par a, la seconde destinée à ajouter cette première somme à b.

Or les opérations inverses qui doivent détruire les effets de celles-ci ne se présentent pas à l'esprit avec la même évidence que dans les deux cas précédents, et il faut, pour les déterminer, se livrer à une recherche spéciale.

Je remarque, à ce sujet, que les trois premières opérations qui affectent directement l'inconnue x sont concentrées dans les deux termes $x^2 + ax$. Or, un examen tant soit peu attentif de ces termes ne tarde pas à nous faire découvrir qu'ils constituent le commencement d'un carré ayant pour racine $x + \frac{a}{2}$ et dont le complément est $\frac{a^2}{4}$; en sorte qu'on peut écrire

$$x^2 + ax = \left(x + \frac{a}{2}\right)^2 - \frac{a^2}{4} .$$

Par suite la proposée pourra prendre la forme

$$\left(x + \frac{a}{2}\right)^2 - \frac{a^2}{4} + b = 0$$

Or, à l'aide de cette légère transformation, les opérations inverses, dont x doit présenter le résumé pour détruire l'effet de celles qui sont maintenant exprimées dans le premier membre de la proposée, se produisent avec facilité.

Et d'abord la présence de la quantité additive $+\frac{a}{2}$ sera détruite par celle de la quantité négative $-\frac{a}{2}$ qu'on fera figurer dans la racine. Après quoi il faudra que ce qui restera de x élevé au carré détruise les deux termes $-\frac{a^2}{4} + b$, ce qui aura évidemment lieu si cette élévation au carré donne pour résultat $\frac{a^2}{4} - b$; la seconde partie de la racine devra donc être égale à la racine carrée de cette dernière quantité, de sorte que la valeur de la racine cherchée sera finalement

$$x = -\frac{a}{2} + \sqrt{\frac{a^2}{4} - b} .$$

VI.

Mais, dans ce cas comme dans le précédent, il faut remarquer que le résultat aurait été le même, soit qu'on eût pris la partie radicale de la racine avec le signe $+$, soit qu'on l'eût prise avec le signe $-$. Il est certain qu'avec l'un ou avec l'autre de ces signes le résultat de l'élévation au carré de cette partie radicale aurait été $\frac{a^2}{4} - b$, ce qui, dans chacune de ces circonstances, aurait rendu nul le premier membre de la proposée. Concluons donc de là que l'équation du second degré, considérée dans toute sa généralité, a toujours deux racines et que la forme de ces racines est

$$-\frac{a}{2}+\sqrt{\frac{a^2}{4}-b}\ ,\quad -\frac{a}{2}-\sqrt{\frac{a^2}{4}-b}\ .$$

L'existence simultanée de ces deux solutions tient, dans le cas général, comme dans le cas particulier que nous avons d'abord examiné, au double signe que peut recevoir le radical $\sqrt{\frac{a^2}{4}-b}$, ou, comme nous l'avons fait remarquer, à ce que la racine carrée de l'unité a deux valeurs distinctes $+1$ et -1, de sorte que nous pouvons englober les deux valeurs de x sous une forme unique, et écrire

$$x=-\frac{a}{2}+\sqrt{1}\,\sqrt{\frac{a^2}{4}-b}\ .$$

Par suite, en faisant tout passer dans le premier membre, on peut dire que l'équation du premier degré en x

$$x+\frac{a}{2}+\sqrt{1}\,\sqrt{\frac{a^2}{4}-b}=0$$

remplace, dans toute sa généralité, l'équation proposée du second degré.

Les recherches auxquelles nous venons de procéder, en nous apprenant que l'équation du second degré a deux racines, sont de nature à provoquer quelques utiles réflexions qui, tout en nous édifiant sur les détails intimes qui concernent ce degré, serviront d'introduction à des enseignements analogues pour les degrés supérieurs.

Si, dans la vue d'abréger, on pose $-\frac{a}{2}=m$, $\sqrt{\frac{a^2}{4}-b}=n$ les deux racines se présenteront sous la forme simple $m+\sqrt{1}.n$ ou $m+n$ et $m-n$; c'est-à-dire que l'une d'elles est égale à la somme de deux quantités m et n, et l'autre à la différence des deux mêmes quantités.

Il est d'ailleurs facile de se convaincre que les choses doivent nécessairement se passer ainsi. En effet, qu'on prenne arbitrairement deux quantités p et q pour en former les racines d'une équation du second degré, il est évident que quelles que soient ces quantités on aura identiquement : $p = \frac{p+q}{2} + \frac{p-q}{2}$, $q = \frac{p+q}{2} - \frac{p-q}{2}$.

Il est donc toujours possible de faire en sorte que deux quantités quelconques soient égales l'une à la somme, l'autre à la différence de deux autres quantités.

La vérité absolue de ce fait algébrique présente, comme on va le voir, une importance réelle au point de vue de la résolution des équations.

En effet, soit donnée l'équation du second degré $x^2 + ax + b = 0$. On sait, d'après la théorie générale des équations, qu'elle doit avoir deux racines ; nous venons de constater, en outre, d'après l'observation ci-dessus, que ces racines seront nécessairement de la forme $m+n$, $m-n$, lesquelles peuvent se fondre en une seule comme suit : $m+\sqrt{1}.n$. Si donc nous posons

$$x = m + \sqrt{1}\,.\,n$$

il ne nous restera plus qu'à identifier cette équation avec la proposée par une détermination convenable de m et de n. Cela posé, si nous faisons passer m dans le premier membre, et si nous élevons au carré, il viendra, en réunissant tout dans un seul membre,

$$x^2 - 2mx + (m^2 - n^2) = 0 .$$

Or, pour qu'il y ait identité entre cette équation et la proposée, il faudra égaler les coefficients respectifs des termes qui sont affectés des mêmes puissances de x, ce qui donnera

$$m = -\frac{a}{2}, \quad n = \sqrt{\frac{a^2}{4} - b}$$

ainsi que nous l'avons déjà trouvé.

De sorte que, tandis que précédemment c'est de la valeur des racines directement obtenue que nous avons déduit les formes respectives de ces racines, maintenant nous parvenons, par cette nouvelle série d'inductions, à déterminer au contraire la valeur de ces racines par la connaissance préalablement acquise de la constitution nécessaire de leur forme.

On objectera peut être que ce procédé paraît moins naturel que celui dont nous avons d'abord fait usage ; nous ferons remarquer, quand cela serait, que si, au point de vue de la simplicité des calculs et même des raisonnements, il semble offrir moins d'avantages, on ne saurait lui refuser, d'autre part, d'avoir aussi son côté philosophique. Comme le premier, en effet, il solidarise la valeur avec la forme, et il constate en même temps une réciprocité sur laquelle il n'est pas indifférent d'être éclairé.

Or c'est là un nouvel aspect de la question qu'on aurait tort de négliger ; car si déjà, dès le second degré, le mode primitif de solution ne se présente plus à l'esprit avec cette grande simplicité que nous avons rencontrée dans le premier, n'est-on pas en droit de craindre que, pour les degrés supérieurs, ses procédés ne deviennent de moins en moins faciles à suivre, et que, dès lors, il faille l'abandonner ? S'il en est ainsi, il nous restera l'espoir de trouver dans la seconde méthode un contingent de ressources que la première cessera de nous offrir.

Nos études ultérieures nous feront connaître la vérité sur ces particularités de l'analyse mathématique.

VII.

La forme des racines du second degré étant déterminée par ce qui précède, et cette forme étant, ainsi que nous l'avons fait observer, une conséquence nécessaire des conditions mêmes de l'énoncé, il est intéressant de vérifier comment, dans toutes les circonstances, elle se trouve en corrélation d'équivalence avec ces conditions. Nous examinerons, dans l'article suivant, le cas où ces dernières étant impraticables en réel les racines sont imaginaires ; quant à présent nous admettrons que ces conditions sont possibles et que, par conséquent les racines sont réelles.

L'aspect seul du premier membre de la proposée suffit pour faire concevoir que, si le terme tout connu b est négatif, ce premier membre pourra toujours être annulé par une valeur réelle de x et même par une racine positive. Ce premier membre exprime en effet la soustraction de b avec $x^2 + ax$; or comme cette dernière quantité, à mesure que x varie, croît depuis zéro jusqu'à l'infini positif, et qu'il est très facile de prouver, si x est une quantité continue, que cet accroissement peut se faire par degrés aussi petits qu'on voudra, on voit qu'il existera une valeur de x qui sera susceptible de le rendre égal à b ; cette valeur annulera donc le premier membre et sera une racine. Mais toute autre valeur positive de x, plus grande ou plus petite que celle-ci, donnant plus ou moins qu'elle, sera évidemment impropre à annuler le premier membre, par conséquent la seconde racine sera nécessairement négative. Or c'est bien ainsi que les choses doivent se passer d'après les formes trouvées pour x ; en effet b étant négatif, on a $x = -\frac{a}{2} \pm \sqrt{\frac{a^2}{4} + b}$. Or comme le radical est supérieur à $\frac{a}{2}$, son emploi avec le signe supérieur laissera subsister quelque chose de positif après l'annulation de $-\frac{a}{2}$ et par suite la racine sera positive. En même temps l'emploi de ce radical avec le signe inférieur ne pourra qu'ajouter sa négativité à celle de $-\frac{a}{2}$ et par conséquent la seconde racine sera nécessairement négative.

On arrivera aux mêmes conclusions lorsque b restant négatif, a le sera aussi ; car, supposer que, dans $x^2 + ax - b = 0$, le coefficient a devient négatif, c'est exactement la même chose que changer le signe de x ; dès lors les racines de la nouvelle proposée ne seront autre chose que les précédentes à leur tour changées de signe. C'est en effet ce qu'on voit dans l'expression des racines qui deviennent $+\frac{a}{2} \pm \sqrt{\frac{a^2}{4} + b}$, elles conservent les mêmes valeurs absolues, mais avec permutation de signe.

En résumé pour le négatif, les deux racines, toujours réelles, sont de signe contraire, quel que soit le signe du terme en x, et, de ces deux racines, celle qui a la plus grande valeur absolue a un signe contraire à celui de ce terme.

Examinons maintenant ce qui concerne b positif. La proposée pouvant se mettre sous la forme $(x+\frac{a}{2})^2 - \frac{a^2}{4} + b = 0$, on voit que lorsque $-\frac{a^2}{4} + b$ sera positif elle sera impossible en réel. C'est une circonstance que nous étudierons dans l'article suivant. Mais si cette quantité est négative, c'est-à-dire si b est plus petit que $\frac{a^2}{4}$, le premier membre représentera une soustraction dont le résultat pourra toujours être annulé par une valeur réelle de x. La quantité soustraite $\frac{a^2}{4} - b$ est d'ailleurs moindre que le carré de $\frac{a}{2}$, il sera donc nécessaire, pour l'égalité des deux parties, que le carré $(x+\frac{a}{2})^2$ soit aussi moindre que celui de $\frac{a}{2}$ et par conséquent, si a est positif, x devra être négatif. Or comme dans ce cas on a

$$x = -\frac{a}{2} \pm \sqrt{\frac{a^2}{4} - b},$$

on voit que les deux valeurs de x seront en effet négatives. Si au contraire a est négatif, le carré $(x-\frac{a}{2})^2$ ne pourra être moindre que celui de $\frac{a}{2}$ qu'à la condition que x sera positif. Dans ce cas, en effet, la formule des racines donne deux valeurs positives. C'est au reste une conclusion à laquelle on serait également parvenu en remarquant que supposer que a devient négatif est la même chose que changer le signe de x, c'est-à-dire celui des racines qui, de négatives qu'elles étaient précédemment, deviennent ainsi positives.

En résumé, lorsque b étant positif les racines sont réelles, elles ont même signe et ce signe est contraire à celui du terme en x. Mais dans ce cas il intervient, pour que la réalité existe, une relation de grandeur entre les coefficients. A ce point de vue, de simples relations de signes pour ces coefficients seraient insuffisantes. C'est une considération dont il importe de prendre bonne note, car on la retrouve dans tous les degrés pairs, et nous aurons occasion de constater que c'est parce qu'elle a été méconnue dans quelques circonstances que certains principes ont été inexactement formulés.

VIII.

VIII.

Procédons maintenant à la recherche des cas d'impraticabilité qui sont propres à l'équation du second degré. On peut remarquer, à ce sujet, que c'est précisément par un de ces cas que nous avons débuté; il est évident en effet qu'en prenant la condition $x^2 + b = 0$ nous devions être certain d'avance qu'aucune valeur réelle de x ne pouvait satisfaire à cet énoncé, puisque toutes donneront pour x^2 un résultat positif et que deux choses positives, réunies par voie d'addition, ne peuvent produire un résultat nul. Aussi la réponse obtenue $\sqrt{-b}$ est-elle impraticable en réel; elle est imaginaire dans l'acception mathématique qu'il faut attribuer à ce mot. Il y a donc à cet égard accord logique entre l'énoncé et la conclusion et, par suite, on ne saurait refuser à celle-ci, tout inintelligible, tout irréalisable qu'elle est, de se montrer du moins conforme aux exigences de la raison.

Il faut d'ailleurs remarquer que l'algèbre ne se borne pas à répondre d'une manière générale à une contradiction par une impossibilité. Elle fait mieux que de nous opposer le vague d'un refus de concours; elle spécifie sa manière de refuser, elle ne laisse pas prendre à sa décision une forme quelconque, elle en adopte une plutôt qu'une autre, et celle qu'elle choisit est tellement en rapport avec la nature de la contradiction qui la provoque, qu'elle suffirait à elle seule pour nous éclairer sur l'essence même de cette contradiction, dans le cas où nous n'aurions pas su d'avance en quoi consistent les empêchements de l'énoncé.

Qui ne voit, en effet, que ce qu'il faudrait, pour que l'équation proposée fût satisfaite, ce serait de transformer en une soustraction l'addition écrite dans son premier membre. Certes ce serait chose facile si x, au lieu de figurer par son carré, n'intervenait que par sa première puissance; il suffirait alors d'écrire que ce égal à b doit lui être soustrait, c'est-à-dire de prendre $-b$ pour valeur de x. Mais vis-à-vis du carré, ce moyen resterait sans efficacité, parce qu'il est impossible que ce carré, quel que soit le signe positif ou négatif de sa racine, devienne soustractif. Pour obtenir ce dernier effet il est donc nécessaire, indispensable, que la réponse algébrique indique nettement qu'après son élévation au carré, elle supprimera la quantité b; d'où l'on voit que, pour se mettre en complet accord avec les exigences de l'énoncé, elle devait avoir et ne pouvait avoir que la forme $\sqrt{-b}$, c'est-à-dire celle en vertu de laquelle un carré devient nécessairement négatif; il y a donc parfaite concordance entre le début et la fin.

Au fond, l'imaginaire n'est pas autre chose que la mention de cette propriété des carrés algébriquement écrite sur leurs racines; mention utile, nécessaire dans un grand nombre de cas, très-compréhensible à ce point de vue, dont l'existence ne saurait être déniée, puisqu'elle a une fonction arithmétique des plus précises à remplir. Aussi je me garderai bien d'en faire une sorte de pluralité confuse, un nombre dit isolé, qui, créé par l'algèbre et sous l'influence de nos propres raisonnements, serait un être privé de sens, dit-on, et par conséquent antipathique aux conceptions même qui lui ont donné le jour; mais je serai parfaitement en droit de considérer cette expression comme une association spéciale du nombre avec des opérations qui le rendront propre à produire, par leur combinaison avec celles de l'énoncé, certains effets déterminés, à réaliser certains équilibres vis-à-vis desquels la seule idée de pluralité serait impuissante, mais qui s'établissent sans difficulté et qui s'affirment, pour ainsi dire d'eux-mêmes, lorsqu'à la ressource du nombre on associe celle des opérations.

N'est-ce pas d'ailleurs ainsi que tant et tant de choses dans le monde fonctionnent sous nos yeux? Prenez par exemple de l'eau et abandonnez-la à elle-même; que pourra-t-elle faire autre chose que descendre et s'abaisser ainsi de chute en chute? Mais, au lieu de la laisser libre, soumettez-la à certaines conditions, imposez-lui l'obligation de couler dans un tuyau convenablement façonné, et cette même eau qui, libre, ne pouvait que descendre, va s'élever et remonter jusqu'au niveau même d'où elle était partie. Maintenant serait-on bien venu à dire que, pour accepter ces faits, il faudrait comprendre ce que peut être un liquide formé par de l'eau à l'état tuyau, et faire ainsi de ce tuyau, non plus un moyen pour l'usage, mais un qualificatif pour l'essence même de la chose, non plus une modification dans le mode naturel d'écoulement, dans les fonctions que peut remplir l'eau, mais l'incorporation d'une qualité nouvelle à celles sous l'influence desquelles nous concevons que l'eau est constituée ? Et faudrait-il s'arrêter sous prétexte qu'on ne comprend pas de quelle nature peut être l'espèce d'eau à laquelle on conviendrait d'appliquer la dénomination d'eau tuyau ?

Or ce qu'on a pratiqué pour l'imaginaire n'est pas autre chose. On a voulu faire du nombre imaginaire un nombre à part, d'une espèce particulière, possédant, avec les propriétés inhérentes à la pluralité, d'autres propriétés que celles résultant de sa conception propre, et l'on n'a pu naturellement rien comprendre à cette bizarre création, de même qu'on ne comprendrait pas davantage celle qui, dans l'exemple précédent, s'évertuerait à constituer une nouvelle espèce de liquide en associant l'idée d'eau à celle de tuyau.

Que si, au contraire, au lieu d'être considéré comme un qualificatif de la constitution de l'eau, le tuyau n'est autre chose qu'un moyen de soumettre le liquide tel qu'il existe, sans plus ni moins, à l'opération de couler dans son intérieur, dans le but de produire certains effets déterminés, tout s'explique alors sans violenter l'essence des choses, sans contrariété pour la raison ; car il ne s'agira plus de comprendre une eau différente de celle que la nature a créée, mais simplement un usage spécial à faire de cette eau.

Il en est de même, répétons-le encore une fois, de l'imaginaire $\sqrt{-b}$; le nombre qui y figure ne revêt pas le caractère d'une espèce particulière, il est ce que sont tous les nombres, une pluralité, et les opérations avec lesquelles il est associé n'ont d'autre objet que de lui faire remplir, dans les usages qu'on en voudra faire, une mission déterminée, mission qui, dans la circonstance actuelle, consiste à lui donner les moyens, étant employé comme racine, de rendre un carré négatif. Dès lors, quel autre sens faut-il attribuer à l'impossibilité appelée imaginaire, si ce n'est celui qu'une pluralité ordinaire quelconque n'est pas apte, à elle seule, à réaliser la condition arithmétique de la négativité des carrés, et que, pour qu'elle le devienne, il faut, au préalable, la revêtir de certains indices d'opérations tout à fait en rapport avec le résultat qu'on a en vue? Que seront ces opérations en elles-mêmes? Quelle action directe exerceront-elles sur les pluralités qu'elles affectent? Quel sera le résultat de l'état de passivité dans lequel ces pluralités se trouvent placées à cet égard? Je pourrai l'ignorer, mais mon intelligence, quoiqu'en défaut sur ce point, saura bien que, lorsque la combinaison complexe ainsi formée fonctionnera dans les calculs, elle y produira tous les effets que j'ai en l'intention d'obtenir.

Le mode que nous avons employé pour résoudre l'équation qui nous occupe, ainsi que celle du premier degré, est d'une simplicité presque naïve. Qui ne comprend, en effet, que pour que x rende nul un ensemble de pluralités qui doivent être traitées par certaines opérations, il est nécessaire que la racine possède les mêmes pluralités soumises aux opérations exactement inverses de celles de l'énoncé. On voit alors instinctivement que le résultat de l'introduction, dans cet énoncé, d'une valeur de x ainsi constituée, ne peut que produire l'annulation du tout. Or, cette simplicité a l'immense mérite de nous faire bien voir jusqu'à quel point il est nécessaire que ce qui constitue x ne consiste pas seulement en une ou plusieurs pluralités, mais en même temps à en faire une association convenable avec des opérations. Car, pour que tout s'annule dans le premier membre, pour que des pluralités liées par des opérations disparaissent, il est indispensable que les effets de ces opérations soient détruits, ce qui ne se pourra évidemment que par l'action des opérations inverses dont la racine devra par conséquent emporter avec elle l'indication. Par là nous comprendrons que, pour nous rendre toujours compte des impossibilités qui pourront se produire, il ne sera nullement nécessaire de porter atteinte à la conception simple et précise que nous avons et que nous devons toujours conserver de la pluralité, mais que, pour expliquer les empêchements qui ne nous permettront pas de nous conformer strictement à toutes les exigences de certains énoncés, il suffira simplement d'invoquer des insuffisances dans les moyens, de reconnaître que les procédés opératifs que l'algèbre nous prescrit d'appliquer à ces pluralités, quelle que soit la nécessité de leur existence, quelle que soit la rationalité de leur constitution, ne sont pas toujours praticables sur les espèces que ces pluralités représentent.

Il n'y aura donc pas lieu, disons-le encore une fois, de s'évertuer à savoir si ces impraticabilités constituent des modifications dans les espèces, et s'il est permis de comprendre ce que ces modifications pourraient être. Non, il ne saurait résulter de ceci aucune altération de l'espèce considérée ; cette espèce sera toujours ce que ses propriétés naturelles lui permettent d'être et elle ne pourra jamais être autre chose. On conçoit seulement qu'elle pourra être soumise à remplir telle ou telle fonction ; la seule pensée dont il faudra se préoccuper, ce sera donc de rechercher si, en vertu de ses propriétés plus ou moins restreintes, plus ou moins étendues, plus ou moins variées, suivant les espèces, il est possible d'exécuter sur celles-ci les opérations prescrites et d'apprécier les conséquences de cette exécution. Cela ne se pourra pas toujours, cela se pourra quelquefois. Le maître ouvrier ne produit-il pas mieux et autrement que le manœuvre ? Le contre-maître n'a-t-il pas plus d'aptitudes que l'ouvrier ? En algèbre, comme en toutes choses, là où il y aura peu de facultés les impossibilités seront fréquentes ; là où il y en aura beaucoup les réalisations seront naturellement plus nombreuses.

Si nous avons cru devoir insister comme nous l'avons fait sur ces explications, c'est que, pour la première fois, en matière d'équations, nous nous sommes trouvé en présence de l'imaginaire, et qu'il n'y a rien de plus fructueux dans la science que d'étudier les questions dans leur origine, de les saisir, pour ainsi dire, à l'état naissant, et d'en scruter dès l'abord toutes les particularités. Ce premier travail, s'il est sagement conduit, s'il est complet, jette son rayonnement sur les recherches ultérieures en les simplifiant tout en les rendant plus fécondes. Si l'on avait suivi cette marche, si au lieu de courir, avec des chances diverses, après des faits nouveaux, on s'était appliqué à posséder, dans toute son étendue, la signification des faits primitifs, il y a longtemps, c'est très-probable, que les énigmes de l'imaginaire auraient été dévoilées, que nous aurions eu l'intelligence de cette forme dans ses impossibilités, que nous l'aurions mise à jour dans ses réalisations.

Il sera très-facile maintenant de se rendre compte de son intervention et de ses effets dans l'équation générale du second degré. Cette équation dont la forme est $x^2 + ax + b = 0$, peut, sans rien perdre de sa généralité, s'écrire, d'après une remarque précédente,

$$\left(x + \frac{a}{2}\right)^2 + b - \frac{a^2}{4} = 0.$$

Elle rentre alors dans le cas de la forme simple que nous avons primitivement considérée, de sorte que les conclusions obtenues pour celle-ci s'appliqueront à la forme générale, sous la réserve que ce qu'on a dit de x et de b on le dira de $x + \frac{a}{2}$ et de $b - \frac{a^2}{4}$. Nous pouvons donc être certain qu'elle sera satisfaite, si l'on prend $x + \frac{a}{2}$ égal à $\sqrt{-\left(b - \frac{a^2}{4}\right)}$ ou à $\sqrt{\frac{a^2}{4} - b}$. Telle est, en effet, la conclusion à laquelle nous sommes parvenu dans l'article V.

Il est évident maintenant que si x est réel le carré $\left(x + \frac{a}{2}\right)^2$ sera toujours positif ; d'un autre côté, le terme tout connu $b - \frac{a^2}{4}$ le sera aussi toutes les fois que b sera supérieur à $\frac{a^2}{4}$. Dans ce cas, l'addition de deux quantités essentiellement positives ne pouvant jamais donner un résultat nul, il sera certain qu'il n'existera pas de nombre réel qui, mis à la place de x, soit susceptible de satisfaire à l'équation. Aussi la racine prend-elle alors la forme imaginaire et se conforme-t-elle logiquement aux exigences de l'énoncé.

D'ailleurs cette forme imaginaire introduite dans la valeur de la première puissance de $x+\frac{a}{2}$ a pour équivalent nécessaire la négativité de la deuxième puissance; d'où il suit que l'empêchement bien reconnu, eu égard aux conditions énoncées, de rendre le premier membre nul avec du réel, se trouve doublement constaté par la forme de la racine puisque, d'une part, cette forme n'est pas réelle, elle est imaginaire; puisque, d'autre part, si l'on vent en faire usage, elle détruit la condition initiale en forçant le carré à devenir négatif.

IX.

Après tout ce que nous avons dit au sujet du cas très-simple $x^2+b=0$, nous pouvons nous dispenser d'entrer dans de plus longs détails sur le cas général, puisque celui-ci se ramène sans difficulté au premier. Qu'il nous soit permis toutefois, avant d'abandonner ce sujet, de présenter une observation qui n'est pas sans importance.

Il est facile de se convaincre, d'après les formes déterminées pour les racines, que celles-ci seront nécessairement ou toutes deux réelles ou toutes deux imaginaires. En effet les doubles valeurs obtenues sont toujours dues à cette circonstance que la seconde partie de la racine devant satisfaire à la condition de reproduire, par son élévation au carré, le terme tout connu pris en signe contraire, cette seconde partie sera tout aussi bien apte à remplir cette fonction soit qu'on lui attribue le signe $+$, soit qu'on lui attribue le signe −. Or l'introduction de l'un et de l'autre de ces signes devant un radical ne changeant pas la nature réelle ou imaginaire de ce radical, celui-ci restera ce qu'il est, quel que soit le signe qui le précède, d'où résulte cette conséquence que les racines seront simultanément, ou toutes deux réelles, ou toutes deux imaginaires.

Cette conclusion, déduite de considérations algébriques, aurait d'ailleurs pu être prévue à l'avance. Car, s'il en était autrement, si une racine était réelle et l'autre imaginaire, la première serait l'indice que les conditions du problème sont réalisables, tandis que la seconde conduirait à la conséquence qu'elles ne le sont pas, ce qui paraît inconciliable, et ce qui l'est en effet pour le second degré. Il semble même rationnel, au premier abord, de penser qu'une telle conclusion devra s'appliquer à tous les degrés, car il est assez difficile de comprendre à priori qu'un même énoncé puisse présenter un ensemble de conditions tour à tour réalisables et irréalisables. Il est certain cependant en fait que, passé le second degré, les équations peuvent avoir simultanément des racines réelles et des racines imaginaires. Nous nous bornons en ce moment à poser la question; nous la reprendrons plus tard avec toute l'attention qu'elle mérite et nous ferons voir alors, par suite de quelles circonstances une étude plus approfondie de la constitution des équations et des propriétés de la forme imaginaire rend facilement compte de cette apparente contradiction. Contentons-nous, quant à présent, de tirer de cette observation la conséquence qu'il serait fort imprudent de généraliser avec trop de précipitation les faits de l'algèbre, alors même qu'ils ont une grande apparence de rationalité, et que ce n'est pas assez d'une épreuve pour se hasarder à présumer ce qu'ils pourront être en dehors de cette épreuve même. A ce point de vue, nous ne pouvons que regretter vivement qu'on ne s'occupe pas plus qu'on ne le fait des équations du 3e, 4e et 5e degré, et qu'on se borne, dans la théorie des équations, ou à l'étude de celle du second, pour ce qui concerne les spécialités, ce qui est loin d'être suffisant, ou à celle de quelques principes qui, en vertu même de leur trop grande généralité, sont peu propres à nous éclairer sur certains détails fort importants de la constitution des équations. Il y a là une lacune qui met dans l'ombre beaucoup de choses utiles. Cette omission tient, nous devons le croire, à l'état d'incompréhension dans lequel nous avons été placés jusqu'ici vis-à-vis de la forme imaginaire; elle disparaîtra sans doute le jour où, cette forme étant mieux comprise, les explications qui la concernent feront partie de nos programmes d'enseignement.

Chapitre troisième.

Construction géométrique des racines des équations du second degré.

Sommaire. _ I. Des diverses significations qu'on peut attribuer, au point de vue géométrique, au premier membre d'une équation du second degré. _ II. Construction préliminaire des longueurs dont les expressions algébriques sont les puissances entières de celle d'une longueur donnée. _ III. Construction des racines réelles du second degré. _ IV. Construction des racines imaginaires du même degré. _ V. Construction du triangle que représente le premier membre d'une équation du second degré lorsque ses racines sont imaginaires.

I.

L'équation du second degré peut toujours être mise sous la forme :

$$x^2 - px + q = 0$$

Or, au point de vue géométrique, si on se demande à quelle propriété elle peut se rapporter, la première pensée qui se présentera sans doute à un esprit familiarisé surtout avec l'idée des grandeurs, sera que cette équation correspond au problème consistant à trouver la surface d'un carré qui, ajouté à la surface q, donne une somme égale au rectangle ayant pour côtés cette même longueur et celle p. Il est incontestable, en effet, qu'un pareil problème, mis en équation, conduirait à la relation $x^2 - px + q = 0$. Dans ce cas, cette équation exprime une condition à réaliser entre trois surfaces, l'une complètement connue, l'autre complètement inconnue, la troisième connue seulement par un des deux éléments de sa génération.

Mais il est un autre point de vue sous lequel il aurait été loisible d'envisager la question. On peut, en effet, considérer x^2 comme représentant, non plus une surface, mais une longueur dont l'expression arithmétique s'obtiendrait en formant la seconde puissance de x ; on peut ensuite considérer px comme représentant une longueur dont l'expression arithmétique s'obtiendrait en répétant x un nombre de fois égal à p ; enfin, dans ce cas, q serait aussi une longueur, et l'équation proposée exprimerait ainsi une relation à laquelle il faut soumettre des longueurs.

Dans l'un et dans l'autre de ces cas, si les racines de l'équation sont réelles, les différents résultats obtenus et leur connexion avec les données de la question s'expliquent naturellement. On peut même affirmer d'avance certaines circonstances qui concerneront ces résultats. Il est par exemple évident que, pour ces sortes de questions, une racine négative ne sera pas admissible puisqu'une telle valeur donnerait au premier membre de la proposée la forme $x^2 + px + q$ et qu'il est évidemment impossible qu'une addition de trois surfaces ou une addition de trois longueurs donne zéro pour somme.

D'ailleurs pour ces deux sortes de questions, nous ne trouvons rien dans la nature des données qui, de loin ou de près, puisse nous porter à attacher au premier membre de l'équation l'idée qu'il puisse être le représentant d'une figure géométrique ; il est seulement l'expression du résultat de deux opérations arithmétiques ; il indique que l'addition de deux choses sur trois, suivie de la soustraction de la troisième, doit nous faire aboutir à un résultat nul.

Mais les idées prennent un autre cours lorsque les racines sont imaginaires. Si nous ne savions rien sur ces sortes d'expressions, nous n'aurions qu'à nous abstenir. Mais éclairés, comme nous le sommes, sur leur signification, nous aurons à nous demander à quel ordre de considération géométrique peut nous conduire la manifestation de ces sortes de racines. Or qu'est-ce pour nous qu'une longueur imaginaire? Nous avons vu que ce n'est autre chose qu'une longueur dirigée. Dans cette simple réponse se trouve toute tracée la marche que nous avons à suivre pour découvrir à quelle espèce particulière de question peut convenir l'équation

Si, en effet, on trouve que x est égal à $a+b.\sqrt{-1}$, en posant

$$\sqrt{a^2+b^2}=\rho \quad , \quad \frac{a}{\sqrt{a^2+b^2}}=\cos.\omega \quad , \text{ d'où } \frac{b}{\sqrt{a^2+b^2}}=\sin\omega$$

on pourra écrire cette valeur de x comme suit

$\rho(\cos\omega+\sqrt{-1}.\sin.\omega)$; son carré sera donc $\rho^2(\cos\omega+\sqrt{-1}.\sin\omega)^2$ ou bien $\rho^2(\cos.2\omega+\sqrt{-1}.\sin.2\omega)$, et par suite l'équation se présentera sous la forme :

$$\rho^2(\cos.2\omega+\sqrt{-1}.\sin.2\omega)-p\rho(\cos\omega+\sqrt{-1}.\sin\omega)+q=0 ,$$

c'est-à-dire que la longueur ρ^2, dirigée suivant l'angle 2ω, ajoutée à la longueur $p\rho$, dirigée suivant l'angle $\omega+\pi$ et puis à celle q dirigée dans le sens positif de la ligne prise pour point de départ de la mesure des angles, doit conduire à l'origine même.

Or c'est là une question de géométrie très claire, très précise, qui n'a plus rien d'imaginaire, quoique la forme algébrique imaginaire y ait conduit et qui correspond à la construction d'un certain triangle ainsi que nous le verrons plus loin.

Nous ne nous arrêterons pas en ce moment aux

conséquences importantes qui résultent de cette propriété que possède une même équation de correspondre à plusieurs natures de questions ; c'est un sujet sur lequel nous reviendrons avec tous les détails nécessaires, lorsque nous nous occuperons de l'étude des rapports qui existent entre l'algèbre et la géométrie, et l'on verra que cette propriété est la justification complète de la nécessité imposée à l'algèbre, pour que cette science soit vraiment générale, de mettre à jour à la fois, dans ses solutions, et le réel et l'imaginaire.

Pour le moment, acceptons telle quelle la considération qui fait intervenir les longueurs dirigées comme inconnues dans une équation du second degré, reconnaissons que cette intervention correspond à des questions de géométrie aussi claires que pratiques, et, pénétrés ainsi de l'importance qui appartient aux racines imaginaires, occupons-nous de leurs propriétés et de leur construction.

II.

Il arrive souvent, dans ces sortes de questions, lorsque une longueur est exprimée par un nombre quelconque q, qu'on a besoin de connaître les longueurs dont l'expression arithmétique est q^2, q^3, q^4 ...... Ces longueurs s'obtiennent à l'aide d'une figure très-simple.

Ayant pris une ligne de base OD (fig. 1), sur laquelle O représente l'origine, on décrit une circonférence ayant son centre en O et dont le rayon Ob_0 est égal à la longueur qu'il aura convenu de prendre pour unité, on mène par b_0 la tangente à cette circonférence ; on prend sur cette tangente le point a_1 tel que Oa_1 soit égal à q, on mène la droite Oa_1 et on la prolonge indéfiniment.

Cela fait, avec Oa_1 pour rayon l'on décrit l'arc concentrique a_1b_1 puis on mène la tangente à cet arc en b_1 ; celle-ci rencontre la droite Oa_1 en a_2 et l'on décrit le nouvel arc concentrique a_2b_2 auquel on mène la tangente en b_2 ; cette tangente donne sur la même droite un point a_3 et l'on continue indéfiniment cette construction. Les diverses longueurs Oa_1, Oa_2, Oa_3 .... etc., seront exprimées par q, q^2, q^3 .... etc.

Si, dans l'intérieur de la circonférence unité, on continue la même construction, en allant vers O, on obtiendra les diverses longueurs Oa'_1, Oa'_2, Oa'_3 ...... etc. qui auront pour expression $\frac{1}{q}$, $\frac{1}{q^2}$, $\frac{1}{q^3}$, ... etc.

Nous avons supposé, dans cette construction, que l'extrémité de la longueur q se trouve située sur la tangente à la circonférence unité menée par le point où celle-ci est coupée par la ligne de base. Généralement il n'en sera pas ainsi dans une figure donnée.

Supposons, par exemple, que la longueur Q plus grande que 1 (fig. 2), est placée en OQ_1 ; par le point Q_1 on mènera une tangente à la circonférence unité, on joindra le point de contact C avec l'origine et l'on prolongera indéfiniment la droite OC au-delà du point C ; c'est cette droite qui, dans le cas actuel, se substituera pour la construction à la ligne de base, et l'on obtiendra avec elle, par une suite d'arcs concentriques et de perpendiculaires, les points Q_2, Q_3 ...... etc, tels que OQ_2 sera le carré de OQ_1 ; OQ_3 sera son cube et ainsi de suite.

Si la longueur donnée est plus petite que l'unité, son extrémité tombera dans l'intérieur de la circonférence en q_1 ; on la prolongera en C jusqu'à la rencontre de cette circonférence, puis on décrira du point O comme centre avec Oq_1 pour rayon une nouvelle circonférence à laquelle on mènera une tangente du point C ; on joindra alors le point de contact d avec l'origine et l'on opérera avec la ligne Od comme on avait opéré précédemment avec la ligne de base ; on obtiendra ainsi les points q_2, q_3 .... etc., tels que Oq_2 sera le carré de Oq_1, Oq_3 sera son cube et ainsi de suite.

On voit donc que, quelle que soit la position d'une longueur sur une figure, on pourra toujours faire les constructions ci-dessus pour la situation qu'elle occupe en traçant de l'une de ses extrémités prise comme centre la circonférence unité, et en ayant ensuite recours au premier ou au second procédé, suivant que l'autre extrémité sera extérieure ou intérieure à cette circonférence.

Nous ne nous arrêterons pas à la démonstration de ces propriétés qui est des plus simples. Si nous indiquons ce mode de construction, c'est qu'il s'applique facilement, ainsi que nous venons de le faire observer, sur toutes les figures et que nous en ferons un fréquent usage dans ce qui va suivre.

III.

Ces préliminaires ainsi établis, revenons à l'équation du second degré. Lorsqu'elle se présente sous la forme

$x^2 + px + q = 0$, on sait que ses racines ont pour valeur

$-\frac{p}{2} \pm \sqrt{\frac{p^2}{4} - q}$, et elles sont réelles si q est moindre que $\frac{p^2}{4}$; procédons à leur construction.

Soit pris le point O sur la droite indéfinie OD (fig. 3); convenons que les distances comptées à droite du point O vers D seront positives et que, par conséquent, celles portées à gauche seront négatives.

Prenons $OP' = -\frac{p}{2}$, $OQ = q$[1]; décrivons du point O comme centre la circonférence OUU' dont le rayon est l'unité et puis deux autres circonférences sur OP' et OQ considérés comme diamètres.

UA étant perpendiculaire à OD, on aura $OA = \sqrt{q}$; transportant le point A en A' sur la circonférence OP', et menant P'A' on aura $P'A' = \sqrt{\frac{p^2}{4} - q}$, rabattant enfin P'A' sur la ligne de base en R_1 et R_2 on trouve que les deux racines sont OR_1 et OR_2, toutes deux négatives comme cela doit être, lorsque p et q sont positifs.

Si p était négatif, la construction se ferait par les mêmes moyens, en supposant que c'est dans le sens OD qu'on compte la longueur $\frac{p}{2}$ devenue positive dans la formule.

[1] Le point Q n'a pu être indiqué sur la figure : il serait situé à droite sur la ligne de base, au delà du point D.

les racines sont alors toutes deux positives conformément à leur valeur algébrique $+\frac{p}{2} \pm \sqrt{\frac{p^2}{4} - q}$; la partie radicale étant en effet moindre que $\frac{p}{2}$, son addition ou sa soustraction avec cette quantité ne pourra donner que du positif.

Si q est négatif, le radical est toujours réel et supérieur à $\frac{p}{2}$; alors, quel que soit le signe de p, une des racines est positive et l'autre négative.

C'est ce que confirme la construction géométrique. En effet, dans ce cas, transportons le point A en A'' sur la perpendiculaire à OD passant par O, et menons P'A'' ; on aura $P'A'' = \sqrt{\frac{p^2}{4} + q}$, par conséquent rabattant P'A'' sur la ligne de base, à droite et à gauche du point P', on aura les deux points dont les distances à l'origine seront les racines et l'on voit qu'en effet l'une tombera toujours à droite de O et l'autre toujours à gauche.

Nous sommes ainsi bien fixés sur tout ce qui concerne le réel.

IV.

Supposons maintenant que la quantité $\frac{p^2}{4} - q$ qui figure sous le radical soit négative ; dans ce cas, $\sqrt{q}$ représenté par les longueurs OA et OA' étant supérieur à $\frac{p}{2}$, il est impossible de construire, dans l'intérieur de la circonférence dont $\frac{p}{2}$ est le diamètre, le triangle P'A'O et d'arriver par ce moyen à la détermination des racines ; on sait d'ailleurs qu'alors, au point de vue de l'algèbre, ces racines sont réputées imaginaires.

Mais nous remarquerons que lorsque q est supérieur à $\frac{p^2}{4}$ on peut mettre la quantité $\sqrt{\frac{p^2}{4} - q}$ sous la forme $\sqrt{-1}\sqrt{q - \frac{p^2}{4}}$; alors le signe radical couvre une quantité qui est devenue positive, et par conséquent constructible. La longueur ainsi représentée étant obtenue, il restera à avoir égard au facteur $\sqrt{-1}$ qui la multiplie. Or nous savons que cette circonstance indique que la longueur en question, au lieu d'être ajoutée à l'extrémité de $\pm\frac{p}{2}$ sur la ligne OD, dans un sens ou dans l'autre, suivant son signe, devra être portée à partir de cette extrémité perpendiculairement en au-dessus de OD pour le cas où $\sqrt{-1}$ est précédé du signe +, et au-dessous s'il est précédé du signe −.

En conséquence ayant construit autour de l'origine (fig. 3) la circonférence OUU' avec le rayon égal à l'unité, et porté, comme précédemment, la longueur q sur la ligne de base à partir de l'origine, ayant ensuite mené la tangente en U à cette circonférence jusqu'à la rencontre A de la circonférence construite sur q pris comme diamètre, on obtiendra la longueur OA qui sera égale à $\sqrt{q}$. Cela fait, OP représentant la longueur $\frac{p}{2}$, on élevera par le point P une perpendiculaire à la ligne de base et les deux points R et R', où cette perpendiculaire sera rencontrée par la circonférence décrite du point O comme centre avec OA pour rayon, détermineront les deux longueurs dirigées OR, OR' qui seront les racines de l'équation.

En effet, on a OR dirigé $= OP + \sqrt{-1}\,.\,PR$, mais $OP = \frac{p}{2}$, de plus, par construction, PR est égal à $\sqrt{\overline{OR}^2 - \overline{OP}^2}$, c'est-à-dire à $\sqrt{q - \frac{p^2}{4}}$. En conséquence, la valeur de OR dirigé devient $\frac{p}{2} + \sqrt{-1}\sqrt{q - \frac{p^2}{4}}$ qui est précisément la racine. Il est évident que, pour le point R' situé au-dessous de la ligne de base on aurait :

OR' dirigé $= \frac{p}{2} - \sqrt{-1}\sqrt{q - \frac{p^2}{4}}$, c'est-à-dire la seconde racine.

Le mode de construction que nous avons employé suppose que p est négatif dans la proposée ; s'il était positif, on aurait dans la racine $-\frac{p}{2}$ au lieu de $+\frac{p}{2}$, et alors il faudrait faire passer OP de la droite à la gauche de l'origine.

En ce qui concerne q il est indifférent de le porter à droite ou à gauche puisque son rôle se borne à déterminer une longueur indépendamment de sa direction, savoir : la longueur OA du rayon de la circonférence qui, par ses intersections avec la perpendiculaire menée par le point P détermine les points R et R'.

Il est d'ailleurs évident que, pour des racines imaginaires, q ne peut être que positif, car, dans le cas contraire, le radical, devenant $\sqrt{\frac{p^2}{4}+q}$, est toujours essentiellement positif.

V.

Nous avons fait voir que, lorsque les racines sont imaginaires, la question proposée, envisagée au point de vue géométrique, correspond à la construction d'un triangle, de sorte que, dans ce cas, le premier membre de l'équation est le représentant algébrique d'une figure de géométrie. Il est intéressant de constater l'accord qui s'établit entre toutes ces choses, et, à cet effet, voyons comment avec les racines, déterminées conformément à ce qui vient d'être exposé, on pourra parvenir à construire le premier membre de l'équation $x^2 - px + q = 0$.

Soit toujours OU la circonférence unité (fig. 4) et OR la longueur dirigée représentant la valeur de x. La longueur x^2 devra faire avec la ligne de base un angle double de celui que fait x ; soit OFE la direction ainsi déterminée. Il s'agit maintenant de prendre sur OE le carré de la longueur OR, et l'on aura ainsi complètement construit x^2. A cet effet portons OR sur OE et soit F le point sur lequel vient se placer R. Menons par F une tangente à la circonférence unité ; le point de contact étant en G, traçons la droite OG, puis décrivons l'arc concentrique FRH jusqu'à sa rencontre en H avec OG prolongé. La tangente en H à cet arc ira rencontrer OF en un point E tel que la longueur OE sera le carré de celle de OF ou de OR ; d'où il suit que OE, tant en grandeur qu'en direction, représente x^2; prenons ensuite $QO = q$.

Cela étant ainsi établi, tout le reste de la construction devient maintenant obligé, car puisqu'on a :

$$OE \text{ dirigé} + EQ \text{ dirigé} + QO = 0$$

c'est-à-dire :

$$x^2 + EQ \text{ dirigé} + q = 0 .$$

Il faudra que EQ dirigé soit égal à $-px$; or, quant au signe, EQ marche en effet dans la figure en sens inverse de OR ou de x. Quant à la valeur de l'angle EQO, elle est la même que celle de l'angle que fait x avec la ligne de base. Le triangle obtenu est en effet isoscèle puisque, comme grandeur, x^2 est égal à q, dès lors chacun des angles E et Q est égal à la moitié de l'extérieur opposé EOC, c'est-à-dire à l'angle même de x avec OC.

Reste à prouver que, quant aux longueurs, on a $EQ = p\sqrt{q}$; mais, d'une part, p étant égal à la somme des racines, on l'obtiendra en ajoutant à la suite de OR, tant en grandeur qu'en direction, la seconde racine. Or, à cause de leur symétrie par rapport à la ligne de base, cela revient à mener par R une oblique RC égale à OR. On obtient ainsi une longueur OC égale à p. D'ailleurs le triangle isoscèle ainsi formé étant semblable à OEQ on aura pour les longueurs de leurs côtés :

$$\frac{OR}{OC} = \frac{OQ}{QE} \quad \text{d'où} \quad QE = \frac{QO \times OC}{OR} = \frac{p \cdot q}{\sqrt{q}} = p\sqrt{q} .$$

On remarquera, comme vérification, que si l'on trace la droite GC et qu'on lui mène par H une parallèle, celle-ci viendra couper la ligne de base en un point K tel que $OK = EQ$. En effet, on aura la proportion :

$$OG : OH :: OC : OK \quad \text{et, par suite} \quad OK = \frac{OH \times OC}{OG} = p\sqrt{q} .$$

La seconde racine étant placée symétriquement

à OR, sous la ligne de base, si l'on répète pour elle des opérations semblables on formera un second triangle égal et symétrique au précédent. Or comme à priori l'on voit que ce triangle devrait satisfaire à la même équation que le premier, cette considération justifie l'existence de deux racines pour le second degré.

Notre construction suppose que p est négatif dans la proposée. S'il était positif, le terme $\frac{p}{2}$ de la racine deviendrait $-\frac{p}{2}$, de sorte qu'alors OR serait tel que la projection de R sur la ligne de base tomberait à gauche de O. Sauf cette modification dans la forme, le procédé de construction serait exactement le même.

Quant aux deux propriétés principales des racines, relative à leur somme et à leur produit, nous avons déjà vu que la somme est égale à OC ou $+p$; elle est donc égale et de signe contraire au coefficient de x. En outre, chacune ayant $\sqrt{q}$ pour longueur et le produit de leurs directions étant l'unité, le produit total sera q.

L'application des considérations directives à l'équation du second degré fournit donc l'interprétation géométrique de toutes les circonstances dans lesquelles cette équation peut algébriquement se trouver. C'est un premier exemple de l'accord qui existe entre ces deux branches de la science, accord que nos recherches ultérieures ne feront que confirmer.

Chapitre quatrième.

Équations du troisième degré.

Sommaire. I. Les cas particuliers se multiplient à mesure que le degré de l'équation s'élève ; utilité de leur étude ; stérilité de la théorie actuelle de l'équation du troisième degré ; l'interprétation des formes imaginaires doit lui rendre toute sa fécondité. — II. Solution de l'équation simple $x^3 + 5 = 0$, de l'extension de sens qu'il faut attribuer au mot racine. — III. Conséquences qui en résultent pour le point de vue auquel on doit envisager la constitution des racines. Nouvelle condamnation de la conception du nombre isolé. — IV. Multiplicité des racines, explications sur l'existence simultanée des racines réelles et des racines imaginaires pour une même équation de la forme générale $x^n \pm K = 0$. — V. Solution du cas particulier $x^3 + 3ax + \frac{a^2}{3}x + c = 0$; l'existence de trois racines est encore liée dans ce cas à celle des trois racines cubiques de l'unité. — VI. Conditions de positivité, de négativité et d'imaginarité de ces racines; ces divers états ne dépendent que des signes des coefficients et nullement de leurs grandeurs. Divergence à cet égard avec le second degré. — VII. L'équation la plus générale du troisième degré peut toujours être ramenée au cas où le terme en x^2 manque dans le premier membre. — VIII. Résolution de l'équation $x^3 + px + q = 0$; forme des trois racines; leur existence tient encore à la propriété que possède l'unité d'avoir trois racines cubiques. — IX. Considérations sur les éléments numériques des racines et sur les facteurs imaginaires qui viennent s'associer à ces éléments. Les diverses combinaisons qu'on peut faire des uns et des autres sont au nombre de neuf formant trois groupes distincts dont chacun contient les trois racines d'une équation spéciale du troisième degré. — X. Premières études sur la forme générale des racines; cette forme est celle d'une addition à deux termes; loi de dérivation par laquelle on passe d'une racine aux deux autres. — XI. La décomposition des racines en deux éléments ne peut se faire que d'une manière, lorsqu'on assujétit la détermination de ces éléments à être obtenue par la connaissance de la somme de leurs cubes et par celle de leur produit. — XII. Mais on peut aussi aborder la question en procédant à cette détermination par d'autres fonctions que celles qui viennent d'être indiquées, et l'on conçoit que, sauf les difficultés pratiques, c'est un moyen tout aussi rationnel que le précédent de chercher à résoudre l'équation. — XIII. Réflexions sur la loi de dérivation à l'aide de laquelle on passe d'une racine quelconque aux deux autres et sur l'espèce de symétrie que cette loi attribue au groupe des trois racines — XIV. Au point de vue de la résolution de l'équation du troisième degré, les éléments constitutifs des racines, déterminés par la condition que leur produit et la somme de leurs cubes sont égaux à des quantités données, sont les seuls qui puissent être utilisés, tous les autres exigeant, pour être déterminés, la résolution préalable d'une équation du même degré — XV. De la positivité de l'expression $\frac{q^2}{4} + \frac{p^3}{27}$. Cette positivité répond à une catégorie d'équations du troisième degré ayant une racine réelle et deux racines imaginaires. Influence des signes des coefficients sur celui de la racine réelle. — XVI. La condition que les trois racines de la proposée sont réelles entraîne la négativité du coefficient du terme en x et celle de $\frac{q^2}{4} + \frac{p^3}{27}$. — XVII. On s'assure facilement qu'à l'inverse si cette dernière expression est négative les trois racines seront réelles. Explications sur les faits algébriques qui constituent l'irréductibilité. — XVIII. De la résolution de l'équation du troisième degré par les considérations directives dans le cas irréductible. — XIX. Observations sur les méthodes de résolution de l'équation du troisième degré; réticences calculées des géomètres des dix-septième et dix-huitième siècles sur les conceptions qui les ont dirigés dans leurs découvertes; influence que ces habitudes ont exercée sur l'exposition de certaines méthodes et particulièrement sur celle dite de Cardan. Comparaison entre le procédé rationnel d'exposition de cette méthode et le procédé en quelque sorte empirique généralement employé. — XX. Utilisation des identités constatées entre certaines fonctions, quelle qu'en soit la nature, pour la résolution des équations. Application à la résolution de l'équation du second degré par la fonction circulaire de la tangente quand les racines sont réelles, par la fonction circulaire de la direction quand elles sont imaginaires. — XXI. Application à la résolution de l'équation du troisième degré, dans le cas irréductible et lorsque le terme en x^2 manque, par la fonction circulaire des cosinus. — XXII. Application à la résolution de la même équation, dans le cas le plus général, par la fonction circulaire de la tangente. — XXIII. L'intervention dans l'analyse de fonctions autres que celles dites algébriques est de nature à développer nos conceptions sur la généralité de l'algèbre. — XXIV. Trois nombres étant donnés, il est toujours possible de les exprimer avec trois fonctions définies en du premier degré seulement de ces nombres convenablement combinées avec les trois racines cubiques de l'unité. — XXV. Propriétés principales de ces trois fonctions que nous proposons d'appeler résolvantes ; elles offrent le moyen de condenser les valeurs de trois nombres en une seule équation du premier degré. Équivalence de cette équation avec l'équation générale du troisième. — XXVI. Conséquences qui en résultent pour déterminer, au moyen des coefficients de celle-ci, les valeurs des trois fonctions et par suite celles des racines. — XXVII. Considérations théoriques sur la génération du réel par l'imaginaire. — XXVIII. Exemples géométriques de cette génération. — XXIX. Fonctions résolvantes de trois nombres imaginaires. Étude des conditions auxquelles doivent satisfaire trois nombres réels ou imaginaires pour constituer les racines d'une équation du 3e degré à coefficients réels. — XXX. Observations sur l'importance de la théorie complète de l'équation du 3e degré entreprise au double point de vue de la forme réelle et de la forme imaginaire.

I

A mesure que les degrés des équations s'élèvent, on voit s'augmenter le nombre des cas particuliers dans lesquels peuvent se trouver les premiers membres de ces équations. Cela tient naturellement à ce que l'expression la plus générale de ces premiers membres se compose d'un nombre de termes croissant avec le degré. On conçoit dès lors que les hypothèses qu'il est possible de faire sur les particularités de ces premiers membres se multiplient de plus en plus, soit qu'elles aient pour objet la disparition d'un ou de plusieurs de ces termes soit qu'elles se rapportent à leurs signes, soit enfin qu'elles intéressent la grandeur des coefficients.

Lorsque la solution générale d'une équation est obtenue, on est en possession de tout ce qui est nécessaire pour s'éclairer sur la nature de ces particularités et sur les conséquences qui leur sont propres. La théorie complète de cette équation est alors faite. Lorsque, au contraire, cette solution est inconnue et qu'il s'agit de l'obtenir, il est très-utile de se livrer à un travail spécial sur ces cas particuliers, parceque, plus simples que le cas général, il y a plus de facilités à déterminer les formes des expressions algébriques qui en donnent les solutions en que, sachant d'avance que ces formes sont des dérivés nécessaires de la forme générale, l'étude de ces divers types spéciaux, entreprise au point de vue de les rattacher à un type commun, peut nous éclairer sur les conditions essentielles auxquelles la constitution de celui-ci doit être soumise pour qu'il soit en effet le résumé général de ces diverses spécialités.

Ce moyen n'est pas infaillible sans doute, mais on ne saurait lui refuser d'être très-rationnel; il est l'application de ce principe si généralement admis en pratique que, dans toutes les recherches il faut s'élever du simple au compliqué, et l'expérience a maintes fois démontré tout ce qu'il a d'efficace dans l'étude des sciences. Il possède d'ailleurs le précieux avantage que, si quelquefois il n'apprend pas tout, du moins il apprend toujours quelquechose; très-différent en cela de beaucoup de recherches entreprises sans but arrêté, et comme au hasard, qui, trop souvent, par cela même, constituent une dépense de travail non moins stérile pour l'objet principal qu'on a en vue, que pour les accessoires qui s'y rattachent. Dans l'état actuel de la science, la théorie de l'équation du troisième degré est frappée, il faut le reconnaître, d'une grande stérilité. On est parvenu, il est vrai, à trouver les formules générales qui donnent ou, pour mieux dire, qui devraient donner les valeurs des racines; mais, d'une part, au point de vue théorique, on se trouve en présence des obscurités qui résultent de l'imaginarité et de l'irréductibilité, d'autre part, en ce qui concerne la pratique, ce n'est que dans de très-rares circonstances que ces formules sont propres à faire connaître la valeur de l'inconnue.

Il résulte en effet de la discussion à laquelle elles ont été soumises que les racines d'une équation du troisième degré à coefficients réels peuvent se trouver dans deux cas distincts: ou bien une racine sera réelle et les deux autres seront imaginaires, ou bien les trois racines seront réelles.

Dans le premier cas il sera possible d'effectuer les calculs de la formule et de connaître la valeur de la racine réelle ; quant aux deux autres racines, elles restent cachées sous le voile de l'imaginaire.

Dans le second cas, les valeurs des racines, quoique réelles, ne sont pas assignables, le calcul venant se heurter contre les entraves de l'irréductibilité.

On est donc à cet égard si pauvre en résultats utiles, et malheureusement si riche en conséquences inexpliquées, quoique d'ailleurs très-rationnelles dans leur manifestation, que l'on conçoit, jusqu'à un certain point, qu'on ait éloigné des programmes une théorie qui, loin de mettre à jour les trésors de l'algèbre ferait plutôt douter de leur véritable utilité.

Mais le tableau change lorsque, étant mis en possession de l'intelligence de l'imaginaire, il nous est permis d'expliquer et de comprendre les racines, non-seulement dans leur imaginarité, mais encore dans leur irréductibilité.

Les recherches d'analyse qui ont été faites dans le domaine du réel nous ont dévoilé ce qu'il y a d'admirable dans le langage algébrique. Mais, d'un autre côté, les obscurités si nombreuses, si confuses qui viennent nous assaillir, dès les premiers pas que nous faisons dans la théorie des équations, nous tiennent en suspens et nous affligent tout au moins, si elles ne vont pas jusqu'à provoquer le doute dans nos esprits.

Mais lorsque, d'une part, notre raison vient à comprendre les nécessités de l'intervention des formes imaginaires et à se rendre compte du rôle qu'elles sont appelées à remplir, lorsque, d'autre part, les considérations concrètes de la géométrie viennent nous donner une représentation visible de cette intervention, alors il s'établit un accord si remarquable entre la langue écrite du calcul et la langue imagée de l'étendue qu'en vérité, nous ne pouvons plus nous soustraire à un vif sentiment d'admiration pour une science qui peut représenter avec une si grande fidélité et dans ses plus petits détails la marche d'une classe si importante de faits naturels.

C'est à ce point de vue que nous allons nous appliquer à présenter l'étude de l'équation du troisième degré. Nous croyons qu'il est possible, par ce moyen, d'en dévoiler tous les mystères et de donner une grande fécondité aux germes dont les abstractions de l'algèbre ont empêché le développement.

II.

Mais, ainsi que nous l'avons indiqué au début, commençons par étudier quelques circonstances particulières de l'équation du troisième degré et notamment celles qui se rapportent à la suppression d'un plus ou moins grand nombre des termes qui composent son premier membre.

Si nous ne voulons pas sortir du troisième degré, nous ne pourrons pas admettre que c'est le terme en x^3 qui manque, puisque alors nous serions ramenés au second. Nous ne supposerons pas davantage que c'est le terme tout connu qui est absent parceque, dans ce cas, les termes restants contenant tous le facteur x, on en conclurait qu'on peut satisfaire à l'équation soit en rendant x nul, soit en égalant à zéro le facteur du second degré qui multiplie x, ce qui nous ferait retomber encore sur une équation du second degré.

Mais nous pouvons, tout en conservant le type cubique, supposer qu'il n'y a dans le premier membre ni le terme en x^2, ni celui en x et que, par conséquent, l'équation à résoudre se réduit à la forme très-simple $x^3 + 5 = 0$. Il est évident que, dans ce cas, il faudra que x soit tel qu'après son élévation au cube, il nous donne ce qui est nécessaire pour annuler 5, c'est-à-dire qu'après cette élévation nous devrons avoir -5, et de là on conclut immédiatement que la valeur de x doit être $\sqrt[3]{-5}$, qui peut s'écrire, comme on sait, $-\sqrt[3]{5}$. On sera certain en effet qu'à l'aide de ces combinaisons de 5 avec l'opération soustractive et l'opération radicale cubique, le premier membre de l'équation deviendra nul.

Mais il faut soigneusement remarquer que ce résultat ne sera pas obtenu dans les conditions mêmes imposées par l'énoncé. Cet énoncé en effet exigerait que l'addition de quelque chose à 5 donnât un résultat nul. Or, pour le troisième degré comme pour le second, comme pour tous les autres, c'est là une chose évidemment irréalisable. Il faut donc qu'à ce point de vue, la réponse obtenue constate l'impossibilité du maintien de cette condition. C'est ce qui a lieu, en effet, car la valeur de x étant négative, son cube le sera lui-même et l'on en conclut que ce ne sera jamais à l'aide d'une addition, mais au moyen d'une soustraction que le premier membre pourra être annulé. C'est aussi ce que nous avons reconnu exister pour le second degré, mais avec cette circonstance particulière que, pour celui-ci, le changement de signe du carré ne saurait être obtenu par aucun des états qu'on est convenu de considérer comme réels, c'est-à-dire par un nombre positif ou négatif, et qu'il faut alors avoir nécessairement recours à la forme imaginaire proprement dite, tandis qu'actuellement l'imaginaire ou l'indication de l'impossibilité, si l'on veut, se réduit, par suite des propriétés connues des cubes, à la simple forme négative pour la racine.

Si donc on voulait absolument maintenir la condition que, dans la question actuelle, c'est en ajoutant quelque chose à 5 qu'il faut obtenir le résultat zéro, la forme même de la réponse algébrique nous apprend que la chose n'est pas possible, et si, néanmoins, suivant les usages reçus, nous voulons considérer $-\sqrt[3]{5}$ comme étant une racine de la proposée, c'est-à-dire comme étant propre à produire l'annulation demandée, il faut alors arriver à la conception qu'en procédant à la détermination de x, on ne veut pas seulement obtenir un simple nombre ayant d'ores et déjà une fonction précise, immuable à remplir, un nombre qui, par lui-même, donne un résultat nul par des moyens définis et non par d'autres, mais qu'on entend chercher à la fois et un nombre et une fonction encore ignorée que ce nombre aura à remplir pour que, du concours de ces deux éléments, il résulte que le premier membre soit réduit à zéro. La recherche de x, on le voit, est donc complexe, elle porte simultanément sur un nombre et sur une ou plusieurs opérations indicatives de l'usage qu'il en faudra faire. C'est à ce point de vue que nous sommes conduit à nous placer pour que nous puissions dire que le résultat obtenu doit être considéré, non pas comme une impossibilité, mais comme une racine de la proposée, comme une solution de la demande qu'on a faite. En dehors de cette conception, on ne saurait évidemment être autorisé à accorder au mot racine l'extension de sens qui lui est généralement attribuée.

On voit combien cette explication est propre à nous faire admettre sans difficulté que divers indices d'opérations puissent venir s'incorporer aux nombres qui figurent dans l'expression des racines en cela parce que tacitement, sans l'avoir suffisamment observé et exprimé il est vrai, ce n'est pas exclusivement à la condition même de l'énoncé telle qu'elle est représentée dans sa forme et teneur que nous voulons que le résultat cherché satisfasse ; s'il en était ainsi les déterminations finales seraient, sinon presque toujours, du moins très-souvent des impossibilités. Mais nous sommes accoutumés en fait à considérer comme racine toute expression qui, introduite dans le premier membre à la place de x, le réduit à zéro, soit que cette expression maintienne les conditions initiales, telles qu'elles ont été écrites, soit qu'en vertu de sa constitution spéciale elle les modifie et leur en substitue d'autres moyennant lesquelles l'annulation du premier membre sera toujours obtenue.

III.

Si l'on avait bien vu et bien entendu que tel est le

véritable rôle que nous faisons jouer aux racines, que telle est la fonction que nous leur demandons de remplir, n'est-il pas évident que nous aurions parfaitement compris dès l'abord que le plus souvent, disons mieux, que toujours la racine doit être une combinaison du nombre avec des opérations, et même avec des opérations quelquefois très-multiples, tellement multiples que, par exemple, sans aller plus loin que le quatrième degré, je ne crois pas qu'il se trouve un seul ouvrage d'algèbre dans lequel la forme des racines de cette équation ait été écrite tout au long. En effet, même dans le cas le plus simple, lorsque le problème sera possible tel qu'il a été proposé, ne faudra-t-il pas toujours que la racine soit apte à annuler les opérations de l'énoncé? Et pour cela faire ne devra-t-elle pas en résumer les inverses dans son expression? Lorsque, au contraire, il ne le sera pas dans la forme qui lui a été donnée, ne faudra-t-il pas que la racine contienne en outre les opérations destinées à introduire, dans l'énoncé, la nouvelle forme qui seule peut permettre l'annulation du premier membre? Dans le cas particulier où il sera possible que cette annulation soit obtenue par le simple fonctionnement des opérations même qui figurent dans l'énoncé, et lorsqu'en même temps les inverses de la racine pourront être directement pratiqués sur les pluralités qu'elle renferme, alors seulement la racine sera réduite à la forme unique d'une pluralité. Si, par exemple, on demande un nombre qui rende nul le polynome $x^2 - 4x + 3$, la valeur de x sera $\frac{4}{2} \pm \sqrt{(\frac{4}{2})^2 - 3}$, et l'on voit bien que sous cette forme elle se compose d'opérations et de pluralités. Mais il arrive ici que $\frac{4}{2}$ se réduit à 2, que $\sqrt{(\frac{4}{2})^2 - 3}$ se réduit à 1 et que, par suite, la solution cherchée, se débarrassant des indices opératifs, se ramène, pour la double réponse qu'elle comporte, à la pluralité 1 et à la pluralité 3. Mais c'est là une grande exception ; et, même alors, si la trace des opérations disparaît, l'idée de leur intervention doit toujours être subsistante dans l'esprit, car lorsque nous aboutissons parfois à une simple pluralité, ce n'est pas parceque des opérations n'ont pas été commandées, c'est parcequ'elles ont pu être faites.

Que s'il est nécessaire, pour résoudre la question, que la forme apparente de l'énoncé soit modifiée, la racine ne pourra plus se ramener à une simple pluralité, parce qu'il faudra tout au moins qu'elle contienne l'indication des opérations spéciales qui auront pour mission de produire ces modifications.

Dans l'article suivant, nous verrons comment, pour l'un et pour l'autre de ces cas, d'autres formes d'opérations, indépendantes des deux ordres de nécessités ci-dessus, peuvent venir se souder au corps de certaines racines sans nuire à l'effet que celles-ci sont appelées à produire, et comment les modifications qui en résultent, algébriquement autorisées, cela va sans dire, mais qu'on serait tenté de considérer comme une sorte de parasitisme, contribuent à développer la multiplicité du nombre des racines.

Il ne faut donc voir, répétons-le encore une fois, dans les divers indices d'opérations qui accompagnent les racines, que des fonctions attribuées aux nombres qui y figurent et non des propriétés qu'il faudrait incorporer à l'essence même des nombres, ce qui en ferait, comme on l'a si bizarrement annoncé, des nombres isolés. Que si, sous cette forme, il arrive que ces nombres se présentent à nous dans l'état d'irréalisation, nous verrons là un empêchement dans les moyens et non un motif d'incompréhension pour le nombre. Est-ce que tant que la soude, la potasse et tant d'autres substances n'ont pas été réduites, le potassium et le sodium ont été incompréhensibles et imaginaires? Est-ce que cela a fait que ces métaux étaient d'une essence autre que celle que la nature leur a attribuée, et n'eût-il pas été fort singulier de prétendre, par la plus choquante des contradictions, que ces combinaisons devaient être considérées comme des métaux isolés? Non certes, et la seule conclusion qu'on en a tirée a été que ces corps se trouvaient actuellement retenus par des empêchements que nos moyens d'action ne nous permettaient pas de faire disparaître, mais qui ne pouvaient porter aucune atteinte à leur essence, à leur nature propre, aux conditions mêmes de leur création. Et cela n'a pas empêché les chimistes d'employer la soude et la potasse dans des combinaisons où, par le fait même de leur entrave, ces corps ont produit certains effets qu'on voulait obtenir et qui précisément n'auraient pu être réalisés sans l'entrave même. C'est exactement ainsi que le nombre, associé à la forme imaginaire que l'algèbre vient lui imposer, nous conduit, par la fonction même que cette forme lui attribue, à des résultats que le nombre seul, que le nombre véritablement isolé, c'est-à-dire véritablement indépendant de toute fonction, serait impuissant à nous donner.

IV.

Revenons maintenant à l'équation $x^3 \pm 5 = 0$, et après nous être expliqué sur le rôle des racines, sur la conception que nous devons nous faire soit de la mission qu'elles ont à remplir, soit de la constitution qui leur est propre, passons aux remarques qui sont relatives à leur multiplicité. Nous aurons ainsi occasion de nous éclairer sur un nouveau point de vue auquel il est nécessaire d'envisager l'imaginaire.

En écrivant que, pour rendre le premier membre nul, il faut que la valeur de x soit $\sqrt[3]{\mp 5}$, nous ne devons pas négliger de faire observer que ce n'est pas seulement l'élévation au cube de cette expression, considérée au point de vue arithmétique, qui donnera ∓ 5, c'est-à-dire la quantité qui réunie à ± 5 réduira le premier membre à zéro, mais qu'on obtiendra pareillement, par l'élévation au cube, le même résultat ∓ 5, si, au lieu d'employer la forme simple $\sqrt[3]{\mp 5}$, on fait usage de son produit par l'une ou l'autre α ou α^2 des racines imaginaires cubiques de l'unité.

C'est là une conséquence trop naturelle de la définition de α pour qu'il soit nécessaire d'insister sur ce point. L'équation qui nous occupe aura donc trois racines; et ce fait algébrique est en corrélation tellement directe avec cet autre fait que l'unité a trois racines cubiques, que si l'on venait à supposer que celui-ci n'a pas lieu et que la racine cubique de l'unité, au lieu d'être 1, ou α, ou α^2 se réduit à 1, il n'y aurait plus aussi qu'une racine pour la proposée. Cette observation relative au cas le plus simple de l'équation du 3e degré, se développera par la suite, elle s'étendra successivement aux diverses circonstances dans lesquelles peut se trouver cette équation et deviendra un caractère général indistinctement applicable à toute équation de ce degré.

Cette propriété étant ainsi expliquée et comprise dans ses origines, examinons quelle sera son influence sur l'état de nos conceptions ultérieures.

Pour aller tout de suite au vif des recherches auxquelles nous voulons procéder, nous dirons, sans préambule, qu'en fait il résulte de ce que nous venons d'exposer que l'équation $x^3 \pm s = 0$ a trois racines et qu'il est incontestable qu'une seule de ces racines est réelle, que les deux autres sont imaginaires. Or la coexistence, pour une même équation, de ces deux sortes de racines s'offre tout d'abord à l'esprit sous l'aspect d'une contradiction qu'il ne paraît pas facile d'expliquer. Ce n'est point ainsi que les choses se passent dans l'équation du second degré $x^2 \pm b = 0$ où les racines sont toujours d'une nature similaire, c'est-à-dire toutes deux simultanément réelles ou toutes deux simultanément imaginaires. En principe, ce dernier fait se comprend facilement; car si, des deux racines du second degré, l'une était réelle et l'autre ne l'était pas, cela ne voudrait-il pas dire que les conditions de l'énoncé sont à la fois praticables et impraticables en réel, ce qui est évidemment contradictoire? Maintenant, pourquoi cette raison, qui paraît si décisive pour le second degré, cesse-t-elle de l'être pour le troisième et pour beaucoup d'autres? Pourquoi, dans ces degrés, la contradition qui, du moins en apparence, résulte de la coexistence de racines non similaires doit-elle être acceptée sans qu'il en résulte échec pour la raison ? C'est là un point de doctrine important que nous avons déjà signalé et sur lequel nous allons donner les explications que nous avons annoncées.

Remarquons d'abord à ce sujet que le second degré n'est pas tant exempt de reproches sur ce point qu'on pourrait le croire au premier abord. Sans doute lorsque les deux racines sont réelles elles sont identiques quant à leur nature, mais, au point de vue de leur réalisation propre ou de leur irréalisation, elles ne le seront pas toujours, lorsque l'une étant positive l'autre est négative. Par exemple, dans une file de soldats, chaque homme a son numéro, son rang, depuis le premier jusqu'au dernier ; supposons qu'un de ces hommes doit recevoir une punition ou une récompense ; si son rang était connu, il serait facile de savoir qui il est. Mais ce rang a été oublié ; on se rappelle toutefois que le carré du nombre qui l'exprime, s'il était augmenté de 4 unités, serait égal au nombre de jours d'une année non bissextile ; ce carré est donc 361 et il est dès lors possible de trouver ce rang en résolvant l'équation $x^2 = 361$. Or celle-ci a deux racines $+19$ et -19. Mais autant il est facile de comprendre ce qu'est le 19e rang, autant il est difficile et même impossible d'expliquer ce que pourrait être, dans cette file d'hommes un rang négatif. On voit donc que, tout en étant l'une et l'autre réelles, la première racine se comprend et se réalise facilement, tandis que la seconde est une impossibilité ; ce qui n'empêche pas qu'elles sont également aptes toutes deux à satisfaire à la condition initiale $x^2 = 361$.

Lorsque, dans le troisième chapitre de notre précédente publication, nous avons exposé ce qui est relatif à la mise des problèmes en équation, nous avons constaté que si l'énoncé exprime une relation qui ne peut pas être satisfaite avec du réel, nous trouverons nécessairement pour racine une valeur imaginaire. Mais cette cause de l'apparition de l'imaginaire, qui tient essentiellement à la nature de la question proposée, n'est pas la seule qui agisse et nous avons fait remarquer qu'alors même que les conditions imposées n'auraient rien de contradictoire, alors qu'il pourrait y être satisfait par du réel, l'imaginaire n'interviendrait pas moins dans les racines, parceque toute élévation aux puissances l'introduit, tacitement il est vrai, mais nécessairement dans la question.

Or ces deux sortes d'intervention de l'imaginaire, qui tiennent évidemment à des causes différentes, produiront des effets différents aussi, comme on doit naturellement s'y attendre; et de là des distinctions au moyen desquelles le point de doctrine que nous examinons ici pourra être élucidé.

Soit l'équation générale du degré pair $x^{2m} \pm K = o$. En prenant le signe positif pour K, il est certain que le premier membre de cette équation ne pourra être annulé par aucune valeur réelle de x. La racine $\sqrt[2m]{-K}$ est en effet alors imaginaire, et il en sera de même de toutes les autres formées en multipliant $\sqrt[2m]{-K}$ par les racines de l'unité du degré $2m$. Dans ce cas toutes les racines sont similaires, l'impossibilité constatée au début se trouve partout; il y a donc accord complet entre les prémisses et la conclusion.

Mais si K est pris négativement, il y aura toujours un nombre réel qui satisfera à l'équation et dont la valeur sera $\sqrt[2m]{K}$. Quant aux autres racines qui seront le produit de $\sqrt[2m]{K}$ par les racines de l'unité du degré $2m$, elles seront toutes imaginaires à l'exception d'une seule $-\sqrt[2m]{K}$, car l'on sait que, pour les degrés pairs, $+1$ et -1 sont toujours racines de l'unité. Ainsi, dans ce cas, on constate que deux racines réelles existent simultanément avec $2m-2$ racines imaginaires.

Mais il y a une différence essentielle entre l'imaginaire qui se présente dans le cas précédent et celui qui se manifeste dans celui-ci.

Dans le premier cas, en effet, l'impossibilité est flagrante, absolue; il y a nécessité que pas un résultat réel puisse être la conséquence de nos recherches; la nature même de la condition initiale s'y oppose virtuellement ; cette condition est la négation la plus complète, la plus impérieuse de la présence du réel. Aussi la forme algébrique qui en est l'équivalence, $\sqrt[2m]{-K}$, passe dans toutes les racines, y incorpore ses empêchements propres, de telle sorte qu'il n'en est pas une qui n'exprime nettement que, pour que le premier membre soit annulé, il faut que la condition imposée soit changée, que l'addition de x^{2m} à K soit remplacée par une soustraction.

Dans le second cas, le réel est possible, il y aura toujours une valeur de cette espèce qui, en se conformant aux conditions mêmes de l'énoncé, annulera le premier membre ; mais rien n'empêche de concevoir qu'il peut exister d'autres moyens algébriques qui, tout en se conformant aux mêmes conditions, réduiront aussi le premier membre à zéro, et ces moyens, quels qu'ils soient, seront nécessairement des racines très susceptibles de coexister avec la première puisqu'elles satisfont comme elle à la condition imposée. Nous verrons tout à l'heure qu'il existe en effet de ces moyens et nous dirons ce qu'ils sont. Sans doute, au point de vue algébrique, ces racines pourront être entre elles d'une nature différente ; les unes seront réalisables, les autres ne le seront pas, ce qui dépendra des espèces considérées, mais cela ne constituera d'empêchement que vis-à-vis d'elles-mêmes, cela ne mettra pas obstacle à ce que ces diverses expressions collectives de nombres et d'opérations ne soient propres, en vertu de leur constitution, à satisfaire à la condition imposée dans les termes mêmes où elle a été formulée.

Ainsi, lorsque, dans l'équation qui nous occupe, l'énoncé sera contradictoire par lui-même, antipathique au réel, et prohibitif vis-à-vis de lui, il ne sera pas possible que les racines soient autre chose qu'imaginaires, elles seront donc toutes similaires, et toutes, sans exception, s'opposeront au maintien de la condition initiale quelle que puisse être la variété de leurs formes.

Mais si la nature de l'énoncé est telle que les conditions qu'elle exprime peuvent, dans les termes mêmes où elles sont conçues, être satisfaites par un nombre réel, il sera très-possible qu'elles le soient aussi à l'aide de combinaisons de ce même nombre avec certaines formes imaginaires, puisque nous savons qu'il y a telles de ces formes qui, traitées par des opérations convenables, nous ramènent au réel. Tout consistera dès lors à prendre celles de ces formes qui se trouvent dans un tel rapport avec les opérations de l'énoncé que celles-ci y détruisent l'imaginaire et les réalisent; c'est précisément là ce qui a lieu dans un degré quelconque pour les racines de l'unité lorsqu'on les élève à la puissance marquée par ce degré. Il sera donc possible, dès lors, que des solutions réelles coexistent avec des solutions imaginaires.

Or c'est parceque, pour le second degré, ces formes modificatrices, les racines de l'unité, ne passent pas à l'imaginaire, c'est parce que, égales à +1 ou à -1, elles restent réelles, que, dans ce cas particulier, les racines ne peuvent être que toutes deux réelles ou toutes deux imaginaires; et ainsi, on se rend compte de l'apparente anomalie qui distingue ce degré de tous les autres.

L'exemple suivant nous paraît très-propre à bien faire saisir les différences de points de vue qui existent entre ces divers ordres de conceptions.

Supposons que, nous trouvant dans la campagne, on nous demande d'aller du point A où nous sommes à un point déterminé B. Il existe une rivière d'un cours indéfini entre A et B, et l'on voudrait cependant nous obliger à aller du point A au point B par la voie de terre exclusivement. Il est évident que de la condition d'une ligne liquide indéfinie interposée entre les points A et B, résulte l'impossibilité de résoudre la question dans les termes où elle est posée. Tous les chemins qu'on indiquerait comme susceptibles de conduire au but porteraient nécessairement avec eux l'entrave résultant de l'existence de la rivière et seraient, par conséquent, impropres à nous faire arriver au point A uniquement par la voie de terre; ainsi, dans cette circonstance, il n'est pas de réponse qui ne signale la nécessité que, pour satisfaire à la demande, il faudrait modifier les conditions dans lesquelles elle a été faite. Admettons maintenant qu'on nous permette d'établir des ponts sur la rivière ; dans ce cas, il deviendra possible de satisfaire aux conditions imposées, et le moyen le plus simple qui se présentera pour accéder au point B consistera à construire un pont sur la ligne même qui joint A et B. Mais il est clair que si la condition d'aller en ligne droite de A en B n'est pas imposée, je pourrai, en construisant d'autres ponts sur la rivière, m'en servir pour aboutir au point B. Ce ne seront pas, à coup sûr, des chemins en ligne droite comme le premier ; à ce point de vue ils seront d'une nature différente de lui ; en effet, tandis que l'expression de celui-ci pourra être établie avec du réel, celles des autres chemins ne pourront l'être qu'avec l'imaginaire, puisque par rapport à lui ce seront des longueurs diversement dirigées suivant les cas ; mais par suite de l'opération de transport que j'effectuerai sur chacun d'eux pour satisfaire à la condition imposée, les effets de l'imaginaire seront définitivement détruits. Le résultat demandé sera donc obtenu tout aussi bien à l'aide des chemins obliques ou imaginaires, qu'à l'aide du chemin direct ou réel.

Lorsque l'équation est d'un degré impair au lieu d'être d'un degré pair, il est possible qu'elle exprime aussi une condition tout à fait irréalisable dans sa forme actuelle et alors ce sera sous la réserve qu'une expression algébrique en modifiera la teneur, qu'il pourra être permis de considérer cette expression comme racine, si d'ailleurs, après ce changement, elle annule le premier membre. Ainsi, pas plus pour les degrés impairs que pour les degrés pairs, il ne sera possible de faire que l'addition $x^{2m+1}+K$ soit nulle et il sera nécessaire, pour que le résultat zéro soit obtenu, que l'addition se change en soustraction. Mais ici l'intervention de l'imaginaire n'est plus nécessaire, et, eu égard aux propriétés bien connues des puissances impaires, la forme négative de x sera suffisante. Mais on conçoit que si d'autres valeurs que celle $-\sqrt[2m+1]{K}$ peuvent comme elle rendre nulle l'expression $x^{2m+1}+K$, ce ne sera qu'à la condition que l'effet modificatif de l'addition en soustraction appartiendra à toutes ces valeurs. C'est ce qui arrive évidemment pour le produit de $-\sqrt[2m+1]{K}$ par les racines de l'unité du degré $2m+1$, puisque l'effet de l'élévation à la puissance de ce degré ramenant ces racines à l'unité, toutes les variétés ainsi obtenues produiront exactement le même effet que $-\sqrt[2m+1]{K}$. On s'explique donc encore ainsi comment il se fait que des racines réelles puissent coexister avec des racines imaginaires. C'est que celles-ci n'interviennent pas parceque l'ensemble des conditions de l'énoncé est antipathique à l'existence de valeurs réelles, mais parce qu'au nombre de ces conditions il s'en trouve une l'élévation à la puissance $2m+1$, qui est de nature à faire disparaître par elle-même toutes ces formes modificatrices de $-\sqrt[2m+1]{K}$ et à laisser ensuite cette expression agir dans tous les cas de la même manière que si elle était seule.

En résumé, dans certaines circonstances, la forme imaginaire est imposée par l'énoncé; elle est alors nécessaire, indispensable et essentiellement constitutive de la racine; dans d'autres cas, de pareilles nécessités n'existent pas, mais rien ne s'oppose à ce que cette forme soit admise comme accessoire du principal, parceque, destinée à disparaître par le fait des opérations qui doivent être pratiquées sur la racine, celle-ci produira exactement les mêmes effets que lorsque cette forme modificatrice ne figure pas dans son expression.

A l'aide de ces explications, on comprendra la distinction qu'il faut faire entre l'imaginaire résultant de l'impossibilité de satisfaire avec du réel à l'ensemble des conditions d'un énoncé et qui porte en même temps avec lui l'indication des incompatibilités mêmes qui en ont provoqué la manifestation, et cet autre imaginaire dont quelques-unes des opérations de l'énoncé autorisent l'introduction, parce qu'elles ont le pouvoir d'en annuler les effets, et qui n'a définitivement d'autre objet que celui de produire la multiplicité des racines, sans apporter aucune modification à la nature constante des effets qui seraient produits sans lui.

Toutefois ces conclusions déduites seulement de ce qui concerne les équations de la forme $x^n \pm K = 0$, ne doivent pas, quant à présent, être étendues au-delà de cette forme; nous verrons successivement ce qu'elles deviennent lorsque nous procéderons à l'étude des autres particularités de l'équation du 3e degré.

V.

Dans l'étude que nous avons faite de l'équation du second degré, après avoir d'abord traité le cas $x^2 + b = 0$, nous avons été conduit, à l'aide d'une remarque fort simple, à reconnaître que l'équation la plus générale de ce degré savoir: $x^2 + ax + b = 0$, se ramène facilement à ce cas. Cela tient à ce que l'ensemble des deux termes qui contiennent l'inconnue peut être considéré comme le commencement d'un carré dont le complément est indépendant de x, de telle sorte que l'équation étant écrite sous la forme: $(x + \frac{a}{2})^2 - \frac{a^2}{4} + b = 0$, les inverses des opérations qui figurent dans le premier membre deviennent alors très-apparents, ce qui permet, comme nous l'avons expliqué, de procéder à la constitution de la racine.

On est conduit, en suivant cette analogie, à chercher si l'on ne pourrait pas appliquer au troisième degré un procédé semblable. Mais on ne tarde pas à se convaincre que, s'il est toujours possible, dans l'équation générale $x^3 + ax^2 + bx + c = 0$, de considérer les deux premiers termes comme le commencement du cube de $(x + \frac{a}{3})$, il n'arrivera que fort exceptionnellement que le terme en x du développement de ce cube sera le même que celui de la proposée; de sorte que ce moyen ne sera applicable qu'à un cas particulier de l'équation du troisième degré, celui où b serait précisément égal à $\frac{a^2}{3}$. Nous reviendrons plus tard sur cette considération pour la compléter dans ce qu'elle a de plus général, et nous verrons que, quoique impropre à donner la valeur immédiate des racines, elle conduit à une simplification remarquable de l'équation générale. Pour le moment, supposons qu'on a en effet $b = \frac{a^2}{3}$, et examinons ce qui concerne ce cas particulier.

Il est évident que lorsque le coefficient de x prendra la valeur $\frac{a^2}{3}$ on pourra remplacer les trois premiers termes par $(x + \frac{a}{3})^3 - \frac{a^3}{27}$ et que, par conséquent la proposé deviendra :

$$(x + \frac{a}{3})^3 + c - \frac{a^3}{27} = 0.$$

Dans cette circonstance, les opérations inverses de l'énoncé se découvrent très-facilement. On voit d'abord que l'addition de $\frac{a}{3}$ à x sera annulée par le terme soustractif $-\frac{a}{3}$ de la racine ; on voit en second lieu que, cette première annulation faite, il faudra que ce qui restera de cette racine produise, après son élévation au cube l'anéantissement de $c - \frac{a^3}{27}$. Cette seconde partie devra donc être $\sqrt[3]{\frac{a^3}{27} - c}$, d'où il suit que l'on aura l'expression $-\frac{a}{3} + \sqrt[3]{\frac{a^3}{27} - c}$ pour la valeur complète de x.

Sans même entrer dans ce détail, nous aurions pu dire immédiatement que l'équation, se trouvant ramenée à la forme simple $x^3 + s = 0$, ce que nous avons dit précédemment de x et de s, s'appliquera à la proposée actuelle en substituant $x + \frac{a}{3}$ à x et $c - \frac{a^3}{27}$ à s, d'où l'on conclura $x + \frac{a}{3} = \sqrt[3]{-(c - \frac{a^3}{27})}$, et par suite, ainsi que nous venons de le constater :

$$x = -\frac{a}{3} + \sqrt[3]{\frac{a^3}{27} - c}$$

On remarquera d'ailleurs que la condition que le cube $(x + \frac{a}{3})^3$ soit égal à $\frac{a^3}{27} - c$ sera tout aussi bien satisfaite en prenant $\sqrt[3]{\frac{a^3}{27} - c}$ pour racine de ce cube qu'en prenant le produit de cette quantité par une racine cubique quelconque de l'unité.

D'où il suit que, dans ce cas, comme dans le précédent, il y aura trois racines de la proposée. Ce fait algébrique est donc une conséquence nécessaire de la propriété que possède l'unité d'avoir trois racines cubiques, à tel point que si cette propriété n'existait pas, il n'existerait pas lui-même.

VI

Procédons maintenant à l'examen des divers cas dans lesquels pourront se trouver les racines au point de vue de leur positivité, de leur négativité, de leur imaginarité, et constatons à cet égard les concordances qui existent d'une part, entre les déductions qui résultent directement de la forme du premier membre, et, d'autre part, celles que donne l'expression des racines.

Lorsque dans l'équation $(x+\frac{a}{3})^3 + (c - \frac{a^3}{27}) = 0$ les deux termes qui composent le premier membre sont positifs, il est évidemment impossible que l'addition de ces deux termes donne zéro pour résultat ; il faudra donc alors que l'addition se change en soustraction, ce qui sera impossible avec des valeurs positives de x, le nombre a étant d'ailleurs supposé positif. S'il s'agissait du second degré, cela serait même impossible avec des valeurs négatives ; de sorte qu'alors la contradiction de l'énoncé et la transformation de son addition en une soustraction ne peut être obtenue que par des valeurs imaginaires. Mais pour le troisième degré et généralement pour les degrés impairs, la considération du négatif sera toujours suffisante pour amener cette transformation. Ainsi, dans le cas particulier qui nous occupe, la contradiction de l'énoncé ne pourra jamais introduire l'imaginaire dans la racine. Celui-ci interviendra uniquement par suite de cette double circonstance que $(x+\frac{a}{3})$ doit être élevé au cube et que la propriété que possède l'unité d'avoir trois racines cubiques permettra de les donner toutes comme facteur à la racine de ce cube. La forme de cet imaginaire sera donc toujours celle de ces racines mêmes.

Nous voyons en résumé que a étant positif et $(c - \frac{a^3}{27})$ l'étant aussi, il faut que la racine soit négative. C'est bien là en effet ce qu'indique la forme $-\frac{a}{3} + \sqrt[3]{\frac{a^3}{27} - c}$ de cette racine, puisque chacun de ses termes est négatif. De sorte qu'après l'addition de $\frac{a}{3}$ à cette racine, l'expression du cube de cette racine devra toujours figurer soustractivement dans le premier membre de la proposée, comme nous avons reconnu que c'était nécessaire pour que ce premier membre fût nul. Cette propriété subsistera d'ailleurs toujours lorsque le radical cubique, au lieu d'être employé seul, sera multiplié par une quelconque des racines cubiques de l'unité, c'est-à-dire qu'elle s'appliquera aux racines imaginaires.

Remarquons maintenant que $c - \frac{a^3}{27}$ ne peut être positif qu'à la condition que c le sera ; ainsi, dans ce cas, a et c seront de même signe. Mais, tout en laissant c positif, l'expression $c - \frac{a^3}{27}$ deviendra négative lorsque $\frac{a^3}{27}$ sera supérieur à c. Alors dans la proposée il sera nécessaire que $(x + \frac{a}{3})^3$ soit positif, ce qui pourra avoir lieu pour toutes les valeurs de x comprises entre $-\frac{a}{3}$ et l'infini positif. Mais, parmi ces valeurs, toutes celles qui sont positives devront être exclues parcequ'elles donneraient trop. En effet, la quantité à soustraire $\frac{a^3}{27} - c$ est moindre que le cube de $\frac{a}{3}$, il faudra donc qu'il en soit de même de $(x + \frac{a}{3})^3$, ce qui exigera que quelque chose soit toujours retranché à $\frac{a}{3}$, c'est-à-dire que x soit négatif. C'est en effet le résultat auquel conduit la formule qui donne x puisqu'alors x est égal à $-\frac{a}{3}$ augmenté d'une quantité moindre $\frac{a}{3}$ lui-même.

Par conséquent, dans toutes les circonstances où a et c seront positifs, qu'elles que soient les grandeurs respectives de ces coefficients, la racine sera négative.

Ce résultat étant ainsi constaté il sera facile d'en conclure que si a et c sont négatifs, la racine sera au contraire positive. En effet, dans cette hypothèse, la proposée devient : $(x - \frac{a}{3})^3 - c + \frac{a^3}{27} = 0$. Changeant les signes de tous les termes il vient $(-x+\frac{a}{3})^3 - c + \frac{a^3}{27} = 0$, équation qui n'est autre que la précédente dans laquelle le signe de x est changé, ce qui confirme notre proposition.

On vérifiera ensuite que si a est positif et c négatif la quantité $c - \frac{a^3}{27}$ sera toujours négative et supérieure en grandeur absolue à $\frac{a^3}{27}$: il faudra donc qu'à l'inverse $(x+\frac{a}{3})^3$ soit positif et plus grand que $\frac{a^3}{27}$, ce qui exige que x soit positif.

Si, au contraire, a est négatif et c positif la quantité $c - \frac{a^3}{27}$ sera toujours positive et supérieure à $\frac{a^3}{27}$, d'où il suit que pour être annulée par $(x-\frac{a}{3})^3$ il faudra que ce cube soit négatif et plus grand que $\frac{a^3}{27}$. De là résulte nécessairement la négativité de x.

Nous pouvons résumer toute cette discussion dans les termes simples qui suivent:

Si a et c sont de signe contraire, la racine prend le signe de a.

Si a et c sont de même signe, le signe de la racine est le contraire du signe commun à ces deux coefficients.

Présentons maintenant quelques détails sur la comparaison qu'on peut faire entre ce cas particulier de l'équation du troisième degré et l'équation générale du second.

Pour l'une et pour l'autre on remarquera d'abord que le mode de solution repose sur le même ordre de considérations. Dans le second degré, l'ensemble des termes en x peut être considéré comme le commencement d'un carré; dans le troisième, l'ensemble correspondant est le commencement d'un cube. Aussi la forme des racines est-elle similaire; elle se compose dans l'un et l'autre cas de deux termes dont l'un est rationnel, dont l'autre est radical. D'une part, le terme rationnel est le coefficient de x divisé par 2, pour le second degré, divisé par 3 pour le troisième ; d'autre part, la partie radicale contient l'expression d'une racine carrée pour le second degré, d'une racine cubique pour le troisième. Il existe donc à ces divers égards une analogie complète. Mais en ce qui concerne l'imaginaire, les causes de son intervention sont très-différentes dans les deux cas. En effet, dans le second degré l'imaginaire n'est jamais introduit par la considération des racines carrées de l'unité, puisque ces racines sont réelles. Sa présence doit toujours être attribuée à ce qu'il existe une contradiction dans l'énoncé ; par suite elle est une conséquence nécessaire de certains rapports existant entre les coefficients et qui sont destinés à exprimer cette contradiction, c'est ce que nous avons en effet constaté. Dans le cas particulier que nous venons d'examiner pour le troisième degré, l'imaginaire, au contraire, n'est jamais une conséquence des contradictions de l'énoncé. Ici ce mode d'obstacle peut toujours être levé par des valeurs négatives de x. L'existence de l'imaginaire n'entraînera donc aucune condition entre les coefficients. Aussi avons-nous constaté que, quelles que soient les valeurs respectives de ces coefficients, le réel et l'imaginaire ont toujours une même part dans les racines pour une variété quelconque de l'équation cubique que nous venons d'étudier.

Ces remarques ne doivent pas être perdues de vue ; on verra leur importance grandir de plus en plus à mesure que nous avancerons dans nos recherches.

VII.

Nous venons d'examiner le cas où l'ensemble des trois termes en x constitue le commencement d'un cube dont le complément est indépendant de x ; mais nous avons fait remarquer que si toujours le terme en x^3 et celui en x^2 peuvent être considérés comme appartenant au cube de $x + \frac{a}{3}$, il arrivera généralement que le troisième terme de ce cube ne sera pas le même que celui de la proposée, parce que le coefficient b de celui-ci aura une valeur différente de $\frac{a^2}{3}$. Supposons maintenant que c'est cette dernière circonstance qui se produit, admettons par conséquent que les coefficients a, b, c sont quelconques, c'est-à-dire que nous nous trouvons dans le cas le plus général de l'équation du troisième degré.

Je pourrai toujours dans ce cas considérer $x^3 + ax^2$ comme représentant les deux premiers termes du cube $(x+\frac{a}{3})^3$, et il me sera par conséquent loisible de les remplacer par $(x+\frac{a}{3})^3 - \frac{a^2}{3}x - \frac{a^3}{27}$

Si je fais cette substitution dans le premier membre de la proposée, j'aurai, en réunissant ensemble les termes en x et les termes tout connus

$$(x+\frac{a}{3})^3 + (b-\frac{a^2}{3})x + (c-\frac{a^3}{27}) = 0.$$

Parvenu à ce point, je ne tarde pas à reconnaître qu'il se présente un moyen facile de substituer à l'inconnue x une nouvelle inconnue $x+\frac{a}{3}$. Il suffit pour cela d'ajouter et de retrancher au premier membre la quantité $(b-\frac{a^2}{3})\frac{a}{3}$. En effet il vient alors :

$$(x+\frac{a}{3})^3 + (b-\frac{a^2}{3})(x+\frac{a}{3}) + (c-\frac{a^3}{27}) - (b-\frac{a^2}{3})\frac{a}{3} = 0.$$

En conséquence, si, considérant maintenant $x+\frac{a}{3}$ comme une inconnue, je parviens à la déterminer, il suffira de lui retrancher la quantité $\frac{a}{3}$ pour connaître la valeur de x qui résout la proposée. Or, il y a un avantage évident à traiter cette dernière équation plutôt que la première, parceque sa forme est plus simple, le terme qui contient le carré de l'inconnue n'y figurant pas.

La considération que nous venons de mettre en jeu ne nous donne donc pas immédiatement la valeur de la racine, mais elle introduit dans la question une modification qui nous permet d'entrevoir qu'avec son aide nous pourrons parvenir plus facilement à la découverte de cette valeur.

Si, par exemple, il était question de résoudre l'équation

$$x^3 + 3x^2 - 5x + 7 = 0$$

nous en déduirions :

$$\frac{a}{3} = 1\,, \quad b - \frac{a^2}{3} = -8\,, \quad c - \frac{a^3}{27} = 6\,,$$

l'équation en $x + \frac{a}{3}$ serait donc

$$(x+1)^3 - 8(x+1) + 14 = 0$$

qui, en posant $x + 1 = z$, prend la forme simple

$$z^3 - 8z + 14 = 0$$

Or, celle-ci étant résolue, il suffira de retrancher l'unité à ses racines pour avoir les valeurs de x.

D'après cela nous voyons que nous serons toujours en mesure d'obtenir les racines de l'équation la plus générale du troisième degré si nous savons résoudre celles dans lesquelles le terme en x^2 manque. C'est ce dont nous allons maintenant nous occuper.

VIII

Soit donc l'équation $x^3 + px + q = 0$ et proposons-nous de la résoudre.

Si nous voulons appliquer à cette équation le procédé que nous avons mis en œuvre pour celles du premier et du second degré, notre tâche consistera à trouver la constitution d'une expression algébrique telle qu'elle contienne dans un ordre convenable la série des opérations inverses de celles dont est composé le premier membre. Il est certain qu'une telle expression introduite dans ce premier membre à la place de x, déterminant successivement la destruction des effets produits par les opérations de l'énoncé, en provoquera certainement l'annulation définitive. Malheureusement, nous l'avons déjà dit, la connaissance de ces inverses est loin de se présenter immédiatement à l'esprit, et cette connaissance devient de moins en moins instinctive à mesure que le degré des équations s'élève, c'est-à-dire à mesure que les opérations de l'énoncé sont à la fois plus nombreuses et plus compliquées. Ce n'est pas à dire pour cela qu'on ne puisse pas arriver ; mais la simple inspection de l'équation, très-suffisante à cet égard pour le premier degré, n'est plus d'un grand secours en dehors de lui, et ce n'est qu'en appelant à notre aide les ressources des propriétés que l'étude de l'algèbre nous apprend être applicables aux diverses puissances des quantités et aux combinaisons dont ces puissances sont susceptibles, que nous pouvons avoir l'espoir d'arriver au but. N'est-il pas en effet naturel que la solution d'une question qui intéresse une puissance soit une dépendance des propriétés qui appartiennent à cette puissance ? Et serait-il raisonnable de la chercher en dehors de ces propriétés ? C'est ainsi que parceque, dans le second degré, l'expression $x^2 + ax$ est toujours le commencement du carré de $x + \frac{a}{2}$, nous avons pu mettre les opérations du premier membre sous une forme simplifiée à l'aide de laquelle l'ordre et la connaissance des inverses sont devenus apparents. C'est encore ainsi que, dans le troisième degré, mettant à profit ce fait que l'expression $x^3 + ax^2 + \frac{a^2}{3}x$ constitue le commencement du cube de $x + \frac{a}{3}$, nous avons pu facilement obtenir la valeur des racines dans ce cas particulier.

Entrons maintenant un peu plus avant dans cette voie, faisons appel aux propriétés dont jouissent les expressions algébriques par rapport à leurs cubes et cherchons s'il n'en existerait pas quelqu'une parmi elles qui nous permettrait de constituer les racines de l'équation proposée. Or, il ne faut pas s'être livré à de nombreux exercices analytiques pour avoir reconnu que, relativement à la puissance cubique, la somme de deux quantités quelconques g et l peut toujours être exprimée par $(\sqrt[3]{g} + \sqrt[3]{l})^3 - 3\sqrt[3]{gl} \cdot (\sqrt[3]{g} + \sqrt[3]{l})$ de sorte que l'on a identiquement

$$(\sqrt[3]{g} + \sqrt[3]{l})^3 - 3\sqrt[3]{gl}\,(\sqrt[3]{g} + \sqrt[3]{l}) - (g+l) = 0$$

Voilà donc une relation du troisième degré qui aura toujours lieu et qui est composée avec $\sqrt[3]{g} + \sqrt[3]{l}$ exactement comme l'est la proposée avec x ; d'où nous pouvons conclure que, dans ce qu'elle a de plus général, et sauf à déterminer convenablement dans chaque cas g et l la forme

$$\sqrt[3]{g} + \sqrt[3]{l}$$

peut être prise pour celle de x.

Ce premier point étant acquis, ajoutons, ainsi que nous l'avons reconnu dans le second degré, qu'il est toujours possible d'exprimer deux quantités quelconques g et l à l'aide de la somme et de la différence de deux autres; qu'en conséquence il nous sera permis de substituer $m+n$ et $m-n$ à g et à l. De ces diverses considérations il résulte que, sauf à procéder dans chaque cas à la détermination spéciale des valeurs de m et de n, la valeur de x sera généralement exprimable par le type

$$\sqrt[3]{m+n} + \sqrt[3]{m-n}.$$

Si maintenant nous formons le cube de cette quantité, nous aurons pour résultat

$$2m + 3\sqrt[3]{m^2-n^2}\left(\sqrt[3]{m+n} + \sqrt[3]{m-n}\right)$$

et par conséquent

$$2m + 3\sqrt[3]{m^2-n^2}\,.\,x$$

Il faudra donc, pour que le premier membre de la proposée soit égal à zéro, que cette quantité annule $px+q$. Or nous annulerons d'abord q en prenant $m = -\frac{q}{2}$, nous annulerons ensuite px en écrivant que $3\sqrt[3]{m^2-n^2}$ est égal à $-p$, d'où l'on déduit $m^2-n^2 = -\frac{p^3}{27}$, et par suite $n^2 = m^2 + \frac{p^3}{27}$; d'ailleurs m^2 a pour valeur $\frac{q^2}{4}$ et de là il résulte que n est égal à $\pm\sqrt{\frac{q^2}{4}+\frac{p^3}{27}}$. On voit donc comment, après nous être éclairé par une discussion préalable sur la forme générale de la racine, la considération des opérations inverses qui doivent la constituer nous a conduit à en déterminer tous les détails. Nous pouvons donc définitivement écrire :

$$x = \sqrt[3]{-\frac{q}{2} + \sqrt{\frac{q^2}{4} + \frac{p^3}{27}}} + \sqrt[3]{-\frac{q}{2} - \sqrt{\frac{q^2}{4} + \frac{p^3}{27}}}$$

Pour simplifier et rendre plus claire notre exposition, nous donnerons, dans ce qui va suivre, à ces deux radicaux du 3e degré le nom d'éléments des racines et nous les désignerons généralement par les lettres a et b.

Remarquons maintenant que si les deux éléments dont la somme compose la valeur de x avaient été multipliés par une racine quelconque α ou α^2 de l'unité, la formation du cube de x ainsi modifié n'aurait nullement été altérée en ce qui concerne le terme rationnel $2m$ qui y entre, puisque ce terme est la somme des cubes des deux éléments et que l'élévation au cube ramènera tous les α à l'unité ; d'un autre côté, dans le terme radical, la somme des deux éléments aurait été exactement celle que nous avons donnée à x modifié ; la seule chose susceptible de changement dans ce terme, en dehors de la désignation de x, est donc le triple produit $3\sqrt[3]{m^2-n^2}$ de ces éléments. Si, en effet, on avait employé pour chacun d'eux le multiplicateur α, leur produit serait devenu $3\alpha^2\sqrt[3]{m^2-n^2}$, si l'on avait fait usage de α^2, ce produit aurait pris la valeur $3\alpha\sqrt[3]{m^2-n^2}$. Ces deux combinaisons n'auraient donc pas eu pour résultat de donner à x le même coefficient que la précédente ; elles ne peuvent donc pas être considérées comme donnant satisfaction à la même équation que celle-ci. Il en serait de même des quatre variétés obtenues en associant l'un des éléments avec l'unité, l'autre avec α ou α^2. Mais si l'on multiplie un quelconque des éléments par α, l'autre par α^2, ce qui peut se faire de deux manières, leur triple produit conservera évidemment la valeur $3\sqrt[3]{m^2-n^2}$; dès lors ces deux combinaisons, produisant exactement les mêmes effets, que la première auront évidemment les mêmes droits qu'elle à être des racines.

Nous parvenons ainsi à cette conclusion que, pour le

cas général, comme pour les cas particuliers précédemment étudiés, l'équation du troisième degré a trois racines et que la forme de ces racines est :

$$a+b,\quad a\alpha+b\alpha^2,\quad a\alpha^2+b\alpha.$$

Il résulte évidemment de cette forme que la possibilité pour l'équation du troisième degré d'avoir trois racines est une conséquence directe, et nécessaire en même temps que subordonnée de l'existence de trois racines cubiques pour l'unité ; sans cette dernière propriété, c'est-à-dire si α et α^2 n'étaient pas différents de 1, il n'y aurait plus qu'une seule racine, puisque chacune des trois variétés ci-dessus se ramènerait indistinctement au seul type $a+b$.

IX.

Nous venons de voir, dans ce qui précède, comment les éléments numériques a et b doivent être combinés avec les racines de l'unité, c'est-à-dire avec l'élément imaginaire, pour devenir les trois racines d'une même équation du 3e degré. Au point de vue de la résolution de cette équation, cela serait suffisant. Mais si nous voulons nous éclairer plus complètement sur ce qui concerne la constitution des équations et celle des racines et sur les rapports qui les lient l'une à l'autre, il n'est pas sans intérêt d'étudier ces combinaisons dans leur ensemble et de chercher à nous rendre compte de leurs diverses significations.

Les éléments numériques étant au nombre de deux, leur combinaison avec les trois racines de l'unité donnera naissance à neuf expressions différentes. Nous venons de reconnaître que, sur ce nombre, il y en aura trois qui seront les racines de l'équation $x^3+px+q=0$. Occupons-nous maintenant des six autres, recherchons ce qu'elles sont en elles-mêmes, qu'elle pourra être la nature de leurs effets. Constatons d'abord que, quelle que soit la combinaison qu'on voudra choisir, elle formera un binôme qui, lorsqu'on en fera la troisième puissance, donnera toujours le même résultat $2m$ pour la somme des cubes des deux termes qui le composent. Il n'en sera pas de même du triple produit de ces deux termes qui, dans cette troisième puissance, forment le coefficient de x. Par exemple, nous avons constaté dans l'article précédent que si l'on prend la combinaison $a\alpha + b\alpha$, ce coefficient, au lieu d'être, $+ 3\sqrt[3]{m^2-n^2}$, sera cette même expression multipliée par α^2. Il résulte de là que si la combinaison primitive $a+b$ permet d'annuler le terme en x de la proposée, par l'égalisation de $3\sqrt[3]{m^2-n^2}$ à $-p$, la nouvelle combinaison $a\alpha + b\alpha$, dans laquelle nous supposons que m et n conservent les mêmes valeurs, n'annulera plus $-p$ mais $-p\alpha^2$. Il est d'ailleurs évident qu'il en sera de même pour la combinaison $a\alpha^2+b$ et pour celle $a+b\alpha^2$; celles-ci comme la précédente donneront à x le coefficient $3\alpha^2\sqrt[3]{m^2-n^2}$, de sorte qu'elles formeront le groupe des trois racines d'une équation ainsi conçue $x'^3+p\alpha^2x'+q=0$. On vérifiera enfin que la combinaison $a\alpha^2+b\alpha^2$, élevée au cube, donnera à x le coefficient $3\alpha\sqrt[3]{m^2-n^2}$ et qu'il en sera de même des deux autres $a+b\alpha$, $a\alpha+b$, de sorte que celles-ci formeront un nouveau groupe qui sera celui des racines de l'équation $x''^3+p\alpha x''+q=0$.

Ces divers résultats sont consignés et groupés dans le tableau suivant :

Equation proposée	Racines.
$x^3+px+q=0$	$a+b$, $a\alpha+b\alpha^2$, $a\alpha^2+b\alpha$
$x'^3+p\alpha^2x'+q=0$	$a\alpha+b\alpha$, $a\alpha^2+b$, $a+b\alpha^2$
$x''^3+p\alpha x''+q=0$	$a\alpha^2+b\alpha^2$, $a+b\alpha$, $a\alpha+b$

Ces conséquences, déduites des raisonnements précédents, auraient d'ailleurs pu être facilement prévues à la seule inspection des premiers membres des proposées. En effet la seconde équation n'est autre chose que la première dans laquelle x est remplacé par $\alpha^2 x'$ ou, ce qui revient au même; par $\frac{x'}{\alpha}$, d'où il suit que x' devra être égal à αx. On reconnaît en effet que le second groupe de racines n'est autre chose que le premier multiplié par α. Quant à la troisième équation elle n'est, à son tour, que la première dans laquelle $\alpha x''$ remplace x, on devra donc avoir $x'' = \frac{x}{\alpha} = \alpha^2 x$, résultat complètement confirmé dans le tableau ci-dessus.

On voit donc qu'il est possible, avec les deux mêmes éléments a et b, convenablement combinés avec les racines cubiques de l'unité, de satisfaire à trois équations distinctes. La constance de ces éléments, admise d'abord comme point de départ, se trouve confirmée par les relations $x' = \alpha x$, $x' = \alpha^2 x$; elle le serait en outre par les calculs qui, dans chaque circonstance particulière, serviraient à déterminer ces éléments, au cas où on les supposerait inconnus. En effet, si, par exemple, pour l'équation en x' on pose $x' = \sqrt[3]{m'+n'} + \sqrt[3]{m'-n'}$, les quantités m' et n' étant considérées comme pouvant être différentes de m et de n, on aura, en élevant au cube, $2m' + 3\sqrt[3]{m'^2 - n'^2} \cdot x'$. Or pour que cela détermine le premier membre de l'équation en x', on devra poser $2m' = -q$, $3\sqrt[3]{m'^2 - n'^2} = -p\alpha^2$. La première de ces conditions donnera pour m' la valeur $-\frac{q}{2}$, c'est-à-dire celle même de m. Quant à la seconde condition, elle diffère sans doute de celle en m et n, mais, comme pour avoir n', elle doit être élevée au cube, opération qui fait disparaître l'influence que le modificateur α^2 exerce sur p; il s'ensuit qu'en fin de compte m' et n' ne peuvent être différents de m et de n. Il en serait de même de m'' et n''.

On peut conclure de là que l'équation qui aurait pour racines l'ensemble des modifications que peut subir la somme $a+b$, lorsqu'on multiplie de toutes les manières possibles chacun de ses termes par les racines cubiques de l'unité, serait une équation du neuvième degré dont le premier membre serait le produit de ceux des trois équations ci-dessous, dans lesquelles on aurait supprimé les accents. Sans qu'il soit nécessaire d'entrer à ce sujet dans aucun détail, on voit facilement que cette équation serait

$$(x^3+q)^3+p^3x^9=0$$

On peut, en y considérant x^3+q comme l'inconnue, lui donner la forme

$$(x^3+q)^3+p^3(x^3+q)-p^3q=0$$

et l'on en déduira, en la résolvant conformément aux principes ci-dessus exposés :

$$x^3+q=\sqrt[3]{+\frac{p^3q}{2}+\sqrt{\left(\frac{p^3q}{2}\right)^2+\frac{p^3}{27}}}+\sqrt[3]{+\frac{p^3q}{2}-\sqrt{\left(\frac{p^3q}{2}\right)^2+\frac{p^3}{27}}}$$

Il faudra donc, par voie de retour, que, sous cette forme, elle soit apte à représenter les trois équations desquelles elle dérive ; pour s'en convaincre, il suffit de remarquer que le cube p^3 peut sortir de tous les radicaux, et comme la racine de ce cube aura pu être tout aussi bien $p\alpha$ ou $p\alpha^2$ que p, il en résulte la triple équation :

$$x^3+q=\begin{cases}-p\\-p\alpha\\-p\alpha^2\end{cases}\left[\sqrt[3]{-\frac{q}{2}+\sqrt{\frac{q^2}{4}+\frac{p^3}{27}}}+\sqrt[3]{-\frac{q}{2}-\sqrt{\frac{q^2}{4}+\frac{p^3}{27}}}\right]$$

Or les recherches précédentes nous apprennent que le second facteur du second membre, considéré dans toute la généralité dont le rendent susceptibles ses radicaux cubiques, est apte à représenter une quelconque des racines des trois équations primordiales ; nous pouvons donc le remplacer par x et nous aurons alors

$$x^3+q=\begin{cases}-px\\-p\alpha.x\\-p\alpha^2.x\end{cases}$$

ce qui nous fait retomber sur le point de départ.

A l'aide de ces explications, nous serons parfaitement éclairés sur les divers effets qui peuvent être obtenus par telle combinaison qu'on voudra faire dans la somme $a+b$ des deux éléments a et b avec les trois racines cubiques de l'unité, et nous serons bien fixés, tant sur l'étendue du procédé de solution que nous avons mis en œuvre, que sur les particularités les plus caractéristiques que sa discussion vient mettre à jour.

X.

Si nous n'avions en vue que le problème de la résolution de l'équation du troisième degré, nous pourrions nous borner à ce qui précède, puisque nous sommes maintenant édifiés sur tout ce qui concerne les valeurs des racines. Mais notre intention, comme nous l'avons dit en commençant, n'est pas seulement d'obtenir des solutions et d'en connaître l'expression algébrique; nous voulons aussi nous éclairer sur tout ce qu'il y a de nécessaire dans la constitution de ces expressions et sur les rapports intimes qui existent entre les divers éléments dont elles se composent et ceux qui figurent dans l'énoncé. A cet effet il y a deux sortes de considérations à étudier : d'abord celle qui concerne la forme générale des racines, ensuite celle relative à la nature particulière des opérations qui, sans détruire la généralité de cette forme, la spécialisent et la rendent propre à satisfaire à telle condition plutôt qu'à telle autre.

Nous allons nous expliquer en premier lieu sur la question de la forme.

A cet égard, on peut dire d'une manière générale que cette forme est celle d'une addition à deux termes; c'est évidemment la première remarque qui résulte de l'inspection des racines. Mais ces deux termes ne sont pas les mêmes pour chaque racine, ce qui n'a pas lieu de nous surprendre, attendu que s'ils étaient les mêmes, il n'y aurait pas trois racines distinctes, et nous n'aurions pas par conséquent résolu le cas général.

Remarquons, en second lieu, que si l'on part de la racine $a+b$ les deux autres dériveront de celle-ci, soit en multipliant a par α en même temps que b par α^2, soit en multipliant a par α^2 en même temps que b par α. Mais comme vis-à-vis de l'équation qui les produit, les racines existent toutes au même titre, et que, dans ce qu'elles ont de général, il est nécessaire qu'elles jouissent des mêmes propriétés, il faudra que, si au lieu d'appliquer à $a+b$ la loi de dérivation que nous venons d'énoncer, on l'applique à l'une quelconque des autres racines, il faudra, disons-nous, comme conséquence de cette application, que nous ayons toujours le même groupe de trois racines. C'est ce qui arrive en effet: Prenons, par exemple $a\alpha+b\alpha^2$, multiplions-en le premier terme par α, le second par α^2, nous aurons $a\alpha^2+b\alpha$ qui est en effet une racine; multiplions ensuite le premier terme par α^2, le second par α, nous aurons $a+b$ qui est la troisième racine. Tout se passera de la même manière si l'on pratique les mêmes opérations sur $a\alpha^2+b\alpha$.

XI.

A n'envisager a et b que comme les deux termes d'une addition dont la somme doit donner la valeur de la racine x_1, on conçoit que ces deux éléments seraient susceptibles de recevoir une infinité de valeurs, et que chaque décomposition de x_1 en deux parties fournira un nouveau couple de ces éléments. Mais, comme en outre de la condition que $a+b$ est égal à x_1, il faut aussi que $(a+b)^3+p(a+b)+q$ soit nul; il résulte de là, ainsi que nous l'avons vu entre a, b, p et q, deux conditions qui précisent a et b en fonction de p et q et leur assignent des valeurs tout à fait déterminées.

Il est, au surplus, facile de se convaincre qu'en dehors de ces valeurs, on ne saurait en trouver d'autres a' et b'

dont la somme d'ailleurs égale à x_1, fût susceptible de satisfaire à la proposée, sous la condition que leur produit et la somme de leurs cubes fussent respectivement égaux à $-\frac{p}{3}$ et à $-q$. En effet si l'on désigne par t la différence entre a' et a, de telle manière que a' soit égal à $a+t$, il faudra, en vertu de la condition $a'+b' = a+b$ que b' soit égal à $b-t$. Cela posé, si nous partons de $x = (a+t)+(b-t)$ et que nous élevions au cube nous aurons :

$$x^3 = (a+t)^3 + 3(a+t)^2(b-t) + 3(a+t)(b-t)^2 + (b-t)^3$$

ou bien :

$$x^3 = (a+t)^3 + (b-t)^3 + 3(a+t)(b-t)\left[(a+t)+(b-t)\right]$$

et par suite :

$$x^3 - (a+t)^3 - (b-t)^3 - 3(a+t)(b-t)\,x = 0$$

Mais en partant de $x = a+b$, on aurait obtenu l'équation

$$x^3 - a^3 - b^3 - 3abx = 0 \quad ;$$

et comme il s'agit dans ces deux cas du même x, il est nécessaire que ces deux équations soient identiques, ce qui exige qu'on ait les deux conditions

$$3(a+t)(b-t) = 3ab$$

$$(a+t)^3 + (b-t)^3 = a^3 + b^3$$

De la première on tire, après avoir fait disparaître $3ab$ de part et d'autre

$$t(b-a-t) = 0$$

d'où résultent les deux valeurs suivantes de t, savoir :

$$t = 0, \quad t = b-a$$

Or la valeur $t=0$ répond à la décomposition première qui doit, en effet être toujours possible. De la seconde valeur il résulte $a'=b$, $b'=a$, ce qui donne de nouveau la première décomposition, avec la faculté toutefois de permuter a en b et b en a, chose évidente par elle même puisque la fonction $a+b$ est symétrique par rapport à ces deux lettres, ce que le calcul, de son côté, vient confirmer à sa manière. Quant à la seconde condition, il est facile de se convaincre qu'elle donne également $t = 0$, $t = b - a$. En résumé, lorsqu'on veut déterminer a et b par les conditions que leur produit, d'une part, que la somme de leur cube, d'autre part, soit égaux à des quantités données, il n'existe qu'une seule décomposition possible de la racine en deux parties susceptibles de reproduire cette racine par voie d'addition.

XII.

Mais il ne faudrait pas inférer de là que cette décomposition de x en deux parties a et b soit la seule qui se prête à établir une comparaison entre la proposée et une équation en x, a et b, ayant même forme que cette proposée, et à déduire de cette comparaison la valeur des racines. En fait, comment avons-nous été conduit à accepter celle dont nous avons fait usage? C'est à la suite de la remarque qu'en partant de $x = a + b$ et élevant au cube on arrive à l'équation

$$x^3 - 3abx - a^3 - b^3 = 0$$

qui a précisément la forme de la proposée et qu'il est possible d'identifier avec elle sous la réserve que a et b seront assujétis à satisfaire aux deux conditions :

$$3ab = -p, \quad a^3 + b^3 = -q$$

Mais évidemment cette remarque, à vrai dire spontanée, au sujet d'une certaine propriété dont jouit la somme de deux quantités par rapport à la combinaison qu'on peut faire de sa troisième puissance avec la première, n'a rien d'exclusif quant aux autres propriétés plus ou moins analogues dont peut jouir une pareille somme, et rien ne dit que, parmi ces propriétés, il n'y en aura pas quelques-unes qui, sauf à donner au coefficient de x et au terme tout connu des valeurs différentes de $-3ab$ et de $-a^3 - b^3$, pourront toutefois conduire à une équation en x qui, comme la proposée, ne contiendra que les termes en x^3 et en x, auquel cas l'identification de l'une à l'autre pourra être pratiquée.

Or il est facile de faire voir que ce n'est pas une supposition gratuite que nous faisons ici et nous allons montrer que c'est bien réellement ainsi que les choses peuvent se passer.

Admettons en effet que nous prenons pour la décomposition de x deux éléments a' et b' différents de a et b de telle sorte que nous ayons $x = a'+b'$, et élevons au cube, nous aurons comme précédemment :

$$x^3 - 3a'b'x - a'^3 - b'^3 = 0$$

et si, en cet état, je voulais déterminer a' et b' par leurs fonctions $a'b'$ et $a'^3+b'^3$, il est certain, d'après ce qui vient d'être prouvé dans l'article précédent que les valeurs de a' et de b' ne seraient pas différentes de celles de a et de b. Mais je peux, à la place de $a'b'$ faire usage de sa valeur $\frac{1}{2}\left\{x^2-(a'^2+b'^2)\right\}$ et, en la substituant dans l'équation précédente, j'aurai celle-ci :

$$x^3 - \frac{3}{2}\left\{x^2-(a'^2+b'^2)\right\}x - (a'^3+b'^3) = 0$$

qui, toutes réductions faites, devient :

$$x^3 - 3(a'^2+b'^2)x + 2(a'^3+b'^3) = 0$$

Or, voilà bien une équation qui, comme la proposée, ne contient que la troisième et la première puissance de l'inconnue et que je pourrai par conséquent identifier avec elle, à la condition que a' et b' seront déterminés par les conditions :

$$a'^2+b'^2 = -\frac{p}{3}, \qquad a'^3+b'^3 = \frac{q}{2}.$$

Celles-ci sont d'ailleurs différentes de celles qui donnent a et b ; il est même évident, surtout par la comparaison qu'on peut faire entre celles qui conviennent les cubes des éléments qu'elles sont inconciliables avec l'hypothèse que a' et b' sont égaux à a et b.

Voilà donc une décomposition de x en a' et b' différente de celle en a et b qui, si l'on parvient à obtenir les valeurs de a' et de b' résultant des deux conditions ci-dessus pourra servir, tout aussi bien que la première, à faire connaître les racines de la proposée.

Nous ne nous expliquerons pas d'ailleurs ici sur le

mérite que ce nouveau mode de solution pourra avoir, au point de vue pratique ; nous laissons pour le moment de côté la considération des avantages et des inconvénients qu'il pourra présenter relativement au précédent. Nos observations actuelles sur ce sujet ont surtout pour point de mire le côté théorique de la question, et nous avons voulu faire voir que ce serait restreindre beaucoup les facultés de l'algèbre et la conception que nous devons en avoir si, faute d'avoir suffisamment réfléchi sur ce sujet, nous nous laissions aller à cette pensée que le mode de solution qu'on emploie généralement est le seul qui soit fondé en raison, et qu'il n'existe qu'une manière de décomposer x en deux parties susceptibles de conduire à la connaissance des racines.

Quant à la forme générale que prendra le groupe des racines lorsqu'on fera usage de a' et de b', sera-t-elle la même que celle qui est la conséquence de la première décomposition en a et b ! La loi de dérivation que nous avons constatée dans ce dernier cas pour passer de l'une à l'autre sera-t-elle maintenue avec a' et b' ? Il est déjà permis, d'après ce qui a été exposé dans l'article précédent, de répondre à ces questions par la négative. Mais c'est un sujet dont, en ce moment, nous nous bornons à poser l'énoncé ;

Nous le reprendrons en détail et nous en donnerons la solution dans l'article suivant.

XIII.

Il résulte très-évidemment des détails dans lesquels nous venons d'entrer, qu'en cette matière, c'est une considération à laquelle on ne saurait refuser une grande importance que celle de la décomposition de la racine en deux parties a et b, puisque, en vertu des faits algébriques que nous avons cités dans les articles précédents, cette décomposition permet de constituer une équation en x, a et b ayant exactement même forme que la proposée, et que, de la comparaison qu'on peut faire de l'une à l'autre, résulte la possibilité d'obtenir les racines cherchées. Il y a donc intérêt à se rendre un compte aussi exact, aussi détaillé que possible de ce moyen d'investigation, et, après l'avoir apprécié dans ses résultats analytiques, il ne peut être que très-utile de l'étudier dans ses origines ; c'est ce dont nous allons maintenant nous occuper.

Lorsqu'on pose $x = a+b$ comme valeur générale des racines d'une équation du troisième degré, on est naturellement fondé à se demander comment il se peut faire qu'une forme unique, comme celle $a+b$, convienne, non seulement à une seule, mais à trois valeurs différentes de l'inconnue. De prime abord on serait autorisé à douter qu'une pareille tentative conduisît à un résultat favorable. Car, en fait, il faudra bien, pour que les racines soient diverses, qu'on n'ait pas toujours $x = a+b$; si, en effet, la persistance de cette forme se maintenait, les racines seraient égales entre elles, et l'on n'aurait résolu qu'un cas très-particulier de l'équation du troisième degré. Or cette nécessité reconnue d'obtenir des valeurs différentes doit nous porter à penser que si une solution est possible, dans le sens où on l'entend, cela résultera de ce que les opérations ultérieures, qu'en vertu de l'énoncé on va exécuter sur a et b, constituant ces quantités à l'état de puissances, c'est dans cet état qu'elles figureront dans les conditions particulières qui seront appelées à nous en faire connaître les valeurs, auquel cas il est très-admissible que ces valeurs soient multiples. De sorte qu'en les substituant successivement dans $x=a+b$, on obtiendra naturellement la série des racines qui satisfont à la question. Au point de vue des faits algébriques, c'est bien ainsi que les choses se passent, comme nous l'avons reconnu dans ce qui précède. Mais si, en dehors des particularités relatives à ces faits, nous voulons poursuivre nos investigations dans ce que nous concevons qu'elles conservent de général, nous pourrons admettre que la conséquence des calculs pratiqués sur a et b, pour satisfaire à l'énoncé, exercera sur ces quantités une influence modificatrice qui, sans altérer la règle de symétrie résultant de la supposition type $x = a+b$, permettra d'admettre dans ce type, pour les éléments a et b des formes distinctes lorsqu'on reste dans le premier degré, mais ramenées à une même et unique expression lorsque, par le fait des opérations ultérieures, il se formera des fonctions de ces éléments d'un degré supérieur au premier. C'est ce qui arriverait, par exemple, si finalement on trouvait que les trois racines sont de la forme $a+b$, $ma+m'b$, $m'a+mb$.

Il est évident que lorsque, dans ces circonstances, on changerait a en b en même temps que b en a, les trois racines resteraient les mêmes. Ce n'est pas que chacune en particulier conservât par ce changement la même valeur ; cette propriété n'appartiendrait qu'à la première. Quant à la seconde, elle se modifierait pour devenir la troisième, et celle-ci pour devenir la seconde. Mais, dans leur ensemble, prises collectivement et non individuellement, elles n'auraient pas varié, on aurait toujours les mêmes trois nombres.

Il ne s'agit donc pas ici de cette symétrie qu'on peut appeler simple, et en vertu de laquelle une fonction considérée isolément reste la même lorsqu'on y permute entre elles deux des quantités dont elle dépend, mais d'une symétrie complexe qui embrasse à la fois la considération de trois expressions, lesquelles se transforment les unes dans les autres, de manière à rester toujours elles-mêmes dans leur ensemble, lorsqu'on permute simultanément dans toutes trois deux quantités qui y figurent.

Et maintenant, par voie de retour, on conçoit que si les deux formes $ma+m'b$, $m'a+mb$ sont telles que par le fait des calculs commandés par l'énoncé, les quantités m et m' disparaissent dans le résultat final, ces deux formes, tout aussi bien que la première $a+b$, conduiront à la même équation, et en seront par conséquent des racines au même titre que celle-ci ; de telle sorte qu'on sera certain que la recherche de a et de b, faite par l'hypothèse que x est égal à $a+b$, c'est-à-dire entreprise pour une seule racine, suffira pour les deux autres, sous la réserve, bien entendu, de la disparition de m et de m' dans le résultat final. Par là on s'explique que, m et m' étant convenablement déterminés, une tentative faite pour une seule forme puisse convenir à plusieurs.

Or cette détermination est-elle possible? C'est ce que nous allons maintenant examiner, et, si en effet nous reconnaissons qu'il existe des valeurs de m et de m' satisfaisant aux conditions que nous venons d'indiquer, la nature de ces valeurs sera très propre à nous apprendre de quelles circonstances dépend la multiplicité des racines des équations du troisième degré.

Or, en partant de $x = a+b$ et élevant au cube on obtient pour résultat

$$x^3 - 3abx - (a^3+b^3) = 0 \quad ,$$

en partant de $x = ma + m'b$, on trouve par l'élévation au cube

$$x^3 - 3mm'abx - (m^3a^3 + m'^3b^3) = 0 \; .$$

Enfin avec $x = m'a + mb$, l'élévation au cube donne

$$x^3 - 3mm'abx - (m'^3a^3 + m^3b^3) = 0$$

De là il résulte que pour que ces trois résultats soient les mêmes, en dehors de la désignation spéciale de x, et qu'ils s'appliquent par conséquent à une même équation, il faut qu'on ait les trois conditions

$$mm' = 1 \;, \quad m^3 = 1 \;, \quad m'^3 = 1 \; .$$

Or les deux dernières nous apprennent immédiatement que m et m' ne peuvent être que des racines cubiques de l'unité; quant à la première, elle se conciliera avec les deux autres, à la condition que les valeurs de ces racines respectivement choisies pour m et m' donneront l'unité pour produit. Or cela peut se faire de trois manières, savoir : 1° En combinant la valeur 1 de m avec la valeur 1 de m', ce qui donne la racine $a+b$; 2° En combinant la valeur α de m avec celle α^2 de m', ce qui donne $a\alpha + b\alpha^2$; 3° Enfin en combinant la valeur α^2 de m avec celle α pour m', d'où résulte la troisième racine $a\alpha^2 + b\alpha$.

Ce sont bien là en effet les résultats auxquels nous avons été conduit précédemment lorsque nous avons procédé à la résolution de l'équation et à la détermination des quantités a et b pour chacune desquelles nous avons trouvé trois valeurs. Mais ce que nous venons de dire prouve qu'à priori, et en dehors des considérations relatives à la fixation complète de ces valeurs, on peut être assuré que si une solution de la forme $a+b$ est possible, il y en aura deux autres qui le seront également, et l'on voit, avec la dernière évidence que c'est là une conséquence nécessaire et inévitable de l'existence des trois racines cubiques de l'unité, puisque les coefficients m et m', appelés à remplir l'office de donner de la multiplicité au nombre des solutions, ne contiennent pas autre chose dans l'expression de leurs valeurs que ces mêmes trois racines cubiques.

Au reste la considération de la loi par laquelle les racines dérivent l'une de l'autre nous aurait conduit au même résultat; car, puisque les trois formes ci-dessus sont telles qu'on passe de l'une à l'autre en multipliant ses deux termes l'un par m, l'autre par m' et réciproquement, il faudra que, si au lieu de partir de $a+b$ nous partons de $ma+m'b$, nous obtenions les autres racines par l'application de la même loi. Nous concluons de là qu'on devra avoir :

$$m^2a + m'^2b = m'a + mb, \qquad mm'a + mm'b = a+b.$$

Cette dernière donne immédiatement $\quad mm' = 1$

De la première on déduit $\quad m^2 = m', \quad m'^2 = m$

et par suite $\quad m^3 = mm' = 1, \quad m'^3 = mm' = 1,$

Ce qui reproduit exactement les conditions précédentes.

On se rend ainsi rationnellement compte, avant même de connaître dans tous leurs détails les valeurs de a et de b, et par suite celles des racines, de la cause de la multiplicité de celles-ci, cause qui n'est autre, ainsi que nous l'avons souvent répété, que l'existence des trois racines de l'unité.

XIV.

La connaissance de la décomposition de x en deux éléments a et b, dont la détermination ultérieure s'obtient à l'aide des fonctions ab, a^3+b^3 de ces deux éléments, nous paraît suffisamment acquise par les explications qui précèdent, soit au point de vue de ses causes, de ses principes rationnels, soit au point de vue de ses conséquences analytiques. Mais des décompositions d'une autre nature que celle-ci, c'est-à-dire soumises, pour la détermination de leurs éléments, à des lois autres que celles que nous venons d'indiquer, peuvent être conçues, et nous en avons déjà dit un mot dans l'article XI. Le moment est venu, conformément à la promesse que nous en avons faite, de nous expliquer plus en détail sur ce sujet.

Lorsqu'on veut décomposer un tout qui est égal à $a+b$ en deux parties dont la somme reproduit $a+b$, l'une de ces parties pourra toujours être représentée par $\frac{1}{2}(a+b)+K$, l'autre par $\frac{1}{2}(a+b)-K$; tels seront les deux nouveaux éléments a' et b' d'une décomposition qui sera quelconque, puisqu'elle dépend de la quantité K qui est arbitraire. Quant à a et b ils sont ici les deux éléments précédents déterminés à l'aide des fonctions ab et a^3+b^3.

Cela posé, si partant maintenant de

$$x = \left\{\tfrac{1}{2}(a+b)+K\right\} + \left\{\tfrac{1}{2}(a-b)-K\right\}$$

ou plus simplement de $x = a'+b'$, on élevait au cube et qu'on voulût identifier l'équation ainsi obtenue avec la proposée de la même manière qu'on l'a fait en prenant $x=a+b$ pour point de départ, on arriverait nécessairement pour a' et b' aux deux mêmes valeurs trouvées pour a et b, ainsi que nous l'avons constaté dans l'article XI, et l'on s'assurera facilement qu'alors K est égal à $\frac{1}{2}(a-b)$, moyennant quoi a' devient a et b' devient b.

Mais si K n'est plus égal à $\frac{1}{2}(a-b)$, les deux éléments a' et b' seront distincts de a et de b, et cette circonstance tiendra évidemment à ce qu'alors a' et b' n'auront pas été déterminés par les fonctions $a'b'$ et $a'^3+b'^3$, mais par d'autres. Or rien ne s'oppose à la conception que les choses puissent se passer ainsi, et il est utile de s'éclairer sur ce qui va alors se produire, afin qu'il ne se glisse pas de confusion dans les idées que nous devons avoir sur tout ce qui peut intéresser l'équation du troisième degré, et que nous n'envisagions pas les études qui la concernent à un point de vue trop restreint.

Supposons, par exemple, ainsi que nous l'avons fait à l'article XII, que c'est à l'aide des deux relations

$a'^2+b'^2=-\frac{p}{3}$, et $a'^3+b'^3=\frac{q}{2}$ que nous voulons déterminer a' et b'. Nous avons vu que cela correspond à identifier avec l'équation proposée l'équation suivante

$$x^3-3(a'^2+b'^2)x+2(a'^3+b'^3)=0$$

Cela posé, si l'on élève au cube la première des deux relations ci-dessus qui lie a'^2 et b'^2 à p, et si l'on élève la seconde au carré il viendra

$$a'^6+3a'^2b'^2(a'^2+b'^2)+b'^6=-\frac{p^3}{27}$$

$$a'^6+2a'^3b'^3+b'^6=\frac{q^2}{4},$$

d'où l'on déduira, par voie de soustraction et en remplaçant $a'^2+b'^2$ par sa valeur $-\frac{p}{3}$, l'équation suivante

$$2a'^3b'^3+pa'^2b'^2=\frac{q^2}{4}+\frac{p^3}{27}.$$

Considérant, dans cette équation, $a'b'$ comme une inconnue, on en tirera la valeur, et par suite on pourra en former le carré ou le cube ; de sorte qu'avec la somme des quantités a'^3 et b'^3 et leur produit, on formera facilement l'équation du second degré qui doit donner soit a'^2 et b'^2, soit a'^3 et b'^3.

Mais on voit d'après ces détails que ce procédé est beaucoup plus compliqué que le précédent; qu'en outre, au point de vue de la résolution de l'équation du 3e degré, il ne peut être d'aucun secours, puisqu'il exige lui-même la résolution d'une équation de ce même degré.

Nous nous expliquerons tout à l'heure sur la forme que revêt K dans cette circonstance; mais afin de nous mieux édifier encore sur les propriétés essentielles et distinctives de la décomposition en a et b, nous allons faire voir que la loi de dérivation, à l'aide de laquelle on passe d'une racine quelconque aux deux autres lorsqu'on fait usage des éléments a et b, cesse d'être applicable pour le nouveau couple a' et b'.

Nous avons reconnu en effet, qu'en partant de $x = a' + b'$ et mettant en évidence les fonctions $a'^2 + b'^2$ et $a'^3 + b'^3$ on arrive à l'équation

$$x^3 - 3(a'^2 + b'^2)x + 2(a'^3 + b'^3) = 0.$$

De sorte que a' et b' se détermineront par les conditions

$$a'^2 + b'^2 = -\frac{p}{3}, \quad a'^3 + b'^3 = \frac{q}{2}.$$

Admettons maintenant que les deux autres racines pussent être déduites de la première par la loi de dérivation ci-dessus et qu'on eût par conséquent

$$x_2 = ma' + m'b', \qquad x_3 = m'a' + mb'$$

il faudrait donc qu'on eût aussi

$$x^3 - 3(m^2a'^2 + m'^2b'^2)x + 2(m^3a'^3 + m'^3b'^3) = 0$$

$$x^3 - 3(m'^2a'^2 + m^2b'^2)x + 2(m'^3a'^3 + m^3b'^3) = 0;$$

De là les deux systèmes de conditions suivants:

$$m^2a'^2 + m'^2b'^2 = m'^2a'^2 + m^2b'^2 = a'^2 + b'^2 = -\frac{p}{3}$$

$$m^3a'^3 + m'^3b'^3 = m'^3a'^3 + m^3b'^3 = a'^3 + b'^3 = \frac{q}{2}$$

Du dernier on tire
$$(m^3+m'^3)(a'^3+b'^3) = q$$
et par suite
$$m^3+m'^3 = 2.$$

Cette équation peut être mise sous la forme :
$$(m+m')\left\{(m+m')^2 - 3mm'\right\} = 2$$
et, comme la condition que la somme des racines est nulle exige que $m+m'$ soit égal à -1, il viendra simplement,
$$-1+3mm' = 2, \text{ c'est-à-dire } mm' = 1.$$

Nous retombons ainsi sur une condition déjà trouvée pour le cas de la décomposition en a et b, ce qui n'a rien de surprenant puisque, dans cette circonstance comme dans le cas actuel, on fait usage de la même forme de fonction, celle qui est relative à la somme des cubes.

Ce qui reste à voir maintenant c'est de rechercher si le premier système de conditions, celui dans lequel intervient la somme des carrés des éléments, pourra coincider avec les deux relations ci-dessus entre m et m', savoir
$$m+m' = -1, \quad mm' = 1$$
Or ce système donne
$$(m^2+m'^2)(a'^2+b'^2) = -2\frac{p}{3}$$
Et en remplaçant $a'^2+b'^2$ par sa valeur $-\frac{p}{3}$,
$$m^2+m'^2 = 2, \text{ ou bien } (m+m')^2 - 2mm' = 2$$
équation de laquelle, à cause que $m+m'$ est égal à -1, on déduit finalement
$$mm' = -\frac{1}{2}$$

Cette valeur de mm' étant inconciliable avec celle ci-dessus obtenue, il en résulte, ainsi que nous l'avons annoncé, que le système d'éléments a' et b' est inhabile à fournir les trois racines sous la forme symbolique $a'+b'$, $ma'+m'b'$, $m'a'+mb'$.

Il est naturel maintenant de se demander sous quelle forme ce système d'éléments donnera les racines. C'est une recherche qui ne présente pas de difficultés.

Nous avons posé d'une manière générale $a'+b'=x$,

d'où il suit que s'il s'agit de la première racine x_1 qui a pour valeur $a+b$, on devra considérer les éléments a' et b' comme étant les éléments qui s'appliqueront en particulier à cette racine, et pour les distinguer de ceux qui s'appliqueront aux autres, nous leur donnerons, aussi bien qu'à la quantité K, l'indice 1 ; nous aurons donc :

$$a'_1 = \frac{1}{2}(a+b) + K_1 = \frac{1}{2}x_1 + K_1$$

$$b'_1 = \frac{1}{2}(a+b) - K_1 = \frac{1}{2}x_1 - K_1$$

Par suite :

$$a'_1 b'_1 = \frac{1}{4}x_1^2 - K_1^2 .$$

C'est l'équation à l'aide de laquelle nous allons chercher à déterminer K_1 ; or on a

$$(a'_1 + b'_1)^2 = a_1'^2 + b_1'^2 + 2a'_1 b'_1 = x_1^2 \quad ;$$

d'où l'on déduit, en remplaçant $a_1'^2 + b_1'^2$ par sa valeur $-\frac{p}{3}$, la condition :

$$a'_1 b'_1 = \frac{1}{2}x_1^2 + \frac{p}{6}$$

Et par suite en substituant cette valeur de $a'_1 b'_1$ dans l'équation en K_1

$$K_1 = \frac{1}{2}\sqrt{-x_1^2 - \frac{2p}{3}}$$

la quantité K_1 étant ainsi déterminée nous aurons pour les éléments les valeurs suivantes :

$$a'_1 = \frac{1}{2}\left(x_1 + \sqrt{-x_1^2 - \frac{2p}{3}}\right)$$

$$b'_1 = \frac{1}{2}\left(x_1 - \sqrt{-x_1^2 - \frac{2p}{3}}\right)$$

Si maintenant on appelle a'_2, b'_2, K_2 les éléments afférents à la seconde racine x_2, et puis a'_3, b'_3, K_3 ceux afférents à la troisième racine x_3, on aura, en répétant des calculs analogues :

$$a'_2 = \frac{1}{2}\left(x_2 + \sqrt{-x_2^2 - \frac{2p}{3}}\right) \quad , \quad b'_2 = \frac{1}{2}\left(x_2 - \sqrt{-x_2^2 - \frac{2p}{3}}\right)$$

$$a'_3 = \frac{1}{2}\left(x_3 + \sqrt{-x_3^2 - \frac{2p}{3}}\right) \quad , \quad b'_3 = \frac{1}{2}\left(x_3 - \sqrt{-x_3^2 - \frac{2p}{3}}\right) ,$$

et l'on voit en effet qu'en ajoutant dans chaque cas un a' quelconque avec le b' correspondant, on aura, comme cela doit être, les trois racines x_1, x_2, x_3. On vérifiera en outre que, dans chaque cas aussi, la somme des carrés des éléments correspondants donnera pour résultat $-\frac{p}{3}$. Enfin la somme des cubes donnera d'une manière générale,

$$\frac{1}{4}\left\{x^3+3x\left(-x^2-2\frac{p}{3}\right)\right\}$$

qui, toutes réductions faites, devient

$$-\frac{1}{2}(x^3+px)\ ,$$

et comme x^3+px a pour valeur $-q$, le résultat définitif pour les trois racines sera toujours $\frac{q}{2}$. Tout se trouve donc parfaitement contrôlé avec ces trois valeurs des éléments a' et b'.

D'ailleurs on se rend facilement compte maintenant du motif qui fait que lorsqu'on veut déterminer les deux éléments à l'aide de la fonction $a'^2+b'^2$, on est obligé de passer par une équation du 3e degré. Cela tient, ainsi que nous venons de nous en assurer, à ce qu'alors a' et b' sont fonctions de l'inconnue x qui entre dans la proposée, et comme cette inconnue est susceptible de trois valeurs, il en sera de même de a' et de b' qui devront par conséquent dépendre d'une équation du troisième degré.

Certes, au point de vue de la résolution du troisième degré, c'est la décomposition de x faite suivant les éléments a et b, tels que nous les avons primitivement définis, qui offre un intérêt réel ; mais, comme la décomposition de x en deux parties peut à priori être conçue d'une infinité de manières, il était naturel de s'éclairer sur le plus ou moins grand degré d'utilité que chacune peut avoir au point de vue du problème à résoudre, d'être édifié sur les motifs qui peuvent faire accorder la préférence à l'une de ces décompositions plutôt qu'à l'autre. Or nous reconnaissons, à la suite des études que nous venons d'exposer, que s'il en existe une propre à abaisser le degré de la difficulté du problème, les autres la laissent subsister tout entière et ne sont, à cet égard, d'aucun secours. Nous verrons tout à l'heure la relation qui existe entre ces considérations et celles qui se rattachent au cas appelé irréductible.

XV.

Après avoir ainsi étudié tout ce qui concerne le procédé de la résolution du troisième degré, soit au point de vue rationnel, soit à celui des faits analytiques, occupons-nous plus particulièrement des racines et rendons-nous compte des rapports principaux qui lient leur forme à celle même de l'équation proposée.

Il suffit de jeter les yeux sur les expressions analytiques qui donnent les valeurs des racines et celles de leurs éléments pour se convaincre que dans ces expressions figure un radical carré. Par conséquent deux circonstances très-différentes pourront se présenter, suivant que la quantité sous le radical sera positive ou négative. Dans le premier cas tout sera réel, dans le second le radical deviendra imaginaire.

Or, à en juger par les formes que revêtent les éléments, on voit que leur réalité exige que la quantité

$\frac{q^2}{4} + \frac{p^3}{27}$ soit positive. Elle le sera évidemment toujours lorsque p sera positif; mais lorsqu'il ne le sera pas, il arrivera, suivant les grandeurs respectives de p et de q, que la quantité en question sera tantôt positive, tantôt négative. Dans le premier cas les éléments seront réels, dans le second ils seront imaginaires. Or cette conséquence, déduite rétrospectivement de la forme comme de la racine, doit évidemment être en parfait accord avec les conditions initiales. Aussi est-il possible de la faire ressortir directement de ces conditions avant même de savoir quelle sera la forme définitive que les calculs ultérieurs donneront aux valeurs de a et de b.

Nous avons vu en effet que les conditions initiales desquelles on doit déduire a et b sont

$$ab = -\frac{p}{3}\ , \quad a^3+b^3 = -q\ .$$

Cela posé, élevons la seconde au carré, nous aurons,

$$a^6 + 2a^3b^3 + b^6 = q^2\ .$$

Retranchant de part et d'autre $4\,a^3b^3$ il viendra :

$$a^6 - 2a^3b^3 + b^6 = q^2 - 4a^3b^3 .$$

Mais le premier membre est le carré de $a^3 - b^3$ et l'on peut, dans le second remplacer a^3b^3 par $-\frac{p^3}{27}$. Cette équation deviendra donc ainsi

$$(a^3 - b^3)^2 = q^2 + 4\frac{p^3}{27} = 4\left(\frac{q^2}{4} + \frac{p^3}{27}\right).$$

Or si p est positif le second membre le sera lui-même et par suite la racine $a^3 - b^3$ du premier membre sera réelle, mais comme déjà $a^3 + b^3$ est réel, il s'en suit que a^3 et b^3 le seront à leur tour. Nous voyons donc, par cette considération, que la positivité de $\frac{q^2}{4} + \frac{p^3}{27}$ entraîne la réalité de a^3 et de b^3 tout comme nous l'avons reconnu par la considération de la valeur algébrique de ces deux quantités, de telle sorte que le point de départ et la conclusion se contrôlent l'un par l'autre.

Mais on remarquera que nous n'étendons pas l'assertion au-delà de ce qui concerne les cubes de a et de b, et cela parceque les calculs précédents se prononcent non sur a et b, mais sur a^3 et sur b^3, et que, sans qu'il soit nécessaire d'insister sur ce point après tout ce qui a été exposé à ce sujet, a^3 et b^3 pourront conserver leur réalité bien que les valeurs arithmétiques de leurs racines a et b soient multipliées par une racine quelconque de l'unité. De là résultent pour chacune de ces quantités trois valeurs, et par suite neuf combinaisons possibles par voie d'addition, si l'on n'avait égard qu'à la condition $a^3 + b^3 = -q$; mais la considération de la condition $ab = -\frac{p}{3}$, qui exige que le produit ab soit réel, réduit à trois le nombre de combinaisons qu'on peut admettre et détermine ainsi les racines, conformément à ce qui a été expliqué dans ce qui précède.

Quant à l'imaginaire qui se montre ici, il ne tient pas à l'impossibilité de satisfaire en réel à la condition proposée, puisque toute équation de degré impair a au moins une racine réelle ; il n'est donc pas l'indice d'une contradiction de l'énoncé ; nous ne sommes pas obligés de le subir comme conséquence d'une impraticabilité initiale, mais nous le tolérons et nous l'admettons malgré l'entrave apparente qu'il porte avec lui, parce qu'en vertu des opérations commandées par la question, cette entrave disparaît d'elle-même et que, par suite, elle n'est pas un empêchement à l'annulation du premier membre de la proposée. On peut donc dire que c'est un imaginaire de tolérance, ce n'est pas un imaginaire de nécessité.

La positivité de $\frac{q^2}{4} + \frac{p^3}{27}$ est évidemment indépendante du signe de q ; elle est certaine lorsque p est positif ; mais, d'après la nature des raisonnements employés, il est évident que toutes nos conclusions persisteront pour des signes quelconques de p et de q, tant que la quantité $\frac{q^2}{4} + \frac{p^3}{27}$ restera positive. Cette dernière condition constitue ainsi une catégorie particulière d'équations du troisième degré pour laquelle une des racines sera toujours réelle et les deux autres seront imaginaires. Il est d'ailleurs facile de se convaincre que ces dernières ne sont pas seulement imaginaires d'apparence, mais qu'elles le sont essentiellement. En effet, si l'on substitue dans chacune la valeur des racines cubiques de l'unité, que nous avons jusqu'ici représentées par α et par α^2, on s'assura par un calcul facile qu'elles prennent la forme

$$-\frac{a+b}{2} + \frac{a-b}{2}\sqrt{3}\sqrt{-1}$$

$$-\frac{a+b}{2} - \frac{a-b}{2}\sqrt{3}\sqrt{-1}$$

expressions dans lesquelles $\sqrt{-1}$ se maintient toujours, sauf le cas très particulier où a est égal à b, lequel correspond, ainsi qu'il est aisé de s'en convaincre, à la circonstance que $\frac{q^2}{4} + \frac{p^3}{27}$ est nul. Il est donc bien certain, comme nous venons de l'annoncer que la positivité de $\frac{q^2}{4} + \frac{p^3}{27}$ entraîne la réalité des valeurs arithmétiques de a^3 et de b^3 et répond à une catégorie d'équations du troisième degré pour laquelle une seule des racines est réelle et les deux autres sont imaginaires.

Pour terminer ce qui se rattache à ce sujet, il nous

reste à nous expliquer sur la positivité ou la négativité de la racine réelle. Or la condition $a^3 + b^3 = -q$ fait voir immédiatement qu'il faudra, lorsque q sera positif, que tout au moins une des quantités a^3 ou b^3 soit négative et en même temps plus grande que l'autre; d'où il suit que la racine sera négative quel que soit le signe de p. Lorsque q sera négatif, la même condition montre que tout au moins l'une des quantités a^3 ou b^3 devra être positive et plus grande que l'autre, de sorte que dans ce cas la racine sera constamment positive.

En résumé, la racine réelle est toujours d'un signe contraire au signe de q, quel que soit celui de p. Il sera très facile de vérifier cette conclusion par l'examen direct de la valeur algébrique de la racine, mais il ne faudra pas perdre de vue que cette règle ne doit être appliquée que dans la circonstance où il est reconnu que la quantité $\frac{q^2}{4} \pm \frac{p^3}{27}$ est positive.

XVI.

De ce que nous venons d'exposer au sujet de la positivité de l'expression $\frac{q^2}{4} + \frac{p^3}{27}$, et de la conséquence qui résulte de cette positivité pour l'existence à l'état réel des expressions a^3 et b^3, nous avons été conduit à reconnaître la nécessité que, sur les trois racines, une seule soit réelle et les deux autres imaginaires. Lors donc que toutes les racines de l'équation du 3e degré devront être réelles, il sera impossible que a^3 et b^3, s'ils peuvent exister, soient réels. S'ils l'étaient en effet, on en conclurait que les expressions $a\alpha + b\alpha^2$, $\alpha^2 + \alpha b$ seraient racines, racines non réelles, différentes par conséquent des trois précédentes; le nombre des solutions serait donc supérieur à trois, ce qui est impossible.

Il y a donc contradiction entre la supposition que les trois racines sont réelles et celle que les valeurs de a^3 et de b^3 le sont également. A cette contradiction l'algèbre devra répondre par une impossibilité équivalente. De quelle nature sera cette impossibilité ? Revêtira-t-elle la forme habituelle de l'imaginaire ou une forme encore plus compliquée ? C'est ce qu'il serait difficile de prévoir à l'avance. C'est à l'algèbre même qu'il faut demander la réponse à cette question. C'est en la consultant et en comparant les moyens qui lui sont propres avec les conditions qu'il nous convient de lui imposer lorsque nous exigeons que les trois racines soient simultanément réelles, que nous pourrons nous éclairer sur ce qui doit se passer dans cette circonstance.

Et d'abord il est facile de se convaincre que pour que les trois racines soient réelles, il faut nécessairement que le coefficient p du terme en x soit négatif.

Il résulte en effet de la condition en vertu de laquelle la somme des racines doit s'annuler que celles-ci ne pourront être simultanément ni toutes positives ni toutes négatives; il faudra qu'il y en ait au moins ou une positive ou une négative. Deux cas seulement peuvent donc se présenter, savoir : ou bien une racine sera négative et les deux autres positives, ou bien une racine sera positive et les deux autres négatives.

Dans le premier cas, le produit des racines sera négatif, et, comme le terme tout connu est égal à ce produit pris en signe contraire, il en résulte que q sera alors positif. Cela posé, si r_1 est une des racines positives, on devrait avoir $r_1^3 + pr_1 + q = 0$. Or si p était positif, cette addition de trois termes tous positifs ne donnerait jamais zéro pour résultat; d'où il suit que ce ne sera qu'à la condition que p sera négatif qu'il sera possible de satisfaire à la proposée.

Dans le second cas, le produit des racines sera positif, le terme tout connu sera donc précédé du signe $-$. Or, si $-r_1$ est une des racines négatives, on devrait avoir $-r_1^3 - pr_1 - q = 0$, condition à laquelle il sera impossible de satisfaire tant que p sera positif dans la proposée.

Nous sommes donc autorisé à dire que, si les trois racines sont réelles, il est nécessaire que p soit négatif.

Cela posé, p étant toujours négatif, si l'on considère le cas où q est positif, les conditions auxquelles il faudra

satisfaire seront
$$ab = +\frac{p}{3}\ ,\quad a^3+b^3=-q\ .$$

Or de la première résulte la nécessité pour a^3 et pour b^3, s'ils étaient réels, d'être de même signe, et de la seconde, celle que ce signe soit négatif. Mais l'équation proposée devant avoir à la fois des racines positives et négatives, il est impossible que des éléments réels dont les cubes a^3 et b^3 sont négatifs puissent donner des racines réelles positives. D'où nous conclurons encore une fois que a^3 et b^3 ne sauraient être réels.

Or on a identiquement :
$$a^3=\frac{a^3+b^3}{2}+\frac{a^3-b^3}{2}\ ,\qquad b^3=\frac{a^3+b^3}{2}-\frac{a^3-b^3}{2}\ .$$

Mais a^3+b^3 étant certainement réel, il s'ensuit que a^3-b^3 ne doit pas l'être. Nous venons de voir d'ailleurs dans l'article précédent que pour p positif $\frac{a^3-b^3}{2}$ a pour valeur $\sqrt{\frac{q^2}{4}+\frac{p^3}{27}}$, laquelle devient, lorsque p est négatif, $\sqrt{\frac{q^2}{4}-\frac{p^3}{27}}$ et qui, pour cesser d'être réelle, exige que $\frac{q^2}{4}-\frac{p^3}{27}$ soit négatif ; de sorte que nous sommes finalement conduit à cette conséquence que, pour que toutes les racines de la proposée soient réelles, on doit avoir :
$$a^3=-\frac{q}{2}+\sqrt{\frac{p^3}{27}-\frac{q^2}{4}}\,\sqrt{-1}\ ,\quad b^3=-\frac{q}{2}-\sqrt{\frac{p^3}{27}-\frac{q^2}{4}}\,\sqrt{-1}$$

Dans le cas où q, au lieu d'être positif serait négatif dans la proposée, le raisonnement et les conclusions seraient analogues ; on verrait qu'alors a^3 et b^3, qui doivent toujours être de même signe, seraient positifs, et par conséquent impropres, s'ils étaient réels, à donner simultanément des racines positives et négatives. Il suffira donc, dans ce cas, de changer le signe de $\frac{q}{2}$ dans les valeurs ci-dessus de a^3 et b^3, ce qui les maintiendra dans l'état imaginaire.

XVII.

XVII

La nécessité logique de la forme imaginaire pour a^3 et b^3, dans le cas où les trois racines sont réelles, se trouve donc justifiée. Quant aux difficultés inhérentes à l'usage qu'il faudra faire de ces valeurs pour en déduire celles de a et de b, et par suite les racines, nous nous en occuperons tout à l'heure.

Mais nous pouvons dès à présent, du moins au point de vue des conceptions théoriques, montrer comment la réciproque du théorème précédent se vérifie, c'est-à-dire comment de l'imaginarité de a^3 et de b^3 résulte la réalité des trois racines.

On a vu, par ce qui précède, que a^3 et b^3 se présenteront sous la forme des binomes imaginaires $A \pm B\sqrt{-1}$; or on peut toujours concevoir l'existence de deux autres binômes $m \pm n\sqrt{-1}$ dont les cubes seront précisément égaux à $A \pm B\sqrt{-1}$. Ces deux binomes seront donc les valeurs de a et de b.

Cela posé, que vont devenir, avec ces valeurs, les formules qui donnent les racines ? La première, formée par la somme $a+b$, produira $2m$; elle est réelle.

On aura ensuite pour les deux autres

$$a\alpha + b\alpha^2 = m(\alpha+\alpha^2) + n\sqrt{-1}\,(\alpha-\alpha^2) = -m-n\sqrt{3}$$
$$a\alpha^2 + b\alpha = m(\alpha+\alpha^2) - n\sqrt{-1}\,(\alpha-\alpha^2) = -m+n\sqrt{3}\,.$$

On voit que celles-ci sont encore réelles et que la somme des trois est nulle. Leur forme est d'ailleurs telle que toujours l'une d'elles sera nécessairement positive et une autre négative, d'où il suit, ainsi que nous l'avons constaté au début, que pour leur ensemble, il n'y aura, au point de vue des signes, que deux systèmes possibles, savoir : celui où deux racines négatives seront combinées avec une racine positive, ou bien celui où deux racines positives seront combinées avec une racine négative. Il est donc certain que l'adoption de la forme imaginaire pour a^3 et b^3 vérifie, pour les racines, toutes les conditions de réalité, de positivité et de négativité auxquelles nous avons reconnu qu'elles doivent satisfaire.

Il semble donc en principe qu'au moyen des deux éléments $m+n\sqrt{-1}$, $m-n\sqrt{-1}$, ce cas de la résolution du troisième degré ne doit pas présenter plus de difficulté que le précédent, et c'est bien ainsi que les choses se passent au point de vue théorique; en effet, en raisonnant sur ces éléments comme on l'a fait précédemment sur a et b, on arrive aux conséquences suivantes :

$$m+n\sqrt{-1} = \sqrt[3]{-\frac{q}{2}+\sqrt{\frac{p^3}{27}-\frac{q^2}{4}}\sqrt{-1}}$$

$$m-n\sqrt{-1} = \sqrt[3]{-\frac{q}{2}-\sqrt{\frac{p^3}{27}-\frac{q^2}{4}}\sqrt{-1}}.$$

Mais, tandis qu'on peut facilement, lorsque la quantité sous le radical carré est positive, obtenir par les procédés arithmétiques connus les valeurs de a et de b, il n'en est pas de même lorsqu'elle est négative; alors les valeurs de $m \pm n\sqrt{-1}$ se présentent sous la forme implicite $\sqrt[3]{A \pm B\sqrt{-1}}$, et, jusqu'à ce jour, la science a été impuissante à faire connaître les binomes algébriques imaginaires qui, élevés au cube, sont susceptibles de produire l'expression donnée $A \pm B\sqrt{-1}$; ces binomes seraient la valeur de $m \pm n\sqrt{-1}$.

Il est très-facile, lorsqu'on part de la racine, d'obtenir le cube; il n'y a pour cela qu'à effectuer des opérations dont les règles sont bien connues. Mais revenir du cube à la racine est une question non encore résolue, et, à en juger par l'inutilité des tentatives faites jusqu'à ce jour, il est à croire que la solution de cette question n'est pas susceptible d'être obtenue par les formes ordinaires des fonctions de l'algèbre, du moins indépendamment de la considération des séries, considération si décevante d'ailleurs, ainsi que nous l'avons fait remarquer dans une précédente publication.

Or c'est en cela même que consiste l'irréductibilité ; elle ne tient pas seulement à la présence de l'imaginaire, car nous venons de voir que si nous connaissions $m+n\sqrt{-1}$ et $m-n\sqrt{-1}$, nous obtiendrions facilement avec ces expressions, quoiqu'elles soient imaginaires, des racines réelles. Elle tient essentiellement à ce que l'imaginaire qui, dans d'autres cas, présente le négatif soumis à l'influence directe et unique du radical carré, le présente en outre ici comme subissant en même temps celle du radical cubique et que dégager le négatif de cette double influence est une question dont la solution générale est encore à trouver. Nous verrons d'ailleurs tout à l'heure les motifs qui s'opposent à ce qu'elle puisse être obtenue, du moins par des fonctions purement algébriques

Vainement essaierait-on, pour tourner la difficulté, de renoncer à la détermination directe de $m+n\sqrt{-1}$ et $m-n\sqrt{-1}$, et voudrait-on tenter de faire celle de m ou de n. On voit tout de suite que $2m$ étant racine de la proposée devrait satisfaire à

$$(2m)^3 - p(2m) + q = 0$$

et que, par suite, après l'élimination de n, on ne pourrait pas avoir d'autre condition que celle-là pour déterminer m. Or la difficulté d'obtenir $2m$, et par suite m, à l'aide de celle-ci, est exactement de même ordre que celle d'obtenir x à l'aide de la proposée.

A proprement parler, c'est précisément ceci, nous le répétons, qui constitue l'obstacle de l'irréductibilité. En effet, l'esprit du mode de solution mis en œuvre consiste à diminuer la difficulté de la question en cherchant à déterminer trois choses, à l'aide de deux seulement : conception utile et d'ailleurs logique, puisque ces trois choses sont déjà liées entre elles par une relation. Malheureusement il arrive ici que, dans ces deux choses, entre deux éléments m et n dont le double de l'un doit satisfaire à la proposée. Celui-ci est donc susceptible de trois valeurs, fait qui sera analytiquement constaté tout à l'heure, et, qu'on le remarque bien, de trois valeurs qui doivent satisfaire à la condition proposée $x^3 - px + q = 0$, c'est-à-dire qui sont les racines mêmes ; de sorte que le moyen employé pour trouver celles-ci est fatalement condamné à n'être efficace qu'à la condition de les connaître au préalable ; on voit dès lors qu'il ne sera pas possible de réussir avec ce moyen et qu'il devient nécessaire de recourir à d'autres procédés.

En l'état actuel de la science, il se présente donc ici un point d'arrêt forcé, un obstacle tellement insurmontable que ce cas de la résolution des équations du troisième degré a reçu le nom de cas irréductible.

L'impossibilité étant ainsi bien reconnue en abstrait, appliquons-lui les considérations concrètes et voyons si, par ce nouveau moyen, il ne sera pas possible de la surmonter.

XVIII.

Puisqu'en nous renfermant pour la forme des racines dans le cercle exclusif des fonctions algébriques proprement dites, nous sommes condamnés à l'impuissance, il est naturel d'avoir recours à d'autres fonctions et de rechercher si nous ne serons pas plus favorisés en faisant appel à celles que les considérations concrètes nous ont conduit à étudier.

Il nous serait impossible de nous expliquer sur le degré de multiplicité de ces fonctions. Nous ne savons pas à priori s'il en existe de plusieurs natures susceptibles de nous donner les valeurs des nombres que les formes algébriques nous refusent. Mais nous allons voir qu'en faisant appel aux fonctions circulaires, ainsi que la forme imaginaire nous y convie si naturellement, nous parviendrons, par des moyens simples, faciles et directs, à la connaissance de la forme générale des racines de l'équation du troisième degré lorsqu'elles sont réelles.

En effet, puisqu'il est reconnu que les valeurs de

a et de b doivent alors être imaginaires du type $M + N\sqrt{-1}$, nous pouvons leur donner les formes suivantes dont on se sert si souvent pour les représenter :

$$r(\cos\theta + \sqrt{-1}\sin\theta) \quad , \quad r(\cos\theta - \sqrt{-1}\sin\theta) \; ;$$

dans ce cas, les expressions des racines s'obtiendront par des fonctions circulaires, ainsi qu'il suit :

$$2r\cos\theta \, , \quad -r(\cos\theta + \sqrt{3}\sin\theta) \quad , \quad -r(\cos\theta - \sqrt{3}\sin\theta).$$

Ces racines sont donc réelles, elles satisfont en outre à la condition que leur somme est nulle.

Écrivons maintenant que la somme de leurs produits deux à deux est égale au coefficient du terme en x, lequel est nécessairement négatif puisque sans cela $\sqrt{\frac{q^2}{4} + \frac{p^3}{27}}$ ne pourrait être imaginaire.

Or le produit des deux dernières est $r^2(\cos^2\theta - 3\sin^2\theta)$, la somme des produits de la première par chacune des deux autres est $-4r^2\cos^2\theta$; on aura donc pour la somme des trois produits, toutes réductions faites $-3r^2$; égalant cette quantité à $-p$ on en déduira $r = \sqrt{\frac{p}{3}}$.

Quant au produit des trois racines, nous venons de voir que le produit des deux dernières est $r^2(\cos^2\theta - 3\sin^2\theta)$; multipliant cette expression par la valeur $2r\cos\theta$ de la première racine, égalant le résultat à $-q$ et divisant toute l'équation par $2r^3$ on aura

$$\cos^3\theta - 3\sin^2\theta\cos\theta = -\frac{\frac{q}{2}}{\sqrt{\frac{p^3}{27}}}$$

Or le premier membre correspond à une propriété bien connue des fonctions circulaires ; il est l'expression, en fonction de θ du cosinus de l'arc triple 3θ ; en conséquence si nous cherchons la valeur de l'angle dont le cosinus est égal à l'expression toute connue qui figure au second membre, le cosinus du tiers de cet angle sera précisément la valeur.

cherchée de $\cos\theta$.

Voilà donc un moyen simple et très-pratique d'obtenir, à l'aide des fonctions circulaires, les deux éléments imaginaires des racines, et par suite ces racines elles-mêmes, dont les ressources ordinaires de l'algèbre sont impuissantes à nous donner les valeurs.

Procédons maintenant à l'étude des conséquences qui découlent de ces faits.

Nous remarquerons d'abord qu'à un même cosinus répond un nombre infini d'angles ou d'arcs généralement représentés par $3\theta + 2K\pi$; il faudra donc prendre pour la valeur cherchée, non seulement le cosinus du tiers de l'angle 3θ, mais encore tous ceux qui correspondent au tiers de $3\theta + 2K\pi$. Cela donne, dans le cas actuel, trois valeurs distinctes qui seront

$$\cos\theta, \ \cos\left(\theta + \frac{2\pi}{3}\right), \ \cos\left(\theta + \frac{4\pi}{3}\right)$$

De là il résulte que l'arc θ étant déterminé conformément aux stipulations ci-dessus, est susceptible de trois valeurs et que par suite la première racine $2m$ qui a pour expression générale

$$2r \cos \frac{1}{3} \left(\text{arc cos.} - \frac{\frac{q}{2}}{\sqrt{\frac{p^3}{27}}} \right)$$

sera triple et sera indistinctement représentée par

$$2\sqrt{\frac{p}{3}}\cos\theta, \ 2\sqrt{\frac{p}{3}}\cos\left(\theta + \frac{2\pi}{3}\right), \ 2\sqrt{\frac{p}{3}}\cos\left(\theta + \frac{4\pi}{3}\right)$$

Cette première conséquence se trouve d'ailleurs en parfaite conformité avec la remarque déjà faite que $2m$ devant satisfaire à l'équation $x^3 - px + q = 0$, doit nécessairement avoir trois valeurs.

Mais s'il en était de même des deux autres, on voit que l'on arriverait ainsi à avoir un nombre de solutions bien supérieur au degré de l'équation. Or il est très-facile de se convaincre que les deux dernières formes ne sont autre chose que les valeurs des deux autres racines.

Nous savons en effet que la seconde, par exemple, a pour expression

$$r(\cos\theta + \sqrt{-1}\sin\theta)\alpha + r(\cos\theta - \sqrt{-1}\sin\theta)\alpha^2$$

et on peut l'écrire

$$r\left\{(\alpha+\alpha^2)\cos\theta + (\alpha-\alpha^2)\sqrt{-1}\sin\theta\right\}.$$

Or α et α^2 étant les racines cubiques imaginaires de l'unité, l'on a

$$\alpha+\alpha^2 = 2\cos\frac{2\pi}{3}, \qquad \alpha-\alpha^2 = 2\sqrt{-1}\sin\frac{2\pi}{3},$$

Substituant, il vient :

$$2r\left\{\cos\theta\cos\frac{2\pi}{3} - \sin\theta\sin\frac{2\pi}{3}\right\}$$

ce qui n'est autre chose que

$$2r\cos\left(\theta+\frac{2\pi}{3}\right).$$

Quant à la troisième racine, elle ne diffère de la seconde qu'en ce que α et α^2 y ont changé de place ; or cela ne modifie pas la somme ci-dessus $\alpha+\alpha^2$ et cela change en $\alpha^2-\alpha$ la différence $\alpha-\alpha^2$. Mais $\alpha+\alpha^2$ est tout aussi bien égal à $2\cos\frac{4\pi}{3}$ qu'à $2\cos\frac{2\pi}{3}$, puisque ces cosinus sont égaux. D'un autre côté, changer le signe de $\alpha-\alpha^2$ c'est la même chose que prendre $\sin\frac{2\pi}{3}$ négativement ou, ce qui revient au même, lui substituer $\sin\frac{4\pi}{3}$. Moyennant ces remarques, on trouve que la troisième racine revêt la forme

$$2r\cos\left(\theta+\frac{4\pi}{3}\right).$$

On a donc, sans excès comme sans défaut, le nombre voulu de racines.

Avant de terminer nous ne devons pas négliger de faire observer que le procédé que nous venons de mettre en œuvre devient inapplicable lorsque l'expression $\pm\frac{\frac{q}{2}}{\sqrt{\frac{p^3}{27}}}$ est supérieure à l'unité, puisque, dans l'esprit de ce procédé, cette quantité doit représenter un cosinus, et qu'à un cosinus plus grand que 1, quel que soit d'ailleurs son signe, correspond un arc impossible. En conséquence pour que les racines de la proposée soient exprimables par des cosinus, auquel cas elles sont réelles, il faut que la condition

$$\pm \frac{\frac{q}{2}}{\sqrt{\frac{p^3}{27}}} < 1$$

soit satisfaite; en élevant au carré on a un résultat qui convient au double signe, et l'on obtient la relation bien connue

$$\frac{q^2}{4} - \frac{p^3}{27} < 0.$$

XIX.

Nous ne saurions clore ce que nous avons à dire au sujet de l'équation du troisième degré, sans présenter ici quelques réflexions sur les méthodes mises en œuvre pour en obtenir la solution. Nous avons souvent entendu incriminer celle dite de Cardan[1] qui consiste à déterminer x par une somme de deux éléments a et b. Pourquoi, dit-on, est-on obligé de passer par deux éléments? C'est là un assujétissement dont il serait heureux de pouvoir se débarrasser. Un procédé, ajoute-t-on, qui donnerait de toutes pièces les trois racines de l'équation serait bien préférable. La méthode de Lagrange, n'étant au fond que celle de Cardan, devrait être incriminée au même titre. Et si, à son égard, on se montre plus modéré, c'est qu'il y a du moins dans l'exposé de cette dernière, un point de départ dont la conception rationnelle, au point de vue de la solution, est nettement indiqué. L'esprit à cet égard est donc dès l'abord satisfait; les mêmes avantages se trouvent dans les procédés de Tschirnaüs et d'Euler. Mais dans la méthode de Cardan on ne trouve rien de pareil. Elle ne nous apparaît guère que comme une

---

[1] On a quelquefois attribué cette méthode à Hudde. Nous pensons que c'est une erreur. En effet Cardan l'a publiée en 1545, c'est-à-dire à une époque où Hudde, qui est mort en 1704, n'existait pas.

sorte d'inspiration, tenant plus encore du hasard que de la réflexion, qui réussit il est vrai, mais qui s'impose plutôt par le fait des calculs ultérieurs que comme conséquence de considérations préliminaires fondées sur la logique.

Ce reproche est très mérité, selon nous, et, malheureusement, dans un assez grand nombre d'écrits récents, et dans notre mode d'enseignement, ce n'est pas à cette seule circonstance des études algébriques qu'il peut être adressé. Mais il n'est ni long ni difficile d'indiquer la raison première du succès de la méthode de Cardan et au besoin de toutes les autres. Nous insisterons d'autant plus volontiers sur cet ordre d'idées que, non seulement il vient substituer les lois du raisonnement aux chances du hasard, mais qu'en outre il nous ouvre la voie de nombreux et utiles moyens d'investigation.

Toutes les parties d'une science sont intimement liées entre elles, et nous ne serons contredit par personne, en disant que ce n'est pas en dehors des faits connus de cette science qu'il faut toujours chercher la solution de ceux qui ne le sont pas encore. Dans tous les cas, les uns et les autres doivent se trouver entre eux en parfaite concordance. Cela ne veut pas dire qu'en dehors de l'enchaînement logique, il n'y aura pas des hasards heureux et que certaines combinaisons analytiques, entreprises sans but déterminé, ne conduiront pas quelquefois à d'utiles conséquences. On peut en citer des exemples en algèbre, de même que des opérations chimiques, abandonnées en quelque sorte à la fortuité des manipulations, et sans aucun dessein préconçu, ont pu réaliser de précieuses découvertes. Mais que de temps perdu lorsqu'on s'abandonne exclusivement à cette voie! pour un succès obtenu, combien ne compte-t-on pas d'essais improductifs!

Dans tous les cas, c'est toujours un devoir, pour l'homme intelligent, lorsque le hasard l'a mis en possession de résultats nouveaux, de substituer des raisonnements sérieux, à la bonne fortune de certaines éventualités, de rattacher ces résultats aux principes de la science, de montrer qu'ils sont la conséquence obligée de ces principes.

Il n'est pas sans intérêt de remarquer à cet égard que, sauf un très-petit nombre d'exceptions, les géomètres du 17e et du 18e siècle se sont généralement plu à dissimuler les voies rationnelles qui les ont conduits à faire des découvertes, et cela dans le but de conserver pour eux seuls les moyens de multiplier ces découvertes, et d'en retirer tous les profits. Sacrifiant ainsi les progrès de la science et la prompte diffusion de ses vérités à l'ambition de paraître illustres, aux égoïstes satisfactions de leur amour-propre.

Les plus grands génies n'ont pas été à l'abri de ces faiblesses. Newton surtout s'y est livré avec persévérance et en mettant en œuvre des artifices qui, sans doute, ne sauraient diminuer l'illustration du géomètre, mais qui sont profondément regrettables pour le caractère de l'homme. Voici comment il s'exprime lui-même à ce sujet dans le scholie du Livre des principes :

" Dans un commerce de lettres que j'entretenais avec
" le très savant géomètre Mr Leibnitz, ayant mandé que je
" possédais une méthode pour déterminer les maxima et les
" minima, mener les tangentes et faire autres choses sembla-
" bles, en ayant caché cette méthode sous des lettres transpo-
" sées, cet homme célèbre répondit qu'il avait trouvé une métho-
" de semblable et me communiqua sa méthode qui ne dif-
" férait de la mienne que dans l'énoncé et la notation".

Hâtons-nous de faire remarquer que si, dans ce passage les précautions cauteleuses de Newton nous affligent, les communications loyales et spontanées de Leibnitz sont bien faites pour nous dédommager. Celui-ci met immédiatement le monde savant en possession de ses idées ; l'autre les retient et s'ingénie, par de puériles et énigmatiques transpositions de lettres, à se donner les moyens d'en revendiquer à son gré la propriété à un moment donné. Il y a dans ces deux situations un contraste instructif dont nous laissons au lecteur le soin d'apprécier les nuances morales.

Dans son éloge du marquis de L'Hôpital, Fontenelle s'exprime avec beaucoup de vérité sur ces habitudes des savants ses contemporains.

" Jusqu'à la publication de l'ouvrage du marquis de
" l'Hôpital, dit-il, la nouvelle géométrie n'avait été qu'une
" espèce de mystère et, pour ainsi dire, une science cabalisti-
" que renfermée entre cinq ou six personnes. Souvent on
" donnait, dans les journaux, les solutions sans laisser paraî-
" tre la méthode qui les avait produites. Et lors même qu'on
" la présentait, ce n'étaient que quelques faibles rayons de cette
" science et les nuages se refermaient aussitôt. Le public,
" ou, pour mieux dire, le petit nombre de ceux qui aspi-
" raient à la haute géométrie, étaient frappés d'une admi-
" ration inutile qui ne les éclairait point; et l'on trouvait
" le moyen de s'attirer leurs applaudissements en retenant l'ins-
" truction dont on aurait dû les payer."

Ce tableau de certaines faiblesses humaines n'est que trop vrai, et malheureusement il ne s'applique pas à une seule époque.

En conséquence de ces habitudes, l'exposé des travaux de nos prédécesseurs a été fort souvent présenté dans le but de détourner le lecteur plutôt que de l'éclairer. On a gardé pour soi l'analyse et les raisonnements, et l'on n'a livré à la publicité qu'une synthèse, exacte sans doute, mais qu'on s'est appliqué à rendre aussi impropre que possible à mettre sur la voie des conceptions dont les vérités annoncées étaient la conséquence la plus immédiate.

Nous lisons à ce sujet, dans l'histoire des mathématiques de Bossut:

" La clef des plus difficiles problèmes qui sont résolus
" dans le Livre des principes de Newton est la méthode des
" fluxions ou l'analyse infinitésimale, mais présentée <u>sous
" une forme</u> <u>qui la déguisait</u> et rendait l'ouvrage pénible à
" suivre. Aussi n'eut-il pas d'abord tout le succès qu'il
" méritait. On y trouva de l'obscurité, des démonstrations
" puisées <u>dans des sources</u> <u>trop détournées</u>, un usage trop
" affecté de la méthode synthétique des anciens, tandis que
" l'analyse aurait beaucoup mieux fait connaître l'esprit

" et le progrès de l'invention. L'extrême concision de quelques
" endroits fit penser ou que Newton, doué d'une sagacité extra-
" ordinaire, avait trop présumé de la sagacité de ses lecteurs, ou
" que, par une faiblesse dont les plus grands hommes ne sont
" pas exempts, il avait cherché à surprendre une admira-
" tion que le vulgaire accorde facilement aux choses qui
" passent ou fatiguent son intelligence. Quoi qu'il en soit,
" la grande célébrité du Livre des principes ne date guère que
" du commencement du 18e siècle où l'analyse infinitésima-
" le, déjà fort avancée, mit les géomètres en état de le com-
" prendre."

Or, comme ce sont certainement les publications de Leibnitz, aussi explicites sur le fond de sa pensée que celles de Newton étaient dissimulées, qui ont provoqué et confirmé les progrès de l'analyse infinitésimale, il s'en suit qu'on peut dire avec vérité que c'est en très-grande partie à ces publications que la conception plus rapide des œuvres de Newton doit être attribuée, et qu'elles furent comme le commentaire anticipé et très-explicite d'une œuvre dans laquelle le géomètre anglais, sacrifiant à des vues personnelles trop intéressées, s'était appliqué à cacher le fond de ses doctrines.

Il est certain, pour en revenir à la méthode de Cardan[1] que lorsque, sans préambule, sans aucun motif à l'appui

---

[1] On n'est pas bien fixé sur la question de savoir à qui l'on doit attribuer la découverte de la résolution de l'équation du troisième degré. A cet égard les véritables inventeurs subissent, devant le tribunal de la postérité, la peine de leurs réticences intéressées. En supposant que Scipion Ferrei, professeur à Bologne, n'ait pas fait cette découverte dès le commencement du 16e siècle, il est certain que Tartaglia en était possesseur avant Cardan, puisque celui-ci reconnaît dans ses écrits que, sur ses instantes prières, Tartaglia lui avait communiqué la formule, mais, ajoute-t-il, sans démonstration, ce qui est très-possible, eu égard aux habitudes de ce temps-là. Cardan dit qu'aidé de son élève Ferrari, il a trouvé cette démonstration, chose très-possible aussi, et

on écrit dès le début que x est égal à la somme $a+b$, l'esprit est naturellement porté à se demander d'où peut venir cette sorte de divination, cette tentative de recherches ex-abrupto, justifiée sans doute par le résultat, mais dont aucune considération préliminaire n'explique et ne légitime l'intervention. Or en fait, et bien que nos ouvrages d'enseignement soient peu prodigues d'explications à ce sujet, il est très probable que les auteurs avaient fait leurs découvertes par la voie de l'analyse, mais, cédant à de futiles considérations d'amour-propre, ils ont cru se rehausser en se présentant au lecteur plutôt comme des hommes de grande intuition que comme de simples esprits obéissant aux règles de la logique.

Quoi qu'il en soit, si, dans cette circonstance, l'on ne peut se défendre d'un certain étonnement en voyant une formule aussi peu précise que celle $x = a+b$ conduire au but, cette espèce de mirage se dissipe bientôt, et le tour de force s'explique de lui-même en reconnaissant qu'il suffisait d'avoir remarqué au préalable, chose fort naturelle chez ceux qui s'occupent d'analyse, que le cube de $(a+b)$ est égal à $3ab(a+b) + a^3 + b^3$ et que, par conséquent, on doit toujours avoir identiquement $(a+b)^3 - 3ab(a+b) - a^3 - b^3 = 0$

De ce moment l'équation du troisième degré, privée de son second terme, était résolue par l'assimilation de cette équation avec l'identité ci-dessus. Mais présentée sous cette forme la méthode perdait tout prestige ; conséquence naturelle d'un fait algébrique très-simple, elle se présentait comme une déduction logique fort ordinaire et ne pouvait satisfaire des esprits désireux avant tout de se poser devant le public comme doués d'un grand génie inventif. Et cependant, chose digne de remarque, il y avait dans cette marche si modeste, mais en même temps si sure, plus de puissance de production, plus d'avenir, plus de succès à réaliser que

---

il l'a publiée. Dans tous les cas, à défaut d'autre mérite, Cardan a eu celui de ne pas tenir la lumière sous le boisseau ; et, à ce point de vue, plagiaire ou non, il a rendu service à la science.

dans celle qu'on a suivie. Nous allons montrer, par quelques applications, que la dépense d'esprit qu'on a employée pour la dissimuler, et qui a eu pour premier résultat peut-être de la faire perdre de vue à ceux-là même qui s'en sont servi, leur eût été bien plus profitable s'ils s'étaient appliqués à en faire une étude qui leur aurait révélé à coup sûr toute sa fécondité.

XX.

Si en effet nous mettons à profit cette première remarque d'une identité qui, parce qu'elle se présente à nous sous la forme d'une équation du troisième degré, peut être utilisée pour la résolution de cette équation, et si nous cherchons à bien saisir l'esprit de cette conception et à l'étendre, nous ne tardons pas à reconnaître qu'il nous sera possible de profiter, au même titre, de toute autre identité de quelque degré qu'elle soit pour résoudre, sinon toujours la généralité, du moins quelques catégories d'équations de ce degré, et cela non seulement lorsque ces identités existeront pour des expressions algébriques proprement dites, mais encore pour des fonctions de toute autre nature, circulaires, transcendantes, elliptiques, revêtues des signes de la différenciation ou de l'intégration, fonctions qui pourront être ainsi utilement appelées à résoudre certaines classes d'équations.

C'est certainement à ce procédé d'investigation qu'on peut rattacher le moyen employé par Lagrange pour obtenir par des cosinus les racines de l'équation du troisième degré, lorsque ces racines sont toutes trois réelles. Peut-être dans d'autres circonstances a-t-il été fait usage de quelque chose de semblable, mais ce sont là des accidents isolés dont on n'a pas étendu la portée au-delà des circonstances qui les ont fait naître, qui, par conséquent, ne nous paraissent pas, jusqu'à ce jour, s'être élevés dans la science à la hauteur d'un principe, et surtout d'un principe indistinctement applicable à toute sorte de fonctions.

L'idée est d'ailleurs fort simple et nous ne ferons aucune difficulté de reconnaître qu'il suffit de l'indiquer pour la comprendre. Mais on nous accordera, d'un autre côté, que, quelque naturelle qu'elle soit, il fallait tout au moins, pour qu'elle devînt féconde, qu'elle fût d'abord formulée quant à son énoncé et puis suffisamment signalée quant à sa puissance de production. On verra d'ailleurs que cette simplicité dans les origines n'exclut pas la nouveauté et l'importance des aperçus consécutifs qui, dans les applications, se révèlent en plus grand nombre qu'on ne saurait le croire :

Aussi pour familiariser le lecteur avec les ressources que peut offrir ce procédé et avec les moyens qui concernent son usage, nous demanderons la permission de faire un retour sur les matières déjà traitées et de montrer comment son fonctionnement dans le second degré conduit à de nouvelles assimilations sur la constitution et le classement des racines.

On sait, par les premiers principes de la trigonométrie, qu'on a

$$\operatorname{tang.} 2a = \frac{2 \operatorname{tang.} a}{1 - \operatorname{tang}^2 a}$$

d'où l'on déduit l'identité du second degré

$$\operatorname{tang}^2 a + \frac{2}{\operatorname{tang.} 2a} \operatorname{tang.} a - 1 = 0$$

En conséquence si l'on avait à résoudre l'équation

$$x^2 + px - 1 = 0,$$

on identifierait cette équation avec la précédente en posant

$$\frac{2}{\operatorname{tang.} 2a} = p \quad \text{d'où} \quad \operatorname{tang.} 2a = \frac{2}{p}$$

et la tangente de la moitié de cet angle serait la valeur de x.

Si par exemple on a

$$x^2 + 5x - 1 = 0$$

on trouvera que $\frac{2}{p}$ est égal à $\frac{2}{5}$ ou à 0,4. Or on a, à très peu près, tang. 21°,90 = 0,4 ; par conséquent x sera égal à la tangente de l'angle 10°,95, soit 0,1925. On trouve en effet que $x^2 + 5x$ est égal pour cette valeur de x à 0,99955, ce qui donne un résultat fort approché.

Quant à la seconde racine on l'obtient en remarquant que l'angle dont la tangente est 0,4 est non seulement 21°,90 mais aussi 21°,90 + 180°, ou 201°,9 ; la moitié de cet angle a pour valeur 100°,95 dont la tangente est celle de 79°,05 prise négativement, soit −5,1925 et telle est la seconde racine.

A la vérité l'équation $x^2 + px - 1 = 0$ n'est pas le type général du second degré puisque le terme tout connu, au lieu d'être numériquement quelconque, est égal à l'unité; mais si l'on avait à résoudre

$$x^2 + px - q = 0$$

on poserait $x = \sqrt{q}\, z$ et l'on aurait

$$qz^2 + p\sqrt{q}.z - q = 0$$

divisant par q il viendrait

$$z^2 + \frac{p}{\sqrt{q}}.z - 1 = 0$$

Ce qui ramène l'équation à la forme précédente.

Il faudra alors prendre $\frac{2\sqrt{q}}{p}$ pour valeur de tang. 2a et la tangente de la moitié de cet angle sera la valeur de z; par suite on aura $x_1 = \sqrt{q} \cdot \text{tang.}\, a$ pour l'une des racines et $x_2 = \sqrt{q}\ \text{tang.}(a + \frac{\pi}{2})$ pour l'autre.

Ce mode de solution de l'équation du second degré suppose d'ailleurs essentiellement que le terme tout connu est négatif et comme dans ce cas l'équation $\text{tang}^2 a + \frac{2}{\text{tang}\, 2a}\,\text{tang}\, a - 1 = 0$ peut toujours être satisfaite en réel, il s'ensuit que pour les valeurs négatives de q les racines ne pourront jamais présenter la circonstance de l'imaginaire. En outre ce procédé sera toujours applicable au cas où les racines de l'équation doivent être l'une positive, l'autre négative. C'est ce que montre immédiatement la négativité du terme tout connu qui est égal, comme on sait, au produit des racines et c'est ce que confirment à leur tour les formes $\sqrt{q}$ tang a , $\sqrt{q}$ tang $(a+\frac{\pi}{2})$ des racines puisque tang. a est toujours d'un signe nécessairement contraire à celui de tang $(a+\frac{\pi}{2})$.

Si le terme tout connu était positif, ce serait le cas où les racines sont toujours de même signe. Or comme la tangente et la cotangente d'un même angle jouissent précisément de cette propriété d'être simultanément positives ou négatives concurremment avec celle que leur produit est égal à 1, on prévoit que ce pourra être à l'aide de la tangente et de la cotangente d'un angle que les racines pourront être obtenues. Poursuivant cette première indication, on reconnaît sans peine que pour constituer une équation dont les racines seraient tang. a et cot. a il ne restera plus qu'à s'enquérir de ce que pourra être la somme de ces deux quantités. Or on a :

$$\pm(\text{tang. } a + \text{cot. } a) = \pm\frac{\sin. a}{\cos. a} \pm \frac{\cos. a}{\sin. a} = \pm\frac{2}{\sin. 2a}$$

Nous serons, en conséquence, certains que toute équation ayant la forme

$$x^2 \pm \frac{2}{\sin 2a} \cdot x + 1 = 0$$

sera satisfaite par tang. a et par cot. a.

Si donc on avait à résoudre l'équation

$$x^2 \pm px + 1 = 0$$

on l'identifierait avec la précédente en posant $p = \frac{2}{\sin 2a}$, d'où $\sin. 2a = \frac{2}{p}$. Au moyen de cette relation les tables trigonométriques feront connaître la valeur de $2a$, par suite celle de a et les tangente et cotangente de ce dernier angle seront les racines cherchées. On voit donc encore ici comment certaines identités constatées pour des fonctions circulaires peuvent être utilisées pour la résolution de l'équation du second degré.

Que si l'on a l'équation générale

$$x^2 \pm px + q = 0$$

en posant $x = \sqrt{q} \cdot z$ on la ramènera à la forme

$$z^2 \pm \frac{p}{\sqrt{q}} z + 1 = 0$$

qui donnera tang.a et cot.a moyennant quoi les racines cherchées seront $\sqrt{q}$ tang.a et $\sqrt{q}$ cot.a. Mais comme dans ce cas on a $\frac{p}{\sqrt{q}} = \frac{2}{\sin.2a}$ et par conséquent $\sin.2a = \frac{2\sqrt{q}}{p}$ et comme un sinus ne peut être plus grand que l'unité, on voit que ce procédé ne sera applicable en réel qu'à la condition que $\frac{2\sqrt{q}}{p}$ sera plus petit que 1, ce qui nous ramène au principe bien connu que pour que les racines soient réelles, il faut que l'expression $\frac{p^2}{4} - q$ soit positive.

Enfin lorsque les valeurs de p et de q sont telles que cette dernière expression est négative et que par conséquent $2\frac{\sqrt{q}}{p}$ est plus grand que l'unité, il devient impossible d'obtenir sin.2a et par suite tang.a et cot.a ; de sorte qu'aucune valeur réelle de x ne peut satisfaire à l'équation. Nous sommes ainsi forcément conduit à abandonner, dans notre recherche, toutes les identités qui concernent le réel, et à recourir à celles qui, dans les fonctions circulaires, peuvent exister entre des expressions où l'imaginaire est introduit. Or la plus simple de toutes est évidemment celle des longueurs dirigées. Nous sommes donc naturellement invité à essayer pour les racines les formes $\rho(\cos.\alpha + \sqrt{-1}\sin\alpha)$. Mais parce que, d'une part, la somme des racines doit être réelle, parceque, d'autre part, il doit en être de même de leur produit, on en conclut que l'une des racines étant $\rho(\cos\alpha + \sqrt{-1}\sin\alpha)$, l'autre ne peut être que $\rho(\cos\alpha - \sqrt{-1}\sin\alpha)$; d'où résulte cette identité.

$$\rho^2(\cos\alpha \pm \sqrt{-1}\sin\alpha)^2 - 2\rho^2\cos.\alpha(\cos\alpha \pm \sqrt{-1}\sin\alpha) + \rho^2 = 0$$

que nous mettrons sous la forme

$$\left[\rho(\cos\alpha \pm \sqrt{-1}\sin\alpha\right]^2 - 2\rho\cos\alpha\left[\rho(\cos\alpha \pm \sqrt{-1}\sin\alpha)\right] + \rho^2 = 0$$

dans laquelle en effet le terme tout connu ρ^2 est toujours supérieur au carré de la moitié du coefficient qui multiplie $\rho(\cos\alpha \pm \sqrt{-1}\sin\alpha)$.

En conséquence si l'on avait à résoudre l'équation

$$x^2 + px + q = 0$$

assujétie à la condition que $\frac{p^2}{4} - q$ est négatif on l'assimilerait à la précédente en posant $p = -2\rho\cos\alpha$, $q = \rho^2$. On déduirait de là $\rho = \sqrt{q}$, par suite $\cos\alpha = -\frac{p}{2\sqrt{q}}$ et l'on retomberait ainsi sur la forme algébrique bien connue des racines imaginaires de l'équation du second degré.

Notre intention n'est pas de poursuivre ici, dans tous leurs détails, ces sortes de considérations propres à faire connaître, par les fonctions circulaires, les racines de l'équation du second degré. Mais, sans trop nous appesantir sur ce sujet, nous devions en dire assez pour montrer qu'il n'y a rien d'illusoire dans cet ordre de conceptions. Peut être trouvera-t-on qu'il y a ici moins de simplicité que dans le procédé habituel qui, sans distinction aucune, donne immédiatement la forme la plus générale des racines. Cette observation pourra paraître fondée pour le second degré, mais elle cesse de l'être dès le troisième. En effet les formules générales des racines qui s'y rapportent, très-acceptables au point de vue théorique, ne sont d'aucun secours pour la pratique dans le cas irréductible et deviennent ainsi de pures formes analytiques qu'il faut abandonner et remplacer par des fonctions circulaires lorsqu'on veut obtenir ce que l'on cherche.

C'est précisément là ce qui nous fait vivement regretter que dans l'enseignement on ait mis de côté l'étude des équations du 3e et du 4e degré et que l'on se borne, pour ce qui concerne les détails des formes des racines, à la seule considération du second degré. En effet, à ce point de vue, les ressources de ce degré sont très-restreintes et ne donnent qu'une connaissance fort imparfaite soit de ce qui est possible, soit de ce qui est impossible avec les fonctions algébriques proprement dites. Ce n'est qu'en poussant les études au-delà de ce degré qu'on peut commencer à se faire une idée des facultés de ces fonctions et des limites dans lesquelles ces facultés sont comprises.

D'ailleurs il n'est pas inutile de remarquer que si, à certains égards, le mode de résolution de l'équation du second degré par les fonctions trigonométriques paraît inférieur au mode purement algébrique, il ne laisse pas que de présenter quelque intérêt au point de vue de la catégorisation des racines en ce qui concerne leurs signes quand elles sont réelles. Il nous donne en effet l'idée de fonctions tang.a, $\tan g(a+\frac{\pi}{2})$, ayant essentiellement des signes toujours différents, et assimilables par conséquent à des résultats qui doivent être l'un positif, l'autre négatif ; puis à d'autres fonctions tang.a, cot.a, ayant toujours mêmes signes et par suite assimilables à leur tour à des résultats qui doivent être ou tous deux positifs ou tous deux négatifs. Il y a là, entre les deux premières opérations du calcul et entre certains états de fonctions circulaires, des équivalences remarquables dont l'étude poursuivie dans les degrés supérieurs peut devenir fort instructive, en nous mettant sur la voie soit de certaines réalisations, soit de certaines impossibilités. Enfin la condition d'imaginarité $\frac{p^2}{4}-q<0$, rattachée à la non existence d'un sinus qui, lorsqu'il est possible, commande et détermine la réalité des racines, jette un nouveau jour sur les nécessités de l'intervention dans les calculs de la forme imaginaire.

XXI.

Recherchons maintenant ce que cet ordre d'idées pourra nous apprendre pour les équations du troisième degré. Or nous allons voir dès l'abord qu'il nous affranchit de l'obstacle de l'irréductibilité, et cela sans qu'on soit obligé, pour arriver aux racines, de passer par aucun intermédiaire. Il conduit immédiatement et directement au but, sans même nous faire soupçonner l'existence d'éléments imaginaires, ces inévitables et prohibitifs attributs de la solution purement algébrique dans la circonstance où les trois racines sont réelles.

On sait en effet qu'entre le cosinus d'un angle et le cosinus du triple de cet angle, existe l'identité suivante du 3e degré $\cos^3 a - \frac{3}{4}\cos a - \frac{1}{4}\cos 3a = 0$

Si donc on avait à résoudre une équation de la forme :

$$x^3 - \frac{3}{4}x - q = 0$$

on l'assimilerait à la précédente identité en posant $\cos 3a = 4q$. Cela ferait connaître l'angle $3a$, par suite l'angle a, et il suffirait pour avoir la valeur de x de prendre le cosinus de ce dernier angle.

Si, par exemple $q = \frac{1}{8}$, on aura $\cos 3a = \frac{1}{2}$, d'où $3a = 60°$ et $a = 20°$. Or le cosinus de $20°$ a pour valeur $0,94$ et l'on trouve qu'en effet cette valeur de x satisfait à l'équation.

Quant aux deux autres racines leur existence et leur détermination résulte de ce qu'un même cosinus $\frac{1}{2}$ répond en général à l'arc $3a + 2K\pi$, ce qui, eu égard à la division en trois parties, donne, indépendamment de a, deux autres angles distincts $a + \frac{2\pi}{3}$, $a + \frac{4\pi}{3}$. Dans le cas actuel, ces angles sont $20° + 120°$, soit $140°$, et $20° + 240°$, soit $260°$.

Or le cos. de $140°$ est égal au sinus de $50°$ pris négativement ou $-0,766$ qui est la seconde racine.

Le cosinus de $260°$ est égal à celui de $80°$ pris encore négativement ou $-0,174$ et c'est là la troisième racine.

A la vérité l'équation $x^3 - \frac{3}{4}x - q = 0$ n'est pas la plus générale du troisième degré puisque le coefficient du terme en x n'est pas quelconque. Mais si l'on avait à résoudre

$$x^3 - px - q = 0$$

on commencerait par poser $x = z\sqrt{\frac{4}{3}p}$ et en substituant on aurait

$$\frac{4}{3}p\sqrt{\frac{4}{3}p}\,z^3 - p\sqrt{\frac{4}{3}p}\,z - q = 0$$

Divisant alors par $\frac{4}{3}p\sqrt{\frac{4}{3}p}$, il viendra :

$$z^3 - \frac{3}{4}z - \frac{1}{4}\,\frac{\frac{q}{2}}{\left(\frac{p}{3}\right)^{\frac{3}{2}}} = 0 .$$

posant donc maintenant $\cos 3a = \frac{\frac{q}{2}}{\left(\frac{p}{3}\right)^{\frac{3}{2}}}$, on en déduira la valeur de a, par suite celle de $\cos . a$ et l'on aura $z = \cos a$; de sorte qu'il viendra définitivement $x = 2\sqrt{\frac{p}{3}} . \cos a$; les deux autres racines seront d'ailleurs

$$2\sqrt{\frac{p}{3}}\cos\left(a+\frac{2\pi}{3}\right), \quad 2\sqrt{\frac{p}{3}}\cos\left(a+\frac{4\pi}{3}\right).$$

On voit donc, ainsi que nous l'avons annoncé, que ce procédé de résolution conduit directement au but sans intermédiaire, sans la conception préalable de la décomposition des racines en deux éléments et par suite sans la considération d'expressions imaginaires qu'on sait devoir s'effacer, mais que la pratique ordinaire de l'algèbre est inhabile à faire disparaître.

XXII.

Il est même possible d'obtenir par l'emploi des fonctions circulaires les racines de l'équation la plus générale du troisième degré, sans qu'on soit obligé au préalable de la dépouiller du terme en x^2 ainsi que cela doit être pratiqué avec la méthode de Cardan et sans complications ni longueurs dans les calculs. Pour cela il faut faire usage de la valeur de $\tang . 3a$ dont l'expression en fonction de $\tang . a$ contient toutes les puissances de cette quantité.

On sait en effet que la valeur de la tangente du triple d'un angle obtenue à l'aide de la tangente de cet angle est donnée par la formule suivante :

$$\tang . 3a = \tang . a \frac{3 - \tang^2 a}{1 - 3\tang^2 a}$$

Considérant dans cette identité $\tang . a$ comme une inconnue on a l'équation

$$\tang^3 a - 3\tang 3a . \tang^2 a - 3\tang a + \tang . 3a = 0$$

En conséquence si l'on avait à résoudre une équation de la forme

$$x^3 - 3px^2 - 3x + p = 0,$$

en l'identifiant avec la précédente, on poserait $\tang . 3a = p$; on connaîtrait ainsi $3a$ et par suite a, et la tangente de ce dernier angle serait la valeur de x.

Comme d'ailleurs la tangente d'un angle $3a$ corres=pond également à tous les angles exprimés par $3a+K\pi$, le nombre K étant un entier quelconque, il s'ensuit que, relativement à la division par 3, on aura pour résultat de cette opéra=tion, non-seulement l'angle a, mais les deux suivants $a+\frac{\pi}{3}$, $a+\frac{2\pi}{3}$ dont les tangentes seront la deuxième et la troisième ra=cine de la proposée.

Mais l'équation ci-dessus n'est pas la plus générale du troisième degré, puisqu'elle ne renferme qu'un seul coëfficient arbitraire. Nous pouvons d'abord, par un moyen très simple, lui en faire acquérir deux; pour cela, posons $x=tz$, il viendra

$$t^3z^3-3pt^2z^2-3tz+p=0$$

et en divisant par t^3

$$z^3-3\frac{p}{t}z^2-3\frac{1}{t^2}z+\frac{p}{t^3}=0$$

Lors donc qu'une équation pourra être mise sous cette forme, sa résolution sera certaine.

Toutefois, quoique plus étendue que la précédente, elle n'est pas quelconque, puisqu'il n'y entre que deux coëffi=cients arbitraires. Comparée à l'équation générale

$$z^3+Pz^2+Qz+R=0$$

il est facile de se convaincre qu'elle est particularisée par cette circonstance que le produit de P par Q est égal à $9R$. En conséquence si l'on avait une équation de la forme

$$z^3+Pz^2+\frac{9R}{P}z+R=0,$$

il suffira, pour la résoudre, de l'identifier avec la précédente. A cet effet on commencera par poser $-\frac{3}{t^2}=\frac{9R}{P}$, d'où l'on déduira $t=\sqrt{-\frac{P}{3R}}$.

Puis on écrira $P=-3\frac{p}{t}$ et par suite

$$p=-\frac{tP}{3}=-\frac{P}{3}\sqrt{-\frac{P}{3R}}$$

Cette valeur de p étant celle de tang. $3a$, on en déduira tang. a et alors la condition $x=tz$ donnera

$z=$

$$z = \frac{\text{tang}.\,a}{t} = \frac{\text{tang}.\,\frac{1}{3}\left(\text{arc. tang} = -\frac{p}{3}\sqrt{-\frac{p}{3R}}\right.}{\sqrt{-\frac{P}{3R}}}$$

Telle sera la première racine ; les deux autres s'obtiendront en ajoutant à l'angle a, une première fois 60°, une seconde fois 120°.

Si, par exemple, on donne l'équation

$$z^3 - 2z^2 - \frac{9}{2}z + 1 = 0$$

on aura $P = -2$, $R = +1$, et par suite $t = \sqrt{\frac{2}{3}} = 0,816$

par conséquent $p = \frac{2}{3}\sqrt{\frac{2}{3}} = 0,667 \times 0,816 = 0,544.$

Or, la quantité 0,544, considérée comme une tangente, répond à un angle de 28°,50 ; telle est la valeur de $3a$, d'où il suit que celle de a sera 9°,50.

D'après cela, on trouvera pour les valeurs des racines les expressions suivantes :

$$z_1 = \frac{\text{tang}.\,a}{t} = \frac{\text{tang}\,(9°,5)}{0,816} = \frac{0,1673}{0,816} = 0,205$$

$$z_2 = \frac{\text{tang}(9°,5 + \frac{\pi}{3})}{t} = \frac{\text{tang}.\,(59°,5)}{0,816} = \frac{2,6763}{0,816} = 3.281$$

$$z_3 = \frac{\text{tang}\,(9°,5 + \frac{2\pi}{3})}{t} = \frac{\text{tang}(129°,5)}{0,816} = -\frac{\text{tang}\,(50°,5)}{0,816} = -\frac{1,2134}{0,816} = -1,486.$$

Si maintenant on a l'équation tout-à-fait générale

$$y^3 + Ay^2 + By + C = 0$$

et si l'on peut faire en sorte que le coefficient B de y devienne égal à $\frac{9C}{A}$, on se donnera les moyens d'obtenir la valeur de l'inconnue.

A cet effet posons $y = u + K$, u étant une nouvelle inconnue ; en substituant nous aurons

$$\left.\begin{array}{l} u^3 + 3K \\ \quad + A \end{array}\right| \left.\begin{array}{l} u^2 + 3K^2 \\ \quad + 2AK \\ \quad + B \end{array}\right| \begin{array}{l} u + K^3 \\ \quad + AK^2 \\ \quad + BK \\ \quad + C \end{array} = 0$$

et, si nous voulons que le coefficient du terme en u satisfasse à la condition ci-dessus, nous devrons écrire

$$(3K + A)(3K^2 + 2AK + B) = 9(K^3 + AK^2 + BK + C) \quad ;$$

en développant on trouve que les termes en K^3 et en K^2 disparaissent, et il ne reste plus qu'une équation du premier degré en K de laquelle on déduit

$$K = \frac{1}{2}\,\frac{9C - AB}{A^2 - 3B}$$

Connaissant ainsi la valeur de K on la substituera dans l'équation en u qui se trouvera ramenée au type de l'équation en z; on en déterminera les racines conformément aux règles ci-dessus exposées et ces racines seront les trois valeurs de u, après quoi il suffira de leur ajouter K pour avoir celles de y.

Appliquons cette méthode à l'équation

$$y^3 - 2y^2 - y + 2 = 0$$

On a ici $A = -2$, $B = -1$, $C = +2$; par conséquent

$$K = \frac{1}{2}\,\frac{18 - 2}{4 + 3} = \frac{8}{7} = 1,143, \quad \text{d'où } K^2 = 1,306 \quad \text{et } K^3 = 1,493 .$$

moyennant quoi l'équation en u prend la forme,

$$u^3 + 1,429\,u^2 - 1,650\,u - 0,262 = 0$$

et en l'assimilant à celle en z on a $P = 1,429$, $R = -0,262$

En conséquence la valeur de $\tang 3a$, généralement exprimée par $-\frac{P}{3}\sqrt{-\frac{P}{3R}}$ recevra, dans le cas actuel, la forme $-0,476\sqrt{\frac{0,476}{0,262}}$ et sera égale à $-0,6426$.

On trouve que cette tangente correspond à un angle de $-33°$; d'où il suit que la valeur de u sera exprimée par

$$-\frac{\text{tang.}\,11°}{\sqrt{-\frac{P}{3R}}}, \quad \text{soit} \quad -\frac{0,194}{\sqrt{1,817}} = -0,143 .$$

Ajoutant à cette quantité la valeur de K on trouve l'unité positive pour la première racine de y

Quant aux deux autres racines elles seront données par les relations $y_2 = u_2 + K$, $y_3 = u_3 + K$

Or on a

$$u_2 = \frac{\text{tang}(-11° + 60°)}{\sqrt{1,817}} = \frac{\text{tang.}\,49°}{\sqrt{1,817}} = \frac{1,1504}{\sqrt{1,817}} = 0,856$$

$$u_3 = \frac{\text{tang.}(-11^\circ+120^\circ)}{\sqrt{1,817}} = \frac{\text{tang.}109^\circ}{\sqrt{1,817}} = -\frac{\text{tang.}71^\circ}{\sqrt{1,817}} = -2,143$$

Et de là on déduira

$$y_2 = u_2 + K = 0,856 + 1,143 = 2,00, \quad y_3 = u_3 + K = -1$$

Tant que l'expression de tang 3a sera possible en réel, les trois racines seront réelles et ce procédé réussira. Or comme la valeur de tang. 3a en fonction des coefficients est $-\frac{P}{3}\sqrt{-\frac{P}{3R}}$, on voit que, pour que cette tangente ne soit pas imaginaire, il faut que P et R soient de signe contraire. En remarquant d'ailleurs que l'on doit avoir $PQ = 9R$ d'où $\frac{P}{3R} = \frac{3}{Q}$, on peut encore énoncer cette condition en disant que Q doit être négatif.

Par conséquent, si l'on veut apprecier, à la simple inspection de l'équation en y, dans quels cas les trois valeurs de y seront réelles, il faudra déterminer Q en fonction des coefficients A, B, C de cette équation. C'est là un calcul qui ne présente aucune difficulté; et nous pouvons, par conséquent, nous borner à en consigner ici les résultats. On trouve que P, Q et R sont donnés en fonction de A, B, C par les relations suivantes:

$$P = \frac{2A^3 - 9AB + 27C}{2(A^2 - 3B)}$$

$$Q = \frac{9}{4}\,\frac{4A^3C - A^2B^2 - 18ABC + (4B^3 + 27C^2)}{(A^2 - 3B)^2}$$

$$R = \frac{PQ}{9} = \frac{(2A^3 - 9AB + 27C)\left[4A^3C - A^2B^2 - 18ABC + (4B^3 + 27C^2)\right]}{8(A^2 - 3B)^3}$$

Il suit de là que pour que Q soit négatif, il sera nécessaire, qu'entre les coefficients de la proposée, existe la relation suivante:

$$4A^3C - A^2B^2 - 18ABC + (4B^3 + 27C^2) < 0$$

Si l'on suppose que A est nul dans la proposée, on est ramené au cas où celle-ci est privée du terme en x^2; alors la condition ci-dessus se réduit, conformément à ce qui a été constaté, à $4B^3 + 27C^2 < 0$. .

XXIII.

On ne saurait nier, ce me semble, la simplicité et l'utilité de ces solutions, surtout lorsqu'on remarque qu'elles ont le mérite de venir se substituer à des moyens analytiques, exacts sans doute, mais complètement irréalisables ; moyens qui constituent par conséquent des types exclusivement théoriques et tout-à-fait impropres à satisfaire aux besoins de la pratique. .

Et cependant, il faut le dire, ce n'est pas sans quelques regrets que certains esprits les voient s'introduire dans la science. Les géomètres qui pratiquent le culte à peu près exclusif de l'algèbre pure se sentent mal à l'aise lorsque des fonctions autres que celles dites algébriques viennent prendre place dans les spéculations analytiques et se substituent à des formes qu'on s'est trop habitué à considérer comme devant constituer essentiellement le domaine abstrait. Aussi sont-ils disposés à proclamer que, dans l'esprit de l'algèbre ordinaire, ce ne sont pas là de vraies solutions.

Ils ne remarquent pas qu'au fond ces fonctions ne sont autre chose que l'expression de certains rapports et qu'il ne saurait par conséquent y avoir rien d'antipathique à ce qu'elles viennent figurer dans une science qui, envisagée à son point de vue le plus général, est précisément celle des rapports de mesure et d'ordre qui existent entre les quantités. Seulement il arrive que beaucoup de ces rapports, lorsqu'on veut les représenter à l'aide des seules opérations de calcul considérées dans l'algèbre ordinaire, ne sont exprimables qu'avec beaucoup de complication et quelquefois avec des impossibilités de réalisation qui tiennent à la limitation même des ressources qu'offrent ces opérations quant à leur nature et à leur nombre. Ce sont là des inconvénients qu'il ne saurait dépendre de nous d'éviter, parce qu'à toute limitation dans les ressources en correspond toujours nécessairement une équivalente dans les moyens. Ces inconvénients doivent au contraire nous porter à nous tenir en garde contre toute tendance vers un exclusivisme trop absolu, et faire naître en nous la conception d'une algèbre plus libérale et plus féconde que celle à laquelle on s'est habitué ; car celle-ci, nous le voyons, nous refuserait son concours dès les premiers pas, si nous voulions la confiner, pour l'expression des rapports, dans le cercle étroit de ceux dont ses six opérations sont susceptibles de nous donner la figuration.

Au reste, si tant est que les géomètres dont nous parlons tiennent à cœur de voir les racines exprimées par des fonctions purement algébriques, nous sommes en mesure, pour le troisième degré, de leur donner complète satisfaction ainsi que nous allons le faire voir.

En effet, si nous considérons le cas dans lequel la proposée est privée du terme en x^2, la première racine sera exprimée (Voir Art. XXI) par $2\sqrt{\frac{p}{3}}\cos a$; mais on a

$$\cos a = \frac{1}{2}\sqrt[3]{\cos 3a + \sqrt{-1}\,\sin 3a} + \frac{1}{2}\sqrt[3]{\cos 3a - \sqrt{-1}\,\sin 3a}$$

et comme alors on a trouvé

$$\cos 3a = \pm\frac{\frac{q}{2}}{\left(\frac{p}{3}\right)^{\frac{3}{2}}}, \quad \text{d'où} \quad \sin 3a = \sqrt{1 - \frac{\frac{q^2}{4}}{\left(\frac{p}{3}\right)^3}}$$

on en conclut que $2\sqrt{\frac{p}{3}}\cos a$ deviendra :

$$\sqrt[3]{\pm\frac{q}{2} + \sqrt{\frac{q^2}{4} - \frac{p^3}{27}}} + \sqrt[3]{\pm\frac{q}{2} - \sqrt{\frac{q^2}{4} - \frac{p^3}{27}}}$$

Telle est en effet la forme connue de la première racine pour ce cas dans lequel, comme on sait, p doit toujours être négatif.

Nous ne nous arrêterons pas aux calculs à l'aide desquels on passerait de la forme trigonométrique des deux autres racines, à leur forme algébrique, ces calculs étant très faciles, surtout si l'on se reporte à ce qui a été exposé à l'art. XVIII.

Lorsque l'équation générale contient le terme en x^2, nous avons vu dans l'article précédent que la première racine prend la forme

$$y_1 = K + \frac{\tang.a}{t} ;$$

or on a, d'une part,

$$\tang a = \frac{1}{\sqrt{-1}} \frac{\sqrt[3]{1+\sqrt{-1}\,\tang.3a} - \sqrt[3]{1-\sqrt{-1}\,\tang.3a}}{\sqrt[3]{1+\sqrt{-1}\,\tang 3a} + \sqrt[3]{1-\sqrt{-1}\,\tang.3a}}$$

d'autre part,

$$\tang.3a = -\frac{P}{8}\sqrt{-\frac{P}{3R}} , \quad t = \sqrt{-\frac{P}{3R}} .$$

Substituant ces diverses valeurs dans celle de y_1, celle-ci se trouvera exprimée en fonction de K, P et R et il suffira de remplacer ces trois quantités par leurs équivalents en A, B, C, ci-dessus déterminés, pour connaître la racine en fonction des coefficients de la proposée.

On aura ainsi l'expression algébrique désirée dont l'écriture, à elle seule, offre une grande complication. En outre, comme nous avons constaté que, dans ce cas, P et R sont nécessairement de signe contraire, on voit que $\sqrt{-1}$ figurera sous tous les radicaux cubiques, de sorte qu'avec cette formule, vont se reproduire de nouveau tous les obstacles de l'irréductibilité et par suite l'impossibilité d'obtenir les racines.

La considération de ces empêchements nous paraît on ne peut plus propre à justifier les recherches faites pour leur échapper et à légitimer des procédés qui, sans nuire aux aspirations des purs théoriciens, sont venus si efficacement en aide aux vrais besoins de la pratique.

XXIV.

Nous avons eu maintes fois occasion de constater ce

fait que si une équation du troisième degré a trois racines, cela tient à ce qu'il existe trois racines cubiques de l'unité. Il n'est pas, en effet, une méthode de résolution, parmi celles que nous venons de passer en revue, qui ne conduise, pour les racines, à des formules contenant implicitement ou explicitement les racines cubiques de l'unité en les contenant d'une manière telle que si l'on y suppose que toutes ces racines, au lieu de conserver leur valeur spéciale, se réduisent à l'unité, les trois résultats distincts qui constituent le système résolutif de l'équation cessent immédiatement d'être différents et prennent tous la même valeur.

Cette propriété est tout-à-fait apparente lorsqu'on fait usage soit de la méthode de Cardan, soit de la méthode de Lagrange. Lorsque, dans le cas des racines réelles, on emploie, pour exprimer celles-ci, des fonctions trigonométriques, la même propriété, sans être aussi manifeste, n'en est pas moins la raison essentielle de la mise à jour de trois valeurs distinctes pour les racines, ainsi que nous allons le faire voir.

Nous avons constaté qu'alors, si le terme en x^2 manque dans la proposée, les racines sont le produit par une quantité constante des trois cosinus: $\cos a$, $\cos\left(a+\frac{2\pi}{3}\right)$, $\cos\left(a+\frac{4\pi}{3}\right)$. Mais si l'on développe par exemple $\cos\left(a+\frac{2\pi}{3}\right)$ on aura, $\cos a \cos\frac{2\pi}{3} - \sin a \sin\frac{2\pi}{3}$, expression dans laquelle $\cos\frac{2\pi}{3}$ et $\sin\frac{2\pi}{3}$ sont les éléments essentiels de l'une des racines cubiques de l'unité, dont l'intervention commence ainsi à se montrer. D'ailleurs si l'on désigne par α cette racine, on aura.
$\cos.\frac{2\pi}{3}=\frac{\alpha+\alpha^2}{2}$, $\sin\frac{2\pi}{3}=\frac{\alpha-\alpha^2}{2\sqrt{-1}}$; on voit d'après cela que $\cos\left(a+\frac{2\pi}{3}\right)$ prend la forme

$$\frac{\alpha+\alpha^2}{2}\cos a+\frac{\alpha-\alpha^2}{2\sqrt{-1}}\sin a.$$

dans laquelle la présence des racines cubiques de l'unité devient manifeste et distingue ce cosinus du précédent tant que α et α^2 sont différents de 1; car, du moment où ils lui seraient égaux, ce cosinus ne serait plus autre chose que $\cos.a$

lui-même. Ce que nous venons de dire pour $\cos(a + \frac{2\pi}{3})$ pourrait être reproduit pour $\cos(a + \frac{4\pi}{3})$.

Il ne serait pas plus difficile de se rendre compte de l'intervention de α dans le mode de résolution où l'on fait usage de la considération de la tangente ; nous n'insisterons pas sur ces calculs qui sont fort simples. D'ailleurs leurs conséquences se devinent pour ainsi dire instinctivement, puisque $\operatorname{tang}(a + \frac{\pi}{3})$, $\operatorname{tang}(a + (\frac{2\pi}{3})$ sont des tangentes de directions qui ne diffèrent de celles de a que par l'addition à l'arc primitif du $\frac{1}{6}$ d'un nombre entier de circonférences. Or ces fractions correspondent, comme on sait, à des directions qui ont pour expression algébrique, au signe près, les racines imaginaires cubiques de l'unité. Le rôle nécessaire de celles-ci devient ainsi évident.

Mais il est un ordre d'idées plus général auquel se rattache ce principe et qui, indépendamment de ce qui se passe dans la résolution du troisième degré, par l'emploi de telle ou telle autre méthode, montre, à priori, qu'entre trois nombres donnés quelconques, il existe des relations obligées dans lesquelles interviennent nécessairement les racines cubiques de l'unité. Ces relations sont d'ailleurs telles que c'est précisément parceque ces racines 1, α, α^2 sont différentes que les trois nombres dont il s'agit sont essentiellement distincts les uns des autres. A tel point que si l'on venait à supposer que α et α^2 ne diffèrent pas de l'unité, ces relations cesseraient d'être possibles.

Il serait prématuré, tant que la nature de ces relations n'est pas connue, de vouloir assigner les conséquences même probables auxquelles elles peuvent conduire et d'essayer de préjuger les rapports qu'elles sont susceptibles d'avoir avec l'équation générale du troisième degré. C'est là une étude qu'il n'est pas possible d'improviser : Commençons donc par en établir le point de départ ; il nous sera ensuite facile d'en apprécier les résultats. Nous allons à cet effet exposer la suite d'idées par lesquelles il paraît naturel d'admettre qu'on a été conduit à la découverte de ces relations.

En nous occupant du second degré, nous avons fait

remarquer que les deux racines de l'équation de ce degré sont égales l'une à la somme de deux quantités, l'autre à la différences de ces deux mêmes quantités. Nous avons ajouté que les choses devaient nécessairement se passer ainsi, puisque deux quantités quelconques x_1 et x_2 étant prises arbitrairement on a identiquement.

$$x_1 = \frac{x_1+x_2}{2} + \frac{x_1-x_2}{2}, \quad x_2 = \frac{x_1+x_2}{2} - \frac{x_1-x_2}{2}$$

Or nous allons voir qu'une propriété analogue existe pour trois quantités quelconques. Mais pour que cette analogie soit plus apparente nous mettrons les valeurs ci-dessus de x_1 et de x_2 sous une autre forme. Dans ce but nous remarquerons que si l'on appelle μ la racine négative du deuxième degré de l'unité, laquelle est égale à -1, nous pourrons, dans les valeurs ci-dessus de x_1 et x_2 remplacer partout où il se trouve le facteur -1 par μ, et nous aurons ainsi:

$$x_1 = \frac{x_1+x_2}{2} + \frac{x_1+\mu x_2}{2}, \quad x_2 = \frac{x_1+x_2}{2} + \mu\frac{x_1+\mu x_2}{2}$$

de sorte qu'alors on obtient x_1 et x_2 en additionnant les quantités $\frac{x_1+x_2}{2}$, $\frac{x_1+\mu x_2}{2}$ convenablement influencées par le facteur μ.

Cherchant à appliquer par simple voie analogique ces premières idées à trois nombres x_1, x_2, x_3, nous soupçonnerons d'abord que la valeur de chacun de ces nombres pourra se composer de l'addition de trois termes dont le premier aura la même valeur pour tous trois et sera probablement de la forme $\frac{x_1+x_2+x_3}{3}$.

Si maintenant α et α^2 sont les racines cubiques imaginaires de l'unité, l'analogie nous conduira à penser que le second terme de la valeur de x_1 sera $\frac{x_1+\alpha x_2+\alpha^2 x_3}{3}$. Il n'est pas aussi facile de savoir par ce moyen ce que sera le troisième terme, parceque pour celui-ci toute vue comparative échappe. Toutefois on remarquera que, dans le second terme, aussi bien que dans le premier, la quantité x_1, figurant sans être influencée par les facteurs α ou α^2, il en pourra bien être de même pour le troisième; observant ensuite qu'il n'y a aucune raison de faire agir α autrement que α^2, on sera conduit à intervertir pour x_2 et x_3 l'ordre de ces multiplicateurs, de sorte qu'en définitive il nous est permis de présumer que ce troisième terme pourra être $\dfrac{x_1 + \alpha^2 x_2 + \alpha x_3}{3}$. Si donc les choses se passent réellement ainsi, nous devons avoir

$$x_1 = \frac{x_1 + x_2 + x_3}{3} + \frac{x_1 + \alpha x_2 + \alpha^2 x_3}{3} + \frac{x_1 + \alpha^2 x_2 + \alpha x_3}{3}$$

Or la vérification algébrique nous montre qu'en effet cette équation est une identité, et elle devient ainsi la démonstration d'une vérité qui, jusqu'à présent, ne reposait pour nous que sur des analogies et sur des indications simplement déduites d'une certaine loi de symétrie.

Les trois quantités desquelles nous cherchons à faire dépendre par voie d'addition les trois nombres x_1, x_2, x_3 seraient donc, d'après ce qui précède, celles qui figurent dans le second membre de l'équation ci-dessus; de sorte que pour mener à bout notre recherche et nous assurer de la possibilité du résultat que nous poursuivons, il faudra voir maintenant si, en effet, en continuant d'additionner ces quantités, après toutefois les avoir convenablement multipliées par α et par α^2, nous obtiendrons les valeurs de x_2 et de x_3. Or, en se reportant à la forme de la valeur de x_2 pour le second degré, l'analogie, dans ce qu'elle a de plus simple, nous conduit à penser que, pour avoir les deux nombres x_2 et x_3, il faudra, pour l'un d'eux, multiplier par α la deuxième de nos fonctions, par α^2 la troisième, et, pour l'autre, multiplier par α^2 la seconde et par α la dernière. Or le calcul confirme complètement ces sortes d'inductions et l'on trouve finalement les résultats identiques suivants.

$$x_1 = \frac{x_1 + x_2 + x_3}{3} + \frac{x_1 + \alpha x_2 + \alpha^2 x_3}{3} + \frac{x_1 + \alpha^2 x_2 + \alpha x_3}{3}$$

$$x_2 = \frac{x_1+x_2+x_3}{3} + \alpha^2\frac{x_1+\alpha x_2+\alpha^2 x_3}{3} + \alpha\frac{x_1+\alpha^2 x_2+\alpha x_3}{3}$$

$$x_3 = \frac{x_1+x_2+x_3}{3} + \alpha\frac{x_1+\alpha x_2+\alpha^2 x_3}{3} + \alpha^2\frac{x_1+\alpha^2 x_2+\alpha x_3}{3}$$

Ainsi il existe toujours trois quantités composées comme il vient d'être expliqué et que, pour abréger nous appellerons X_1, X_2, X_3, telles que α et α^2 étant les racines cubiques imaginaires de l'unité on a, quels que soient x_1, x_2, x_3, savoir :

$$x_1 = \frac{X_1+X_2+X_3}{3}, \quad x_2 = \frac{X_1+\alpha^2 X_2+\alpha X_3}{3}, \quad x_3 = \frac{X_1+\alpha X_2+\alpha^2 X_3}{3}$$

Si maintenant on venait à supposer que les valeurs spéciales de α et de α^2 n'existent pas, c'est-à-dire que toutes les racines cubiques de 1 sont égales à l'unité, on remarquera d'abord que les trois fonctions X_1, X_2, X_3 deviendraient égales entre elles et égales à $x_1 + x_2 + x_3$, de sorte qu'on aurait $x_1 = x_2 = x_3 = x_1 + x_2 + x_3$, résultat, d'abord contraire à l'hypothèse que x_1, x_2, x_3 ont des valeurs différentes et exprimant, en outre, une triple impossibilité, tant qu'on n'anéantira pas simultanément x_1, x_2, x_3. On voit donc très-clairement que c'est à l'existence de trois racines cubiques distinctes de l'unité et aux propriétés résultant de leur constitution propre que doit être attribuée la possibilité de la représentation ci-dessus des valeurs de x_1, x_2, x_3.

Il est donc bien constaté par là que trois nombres étant donnés, il y aura toujours moyen de former trois identités entre certaines fonctions définies X_1, X_2, X_3 de ces nombres, entre les racines cubiques de l'unité et ces trois mêmes nombres. A l'avenir nous donnerons à ces fonctions la dénomination de <u>fonctions résolvantes des trois nombres</u>. Nous chercherons tout à l'heure le rapport nécessaire qui existe entre cette propriété et la constitution d'une équation du troisième degré, et le résultat de cette étude fera clairement comprendre que l'existence de trois racines pour une telle équation est une conséquence inévitable de celle des trois racines cubiques de l'unité. Mais il est nécessaire, avant de procéder à cette recherche, de donner quelques explications supplémentaires sur les trois valeurs de X_1, X_2, X_3.

Au premier abord les expressions de ces fonctions, bien que soumises à certaines conditions de symétrie, ne paraissent pas dépourvues de quelques irrégularités et leur formation semble, à cet égard, laisser quelque chose à désirer. On ne voit pas trop pourquoi, tandis que X_2 et X_3 sont modifiés par les multiplicateurs α et α^2, il n'en est pas ainsi de X_1 qui reste toujours le même dans les trois valeurs de x_1, x_2, x_3. On peut dire, à la vérité, que si X_1 est partout multiplié par l'unité, on ne doit pas perdre de vue que l'unité est aussi une racine cubique de 1, aussi bien que α et α^2, observation qui est de nature à détruire en partie l'objection.

Il faut d'ailleurs remarquer qu'il se pourrait bien que le défaut d'harmonie que nous constatons ici n'eût rien d'illogique et qu'il tînt à la nature même des racines de l'unité qui ne sont pas harmoniques entre elles, en ce sens que tandis que l'une de ces racines, l'unité, reste toujours la même lorsqu'on l'élève à une puissance quelconque, il n'en est pas de même des deux autres ; or tel est précisément, ainsi que nous allons le faire voir, le véritable motif du défaut de symétrie apparent dont nous venons de parler.

Pour nous en convaincre, prenons la valeur de x_2 qui est $\dfrac{X_1 + \alpha^2 X_2 + \alpha X^3}{3}$ et à la place de l'unité occulte qui multiplie le premier terme, introduisons son équivalent α^3. Cette valeur deviendra $x_1 = \dfrac{\alpha^3 X_1 + \alpha^2 X_2 + \alpha X_3}{3}$. On ne saurait nier qu'en cet état les trois racines cubiques de l'unité y figurent à titre égal et qu'à ce point de vue la symétrie est complète ; or, pour passer de cette valeur à celle de x_3, il faut élever au carré les trois multiplicateurs de X_1, X_2, X_3, ce qui est encore en complet accord avec la loi de symétrie ; on a ainsi $x_3 = \dfrac{\alpha^6 X_1 + \alpha^4 X_2 + \alpha^2 X_3}{3}$ qui, par la réduction de α^6 en α^3

à l'unité est bien la même valeur que ci-dessus.

Enfin pour avoir x, il faudra élever au cube les trois multiplicateurs des trois fonctions, ce qui donnera ......

$$\frac{\alpha^9 x_1 + \alpha^6 x_2 + \alpha^3 x_3}{3} \quad \text{ou simplement} \quad \frac{x_1 + x_2 + x_3}{3}$$

par la réduction à l'unité de $\alpha^9, \alpha^6, \alpha^3$.

Il est donc bien vrai de dire que les irrégularités entrevues sont plus apparentes que réelles puisque les trois nombres se déduisent de l'expression de l'un d'eux contenant $\alpha^3, \alpha^2, \alpha$ au même titre et dans laquelle ces trois coefficients sont exactement soumis chaque fois aux mêmes opérations.

La constitution des trois nombres présente donc tout le degré de symétrie que comporte la nature individuelle des racines cubiques de l'unité. Au reste les dernières observations que nous venons de produire sur la formation successive de l'expression de trois nombres à l'aide d'une seule et au moyen d'un procédé uniforme d'opérations, prendront par la suite une grande importance. Nous appelons l'attention du lecteur sur cette première manifestation d'une propriété remarquable et très générale qui intéresse à un haut degré toute la théorie des équations et est très propre à mettre en saillie les principes les plus essentiels de cette théorie. Quant à présent ces observations dévoilent instantanément la loi d'analogie dont il faudra poursuivre l'étude pour les degrés supérieurs, sauf à bien constater ultérieurement, lorsqu'il s'agira de former les expressions d'un nombre quelconque de quantités, si ce qu'il y a de complet dans cette analogie existe ou n'existe pas.

XXV.

Il résulte de la discussion qui précède que, trois nombres étant donnés, il est toujours possible de les exprimer avec trois fonctions définies, et du premier degré seulement, de ces nombres, combinées avec les racines cubiques de l'unité au moyen d'un système déterminé d'opérations. Nous venons d'ailleurs de donner à entendre qu'une semblable propriété est susceptible de s'appliquer à tout autre nombre que le nombre 3.

Or par cela même que cette propriété peut devenir générale, il importe, dès le début, de se bien rendre compte de sa nature, de sa constitution, de ses effets. Une pareille étude, entreprise et complétée pour le troisième degré, ne pourra être que fort utile pour nous diriger dans les recherches analogues qui concerneront les degrés supérieurs, et nous allons en faire l'exposition.

Nous venons de voir que les fonctions dont il s'agit sont X_1, X_2, X_3 ; procédons à leur examen. La première de ces fonctions étant symétrique par rapport à x_1, x_2, x_3, restera invariable de quelque manière que ces trois nombres y soient mis en œuvre. Il n'en sera pas de même de X_2 et de X_3 parceque, dans celles-ci, les trois nombres n'y sont pas traités par les mêmes opérations. A un point de vue général, la forme de la fonction X_2, aussi bien que celle de la fonction X_3, consiste en ce que l'un des trois nombres donnés y est multiplié par la racine cubique 1 de l'unité, l'autre par la racine α, le troisième par la racine α^2. Or comme il n'y a rien d'imposé pour le choix des nombres qui seront multipliés par 1, α, α^2, il s'ensuit que la fonction créée par le procédé que nous venons d'indiquer est susceptible de recevoir six valeurs, suivant les combinaisons qu'on voudra adopter pour ces multiplications. Voici le tableau de ces six valeurs :

$$x_1 + \alpha x_2 + \alpha^2 x_3 = M_1$$
$$x_1 + \alpha x_3 + \alpha^2 x_2 = M_2$$
$$x_2 + \alpha x_1 + \alpha^2 x_3 = M_3$$
$$x_2 + \alpha x_3 + \alpha^2 x_1 = M_4$$
$$x_3 + \alpha x_1 + \alpha^2 x_2 = M_5$$
$$x_3 + \alpha x_2 + \alpha^2 x_1 = M_6$$

Étudions maintenant les diverses propriétés dont elles jouissent. On remarquera d'abord qu'elles marchent par couples comme M_1 et M_2, M_3 et M_4, M_5 et M_6, ces couples étant caractérisés par cette circonstance que, dans chacun, l'un des trois nombres x_1, x_2, x_3 a le multiplicateur invariable 1. Or, je dis qu'un de ces couples quel qu'il soit étant pris à volonté, toutes les autres valeurs de la fonction s'en déduisent à l'aide de la multiplication par α ou α^2 de l'un des deux éléments qui composent le couple choisi.

Si par exemple on prend le couple M_3, M_4 dans lequel c'est x_2 qui est multiplié par l'unité, on vérifiera facilement qu'on a, savoir :

$$\text{pour le couple } M_1, M_2 \begin{cases} M_1 = \alpha M_4 \\ M_2 = \alpha^2 M_3 \end{cases}$$

$$\text{pour le couple } M_5 M_6 \begin{cases} M_5 = \alpha^2 M_4 \\ M_6 = \alpha M_3 \end{cases}$$

Nous insisterons d'autant moins sur les vérifications analogues qu'on pourrait faire directement avec le choix d'un autre couple que, par le moyen des quatre relations ci-dessus, il sera très facile de tout exprimer soit à l'aide de M_1 et M_2, soit à l'aide de M_5 et M_6 combinés avec α et α^2.

D'après ces considérations, le choix du couple adopté pour représenter l'ensemble des six valeurs étant indifférent, prenons celui pour lequel c'est le nombre x_1 qui est multiplié par l'unité, et qui constitue précisément ce que nous avons appelé X_2 et X_3. Il suit de là que nos six valeurs auront les représentations suivantes :

$$1^\circ \begin{cases} M_1 = X_2 \\ M_2 = X_3 \end{cases}, \quad 2^\circ \begin{cases} M_3 = \alpha X_3 \\ M_4 = \alpha^2 X_2 \end{cases}, \quad 3^\circ \begin{cases} M_5 = \alpha X_2 \\ M_6 = \alpha^2 X_3 \end{cases}$$

Or il sera facile de se convaincre que, quel que soit le couple que je prendrai, j'obtiendrai toujours pour x_1, x_2, x_3 et dans leur ensemble, les mêmes valeurs. En effet ces valeurs se composent invariablement de X_1 auquel X_2 et X_3 sont ajoutés après avoir été alternativement multipliés l'un par α, l'autre par α^2. Or M_3 et M_4, aussi bien que M_5 et M_6 sont précisément les mêmes fonctions X_2 et X_3 multipliées aussi et alternativement l'une par α, l'autre par α^2 ; d'où il suit en vertu des propriétés bien connues de α et de α^2, que, dans leur ensemble, les trois résultats obtenus resteront invariables. De là résulte cette conséquence importante que, quel que soit l'ordre qu'il aura convenu d'adopter pour les multiplications de x_1, x_2, x_3 par 1, α, α^2, il suffira de prendre deux valeurs de la fonction dans lesquelles le nombre indépendant de α sera le même pour que l'application à ces deux valeurs des règles indiquées donnent les trois mêmes nombres.

Cela posé on remarquera que les trois expressions qui représentent x_1, x_2, x_3 peuvent être condensées dans une seule forme savoir $\dfrac{X_1 + \alpha^K X_2 + \alpha^{3-K} X_3}{3}$, dans laquelle il suffira de donner successivement à l'exposant K les trois valeurs 1, 2, 3 pour avoir chacun de nos nombres, de telle sorte que, si l'on représente par le symbole général x un quelconque de ces nombres, on pourra écrire :

$$x = \frac{X_1 + \alpha^K X_2 + \alpha^{3-K} X_3}{3}$$

et il suit de ce que nous venons de dire que cette fonction restera invariable, quel que soit l'ordre dans lequel x_1, x_2, x_3 figureront dans les fonctions X_1, X_2, X_3 ; de quelque manière que cette intervention ait eu lieu, on aura toujours le même groupe de trois valeurs.

De la discussion qui vient d'être présentée ressort une conséquence importante, sinon au point de vue immédiat de la valeur des racines d'une équation du troisième degré, du moins pour ce qui concerne la forme de ces racines. Car, puisque, d'une part, une équation ayant pour racines x_1, x_2, x_3, est évidemment exprimée par

$$x^3 - \Sigma(x_1)x^2 + \Sigma(x_1 x_2)x - x_1 x_2 x_3 = 0$$

et que, d'autre part, nous venons de reconnaître que la fonction

$$x = \frac{X_1 + \alpha^K X_2 + \alpha^{3-K} X_3}{3}$$

possède, en y faisant varier K de 1 à 3, la propriété de reproduire exactement, sans plus et sans moins, les mêmes valeurs x_1, x_2, x_3 ; il s'ensuit que cette dernière est l'équivalence de la première et que, par conséquent, elle exprime les racines de celle-ci. On voit alors manifestement, par les variations de α dans la forme linéaire, comment la triple multiplicité de la forme cubique est nécessairement et inévitablement liée à la propriété que possède l'unité d'avoir trois racines pour le troisième degré.

En résumé, trois nombres étant donnés, il est possible de les exprimer par l'addition de trois fonctions linéaires de ces mêmes nombres convenablement multipliées par les racines cubiques de l'unité, de sorte que, si l'on suppose que ces trois nombres sont les racines inconnues d'une équation du troisième degré, il sera possible, avant même de connaître leur valeur, de leur assigner des formes algébriques auxquelles elles doivent satisfaire, et qui sont telles qu'elles cesseraient de donner des résultats possibles et distincts si les racines cubiques de l'unité n'existaient pas.

Maintenant il n'est pas sans intérêt de voir comment la relation linéaire en x est en effet l'équivalence exacte de celle dans laquelle la même inconnue x se trouve engagée par ses trois premières puissances. Ce ne sera là, à vrai dire, qu'une vérification de calcul ; mais, au point de vue des lois qui régissent entre elles les formes algébriques de divers degrés, il ne peut être que fort instructif d'apprendre comment une relation linéaire en x, compliquée d'imaginaires, se dépouille complètement de celles-ci et prend une apparence dans laquelle tout est réel, lorsque cette relation, au lieu de rester dans le premier degré, revêt la forme complète du troisième.

Recherchons donc si, en effet en partant de

$$x = \frac{X_1 + \alpha^K X_2 + \alpha^{3-K} X_3}{3},$$

et en faisant usage d'opérations permises, nous parviendrons à une nouvelle équation en x complètement débarrassée non seulement des α apparents et extérieurs, mais encore de ceux qui sont enfermés sous le couvert de X_2 et de X_3.

A cet effet faisons passer $\frac{X_1}{3}$ dans le premier membre, et puis élevons au cube ; nous aurons ainsi :

$$x^3 - X_1 x^2 + \frac{X_1^2}{3} x - \frac{X_1^3}{27} = \frac{X_2^3 + X_3^3}{27} + \frac{X_2 X_3}{3} \quad \frac{\alpha^K X_2 + \alpha^{3-K} X_3}{3}$$

Mais parcequ'en vertu de l'équation qui nous a servi de point de départ, $\frac{\alpha^K X_2 + \alpha^{3-K} X_3}{3}$ est égal à $x - \frac{X_1}{3}$, nous pourrons le remplacer par cette valeur et puis, faisant tout passer dans le premier membre, il viendra

$$x^3 - X_1 x^2 + \frac{X_1^2 - X_2 X_3}{3} x - \frac{X_1^3 + X_2^3 + X_3^3}{27} + \frac{X_1 X_2 X_3}{9} = 0$$

Sous cette forme on voit que tous les α extérieurs ont disparu ; reste à savoir s'il en sera de même de ceux que recèlent les fonctions en X. A cet effet X_1 étant égal à $\Sigma(x_1)$ et réel, il ne reste plus qu'à rechercher si les diverses fonctions dans lesquelles figurent X_2 et X_3 sont aussi réelles. Or si l'on fait le produit de X_2 par X_3, on trouve

$$X_2 X_3 = x_1^2 + x_2^2 + x_3^2 - \Sigma(x_1 x_2) = \Sigma(x_1^2) - \Sigma(x_1 x_2)$$

et comme $\Sigma(x_1^2)$ a pour valeur $\overline{\Sigma(x_1)}^2 - 2\Sigma(x_1 x_2)$, ou $X_1^2 - 2\Sigma(x_1 x_2)$, on en conclura

$$\frac{X_1^2 - X_2 X_3}{3} = \Sigma(x_1 x_2) ;$$

telle sera la valeur du coefficient de x.

Occupons-nous maintenant du terme tout connu. A cet effet nous constaterons d'abord qu'on a

$$X_1^3 = \Sigma(x_1^3) + 3\Sigma(x_1^2 x_2) + 6 x_1 x_2 x_3 ;$$

les deux termes extrêmes seront évidemment les mêmes pour X_2^3 et pour X_3^3. Quant au terme intermédiaire il changera chaque fois à cause des multiplicateurs α et α^2 qui sont dans X_2 et X_3 et qui n'existent pas dans X_1. On s'assurera par le calcul que, dans l'addition des trois valeurs, chaque élément du terme intermédiaire sera multiplié par $1 + \alpha + \alpha^2$, c'est-à-dire par zéro, de sorte que ce terme disparaîtra dans l'addition et que les extrêmes seront triples ; il viendra en conséquence :

$$\frac{X_1^3 + X_2^3 + X_3^3}{27} = \frac{\Sigma(x_1^3) + 6x_1x_2x_3}{9}.$$

Quant au produit $X_1 X_2 X_3$, nous venons de trouver une valeur de $X_2 X_3$ à l'aide de laquelle nous pourrons écrire

$$\frac{X_1 X_2 X_3}{9} = \frac{X_1^3 - 3\,\Sigma(x_1)\,\Sigma(x_1 x_2)}{9},$$

ce qui, en faisant usage de la valeur ci-dessus de X_1^3 se réduit à $\frac{\Sigma(x_1^3) - 3x_1x_2x_3}{9}$; retranchant à cette expression celle de $\frac{X_1^3 + X_2^3 + X_3^3}{27}$, on trouve que le terme tout connu se réduit simplement à $-x_1x_2x_3$.

L'équation définitive à laquelle nous parvenons est donc

$$x^3 - \Sigma(x_1)x^2 + \Sigma(x_1x_2)\,x - x_1x_2x_3 = 0.$$

Sous cette forme on voit clairement, sans qu'il soit nécessaire d'insister sur ce point, que toutes nos prévisions sont confirmées.

XXVI.

Nous avons vu, dans ce qui précède, que le procédé indiqué pour créer les fonctions X_2, X_3 est susceptible de conduire à six valeurs, parce que rien, dans ce procédé, ne fait obligation de multiplier tel plutôt que tel autre des nombres donnés par les facteurs 1, α, α^2. Nous avons constaté en même temps que ces six valeurs forment trois couples, et qu'un de ces couples, x_2 et x_3, par exemple, étant choisi, les quatre autres valeurs de la fonction sont savoir

$\begin{cases} \alpha x_3 \\ \alpha^2 x_2 \end{cases}$ pour un second couple et $\begin{cases} \alpha x_2 \\ \alpha^2 x_3 \end{cases}$ pour le troisième.

De sorte que si l'on désigne par le symbole général X une valeur quelconque de cette fonction, l'équation qui donnera les six valeurs de X sera :

$$(X - x_2)(X - \alpha x_2)(X - \alpha^2 x_2)(X - x_3)(X - \alpha x_3)(X - \alpha^2 x_3) = 0 .$$

Or le premier membre n'étant autre chose que le produit de $X^3 - x_2^3$ par $X^3 - x_3^3$, on voit que l'équation du sixième degré qui donnera la valeur générale de X aura la forme :

$$X^6 - (x_2^3 + x_3^3)\, X^3 + x_2^3 x_3^3 = 0 .$$

Cette équation pourra se résoudre comme une équation du second degré, et il résulte de sa constitution, qu'en y considérant X^3 comme l'inconnue, ses deux racines seront x_2^3 et x_3^3.

Il suit de là que si, sans connaître x_1, x_2, x_3 et sachant seulement que ces nombres sont les racines d'une équation du 3e degré ainsi conçue

$$x^3 + px^2 + qx + r = 0 ,$$

on parvenait à exprimer en fonction des données p, q, r, la la somme $x_2^3 + x_3^3$ et le produit $x_2^3 x_3^3$, l'équation en X serait, par cela même, résolue et par suite les trois racines x_1, x_2, x_3 se trouveraient déterminées.

Or nous venons de constater dans l'article précédent que

$$x_1^2 - x_2 x_3 = 3 \Sigma (x_1 x_2) .$$

Mais, d'une part, la valeur de x_1 est $\Sigma(x_1)$ ou $-p$, d'autre part, celle de $\Sigma(x_1 x_2)$ est q, on aura donc

$$x_2 x_3 = p^2 - 3q ;$$

nous avons vu en outre dans le même article que l'on a

$$x_1^3 + x_2^3 + x_3^3 = 3 \Sigma (x_1^3) + 18\, x_1 x_2 x_3 = 3 \Sigma (x_1^3) - 18\, r .$$

On déduit de là $\qquad x_2^3 + x_3^3 =$

$$X_2^3 + X_3^3 = 3\Sigma(x_1^3) - 18r - X_1^3 \quad ;$$

mais on a la relation

$$\Sigma(x_1^3) = \overline{\Sigma(x_1)}^3 - 3\Sigma(x_1)\Sigma(x_1x_2) + 3x_1x_2x_3 = -p^3 + 3pq - 3r$$

moyennant quoi l'on trouvera

$$X_2^3 + X_3^3 = -2p^3 + 9pq - 27r \,.$$

D'après cela l'équation en X sera constituée comme suit :

$$X^6 + (2p^3 - 9pq + 27r)X^3 + (p^2 - 3q)^3 = 0 \,,$$

et l'on en déduit

$$X^3 = -\tfrac{1}{2}(2p^3 - 9pq + 27r) \pm \sqrt{\tfrac{1}{4}(2p^3 - 9pq + 27r)^2 - (p^2 - 3q)^3}$$

Telles sont les valeurs de X_2^3 et de X_3^3 ; il suffira d'en extraire la racine cubique pour avoir X_2 et X_3. Mais chacune de ces racines sera triple et aura les formes suivantes, savoir : pour l'une X_2, αX_2, $\alpha^2 X_2$; pour l'autre X_3, αX_3, $\alpha^2 X_3$. On obtiendra ainsi les six valeurs de X qui seront en effet constituées conformément au mode ci-dessus constaté.

Quant à X_1, il est invariable et égal à $-p$. On possédera donc, en fonction de p, q et r, tout ce qui est nécessaire pour avoir l'expression des trois racines.

Il sera d'ailleurs loisible, lorsqu'on voudra former ces racines à l'aide de la fonction linéaire qui les représente, de prendre sur les six valeurs de X, ou le couple de ces valeurs dans lequel ne figure aucun α, ou bien le couple αX_2 et $\alpha^2 X_3$, ou enfin celui $\alpha^2 X_2$ et αX_3, ainsi que nous l'avons démontré à l'art. XXV. Au surplus c'est ce que confirment les calculs précédents puisque, dans ces trois cas, le produit $X_2 X_3$ est invariable. Ils satisfont donc tous à la relation $X_2 X_3 = p^2 - 3q$ et doivent par conséquent concourir au même titre à la formation des racines. Il est permis d'affirmer d'après cela que si $\dfrac{X_1 + X_2 + X_3}{3}$ est une racine, les formes

$$\frac{x_1 + \alpha x_2 + \alpha^2 x_3}{3}, \quad \frac{x_1 + \alpha^2 x_2 + \alpha x_3}{3}$$

seront aussi des solutions.

Nous retrouvons donc exactement à la fin ce que nous avons mis au commencement.

XXVII.

Les divers principes ci-dessus exposés sont indistinctement applicables à toute espèce de nombres. Mais il n'est pas sans intérêt d'examiner en particulier le cas où les trois nombres x_1, x_2, x_3 sont réels, parce qu'il donne lieu à la singulière circonstance de l'irréductibilité qui, quoique fort légitime en théorie, constitue pour la pratique de l'algèbre ordinaire un obstacle insurmontable que nous subissons comme une conséquence nécessaire des calculs, mais dont l'intime liaison avec les principes de la science n'a pas été jusqu'ici suffisamment élucidée.

On sait, et nous venons de le constater dans l'article XXV, que, lorsque les trois nombres donnés sont réels, leur ensemble est susceptible d'être représenté par une équation du troisième degré à coefficients réels. Cette réalité qui se manifeste alors doublement soit dans les racines, soit dans les coefficients, n'a pu rendre que plus obscure ou tout au moins plus surprenante, la circonstance de l'imaginarité qui se présente simultanément dans l'expression de ces mêmes racines et qui rend cette expression irréductible. L'ignorance dans laquelle on était de toute interprétation de la forme imaginaire, l'habitude des recherches et d'opérations, toujours exclusivement fondées sur la seule conscience du réel, ont eu pour résultat naturel de jeter un grand étonnement dans les esprits, et s'il n'a pas été possible de passer sous silence une conséquence trop logiquement démontrée pour être rejetée, cette conséquence, quelque rigoureusement établie qu'elle fût, n'en est pas moins restée jusqu'à ce jour à l'état d'énigme inexpliquée. Ne pourrions-nous pas ajouter, avec quelque apparence de raison, que c'est là le motif le plus déterminant peut être qui a fait rayer la théorie des équations des troisième et quatrième degré du programme d'admission à l'École polytechnique. Pour dissiper l'obscurité qui règne sur cette circonstance mystérieuse de l'analyse, on aurait dû aborder résolument la question de savoir si, à tout prendre, il ne fallait pas considérer comme une chose rationnelle, vulgaire même, celle qui consiste à concevoir que le réel peut être engendré par l'imaginaire, au lieu de l'être constamment par le réel lui-même, on aurait dû se demander en outre si, dans certains cas, la nature même des relations dans lesquelles se trouvent engagés certains nombres, n'est pas telle qu'inévitablement ces relations, exprimées par le réel tant qu'elles sont figurées en degré supérieur, n'ont pas d'autre équivalence possible que la forme imaginaire dans les ordres plus simples, et notamment dans le premier. Mais nous concevons sans peine que, si l'idée d'entrer dans cette voie interprétative s'est présentée à quelques esprits, il a dû leur être très-difficile de pousser bien loin leurs investigations, entravés qu'ils étaient par l'absence de toute signification de la forme imaginaire, et, ce qui était plus fâcheux encore, par les assertions si diverses, si bizarres, si contradictoires qui sont venues se grouper autour de cette forme. Arriver à des conclusions certaines et précises, lorsque tant d'obscurités figurent au point de départ, est un problème à peu près insoluble. Peut-être eût-il été, à la rigueur, possible de prévoir, dans cet état d'indécision, la nature de certaines conclusions, mais en donner la justification complète ne l'était pas.

Aujourd'hui nous sommes placés à cet égard dans une situation beaucoup plus favorable; l'équivalence constatée entre les formes imaginaires de l'algèbre et les longueurs dirigées de la géométrie nous fait clairement voir et comprendre que toute longueur est, non seulement égale à la somme des diverses parties réelles d'elle-même en lesquelles on peut concevoir qu'elle est divisée, mais qu'en outre elle est le résultat de l'addition des éléments d'un contour polygonal quelconque qui, partant d'une de ses extrémités, se termine à l'autre ; c'est-à-dire d'une suite de valeurs imaginaires par rapport à elle, de sorte que cette génération du réel par l'imaginaire devient, à la suite de cette considération concrète, une conception des plus simples, des plus naturelles, et qu'en même temps elle revêt un caractère de généralité qui la place immédiatement au premier rang et fait descendre la génération du réel par le réel dans le cas d'une véritable exception.

L'analyse, et c'est là un de ses attributs les plus remarquables, possède donc la faculté de reproduire par ses formes imaginaires, cette conception géométrique que, dans un polygone, un côté quelconque est égal et de signe contraire à la somme de tous les autres considérés simultanément tant dans leurs longueurs que dans leurs directions. La grande simplicité de cette conception jette une lumière aussi vive qu'inattendue sur la circonstance peu comprise jusqu'ici de quantités réelles auxquelles il n'est possible d'arriver que par le passage inévitable, mais désormais très-compréhensible, de l'imaginaire.

Voudrait-on d'ailleurs ne faire aucun appel aux considérations géométriques, voudrait-on se confiner exclusivement dans celles du mécanisme analytique, et rester étranger à toute idée d'interprétation de la forme imaginaire que les faits dont il s'agit ne révèlent pas moins dans cette forme la remarquable propriété de nous permettre, par son intervention, de représenter trois valeurs quelconques par une seule expression du premier degré, représentation qui, au surplus cesserait d'exister si l'imaginaire du troisième degré n'existait pas lui-même. Nous pouvons, d'après cela, affirmer, avant même toute tentative de résolution, que poser une équation du troisième degré en x, dans laquelle cependant tout est réel, est une chose tout-à-fait équivalente à l'inscription de cette équation du 1er degré $x = \dfrac{X_1 + \alpha^K X_2 + \alpha^{2K} X_3}{3}$ dans laquelle au contraire l'imaginaire abonde.

En vertu de cette identité, nous sommes parfaitement édifiés dès le début sur ce que devra être la forme définitive des racines. Nous voyons plus particulièrement que l'irréductibilité qui, jusqu'à présent, vient se manifester à nous, non sans quelque surprise, dans la conclusion, existe, implicitement il est vrai, mais très certainement dans le point de départ, puisqu'évidemment la formule ci-dessus ne peut donner des valeurs réelles pour x que par la disparition des α apparents et que les effets imaginaires de ceux-ci ne sauraient être anéantis tant que x_2 et x_3 seront réels. Cette conséquence est d'ailleurs en parfait accord avec la forme même de ces fonctions, car celle-ci est telle que x_2 et x_3 sont nécessairement imaginaires lorsque les trois nombres donnés sont réels. Tout se trouve donc en parfaite concordance dans cet ordre d'idées.

La difficulté pratique de l'irréductibilité pourra donc continuer de subsister, mais du moins la nécessité théorique de sa manifestation sera parfaitement établie. Notre raison n'aura plus à se demander comment peut se produire à la fin une chose dont elle n'avait aucun motif de supposer l'existence dans les données ; elle comprendra désormais que l'irréductibilité est le conséquent inévitable d'un antécédent tout-à-fait conforme aux principes, mais dont nous n'avons pas eu conscience, dissimulé qu'il était sous des formes dont les propriétés et les équivalences n'ont pas été suffisamment étudiées.

Mais si déjà à ce point de vue l'intelligence des expressions et des corrélations algébriques reçoit une première satisfaction, c'est surtout à l'aide des aperçus et des comparaisons géométriques qu'elle arrive à une lucidité de conception telle qu'elle équivaut, pour ainsi dire, à l'évidence. C'est ce dont il nous sera facile de rendre juge le lecteur.

XXVIII.

Le cas le plus simple de la génération du réel par

l'imaginaire est celui qui, en algèbre, revêt la forme $-x_1\alpha - x_1\alpha^2$. On sait en effet, d'après les propriétés connues des imaginaires α et α^2 que cette expression est égale à x_1. Or c'est là une propriété dont la géométrie nous offre une représentation aussi simple que concluante. Si, en effet, ayant pris une ligne OD on en mène une seconde OB faisant avec la première un angle égal au tiers de quatre angles droits, on sait que la direction de OB sera analytiquement représentée par α; par suite, la direction OB', inverse de la précédente, aura pour expression $-\alpha$. Puis si l'on mène OA faisant à son tour avec OB un angle égal au tiers de quatre angles droits, la direction de OA sera représentée par α^2; de sorte que la direction OA' inverse de OA aura pour expression $-\alpha^2$.

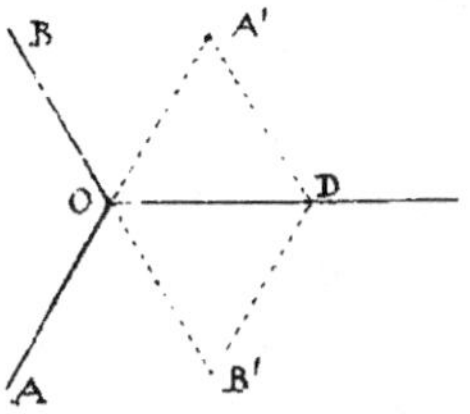

Si, en conséquence, on suppose que OA' est égal comme longueur à x_1 on aura OA' dirigé $= -x_1\alpha^2$. D'un autre côté, si par le point A' on mène une parallèle à OB' et qu'on la prolonge jusqu'à sa rencontre avec la ligne OD, il est connu qu'on formera un triangle équilatéral OA'D dont le second côté A'D aura pour expression, tant en longueur qu'en direction, $-x_1\alpha$, et de cette figure on déduit immédiatement que l'addition $-x_1\alpha^2 - x_1\alpha$ n'est en effet autre chose que OD ou x_1.

Au point de vue purement algébrique, la permutation des quantités qui figurent dans une addition à deux termes, tout en constituant un nouveau moyen d'écrire cette addition, ne se manifeste à l'esprit que comme une possibilité théorique très rationnelle au fond, mais à peu près dépourvue d'intérêt, quant à la forme. Il n'en est pas ainsi en concret, et surtout en géométrie, où les deux moyens dont nous parlons sont très nettement caractérisés et physiquement indiqués par des figures différentes. Ainsi, dans l'exemple ci-dessus, si l'on prend OB' $= x_1$ et si l'on joint B' à D, on verra immédiatement que, procéder à la formation de OD par la somme $-\alpha^2 x_1, -\alpha x_1$, c'est faire usage du triangle supérieur, tandis qu'y arriver par $-\alpha x_1, -\alpha^2 x_1$, c'est mettre en œuvre le triangle inférieur. De sorte que ce qui paraît sans intérêt dans l'algèbre pure, acquiert une importance significative quant aux positions dans les spéculations concrètes de la géométrie.

Appliquons maintenant des considérations de même espèce à la génération indiquée par l'analyse pour trois nombres quelconques x_1, x_2, x_3 à l'aide des trois fonctions que nous avons désignées par X_1, X_2, X_3. L'interprétation géométrique de ces formules va faire passer sous nos yeux une suite de figures qui seront la représentation imagée des diverses propriétés dont nous venons de présenter l'exposé.

Au point de vue géométrique, nous n'avons rien de spécial à faire remarquer sur la fonction X_1. Elle s'obtiendra par l'addition sur la ligne de base à la suite les unes des autres, et dans tel ordre qu'on voudra, des trois longueurs x_1, x_2, x_3.

Quant à la seconde fonction X_2, on la construira en prenant d'abord x_1 sur la ligne de base à partir du point O, puis en portant à la suite x_2 sur la première trisectrice de la circonférence et enfin en ajoutant à la suite x_3 dirigé suivant la seconde trisectrice. On pourra d'ailleurs, dans cette opération, varier comme on voudra l'ordre des termes ajoutés; on obtiendra ainsi des figures différentes, mais on aboutira toujours au même point. Nous aurons souvent recours à ce moyen pour rendre plus sensibles et plus immédiates les conclusions à déduire des figures.

Quant à X_3 il sera formé en portant x_1 à partir de l'origine, sur la ligne de base, puis en traçant à la suite x_2 dirigé sur la seconde trisectrice et enfin en ajoutant à la suite x_3 dirigé suivant la première, l'ordre des termes ajoutés pouvant, comme précédemment, être varié à volonté.

Il résulte d'ailleurs de la symétrie des deux trisectrices par rapport à la ligne de base que les deux longueurs dirigées qui représenteront finalement X_2 et X_3 seront elles-mêmes symétriques par rapport à cette base.

Ces choses ainsi entendues, passons aux constructions dans lesquelles sont combinées les trois fonctions. Occupons-nous d'abord de la somme $\frac{X_1 + X_2 + X_3}{3}$ et voyons si, en effet, elle est égale à x_1.

Soit OD la ligne de base et O l'origine; prenons $\overline{Ox_1} = x_1$, $\overline{x_1 x_3} = x_3$, $\overline{x_3 x_2} = x_2$, nous aurons par suite $\overline{Ox_2} = x_1 + x_2 + x_3 = X_1$.

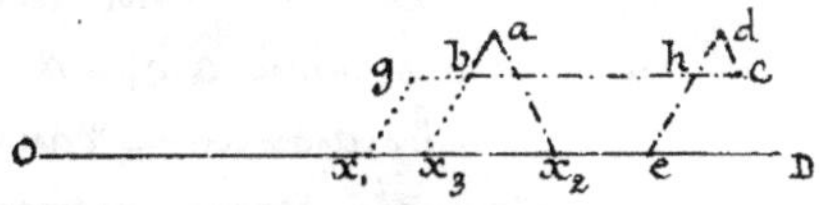

Portons maintenant X_2 à la suite de X_1, à cet effet nous ajouterons les trois termes de X_2 dans l'ordre suivant αx_2, $\alpha^2 x_3$, x_1. Traçons d'abord par le point x_2 la direction $x_2 a$ de la première trisectrice et prenons la longueur $\overline{x_2 a}$ égale à x_2 nous aurons $\overline{x_2 a}$ dirigé $= \alpha x_2$; puis ab étant la direction de la seconde trisectrice, et la longueur ab étant égale à x_3, nous aurons ab dirigé $= \alpha^2 x_3$; enfin, menant bc parallèle à OD et égal à x_1, la somme $X_1 + X_2$ fera aboutir au point c. Quant à X_3, nous prendrons d'abord cd dirigé égal à αx_3, puis menant de parallèle à la seconde trisectrice jusqu'à la rencontre de OD en e, nous aurons de dirigé $= \alpha^2 x_2$; nous arrivons ainsi au point e à la suite duquel il faudra porter sur OD la longueur x_1. On voit, d'après cela, que s'il arrive que $\overline{x_1 e}$ est égal à x_1, la somme $X_1 + X_2 + X_3$ se composera du triple de x_1 et que par conséquent on aura bien en effet $\frac{X_1 + X_2 + X_3}{3} = x_1$. Or si par x_1 on mène $\overline{x_1 g}$ parallèle à ab et à de jusqu'à la rencontre de l'horizontale bc, et si l'on remarque que le prolongement de ab doit nécessairement passer par le point x_3, on aura à la fois $\overline{x_1 e} = gh$ et $gb = x_3$; d'ailleurs hc est aussi égal à x_3, d'où il suit que gh ou $\overline{x_1 e}$ est en effet égal à x_1. Il y a donc entière conformité entre la formule analytique et la construction géométrique.

Passons à ce qui concerne la somme $\frac{X_1 + \alpha X_2 + \alpha^2 X_3}{3}$ et vérifions si elle a pour valeur x_3.

Prenons, comme précédemment, les trois longueurs x_1, x_2, x_3 et portons-les sur OD les unes à la suite des autres à partir de l'origine, mais dans l'ordre suivant: $\overline{Ox_3} = x_3$, $\overline{x_3 x_2} = x_2$, $\overline{x_2 x_1} = x_1$. Nous aurons ainsi $Ox_1 = X_1$.

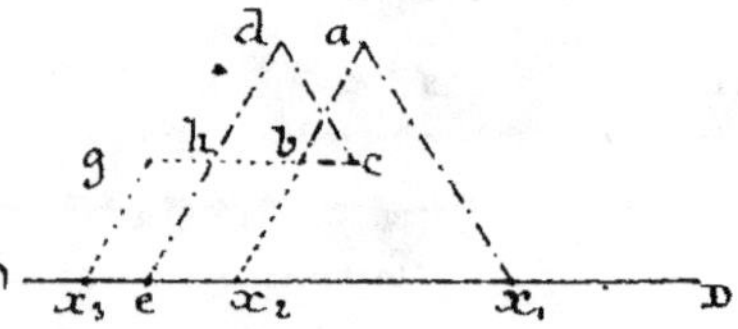

Cela fait, à la suite de x_1 portons αX_2 dont les trois termes sont αx_1, $\alpha^2 x_2$, x_3. En les ajoutant dans cet ordre, ils seront respectivement représentés par $\overline{x_1 a}$, ab, bc, et nous arrivons au point c; on remarquera d'ailleurs que ab prolongé passera nécessairement par le point x_2. Maintenant à la suite de c ajoutons $\alpha^2 X_3$ dont les trois termes sont αx_2, $\alpha^2 x_1$, x_3. L'addition du premier nous fait arriver en d, puis celle du second nous conduit en e sur la ligne de base et il ne s'agira plus, pour terminer l'opération, que d'ajouter x_3 à la suite de e. On voit d'après cela que pour que le tiers du résultat obtenu soit égal à x_3 il ne s'agira plus que de prouver que la valeur de $\overline{x_3 e}$ est précisément x_3. Or si l'on mène $\overline{x_3 g}$ parallèle à ab et à ed et qu'on prolonge cb jusqu'en g, on aura $gb = x_2$; mais on a aussi $hc = x_2$ d'où l'on déduit $gh = bc = x_3$ et par suite $\overline{x_3 e} = x_3$.

Occupons-nous enfin de la troisième expression $\frac{X_1 + \alpha^2 X_2 + \alpha X_3}{3}$ qui doit être la valeur de x_2.

(fig. suiv.) Sur OD, à partir de O portons nos trois longueurs dans l'ordre suivant: $\overline{Ox_2} = x_2$, $\overline{x_2 x_3} = x_3$, $x_3 x_1 = x_1$, nous aurons $\overline{Ox_1} = X_1$. Traçons maintenant à la suite de x_1 les deux fonctions $\alpha^2 X_2$, αX_3 en

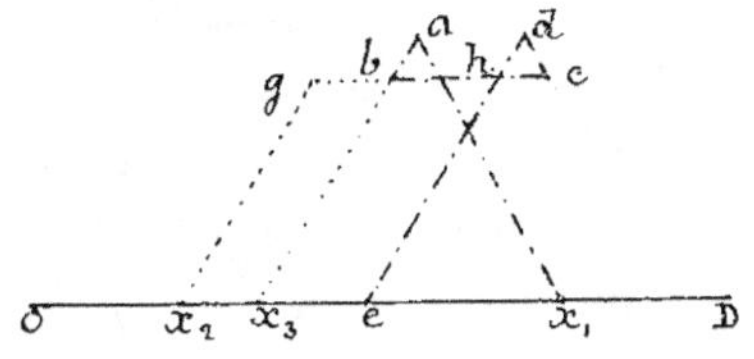

commençant par cette dernière et plaçons les trois termes de celle-ci dans l'ordre suivant : αx_1, $\alpha^2 x_3$, x_2, nous aurons $\overline{x_1 a} = \alpha x_1$, $ab = \alpha^2 x_3$ et bc parallèle à OD sera pris égal à x_2. Nous parvenons ainsi au point c.

D'un autre côté $\alpha^2 X_2$ donnera les trois termes αx_3, $\alpha^2 x_1$, x_2 ; or cd représente le premier, de qui se termine sur OD représente le second et il ne restera plus, pour terminer l'opération qu'à ajouter x_2 à la suite de e. Il suit de là que pour que le tiers du résultat définitif soit égal à x_2, il ne reste plus qu'à prouver que $\overline{x_2 e} = x_2$. Or si l'on mène $\overline{x_2 g}$ parallèle à ab et à de et qu'on prolonge cb jusqu'en g, parceque ab vient passer par x_3, on aura $gb = x_3$; mais on a aussi $hc = x_3$, d'où l'on déduit $gh = bc$ et par suite $\overline{x_2 e} = x_2$.

On voit donc comment la géométrie, à l'aide de figures très-simples, peut à son tour constater l'existence de propriétés déjà obtenues par les pures considérations de l'analyse. Mais la géométrie nous donne en même temps l'image visible, et par suite la réalisation de rapports qui, dans le domaine de l'algèbre abstraite, ne peuvent être exprimés que par des opérations dont l'intervention, parfaitement justifiée en théorie, condamne la pratique à l'impuissance.

Nous pourrions poursuivre l'étude de ces corrélations entre la géométrie et l'algèbre pour les autres propriétés constatées ci-dessus, mais nous nous bornerons à faire l'application de ce mode de contrôle à la valeur que nous avons obtenue pour le produit $X_2 X_3$. Ce nouvel exemple, joint aux précédents, montrera suffisamment au lecteur comment doivent être traitées ces sortes de questions.

Et d'abord formons géométriquement X_2 et X_3. Si l'on prend (fig. suiv.) $Oa = x_1$, si par le point a

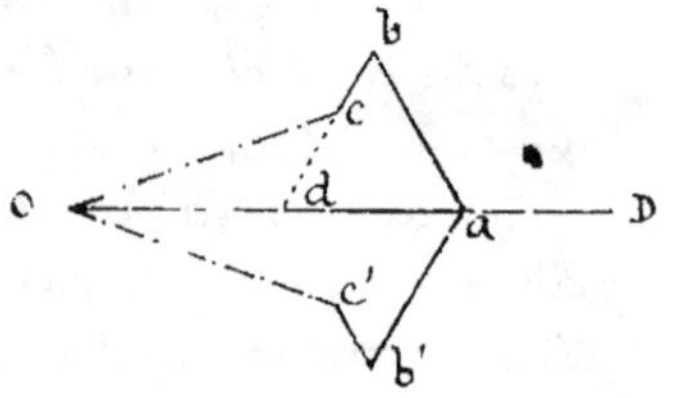

on mène la première trisectrice sur laquelle on portera $ab = x_2$, si enfin par b on mène la seconde trisectrice sur laquelle on portera $bc = x_3$ on parvient ainsi à un point c tel qu'on aura Oc dirigé $= X_2$.

Cela fait, si l'on reproduit au-dessous de Oa une figure symétrique, on se convaincra sans peine que Oc' dirigé $= X_3$.

Multipliant ces deux équations l'une par l'autre, remarquant que Oc' est égal quant à sa longueur à Oc et qu'à cause de la symétrie l'effet des directions disparaît dans le produit, ou pour mieux dire que le résultat est ramené sur l'unité directive, on aura simplement $\overline{Oc}^2 = X_2 X_3$.

Toute la question est donc ramenée à déterminer par les considérations géométriques la valeur du carré de Oc.

A cet effet, l'on remarquera que si l'on prolonge bc jusqu'à sa rencontre avec Oa, on formera un triangle Odc dans lequel on aura

$$\overline{Oc}^2 = \overline{Od}^2 + \overline{dc}^2 - 2\,Od \times dc \times \cos Odc\,,$$

Mais parce que le triangle abd est équilatéral, on a à la fois $Od = x_1 - x_2$ et $\cos Odc = -\frac{1}{2}$; on a de plus $dc = x_2 - x_3$; substituant ces valeurs dans l'équation elle devient :

$$\overline{Oc}^2 = (x_1 - x_2)^2 + (x_2 - x_3)^2 + (x_1 - x_2)(x_2 - x_3)\,.$$

Développant et réduisant on trouve

$$Oc^2 = (x_1^2 + x_2^2 + x_3^2) - (x_1 x_2 + x_1 x_3 + x_2 x_3)\,;$$

de sorte qu'en désignant par p la somme des trois nombres, par q celle de leurs produits deux à deux, on retombe sur la formule :

$$X_2 X_3 = p^2 - 3q$$

telle que nous l'avons obtenue à l'article XXVI.

XXIX.

Ce que nous venons d'exposer au sujet de la génération de trois nombres x_1, x_2, x_3 à l'aide des fonctions X_1, X_2, X_3 est applicable sans exception à toute sorte de nombres, que ceux-ci soient réels ou qu'ils soient imaginaires. Si, par exemple x_1, x_2, x_3 sont imaginaires de la forme $z_1 + y_1\sqrt{-1}$, $z_2 + y_2\sqrt{-1}$, $z_3 + y_3\sqrt{-1}$ on formera d'abord les fonctions X_1, X_2, X_3 par les procédés précédemment décrits et l'on aura, en désignant par W_1, W_2, W_3 ces nouvelles fonctions

$$W_1 = (z_1 + y_1\sqrt{-1}) + (z_2 + y_2\sqrt{-1}) + (z_3 + y_3\sqrt{-1})$$

$$W_2 = (z_1 + y_1\sqrt{-1}) + \alpha(z_2 + y_2\sqrt{-1}) + \alpha^2(z_3 + y_3\sqrt{-1})$$

$$W_3 = (z_1 + y_1\sqrt{-1}) + \alpha^2(z_2 + y_2\sqrt{-1}) + \alpha(z_3 + y_3\sqrt{-1})$$

Cela fait on trouvera, comme précédemment, les identités suivantes :

$$z_1 + y_1\sqrt{-1} = \frac{W_1 + W_2 + W_3}{3}$$

$$z_2 + y_2\sqrt{-1} = \frac{W_1 + \alpha^2 W_2 + \alpha W_3}{3}$$

$$z_3 + y_3\sqrt{-1} = \frac{W_1 + \alpha W_2 + \alpha^2 W_3}{3}$$

Nous n'insisterons pas sur l'examen des autres propriétés dont jouissent les fonctions W_1, W_2, W_3, propriétés qui présentent la plus complète analogie avec celles qui ont été constatées pour X_1, X_2, X_3.

Maintenant si l'on considère séparément les trois nombres z_1, z_2, z_3 et si l'on désigne par Z_1, Z_2, Z_3 les fonctions qui les concernent, on aura :

$Z_1 = x_1 + x_2 + x_3$, $Z_2 = x_1 + \alpha x_2 + \alpha^2 x_3$, $Z_3 = x_1 + \alpha^2 x_2 + \alpha x_3$

Si, d'un autre côté, on considère séparément les trois nombres y_1, y_2, y_3 et si l'on désigne par Y_1, Y_2, Y_3 les fonctions qui les concernent on aura

$Y_1 = y_1 + y_2 + y_3$, $Y_2 = y_1 + \alpha y_2 + \alpha^2 y_3$, $Y_3 = y_1 + \alpha^2 y_2 + \alpha y_3$;

et de là on conclura

$$W_1 = (x_1 + x_2 + x_3) + (y_1 + y_2 + y_3)\sqrt{-1} = Z_1 + Y_1\sqrt{-1}$$

$$W_2 = (x_1 + \alpha x_2 + \alpha^2 x_3) + (y_1 + \alpha y_2 + \alpha^2 y_3)\sqrt{-1} = Z_2 + Y_2\sqrt{-1}$$

$$W_3 = (x_1 + \alpha^2 x_2 + \alpha x_3) + (y_1 + \alpha^2 y_2 + \alpha y_3)\sqrt{-1} = Z_3 + Y_3\sqrt{-1}$$

Quant à l'équation du troisième degré dont les trois nombres donnés sont les racines, si, pour abréger, on désigne par w l'inconnue, par w_1, w_2, w_3 ces racines, elle sera

$$w^3 - \Sigma(w_1) w^2 + \Sigma(w_1 w_2) w - w_1 w_2 w_3 = 0$$

Or, ce que nous proposons de rechercher, c'est de déterminer dans quelles circonstances cette équation aura ses coefficients réels.

Le premier de ces coefficients est $-W_1$ ou $-Z_1 - Y_1\sqrt{-1}$; on voit que pour qu'il soit réel, il faut que Y_1 soit nul ; d'après cela le coefficient du terme en w^2 se réduira à $-Z_1$.

Passons au coefficient du terme en w. Il a déjà été constaté que $3\Sigma(w_1 w_2)$ est égal à $W_1^2 - W_2 W_3$; par suite on aura $3\Sigma(w_1 w_2) = (Z_1 + Y_1\sqrt{-1})^2 - (Z_2 + Y_2\sqrt{-1})(Z_3 + Y_3\sqrt{-1})$

condition qui, à cause de Y_1 nul, se ramène à

$$3\Sigma(w_1 w_2) = Z_1^2 - Z_2 Z_3 + Y_2 Y_3 - (Z_2 Y_3 + Z_3 Y_2)\sqrt{-1}$$

A en juger par les simples apparences on pourrait croire, au premier abord, que pour que ce résultat soit réel, il faudra se borner à égaler $Z_2 Y_3 + Z_3 Y_2$ à zéro. Mais, d'une part, il se pourrait que cela ne fût pas suffisant parceque dans Z_2 et Z_3, aussi bien que dans Y_2 et Y_3, entrent les quantités α et α^2 et que leur présence pourrait entraîner l'imaginarité de $-Z_2 Z_3 + Y_2 Y_3$. D'un autre côté, il se pourrait que cela ne fût pas nécessaire, parce que le terme affecté de $\sqrt{-1}$ ne serait pas imaginaire si $Z_2 Y_3 + Z_3 Y_2$ était de la forme $K\sqrt{-1}$.

En conséquence, pour conclure à coup sûr, il faut avant tout s'assurer de la réalité des deux fonctions

$$Z_1^2 - Z_2 Z_3 + Y_2 Y_3 \quad \text{et} \quad Z_2 Y_3 + Z_3 Y_2$$

C'est ce dont nous allons maintenant nous occuper.

A cet effet, en ce qui concerne la première, nous remarquerons qu'il a été établi que $Z_1^2 - Z_2 Z_3$ a pour valeur $3\Sigma(z_1 z_2)$, que pareillement $Y_1^2 - Y_2 Y_3 = 3\Sigma(y_1 y_2)$, ce qui, en vertu de $Y_1 = 0$, se réduit à $Y_2 Y_3 = -3\Sigma(y_1 y_2)$; de là il suit que

$$Z_1^2 - Z_2 Z_3 + Y_2 Y_3 = 3\Sigma(z_1 z_2) - 3\Sigma(y_1 y_2)$$

quantité évidemment réelle tant que les z et les y le sont.

En ce qui concerne la seconde fonction $Z_2 Y_3 + Z_3 Y_2$, nous remarquerons d'abord que l'on a

$$Z_2 = z_1 + \alpha(z_2 + \alpha z_3), \qquad Z_3 = z_1 + \alpha(\alpha z_2 + z_3)$$

de sorte que par la substitution de ces valeurs la fonction devient

$$z_1(Y_2 + Y_3) + \alpha\left[(z_2 + \alpha z_3) Y_3 + (\alpha z_2 + z_3) Y_2\right]$$

Or, parceque $Y_1 + Y_2 + Y_3 = 3y_1$ et que Y_1 est nul, il s'ensuit qu'on aura $z_1(Y_2 + Y_3) = 3y_1 z_1$;
cette première partie est donc réelle.

Quant à la seconde, nous remarquerons que $y_1 + y_2 + y_3$ étant nul, on peut, dans Y_2 et Y_3 remplacer y_1 par $-y_2 - y_3$ ce qui permet de donner à ces fonctions les formes suivantes :

$$Y_2 = (\alpha - 1)(y_2 - \alpha^2 y_3), \quad Y_3 = (\alpha - 1)(y_3 - \alpha^2 y_2)$$

Dès lors cette seconde partie sera :

$$\alpha(\alpha - 1)\left[(z_2 + \alpha z_3)(y_3 - \alpha^2 y_2) + (\alpha z_2 + z_3)(y_2 - \alpha^2 y_3)\right]$$

Or, on a d'abord

$$(x_2+\alpha x_3)(y_3-\alpha^2 y_2) = x_2 y_3 - \alpha^2 x_2 y_2 + \alpha x_3 y_3 - x_3 y_2 .$$

Par suite, en permutant x_2 en x_3 et y_2 en y_3 on pourra écrire

$$x_3+\alpha x_2)(y_2-\alpha^2 y_3) = x_3 y_2 - \alpha^2 x_3 y_3 + \alpha x_2 y_2 - x_2 y_3 .$$

Substituant ces valeurs dans la précédente expression et réduisant, on trouve que cette seconde partie se réduit à $3(y_2 x_2 + y_3 x_3)$ d'où l'on conclut finalement

$$Z_2 Y_3 + Z_3 Y_2 = 3(y_1 x_1 + y_2 x_2 + y_3 x_3) \quad ;$$

la condition suffisante et nécessaire pour que le coefficient du terme en W soit réel sera donc

$$Z_2 Y_3 + Z_3 Y_2 = 0$$

Passons au terme tout connu. D'après ce qui a été démontré à l'art. XXV, ce terme a pour valeur :

$$\frac{W_1^3+W_2^3+W_3^3}{27} - \frac{W_1 W_2 W_3}{9} = \frac{Z_1^3+(Z_2+Y_2\sqrt{-1})^3+(Z_3+Y_3\sqrt{-1})^3}{27} - $$

$$- \frac{Z_1(Z_2+Y_2\sqrt{-1})(Z_3+Y_3\sqrt{-1})}{9} ,$$

la partie indépendante de $\sqrt{-1}$ est

$$\frac{\Sigma(Z_1^3) - 3(Z_2 Y_2^2 + Z_3 Y_3^2)}{27} - \frac{Z_1(Z_2 Z_3 - Y_2 Y_3)}{9}$$

Celle qui, au contraire, dépend de $\sqrt{-1}$ est

$$\frac{3(Y_2 Z_2^2 + Y_3 Z_3^2) - (Y_2^3+Y_3^3)}{27} - \frac{Z_1(Z_2 Y_3 + Z_3 Y_2)}{9} .$$

D'ailleurs, en vertu de la condition qui annule $Z_2 Y_3 + Z_3 Y_2$, celle-ci se réduit à

$$\frac{3(Y_2 Z_2^2 + Y_3 Z_3^2) - (Y_2^3+Y_3^3)}{27}$$

Maintenant, sans qu'il soit nécessaire de faire de longs calculs, on se convaincra que ces deux parties sont réelles en remarquant que l'on a aussi :

$$w_1 w_2 w_3 = (x_1 + y_1\sqrt{-1})(x_2 + y_2\sqrt{-1})(x_3 + y_3\sqrt{-1})$$

Or, en faisant ce produit on trouve pour la partie indépendante de $\sqrt{-1}$

$$x_3(x_1 x_2 - y_1 y_2) - y_3(x_2 y_1 + x_1 y_2) ,$$

et pour celle qui en dépend

$$y_3(x_1 x_2 - y_1 y_2) + x_3(x_2 y_1 + x_1 y_2) ,$$

expressions qui devront l'une et l'autre être respectivement égales aux précédentes ; celles-ci sont donc réelles.

En résumé nous voyons que les conditions nécessaires et suffisantes pour assurer la réalité des coefficients sont

$$Y_1 = 0 \ , \ Z_2 Y_3 + Z_3 Y_2 = 0 \ , \ 3(Y_2 Z_2^2 + Y_3 Z_3^2) - (Y_2^3 + Y_3^3) = \sigma .$$

Procédons maintenant à la recherche de ce qu'elles nous apprendront relativement aux racines

La seconde donne $\qquad Y_3 = -Y_2 \dfrac{Z_3}{Z_2}$

Substituant dans la dernière, celle-ci prend la forme

$$Y_2(Z_2^3 - Z_3^3)(3Z_2^2 - Y_2^2) = 0$$

et l'on voit qu'il y aura bien des manières d'annuler son premier membre. On pourra poser

ou $Y_2 = 0$, ou $Z_2^3 - Z_3^3 = 0$, ou enfin $3Z_2^2 - Y_2^2 = 0$.

En outre, dans chacun de ces cas principaux, il se présentera plusieurs circonstances particulières, nous allons successivement les passer en revue.

<u>1.er Cas</u>. — $\quad Y_2 = \sigma$,

Cette valeur, substituée dans la seconde de nos trois conditions la réduit à $Z_2 Y_3 = 0$, laquelle sera satisfaite soit en annulant Y_3, soit en annulant Z_2.

Si c'est Y_3 qu'on suppose égal à zéro, les trois fonctions Y_1, Y_2, Y_3 étant nulles, les trois nombres y_1, y_2, y_3 le seront également ; par suite les racines réduites à

z_1, z_2, z_3 seront toutes trois réelles.

Supposons maintenant que Y_3 n'est pas nul et cherchons d'abord la valeur qu'il peut prendre sous la condition que l'on a à la fois $Y_1 = 0$, $Y_2 = 0$.

Or, on aura

$$y_1 = \frac{Y_3}{3}, \quad y_2 = \frac{\alpha Y_3}{3}, \quad y_3 = \frac{\alpha^2 Y_3}{3}$$

Si l'on multiplie la première par 1, la seconde par α^2, la troisième par α, on aura

$$Y_3 = 3y_1, \quad Y_3 = 3\alpha^2 y_2, \quad Y_3 = 3\alpha y_3$$

et il est évident que pour que ces trois équations puissent subsister simultanément il faudra avoir $y_2 = \alpha y_1$, $y_3 = \alpha^2 y_1$

Ainsi lorsque Y_1 et Y_2 sont nuls et que Y_3 ne l'est pas, cette fonction est égale à $3y_1$ et dès lors la condition $Z_2 Y_3 = 0$ se réduit à $Z_2 y_1 = 0$

Mais y satisfaire par $y_1 = 0$, ce serait la même chose que supposer Y_3 nul, circonstance que nous venons d'examiner et pour laquelle nous avons reconnu que toutes les racines sont réelles.

Reste donc à rechercher ce qui adviendra de $Z_2 = 0$

Dans ce cas, les valeurs de y_2 et de y_3 en fonction de y_1 seront maintenues puisqu'elles sont une conséquence de la double annulation de Y_1 et de Y_2.

Quant à z_1, z_2, z_3 on les obtiendra en annulant Z_2 dans leurs valeurs générales et il viendra ainsi

$$z_1 = \frac{Z_1 + Z_3}{3}, \quad z_2 = \frac{Z_1 + \alpha Z_3}{3}, \quad z_3 = \frac{Z_1 + \alpha^2 Z_3}{3};$$

mais de $Z_2 = 0$ on déduira

$$z_1 = -\alpha z_2 - \alpha^2 z_3, \quad \text{ou bien} \quad z_1 = \frac{z_2 + z_3}{2} - \frac{z_2 - z_3}{2}\sqrt{3}\sqrt{-1}$$

Il résulterait delà que z_1 serait imaginaire et comme toutes conditions ci-dessus reposent sur l'hypothèse que z_1, z_2, z_3 sont réels, il sera nécessaire, si l'on ne veut pas sortir de cette hypothèse que dans la valeur de z_1 le terme qui contient $\sqrt{-1}$ soit nul, ce qui conduit à cette conséquence que $z_3 = z_2$; dès lors on aura aussi $z_1 = z_2$; les valeurs de z sont donc toutes trois égales à z_1, de sorte que

Z_3 sera nul aussi bien que Z_2.

Quant aux y, il résulte des valeurs ci-dessus que y_2 et y_3 seraient imaginaires, ce qui est encore contraire à l'hypothèse, et il n'y a pas d'autre moyen de les empêcher de l'être que de supposer que y_1 est nul.

En résumé les trois conditions $Y_1 = 0$, $Y_2 = 0$, $Z_2 = 0$ ne peuvent concorder avec la réalité des z et des y que par la supposition que les trois racines de la proposée sont égales et se réduisent à z_1.

Nous pouvons remarquer comme vérification qu'alors le coefficient $-Z_1$ de w^2 devient $-3z_1$, que celui de w a pour valeur $\frac{Z_1^2}{3}$ ou $3z_1^2$, qu'enfin le terme tout connu est $-\frac{Z_1^3}{27}$ ou $-z_1^3$; la proposée doit donc prendre la forme

$$w^3 - 3z_1w^2 + 3z_1^2w - z_1^3 = 0 ;$$

et l'on reconnaît ici le cas où les racines sont en effet toutes trois égales à z_1..

2me Cas. $Z_2^3 - Z_3^3 = 0$.

Une première manière de rendre nul le premier membre de cette équation consiste à supposer que Z_2 et Z_3 le sont eux-mêmes. S'il en est ainsi, on aura

$$Z_2 = z_1 + \alpha z_2 + \alpha^2 z_3 = 0 , \quad Z_3 = z_1 + \alpha^2 z_2 + \alpha z_3 = 0$$

Retranchant ces deux équations l'une de l'autre il viendra

$$(\alpha - \alpha^2)(z_2 - z_3) = 0$$

d'où résulte l'égalité de z_2 et de z_3.

Si l'on ajoute les mêmes équations, on trouve

$$2z_1 - z_2 - z_3 = 0 , \quad \text{d'où} \quad z_1 - z_2 = 0$$

de sorte que les trois quantités z_1, z_2, z_3 sont égales.

Mais il convient de remarquer que si la circonstance que Z_2 et Z_3 sont nuls satisfait complètement à la seconde condition $Z_2 Y_3 + Z_3 Y_2 = 0$, il n'en est pas de même de la dernière. Celle-ci, en effet, a pour forme

primitive,
$$3(Y_2 Z_2^2 + Y_3 Z_3^2) - (Y_2^3 + Y_3^3) = 0$$

C'est en y substituant pour Y_3 la valeur $-Y_2 \frac{Z_3}{Z_2}$ tirée de la seconde que nous l'avons mise sous la forme
$$Y_2 (Z_2^3 - Z_3^3)(3 Z_2^2 - Y_2^2) = 0$$

Or il importe de ne pas perdre de vue à cet égard qu'à la rigueur nous aurions dû écrire
$$\frac{Y_2}{Z_2}(Z_2^3 - Z_3^3)(3 - \frac{Y_2^2}{Z_2^2}) = 0 .$$

Tant que Z_2 n'est pas nul il n'y a aucun inconvénient à faire disparaître les dénominateurs qui contiennent cette quantité. Mais si Z_2 est nul les deux facteurs $\frac{Y_2}{Z_2}$ et $(3 - \frac{Y_2^2}{Z_2^2}$ sont l'un et l'autre infinis et alors il n'est nullement certain, en présence de ces deux infinis, que l'annulation du facteur $Z_2^3 - Z_3^3$, résultant de $Z_2 = 0$ et $Z_3 = 0$, suffise à rendre nul le premier membre. Dans ce cas, il est nécessaire de revenir, pour la troisième condition, à la forme primitive $3(Y_2 Z_2^2 + Y_3 Z_3^3) - (Y_2^3 + Y_3^3) = 0$

Or on voit clairement que l'hypothèse que Z_2 et Z_3 sont nuls n'est pas en effet suffisante pour y satisfaire, et qu'il est nécessaire d'y joindre la condition $Y_2^3 + Y_3^3 = 0$.

Mais, comme il y a trois manières d'annuler $Y_2^3 + Y_3^3$, nous aurons à examiner les trois circonstances : $Y_2 + Y_3 = 0$, $Y_2 + \alpha Y_3 = 0$, $Y_2 + \alpha_2 Y_3 = 0$. C'est ce à quoi nous allons procéder.

Si c'est $Y_2 + Y_3$ qui est nul, on aura
$$Y_2 + Y_3 = 2y_1 - y_2 - y_3 = 0 .$$

D'un autre côté, la condition $Y_1 = 0$, exigeant que $-y_2 - y_3$ soit égal à y_1, on voit qu'on devra avoir $3y_1 = 0$, en sorte que y_1 est nul ; par suite $y_2 + y_3$ le sera aussi ;

de sorte que y_3 aura pour valeur $-y_2$.

De tout cela il résulte que les racines seront

$$z_1 \ , \quad z_1 + y_2\sqrt{-1} \ , \quad z_1 - y_2\sqrt{-1}$$

Par conséquent il y en aura une réelle et deux imaginaires de la forme $a \pm b\sqrt{-1}$.

2°. Si c'est $Y_2 + \alpha Y_3$ qui est nul, il en résultera $-(y_1 + y_2) + 2y_3 = 0$. Or de cette équation, combinée avec celle $Y_1 = 0$ on conclura que y_3 est nul et que, par suite $y_2 = -y_1$; les racines seront donc

$$z_1 + y_1\sqrt{-1} \ , \quad z_1 - y_1\sqrt{-1} \ , \quad z_1$$

et auront même forme que dans la circonstance précédente.

3°. Enfin on se rendra facilement compte, pour le cas où c'est $Y_2 + \alpha^2 Y_3$ qui est nul, qu'on parvient à une conclusion analogue.

Après ce premier moyen de rendre $Z_2^3 - Z_3^3$ nul, il y en a trois autres qui consistent à poser

$$\text{ou } Z_2 - Z_3 = 0, \quad \text{ou } Z_2 - \alpha Z_3 = 0, \quad \text{ou enfin } Z_2 - \alpha^2 Z_3 = 0$$

Passons-les succinctement en revue.

1°. Et d'abord pour $Z_2 - Z_3 = 0$, comme on a

$$Z_2 - Z_3 = (\alpha - \alpha^2)(z_2 - z_3) \ ,$$

il s'ensuit que cette quantité, pour être nulle, exige que z_3 soit égal à z_2.

D'un autre côté, la seconde condition se réduit à $Y_2 + Y_3 = 0$ et nous venons de voir que celle-ci, combinée avec $Y_1 = 0$, entraîne d'abord l'annulation de y_1 et, en second lieu, l'égalité $y_3 = -y_2$; les trois racines seront donc

$$z_1 \ , \quad z_2 + y_2\sqrt{-1} \ , \quad z_2 - y_2\sqrt{-1}$$

c'est-à-dire qu'une racine est réelle et que les deux autres sont imaginaires de la forme $a \pm b\sqrt{-1}$.

2°. En second lieu si $Z_2 - \alpha Z_3$ est nul, comme $Z_2 - \alpha Z_3$ a pour valeur $(1-\alpha)(z_1 - z_2)$, il s'ensuit que, pour que cette quantité soit nulle, il faut que z_2

soit égal a x_1.

D'ailleurs la seconde condition devenant $Y_2 + \alpha Y_3 = 0$, il en résultera, ainsi que nous venons de le constater dans une étude précédente, que y_3 sera nul et que y_2 sera égal à $-y_1$.

Les trois racines seront donc

$$x_1 + y_1\sqrt{-1}\ , \quad x_1 - y_1\sqrt{-1}\ , \quad x_3$$

3° Enfin si c'est $Z_2 - \alpha^2 Z_3$ qui est nul, on se convaincra très-aisément par des calculs analogues, que les racines auront exactement la même constitution.

3e Cas. $3Z_2^2 - Y_2^2 = 0$

Et d'abord on déduit de cette équation $Y_2 = \pm Z_2\sqrt{3}$; par suite la seconde condition devient

$$Z_2 Y_3 \pm Z_3 Z_2\sqrt{3} = Z_2 (Y_3 \pm Z_3\sqrt{3}) = 0$$

et l'on voit qu'on pourra y satisfaire soit en supposant que Z_2 est nul, soit en égalant à zéro le second facteur $Y_3 \pm Z_3\sqrt{3}$. Nous allons procéder à l'examen de ces deux circonstances :

1° Si l'on a $Z_2 = 0$, on aura également, en vertu de l'équation qui sert de point de départ, $Y_2 = 0$. Nous retomberons ainsi dans un des cas précédemment étudiés et pour lequel nous avons constaté que les racines sont toutes trois égales à x_1.

2° Si c'est l'autre facteur $Y_3 \pm Z_3\sqrt{3}$ qui est nul, on en déduira $Y_3 = \mp Z_3\sqrt{3}$.

Formant alors la somme $Y_2 + Y_3$, nous aurons

$$Y_2 + Y_3 = \pm (Z_2 - Z_3)\sqrt{3} \quad ;$$

mais $Z_2 - Z_3$ a pour valeur $(\alpha - \alpha^2)(x_2 - x_3)$, et parce que $(\alpha - \alpha^2)$ a pour équivalent $\sqrt{3}\sqrt{-1}$ il viendra

$$Y_2 + Y_3 = \pm 3 (x_2 - x_3)\sqrt{-1} \ .$$

D'un autre côté, parce que $Y_1 + Y_2 + Y_3 = 3y_1$ et que Y_1 est nul, on aura aussi $Y_2 + Y_3 = 3y_1$ et, par suite :

$$y_1 = \pm (z_2 - z_3)\sqrt{-1}$$

telle sera la valeur de y_1 en fonction de z_2 et de z_3.

Si maintenant au lieu d'ajouter Y_2 et Y_3 on les retranche, il viendra

$$Y_2 - Y_3 = \pm (Z_2 + Z_3)\sqrt{3}$$

c'est-à-dire

$$(\alpha - \alpha^2)(y_2 - y_3) = \pm (2z_1 - z_2 - z_3)\sqrt{3}$$

Remplaçant $\alpha - \alpha^2$ par sa valeur. $\sqrt{3}\sqrt{-1}$, multipliant ensuite les deux membres par $\sqrt{-1}$, on aura, toutes réductions faites.

$$y_2 - y_3 = \pm (z_2 + z_3 - 2z_1)\sqrt{-1}.$$

D'un autre côté, si dans l'équation qui donne y_1 on remplace cette quantité par son équivalent $-y_2 - y_3$ on en déduira

$$y_2 + y_3 = \mp (z_2 - z_3)\sqrt{-1}$$

Connaissant ainsi, en fonction de z_1, z_2, z_3, la somme et la différence de y_2 et de y_3, on obtiendra facilement la valeur de ces quantités qui seront ainsi conçues

$$y_2 = \pm (z_3 - z_1)\sqrt{-1}, \qquad y_3 = \mp (z_2 - z_1)\sqrt{-1}.$$

A la vérité ces trois valeurs de y_1, y_2, y_3 sont toutes trois imaginaires ; mais comme elles le sont de la forme $K\sqrt{-1}$, il s'ensuit que les racines seront réelles et qu'elles auront les valeurs suivantes

$$z_1 \mp (z_2 - z_3), \quad z_2 \mp (z_3 - z_1), \quad z_3 \pm (z_2 - z_1),$$

sous la condition, quant au double signe, qu'on fera marcher ensemble, d'une part, ceux de la ligne supérieure, d'autre part, ceux de la ligne inférieure.

De toute cette discussion il résulte qu'une équation du troisième degré à coefficients réels ne peut donner lieu qu'à deux catégories de racines, savoir : ou trois racines réelles, ou une racine réelle et deux autres imaginaires de la forme $a \pm b\sqrt{-1}$.

XXX.

XXX

En mettant ici un terme à ce que nous nous sommes proposé d'exposer au sujet de l'équation du troisième degré, qu'il nous soit permis de nous justifier d'un double reproche qui pourrait nous être adressé.

Quelques-uns, en petit nombre, nous le croyons, trouveront peut-être que la matière n'est pas épuisée et que de nouvelles observations devraient être ajoutées à celles qui ont été produites. Cela peut être vrai pour les détails; il nous serait évidemment impossible de les aborder tous. Mais nous croyons n'avoir rien négligé de ce qui concerne les principes. Le lecteur, ce nous semble, doit être maintenant en mesure de s'éclairer sur telle circonstance secondaire qu'il sera désireux d'élucider. Nous en exceptons toutefois ce qui concerne les équations à coefficients imaginaires dont la théorie est à faire et dont l'oubli doit probablement être attribué à l'ignorance dans laquelle on a été jusqu'à ce jour des propriétés et de la signification de la forme imaginaire. Désormais cette branche de l'algèbre pourra être étudiée avec succès. Nous avons déjà procédé à cet égard à d'assez nombreuses recherches, et les résultats auxquels nous sommes parvenu nous ont mis sur la voie d'une catégorie de corrélations analytiques qui présentent un vif intérêt. C'est ce que l'on pourra apprécier dans les publications qui feront suite à celle-ci.

D'autres personnes, au contraire, et en plus grand nombre sans doute, nous reprocheront d'avoir insisté outre mesure sur ce qui concerne le troisième degré. Un mot d'explication à ce sujet ne sera pas inutile. Il est certain que si l'on ne veut aborder la théorie des équations qui dépendent de ce degré qu'en se confinant dans la seule considération du réel, si l'on se contente d'enregistrer comme un simple fait analytique la manifestation de racines imaginaires, sans se préoccuper de leur signification. Si enfin l'on ne fait suivre la production du cas si singulier de l'irréductibilité que d'une simple déclaration d'impuissance, soit au point de vue de la pratique, soit au point de vue d'une interprétation rationnelle, il est certain. Disons-nous que; pour une si modeste entreprise, quelques pages auraient été suffisantes ; il n'est pas moins certain, ajouterons-nous, que cette théorie, ainsi comprise et restreinte, est si pauvre en résultats utiles, et si féconde en conséquences incomprises, que l'on s'explique sans peine cet état d'hésitation, de répulsion peut-être qui l'a fait négliger de plus en plus et finalement exclure des programmes de la science.

Mais il n'en est plus de même, à beaucoup près, lorsqu'au lieu de passer à pieds joints sur l'imaginaire, qu'on nous pardonne l'expression, on veut au contraire s'éclairer sur tout ce qui se rattache à cette forme et approfondir les circonstances de sa manifestation, soit dans les causes, soit dans les conséquences. Dans ce cas, l'étude du troisième degré abonde en enseignements utiles. Cette étude, poursuivie dans toutes ses ramifications, explique l'intervention de l'imaginaire et développe les idées trop restreintes que l'on pourrait se faire de son rôle d'après la seule connaissance des propriétés qui le concernent dans le second degré. Elle fait comprendre ce fait principal que si une équation du troisième degré possède trois racines, cela tient uniquement à ce qu'il y a trois racines cubiques de l'unité. Elle montre en effet comment trois nombres quelconques peuvent toujours être considérés comme formant un ensemble corrélatif dont la constitution formulaire, fondée sur certaines combinaisons de ces racines de l'unité cesse d'être possible lorsqu'on vient à supposer qu'au lieu d'être distinctes, elles prennent la valeur commune de celle qui est réelle. Elle prépare ainsi notre intelligence à concevoir une constitution analogue pour un ensemble relatif quelconque de n nombres; à pressentir les rapports qui existeront entre cette constitution et celle de l'équation générale du $n^{ème}$ degré; à comprendre enfin que ce n'est pas une seulement, que c'est n solutions que toute équation de ce degré doit posséder et cela en vertu du principe qui attribue à l'unité pour chaque degré autant de racines qu'il y a d'unités dans le nombre qui exprime ce degré.

L'esprit se fait alors à cette pensée que, sous le voile du réel, une équation du $n^{ème}$ degré n'est autre chose qu'une condensation d'éléments imaginaires construits sous l'influence de certaines combinaisons définies qui interviennent entre des nombres réels et les diverses valeurs de $\sqrt[n]{1}$, de même qu'en chimie tous les composés sont formés par certaines associations de corps élémentaires simples. Dès lors nous ne devons plus nous étonner que l'effet définitif des opérations dissolvantes, lorsque nous les ferons réagir sur cette condensation vienne mettre à jour la forme imaginaire que nous n'avions pas soupçonnée, dissimulée qu'elle était sous les apparences du réel, mais qui n'en est pas moins une des composantes essentielles de la synthèse du n^e ordre que représente l'équation.

Ainsi l'imaginaire qui n'a rien créé, qui n'a pu rien être tant qu'il n'a pas été compris, doit certainement devenir la considération dominante de l'algèbre, car ce qu'on peut obtenir avec le réel est bien peu de chose comparé à ce que l'imaginaire est susceptible d'engendrer. Par la propriété que possède $\sqrt{-1}$ de changer les signes des carrés, propriété que l'algèbre refuse au réel, on peut pressentir quel rôle important la forme imaginaire doit jouer dans la mesure des phénomènes naturels et dans les rapports qui s'y rattachent, puisqu'il est bien peu de ces phénomènes où la loi de la somme des carrés, c'est-à-dire celle des forces vives n'exerce pas une influence prédominante.

Quant à la science de l'étendue cette intervention est nécessaire à ce point que $\sqrt{-1}$ est le représentant de la perpendicularité, et que, sans la perpendicularité, nous n'aurions aucune idée des nombreuses propriétés auxquelles les rapports de position entre les longueurs donnent naissance.

La théorie complète de l'équation du troisième degré entreprise au double point de vue de la considération des formes réelle et imaginaire, est donc d'autant plus nécessaire qu'elle constitue le véritable point de départ de l'intervention <u>opérative</u> de l'imaginaire dans les équations et que c'est surtout à leur début et dans leurs premiers principes que les théories doivent être soigneusement approfondies. A cet égard les études qui concernent le second degré sont tout-à-fait insuffisantes. L'imaginaire, en effet, ne s'y montre que comme l'indice de l'impossibilité de résoudre une question avec du réel, il n'intervient jamais, comme pour les degrés supérieurs, dans le mécanisme constitutif des nombres réels puisque dans ce degré les racines de l'unité qui figurent essentiellement dans ce mécanisme n'ont rien d'imaginaire.

Maintenant que ces principes ont été théoriquement établis, et que leur introduction dans le domaine abstrait de la science se trouve justifiée, étudions-en les applications dans le concret, recherchons leurs équivalences géométriques, et soumettons ces expressions symboliques de l'algèbre pure au contrôle des vérifications qu'on en peut faire à l'aide de la longueur combinée avec l'angle. C'est ce que nous allons exposer dans le chapitre suivant.

Chapitre cinquième.

Construction géométrique des racines des équations du troisième degré et figuration polygonale de leur premier membre.

Sommaire — I. Intérêt spécial des études géométriques appliquées à l'équation du 3e degré. — II. Des diverses significations qu'on peut attribuer en géométrie au premier membre d'une équation du 3e degré. — III. Construction de la racine réelle dans le cas où il y a une racine réelle et deux racines imaginaires. — IV. Construction pour le même cas, des deux racines imaginaires. — V Les propriétés principales des racines, concernant leur somme, la somme de leurs produits deux à deux, et le produit des trois, sont une conséquence de ces constructions. — VI. Représentation géométrique de la figure qui exprime le premier membre de l'équation lorsque les racines sont imaginaires. — VII Construction géométrique des racines réelles irréductibles.

I

L'étude de l'équation du troisième degré présente encore plus d'intérêt que celle du second degré; car ici l'imaginaire se trouve partout, soit lorsque quelques-unes des racines doivent naturellement emprunter cette forme, soit lorsqu'elles sont toutes trois réelles. Dans ce dernier cas, qui a été appelé irréductible, on sait que des empêchements imaginaires insurmontables, quoique accessoires, n'ont pas encore permis à l'algèbre de nous donner la valeur de ces racines autrement qu'avec des formules contenant l'indication de calculs irréalisables.

Sous le voile de ces obscurités, on entrevoit bien que les deux empêchements apparents qui figurent dans ces formules doivent finalement se détruire l'un par l'autre, mais la science a été jusqu'à ce jour impuissante à les dégager des liens qui s'opposent à leur fonctionnement et par suite à leur disparition. La persistance de leur maintien nous condamne donc en fait à ne pouvoir utiliser d'autres formules de racines réelles que celles du second degré, du moins à un point de vue général, de sorte que, malgré des efforts inouïs, nos conquêtes dans cette branche de la science du calcul ont été à peu près nulles.

Or, l'imaginaire de l'algèbre n'étant autre chose que le Directif de la géométrie, n'est-on pas fondé à espérer que la parfaite intelligence que nous avons de celui-ci pourra nous éclairer sur les obscurités de celui-là, et que, de l'examen comparatif de l'un et de l'autre, nous retirerons quelque utile enseignement.

Nous allons voir en effet que tout ce qu'il y a d'imaginaire en abstrait dans le 3e degré s'explique et se réalise par les considérations concrètes. En outre, la nature des moyens employés pour effectuer cette réalisation sera très propre à nous éclairer sur celle des obstacles que nous rencontrons en abstrait, et sur les motifs pour lesquels ces obstacles ne peuvent être surmontés.

II.

Dans le but de simplifier autant que possible nos premières recherches, nous profiterons de la propriété en vertu de laquelle l'équation du 3e degré peut être privée du terme qui contient le carré de l'inconnue et nous la prendrons par conséquent sous la forme $x^3 + px + q = 0$.

La pensée qui se présente naturellement, lorsqu'on cherche à se rendre compte de ce que peut signifier cette équation au point de vue géométrique, c'est que le terme x^3 représente un cube dont le côté serait x, que px représente à son tour un volume dont l'une des dimensions serait x et dont le produit des deux autres serait p, qu'enfin q représente aussi un volume.

On pourrait encore admettre que cette équation exprime une relation entre des longueurs. Dans ce cas, q serait l'expression d'une longueur connue, px serait p fois la longueur qu'on cherche et x^3 serait celle qu'on obtient en élevant au cube l'expression arithmétique de x.

Si la quantité q, au lieu d'être un volume ou une longueur, était une surface, qx serait une autre surface dont l'une des dimensions inconnue serait x et dont l'autre connue serait p ; enfin x^3 devrait être considéré comme représentant une surface x^2 répétée x fois. Il se pourrait aussi que p fut également une surface; alors x et x^3 seraient des nombres et ce dernier devrait être considéré comme multipliant l'unité superficielle.

Nous n'insistons pas sur les autres hypothèses qu'on pourrait faire à cet égard.

Il est évident que dans ces divers cas, lorsque les trois termes du premier membre de l'équation seront réunis par le signe de l'addition, il sera impossible que cette réunion donne un résultat nul, à moins que x ne devienne négatif, ce qui, au fond, revient à détruire le premier énoncé et à lui en substituer un autre dans lequel l'addition des deux termes renfermant l'inconnue avec q se change en une soustraction.

Mais si q était négatif dans la proposée, celle-ci ne pourrait admettre comme solution des racines négatives. Nous n'insisterons ni sur ces détails, ni sur les autres qui leur sont analogues, nous étant déjà expliqué sur ce sujet dans le chapitre premier.

Dans les sortes de questions que nous venons de passer en revue, la géométrie n'intervient que par la définition des espèces considérées. L'équation proposée ne se rattache alors à aucune figure proprement dite; son premier membre n'exprime autre chose entre les termes qui le composent que l'exposé opératif de quelques règles arithmétiques.

Il n'en est plus de même lorsque l'inconnue est considérée comme devant représenter une longueur dirigée. Dans ce cas, les racines prennent nécessairement la forme imaginaire. D'ailleurs la direction qui figurera dans x ne sera pas la même que celle qui figurera dans x^3; celles-ci à leur tour seront différentes de celle de q. On conçoit, d'après cela, que le premier membre de la proposée représentera une figure géométrique triangulaire; nous aurons en conséquence à étudier les conditions de son existence et sa construction.

Dans le second degré, les racines sont ou toutes deux réelles ou toutes deux imaginaires. Il n'en est pas de même pour le troisième degré, les racines peuvent bien être toutes trois réelles, mais elles ne sauraient être simultanément imaginaires. Pour ce degré, il existe toujours une racine réelle, après quoi l'on sait que les deux autres seront ou toutes deux réelles ou toutes deux imaginaires. Il n'y aura donc à proprement parler que deux cas à examiner. Quoique, en apparence, la circonstance de trois racines réelles soit plus simple et plus naturelle que celle dans laquelle une seule racine étant réelle les deux autres sont imaginaires, cependant l'obstacle de l'irréductibilité que nous avons signalé plus haut rend ce cas moins accessible aux considérations abstraites; nous ne le traiterons en conséquence qu'en seconde ligne et nous lui réserverons quelques remarques explicatives.

III.

Si l'on prend l'équation du 3e degré sous la forme

$$x^3 + px + q = 0,$$

et si l'on pose

$$a = \sqrt[3]{-\frac{q}{2} + \sqrt{\frac{q^2}{4} + \frac{p^3}{27}}} \qquad b = \sqrt[3]{-\frac{q}{2} - \sqrt{\frac{q^2}{4} + \frac{p^3}{27}}}$$

les trois racines de l'équation seront :

$$a + b, \quad a\alpha + b\alpha^2, \quad a\alpha^2 + b\alpha^2$$

expressions dans lesquelles α représente la première racine cubique de l'unité.

Dans ce qui va suivre, il sera toujours entendu que a représente l'élément dans lequel le radical carré est pris positivement, b celui dans lequel le radical figure avec le signe soustractif.

Nous allons d'abord nous occuper de la construction de la racine réelle et par conséquent de celle de chacun de ses éléments a en b.

A cet effet, soit GOD la ligne de base (fig. 5), O l'origine, OUU' la circonférence de rayon unité, décrite du point O pris pour centre.

Élevons par le point U une perpendiculaire à GOD et prolongeons-la jusqu'à un point b pour lequel on aura $Ob = \frac{p}{3}$; en s'appuyant sur ce qui a été exposé à l'article 11 du chap. 3e, il est facile de reconnaître par le mode de construction qui relie b à c, à l'aide d'arcs concentriques et de perpendiculaires à GOD que $Oc = \frac{p^3}{27}$.

Cela posé, décrivons sur Oc comme diamètre une demi-circonférence qui est rencontrée en d par la tangente menée à la circonférence unité par le point a intersection de celle-ci avec la ligne Oc, on aura $Od^2 = Oa \times Oc$, d'où l'on déduit $Od = \sqrt{\frac{p^3}{27}}$; transportons enfin Od en Od' sur la perpendiculaire à GOD menée par l'origine.

Soit maintenant pris $OQ = -\frac{q}{2}$ et joignons Q avec d', le triangle rectangle OQd' nous donnera $Qd' = \sqrt{\frac{q^2}{4} + \frac{p^3}{27}}$; rabattant alors, du centre Q le point d' sur la ligne de base en τ et en σ on aura

$$O\tau = -\frac{q}{2} + \sqrt{\frac{q^2}{4} + \frac{p^3}{27}}, \quad O\sigma = -\frac{q}{2} - \sqrt{\frac{q^2}{4} + \frac{p^3}{27}}$$

de sorte que la racine réelle étant désignée par x, il viendra $x_1 = \sqrt[3]{O\tau} + \sqrt[3]{O\sigma}$.

Il est d'ailleurs facile de reconnaître, tant au point de vue de l'algèbre qu'à celui de la construction géométrique, d'une part, que $O\tau$ est toujours positif et $O\sigma$ toujours négatif; d'autre part, qu'en grandeur absolue $O\tau$ est moindre que $O\sigma$, et, comme il en sera de même de leurs racines cubiques, il en résulte que, pour le cas où les trois termes de la proposée sont positifs la racine réelle x_1 est nécessairement négative, et c'est l'élément b négatif qui est le plus grand des deux.

Si dans la proposée le coefficient p avait le signe moins au lieu d'avoir le signe plus, la somme $\frac{q^2}{4}+\frac{p^3}{27}$ se changerait en la différence $\frac{q^2}{4}-\frac{p^3}{27}$ et la construction précédente devrait être modifiée.

Dans ce cas, ayant tracé sur OQ comme diamètre, une demi-circonférence, on transporterait le point d, non plus en d' sur la perpendiculaire menée par O, mais en d'' sur cette circonférence. Joignant ensuite d'' avec O et avec Q, on formerait un triangle rectangle Od''Q dans lequel on aurait $Qd''=\sqrt{\frac{q^2}{4}-\frac{p^3}{27}}$; rabattant ensuite du centre Q le point d'' en T et en S sur la ligne de base, il viendrait :

$$OT=-\frac{q}{2}+\sqrt{\frac{q^2}{4}-\frac{p^3}{27}}\;,\quad OS=-\frac{q}{2}-\sqrt{\frac{q^2}{4}-\frac{p^3}{27}}$$

de sorte que la valeur de la racine serait

$$x_1=\sqrt[3]{OT}+\sqrt{OS}\;.$$

Comme les deux longueurs OT et OS sont négatives, il en sera de même de leurs racines cubiques et par suite de la valeur de x_1.

Si q, au lieu d'être positif comme nous l'avons supposé, était négatif, on porterait $\frac{q}{2}$ en OQ' à droite de O, au lieu de le porter en OQ et on répèterait ensuite des constructions semblables aux précédentes. Dans ce cas, l'élément a sera toujours positif et le plus grand des deux ; il donnera donc son signe à la racine ; quant à l'élément b il aura le même signe que p.

IV.

Passons maintenant à ce qui concerne les deux

racines imaginaires.

Soit O l'origine (fig. 6) et GOD la ligne de base ; menons par O deux droites OM et OM', l'une au-dessus, l'autre au-dessous de la ligne de base, faisant chacune avec elle un angle de 120° ; la première sera la direction représentée par la racine cubique α de l'unité, la seconde celle représentée par la racine α^2. Prolongeons ensuite chacune de ces lignes de l'autre côté de l'origine suivant $-MO$, soit OM'' pour la première, suivant $-M'O$, soit OM''' pour la seconde, de telle sorte que $-MO$ représentera $-\alpha$ et $-M'O$ représentera $-\alpha^2$.

Cela fait décrivons deux cercles ayant pour centre commun l'origine et pour rayons respectifs les longueurs des deux éléments a et b ; ces cercles rencontreront les lignes OM, OM' et leurs prolongements en des points tels qu'on aura

$$Oa = a\times\alpha\ ,\quad Oa' = a\times\alpha^2\ ,\quad Oa'' = -a\times\alpha\ ,\quad Oa''' = -a\times\alpha^2$$

$$Ob = b\times\alpha\ ,\quad Ob' = b\times\alpha^2\ ,\quad Ob'' = -b\times\alpha\ ,\quad Ob''' = -b\times\alpha^2$$

Nous aurons ainsi préparé toutes les variétés possibles des éléments propres à la solution des divers cas qui pourront se présenter.

Il doit être bien entendu, dans tout ce qui va suivre, que lorsque, pour les besoins de la construction, nous substituons la forme $a-b$ ou toute autre analogue, à celle $a+b$, c'est que nous enlevons le signe négatif sous le radical cubique pour ne nous occuper que de la grandeur de l'élément, et que nous reportons l'effet de ce signe à l'extérieur. De telle sorte qu'alors b n'est plus $\sqrt[3]{-\frac{q}{2}-\sqrt{\frac{q^2}{4}+\frac{p^3}{27}}}$ mais $\sqrt[3]{\frac{q}{2}+\sqrt{\frac{q^2}{4}+\frac{p^3}{27}}}$.

Cette observation ne devra jamais être perdue de vue.

Supposons maintenant que la proposée est de la forme $x^3+px+q=0$. Nous avons constaté qu'alors un des éléments est négatif et que c'est le plus grand des deux ;

dès lors, une des racines sera $a\alpha - b\alpha^2$ ou Oa dirigé + Ob'' dirigé, ce qui conduit au point n_1, de sorte que On_1 sera la racine cherchée ; l'autre étant exprimée par $a\alpha^2 - b\alpha$ sera représentée par Oa' dirigé + Ob'' dirigé, c'est-à-dire par On'_1. Si l'on fait la somme On_1r_3 de ces deux racines, on aura la troisième en sens inverse de ce qu'elle doit être ; celle-ci sera donc Or_1.

Nous devons placer ici une remarque importante qui, si l'on n'y avait pas égard, pourrait induire en erreur dans la pratique. Cette remarque consiste en ce qu'il ne suffit pas, pour construire les racines, de connaître les deux éléments et de savoir que l'un des deux est négatif, il faut encore avoir égard à la condition que, pour le type ci-dessus de la proposée, c'est le plus grand des deux qui doit être considéré comme négatif. Si, perdant de vue cette condition, on intervertissait les rôles, on serait conduit à prendre pour racine Ob dirigé − Oa''' dirigé, ce qui correspondrait aux racines On_3, On'_3 qui n'appartiennent pas au type admis pour la proposée.

Lorsque celle-ci est de la forme $x^3 - px + q = 0$, nous savons qu'alors les éléments sont tous deux négatifs, de sorte que les racines seront, l'une Oa'' dirigé + Ob''' dirigé, l'autre Oa''' dirigé + Ob'' dirigé, et elles seront représentées par On_2 et On'_2. La somme de ces deux racines conduit sur la ligne de base à un point r_4, et, comme cette somme est égale et de signe contraire à la 3e racine, il s'ensuit que cette troisième racine sera Or_2. Dans ce cas, les expressions des racines étant symétriques par rapport aux deux éléments, il n'y a pas lieu de s'enquérir quel est le plus grand des deux et l'on obtiendra les deux mêmes points n_2 et n'_2, soit qu'on procède comme nous l'avons fait, soit qu'on suive les chemins $Ob''n'_2$ et $Ob'''n_2$, les routes suivies seront différentes, mais les résultats seront les mêmes.

Si, en troisième lieu, la proposée a la forme $x^3 + px - q = 0$, l'élément a sera positif et plus grand que l'élément b qui sera négatif. Les racines s'obtiendront alors par la construction Obn_3 ou $Oa'''n_3$ pour l'une, et par la construction $Ob'n'_3$ ou $Oa''n'_3$ pour l'autre. Cela donne le système de racines On_3, On'_3, Or_3 qui ne sont autre chose que celles du premier cas prises négativement. Les deux proposées, en effet, ne diffèrent entre elles que par le changement du signe de x.

Enfin lorsque la forme de la proposée est $x^3 - px - q = 0$, on reconnaît qu'elle n'est autre chose que celle du second cas dans lequel x a changé de signe. Les racines seront donc celles du N.° 2 prises en signe contraire. Cette conséquence est d'ailleurs confirmée par le mode actuel de construction qui conduit pour les racines à On_4, On'_4, Or_4.

V.

Il n'est pas sans intérêt de voir comment, de la construction précédente, résultent les propriétés principales des racines, savoir, celles qui sont relatives à leur somme, à la somme de leurs produits deux à deux et au produit des trois.

Retraçons ici (fig. 7) la partie de la figure précédente relative à la construction des deux racines imaginaires On_1 et On'_1 ainsi que cela est représenté par les deux triangles Oan_1, $Oa'n'_1$ et ne perdons pas de vue que, sauf la considération des signes, les droites Oa, n_1a, Oa', n'_1a' sont dirigées suivant α et α^2.

La proposée étant de la forme $x^3 + px + q = 0$, nous avons vu que Oa est positif et an_1 négatif; de sorte que la racine réelle a pour valeur $Oa - n_1a$. Il résulte d'ailleurs de la construction ci-dessus que les deux autres racines sont On_1 dirigé et On'_1 dirigé; il faut donc qu'en ajoutant ces trois valeurs nous ayons zéro.

Or l'addition des deux racines imaginaires se fera

en menant par n_1 une parallèle à On'_1 et qui lui soit égale. Il est évident qu'à cause de la symétrie et de l'égalité de On_1 et de On'_1 l'extrémité de cette parallèle se trouvera en un point n''_1 de la ligne de base.

L'addition des deux racines imaginaires donne donc On''_1 et par conséquent pour que la somme totale soit nulle il faudra que On''_1 soit égal à la racine réelle prise en signe contraire, c'est-à-dire à $n_1a - Oa$.

Pour le prouver prolongeons an_1 jusqu'à sa rencontre en c avec la ligne de base ; le triangle cOa sera équilatéral et cO sera égal à Oa ; puis menons n_1d égal et symétrique à n_1c, le triangle cn_1d sera aussi équilatéral et l'on aura $cd = ca + n_1a$; retranchant aux deux membres $Oc + n''_1d$ ou deux fois Oa, il viendra $On''_1 = n_1a - Oa$, ce qui justifie la proposition.

Passons à la somme des produits deux à deux.

Le triangle On_1a donne :

$$\overline{On_1}^2 = \overline{Oa}^2 + \overline{n_1a}^2 - 2Oa \times n_1a \times \cos(Oan_1)$$

D'ailleurs $\cos(Oan_1)$ est égal par construction à $-\frac{1}{2}$, on aura donc :

$$\overline{On_1}^2 = \overline{Oa}^2 + \overline{n_1a}^2 + Oa \times n_1a = (Oa - n_1a)^2 + 3Oa \times n_1a$$

Mais, d'une part, $\overline{On_1}^2$ est le produit des deux racines imaginaires x_2 et x_3, d'autre part, $Oa - n_1a$ est à la fois x_1 et $x_2 + x_3$ pris en signe contraire, ainsi que nous venons de le constater ; on aura donc :

$$x_2 x_3 = -x_1(x_2 + x_3) + 3Oa \times n_1a.$$

et par suite

$$\Sigma(x_1x_2) = 3Oa \times n_1a$$

Multipliant maintenant entre elles les valeurs des éléments Oa et n_1a en fonction de p et de q on trouve que le produit est égal à $\frac{p}{3}$; on aura donc

$$\Sigma(x_1x_2) = p.$$

Enfin pour ce qui concerne le produit des trois

racines, nous venons de trouver que $\overline{On}^2$ ou, ce qui est la même chose, que $x_2 x_3$ satisfait à la condition

$$x_2 x_3 = (Oa - n_1 a)^2 + 3Oa \times n_1 a$$

Multipliant le 1er membre par x_1, le second par son égal $Oa - n_1 a$, il vient

$$x_1 x_2 x_3 = (Oa - n_1 a)^3 + 3Oa \times n_1 a (Oa - n_1 a)$$

Cette valeur de $x_1 x_2 x_3$ se réduit à $\overline{Oa}^3 - \overline{n_1 a}^3$.

D'ailleurs en se rappelant au sujet de $n_1 a$ l'observation déjà faite qu'en le prenant, comme nous l'avons fait, avec le signe extérieur négatif, les signes sous le radical cubique ont été changés, on voit que le produit des trois racines est en effet égal à $-q$.

VI.

Lorsqu'une racine de l'équation du 3e degré devient imaginaire, elle représente une longueur dirigée, et le premier membre de l'équation exprime alors une relation obligée entre trois longueurs de cette sorte. De là résulte la conception d'une figure triangulaire. Nous allons faire voir comment étant donnée la racine on peut construire le triangle.

Nous allons faire voir comment, étant donnée la racine, on peut construire le triangle.

Soit O l'origine (fig. 8), OD la ligne de base, et décrivons du point O comme centre la circonférence dont le rayon OU représente l'unité. Soit enfin Oa la racine connue tant en grandeur qu'en direction. Construisons d'abord x^3, pour cela commençons par mener par le point O une droite Of faisant avec la ligne de base un angle triple de celui que la racine fait avec elle. En portant sur cette droite, à partir du point O une longueur égale au cube de Oa, nous aurons construit x^3 dans son ensemble.

A cet effet, menons par le point A une tangente

à la circonférence unité et joignons l'origine au point de contact c par une droite prolongée au-delà de ce point. Exécutons maintenant la construction $a\,b\,l\,m\,d$ composée d'arcs concentriques et de perpendiculaires à Oc, nous formerons ainsi $Od = \overline{Oa}^3$. Cela posé, si nous transportons le point d en f sur la ligne Of, la valeur de x^3, tant en grandeur qu'en direction, sera représentée par Of. Si Oa était plus petit que l'unité, égal par exemple à Oa', cette construction se modifierait comme on le voit au côté gauche de la figure. On décrirait, du centre O, une circonférence avec Oa' pour rayon, et on lui mènerait une tangente par le point de rencontre e de Oa' avec la circonférence unité. On joindrait le point de contact e' avec l'origine, et l'on ferait la construction d'arcs concentriques et perpendiculaires $a'b'l'm'd'$ qui donnerait $Od' = \overline{Oa'}^3$

Arrivé à ce point, tout ce qui concerne le triangle cherché se trouve déterminé. Car si l'on prend $OQ = q$ et si l'on joint le point f au point Q on aura évidemment :

$$Of + fQ + QO = 0 \quad \text{c'est-à-dire} \quad x^3 + fQ + q = 0 \,;$$

par conséquent fQ est nécessairement égal, tant en grandeur qu'en direction à px.

Nous allons faire voir directement la légitimité de cette dernière conclusion. Cette étude offre un double intérêt ; elle servira, d'une part, de vérification à tout ce qui précède, d'autre part, nous y trouverons un exemple des procédés qu'il faut employer pour séparer, dans l'expression d'une longueur dirigée, ce qui concerne la grandeur ou le continu de ce qui s'applique au directif.

Nous allons donc prouver que le triangle construit jouit de la double propriété : 1° que la longueur Qf est égale au multiple p de la longueur Oa ; 2° que l'angle en Q est précisément égal à celui que fait la racine avec la ligne de base ; auquel cas il sera bien établi que, tant en grandeur qu'en direction, Qf est égal à px.

A cet effet, commençons par rechercher

séparément le continu et le directif de x. Si, pour abréger, nous désignons par A et B les deux expressions :

$$\sqrt[3]{-\frac{q}{2}+\sqrt{\frac{q^2}{4}+\frac{p^3}{27}}}\,, \qquad \sqrt[3]{-\frac{q}{2}-\sqrt{\frac{q^2}{4}+\frac{p^3}{27}}}$$

la racine réelle x_1 sera $A+B$ et l'une des racines imaginaires, x_2, par exemple, aura pour valeur :

$$A\alpha + B\alpha^2 = -\frac{A+B}{2} + \frac{A-B}{2}\sqrt{3}\sqrt{-1}\,.$$

Or comme généralement dans $a+b\sqrt{-1}$, le continu est égal à $\sqrt{a^2+b^2}$, il sera représenté ici par l'expression $\sqrt{A^2-AB+B^2}$ à laquelle nous pourrons donner la forme $\sqrt{\frac{A^3+B^3}{A+B}}$; or le numérateur est égal à $-q$, le dénominateur à x_1 de sorte que la longueur de x_2 est $\sqrt{-\frac{q}{x_1}}$

Quant au cosinus de sa direction, on l'obtiendra en divisant $-\frac{A+B}{2}$ par la longueur que nous venons de déterminer, ce qui nous donnera définitivement $-\frac{x_1}{2}\sqrt{-\frac{x_1}{q}}$.

Il faudra donc, si nous avons bien opéré, que la longueur Qf soit égale à $p\sqrt{-\frac{q}{x_1}}$ et que le cosinus de l'angle qu'elle fait avec la ligne de base soit $-\frac{x_1}{2}\sqrt{-\frac{x_1}{q}}$.

Cela posé, dans le triangle construit on a :

$$\overline{Qf}^2 = \overline{OQ}^2 + \overline{Of}^2 - 2OQ \times Of \times \cos(QOf)\,.$$

Mais OQ est égal à q, et Of étant le cube de la longueur Oa, c'est-à-dire $-\frac{q}{x_1}\sqrt{-\frac{q}{x_1}}$, cette équation prend la forme :

$$\overline{Qf}^2 = q^2\left\{1 - \frac{q}{x_1^3} + \frac{2}{x_1}\sqrt{-\frac{q}{x_1}}\,.\cos(QOf)\right\}$$

et il restera à y remplacer $\cos(QOf)$ par sa valeur.

Or ce cosinus, sauf le signe qu'il faudra

changer est celui d'un angle triple de l'angle θ que fait x_2 avec la ligne de base et comme en général on a :

$$\cos 3\theta = 4\cos^3\theta - 3\cos\theta ,$$

on trouvera que le cosinus cherché est égal, toutes réductions faites à : $-\frac{x_1}{2}\sqrt{-\frac{x_1}{q}}\left(\frac{x_1^3}{q}+3\right)$

Substituant cette valeur dans l'équation précédente, celle-ci devient : $\overline{Qf}^2 = q^2\left(-2-\frac{q}{x_1^3}-\frac{x_1^3}{q}\right)$.

Chassant les dénominateurs elle prend la forme

$$\overline{Qf}^2 = -\frac{q}{x_1^3}\left\{x_1^3\left(x_1^3+2q\right)+q^2\right\}$$

Mais parce qu'en vertu de la proposée, $x_1^3 = -px_1 - q$ on trouve que le produit $x_1^3(x_1^3+2q)$ est égal à $p^2x_1^2 - q^2$; de sorte que la valeur de $\overline{Qf}^2$ se réduit à $-\frac{p^2q}{x_1}$; en conséquence, extrayant la racine carrée, on a bien, comme nous l'avons annoncé $Qf = p\sqrt{-\frac{q}{x_1}}$, c'est-à-dire p fois la longueur Oa.

Prouvons maintenant que l'angle en Q est égal à celui que fait la racine avec la ligne de base.

Si l'on désigne cet angle par ψ, et si l'on projette Of et Qf sur la ligne de base on aura la relation

$$Of\cos(3\theta-\pi) - Qf\cos\psi = q$$

Remplaçons maintenant 1° Of par sa valeur x_2^3 ou $-\frac{q}{x_1}\sqrt{-\frac{q}{x_1}}$ 2° $\cos(3\theta-\pi)$ par $-\frac{x_1}{2}\sqrt{-\frac{x_1}{q}}\cdot\left(\frac{x_1^3}{q}+3\right)$, 3° Qf par $p\sqrt{-\frac{q}{x_1}}$, il viendra après réductions :

$$\frac{q}{2}\left(\frac{x_1^3}{q}+3\right) - p\sqrt{-\frac{q}{x_1}}\cos\psi = q$$

La quantité q peut alors être supprimée dans les deux membres et il reste :

$$\frac{x_1^3+q}{2} - p\sqrt{-\frac{q}{x_1}}\cdot\cos\psi = 0$$

5

Observant enfin qu'en vertu de la proposée $x_1^3 + q$ peut être remplacé par $-px_1$ on trouvera définitivement

$$\cos\psi = -\frac{x_1}{2}\sqrt{-\frac{x_1}{q}} ,$$

valeur qui est précisément celle du cosinus de l'angle formé par la racine x_2 avec la ligne de base.

Nous ferons remarquer que la longueur Qf peut être obtenue directement par une construction fort simple.

En effet prenons $OP = p$, joignons c avec P, et puis menons par b une parallèle à CP prolongée jusqu'à sa rencontre avec la ligne de base au point D. nous aurons, d'après cette construction

$$1 : Ob :: p : OD$$

D'où il suit que OD a pour valeur $p.Ob$ ou $p.Oa$ et qu'il est par conséquent égal à Qf.

VII.

Occupons-nous maintenant de la construction géométrique des racines de l'équation du 3e degré pour le cas où elles sont réelles. Nous allons voir qu'un complet accord s'établit entre les procédés pratiques de cette construction et les principes théoriques sur lesquels nous avons appelé l'attention du lecteur dans le chapitre précédent.

Comme dans cette circonstance $\frac{q^2}{4} + \frac{p^3}{27}$ est plus petit que zéro, nous sommes obligé, ainsi que nous l'avons fait remarquer, de considérer p comme négatif ; dès lors l'expression $\sqrt{\frac{q^2}{4}+\frac{p^3}{27}}$ prend la forme $\sqrt{-1}\sqrt{\frac{p^3}{27}-\frac{q^2}{4}}$, et, en cet état, la quantité sous le radical devient positive. Il s'agira donc de procéder à la construction de .....

$$\sqrt[3]{-\frac{q}{2} \pm \sqrt{\frac{p^3}{27} - \frac{q^2}{4}} \cdot \sqrt{-1}}$$

A cet effet, soient toujours O l'origine, OD la ligne de base, OUU' la circonférence unité (fig. 9).

Prenons $OQ = -\frac{q}{2}$, par U' menons une tangente à la circonférence unité et prolongeons-la jusqu'en un point P tel que $OP = \frac{p}{3}$.

A l'aide d'arcs concentriques et de perpendiculaires à OD, on arrivera, sur la droite OP prolongée, à un point P' tel que OP' sera égal à $\frac{p^3}{27}$. Cela fait décrivons sur P'O comme diamètre une circonférence, et par le point a rencontre de PO avec la circonférence unité, menons à cette dernière droite une perpendiculaire qui coupe la circonférence P'O en P''. Il résulte de cette construction que OP'' sera égal $\sqrt{\frac{p^3}{27}}$.

L'expression $\sqrt{\frac{p^3}{27} - \frac{q^2}{4}}$ sera donc l'un des côtés de l'angle droit d'un triangle-rectangle dont l'hypothénuse sera $\sqrt{\frac{p^3}{27}}$ et dont l'autre côté aura pour valeur $\frac{q}{2}$. Or ce triangle s'obtient en élevant par le point Q une perpendiculaire à la ligne de base prolongée jusqu'à la rencontre P''' du cercle décrit du point O comme centre avec OP'' pour rayon ; on a alors

$$QP''' = \sqrt{\overline{OP'''}^2 - \overline{OQ}^2} = \sqrt{\frac{p^3}{27} - \frac{q^2}{4}}$$

D'un autre côté cette même construction donne :

$$-OQ + \sqrt{-1}\;QP''' = OP''' \text{ dirigé}$$

d'où l'on déduit :

$$OP''' \text{ dirigé} = -\frac{q}{2} + \sqrt{-1}\sqrt{\frac{p^3}{27} - \frac{q^2}{4}}$$

et il ne s'agira plus que d'obtenir la racine cubique de OP''' dirigé.

Or quant à la racine cubique de la direction, elle s'obtiendra par la division en 3 parties égales de l'arc P'''P''b que fait OP''' avec la ligne de base. Cela conduira à un point T et à une droite OT sur laquelle il faudra porter, à partir du point O, une longueur égale à la racine cubique de OP''', c'est-à-dire à la racine cubique de $\sqrt{\frac{p^3}{27}}$, qui n'est autre chose que $\sqrt{\frac{p}{3}}$. Pour l'obtenir géométriquement, on décrira une demi-circonférence sur OP et l'on mènera la droite OA qui joint l'origine avec le point A où cette demi-circonférence est rencontrée par la tangente menée par et à la circonférence unité. Il ne s'agira plus alors que de transporter OA sur OT en ON et l'on aura définitivement

$$ON \text{ dirigé} = \sqrt[3]{-\frac{q}{2} + \sqrt{-1}\sqrt{\frac{p^3}{27} - \frac{q^2}{4}}}$$

On voit d'ailleurs que comme la direction OP''' est non seulement celle de l'arc P'''P''b mais aussi celle qui correspond à un arc augmenté de [illegible] circonférences [illegible] qu'on voudra, nous aurons, pour la direction OT, autant de droites qu'il sera possible d'en avoir de distinctes en divisant en trois parties égales les arcs $P'''P''b + 2K\pi$ et l'on sait que ces droites sont au nombre de trois. Voyons les places qu'elles occupent dans la construction.

Il est évident que la première étant obtenue (fig. 10) la seconde s'obtiendra en ajoutant à l'angle qu'elle fait avec la ligne de base un tiers de circonférence, et la troisième en ajoutant deux tiers, après quoi on retomberait sur les mêmes directions. On aura ainsi le groupe des trois directions OT_1, OT_2, OT_3 séparées entre elles par le tiers de quatre angles droits. De sorte que si l'on porte sur ces lignes à partir de l'origine la longueur constante $\sqrt{\frac{p}{3}}$, les longueurs dirigées Ot_1, Ot_2, Ot_3 seront les valeurs de l'un des deux éléments constitutifs des racines. Il résulte d'ailleurs de cette construction que Ot_2 ne sera autre chose que Ot_1 dirigé multiplié par α et que Ot_3 sera à son tour égal au produit de Ot_1 dirigé par α^2.

Quant au second élément, en se rapportant à la figure précédente, on voit qu'il sera la racine cubique de la longueur dirigée OP^{IV} qu'on obtient, lorsqu'au lieu de porter $\sqrt{\frac{p^3}{27} - \frac{q^2}{4}}$ au-dessus de la ligne de base, on le porte au-dessous, ainsi que cela est commandé pour ce second élément. Les directions nouvelles ne seront donc autre chose que les précédentes dont les angles seront uniformément augmentés du tiers de l'angle $P'''OP^{IV}$ et l'on se convaincra sans peine que chacune de ces trois nouvelles lignes occupe, par rapport à la ligne de base, une position symétrique à la position de l'une des précédentes, savoir : t'_3 avec t_1, t'_2 avec t_2, t'_1 avec t_3. On reconnaîtra en outre que Ot'_2 est égal à Ot'_1 dirigé multiplié par α et que Ot'_3 est égal au produit de Ot'_1 dirigé par α^2.

Cela posé, le choix des valeurs qui, par leur combinaison additive, doivent donner les racines est facile à faire. Il faudra pour cela en prendre deux qui, ajoutées directement, fassent aboutir à un point de la ligne de base. Or cela s'obtiendra de trois manières, savoir : 1°, en combinant Ot_1 avec Ot'_3, 2° puis Ot_2 avec Ot'_2, 3° enfin Ot_3 avec Ot'_1. Menant donc par le point t_1 une longueur égale et parallèle à Ot'_3, on obtiendra la longueur OR_1 pour la première racine ; puis agissant aux points t_2 et t_3 d'une manière analogue, et conformément à ce qui vient d'être dit, on obtiendra les longueurs OR_2, OR_3 pour les deux autres racines.

Il est d'ailleurs facile de voir que si $Ot_1 + Ot'_3$ donne la racine OR_1 la seconde racine qui est $Ot_2 + Ot'_2$, d'après la figure, devra pouvoir être exprimé par $Ot_1\alpha + Ot'_3\alpha^2$ conformément aux prescriptions algébriques. En effet nous avons constaté, d'une part, que $Ot_2 = Ot_1\alpha$, d'autre part, que $Ot'_2 = Ot'_1\alpha$, et comme Ot'_3 a pour valeur $Ot'_1\alpha^2$, il s'en suit bien que Ot'_2 est en effet égal à $Ot'_3\alpha^2$. La coïncidence de la construction géométrique avec la théorie s'établirait d'une manière analogue pour la 3e racine.

L'on voit enfin que toutes les longueurs Ot_1, Ot_2, Ot_3, Ot'_1, Ot'_2, Ot'_3 sont égales entre elles et à $\sqrt{\frac{p}{3}}$, qu'en conséquence si l'on désigne par θ l'angle de Ot_1, avec la ligne de base, on aura géométriquement

$OR_1 = 2\sqrt{\frac{p}{3}}.\cos\theta$, puis $OR_2 = 2\sqrt{\frac{p}{3}}.\cos\left(\theta + \frac{2\pi}{3}\right)$
et enfin $OR_3 = 2\sqrt{\frac{p}{3}}.\cos\left(\theta + \frac{4\pi}{3}\right)$

Ainsi à tous les points de vue, il y aura complète équivalence entre les procédés géométriques et les indications de la théorie.

Chapitre sixième.

Équations du quatrième degré

Sommaire. – I. Examen de quelques cas particuliers confirmatifs de l'idée qu'il faut attribuer aux racines une fonction à la fois numérique et opérative, et qui montrent que l'existence de quatre racines est liée au fait algébrique que l'unité a quatre racines du quatrième degré. – II. Comment on ramène l'équation générale au cas particulier où elle est privée du terme en x^3. – III. Utilisation de la propriété dont jouit la quatrième puissance du trinome $a+b+c$ pour résoudre l'équation du quatrième degré, privée de son second terme. Double système de valeurs obtenu pour les racines. – IV. Simplification de la réduite du 3e degré ; identité des résultats qu'elle fournit avec ceux auxquels conduit la considération des fonctions résolvantes de trois nombres. — V. Du double système de valeurs résultant pour les quatre racines de la proposée du procédé de solution ci-dessus exposé. Premiers doutes sur la légitimité des règles indiquées pour le choix à faire, dans chaque cas, de l'un ou de l'autre de ces systèmes. — VI. Erreur qui s'est introduite à ce sujet dans les ouvrages d'enseignement. Redressement de cette erreur par la considération des racines de la réduite. — VII. Indication des vices de raisonnement en vertu desquels l'erreur signalée s'est introduite dans la science. — VIII. Conséquences algébriques des rectifications ci-dessus exposées; doutes et réflexions sur la prétendue généralité des formules analytiques. — IX. Tandis que pour le troisième degré les éléments des racines se déterminent par leurs cubes, il suffit, pour le quatrième degré, de la considération des carrés de ces éléments. Toutefois, quoique, pour ce dernier degré, le recours aux quatrièmes puissances ne soit pas nécessaire, on peut chercher à arriver par cette voie. Détermination de la nouvelle réduite à laquelle on parvient. — X. Discussion de cette réduite, suivant que les racines sont réelles ou imaginaires. L'excès des solutions obtenues par ce moyen s'explique par cette circonstance qu'une partie de ces solutions appartient à des proposées à coefficients imaginaires. — XI. Résumé abrégé des faits analytiques constatés dans l'article précédent. — XII. Conséquences relatives à la constitution des racines. Cette constitution ne dépend pas seulement des signes des coefficients, même lorsque les racines restent réelles; de sorte que les formules résolutives changent, alors que cependant la forme de la proposée ne varie pas quant aux signes. — XIII. Concordance entre les résultats obtenus, d'un côté, par la considération des carrés des éléments, de l'autre par celle de leurs quatrièmes puissances lorsque la proposée n'a que des coefficients réels; de sorte que cette condition de la réalité des coefficients a pour équivalence algébrique de diminuer de moitié le degré de l'équation résolvante. — XIV. Théoriquement la réduite est susceptible de deux interprétations; elle peut être considérée comme représentant ou bien les carrés des trois éléments ou bien les sixièmes puissances d'un seul. Accord entre ces deux points de vue. — XV. Examen du cas où la proposée a deux racines réelles et deux racines imaginaires; ces racines peuvent alors être exprimées par trois éléments ; mais les fonctions qui font connaître ces éléments sont différentes. — XVI. On peut aussi exprimer ces racines par un élément réel et deux éléments imaginaires ; accord des résultats obtenus par ces deux procédés. — XVII. Utilisation, pour résoudre l'équation du quatrième degré, de l'identité qui lie la valeur du cosinus de l'arc quadruple à celle du cosinus de l'arc simple. — XVIII. Application des mêmes idées à l'identité analogue pour la tangente. — XIX. Des fonctions résolvantes et résolues de quatre nombres ; loi puissancielle de leur formation. — XX. Multiplicité des valeurs des fonctions résolvantes, étude de leurs propriétés principales. — XXI. Quel que soit le choix qu'on fera de l'une des 24 valeurs de la première résolvante, l'application de la loi puissancielle conduira toujours au groupe quaternaire des quatre mêmes nombres. — XXII. Équivalence entre l'équation du quatrième degré et la formule linéaire qui donne les quatre valeurs de x par les résolvantes. — XXIII. Résolution de l'équation du quatrième degré par les résolvantes ; identité des résultats mis à jour par cette méthode avec ceux obtenus par les méthodes précédentes. — XXIV. Construction géométrique des résolvantes et des résolues. — XXV. Fonctions résolvantes de quatre nombres imaginaires. — XXVI. Recherche des conditions auxquelles doivent satisfaire quatre nombre réels ou imaginaires pour constituer les racines d'une équation du quatrième degré à coefficients réels.

I.

L'équation la plus générale du quatrième degré peut être mise sous la forme

$$x^4 + px^3 + qx^2 + rx + s = 0$$

c'est-à-dire sous celle d'un polynome à cinq termes commençant par x^4, procédant suivant les puissances descendantes de l'inconnue et soumis à la condition d'être annulé.

Toute expression algébrique qui, substitude à x, possédera la propriété de rendre nul le premier membre est appelée racine de l'équation. Cette expression pourra être accidentellement un nombre. Mais le plus souvent elle sera composée de nombres et d'opérations, ainsi que nous l'avons suffisamment expliqué dans les études qui concernent le 3e degré. Nous ne reviendrons pas ici sur ce que nous avons dit de général à cette occasion, mais nous profiterons des particularités que nous offre le quatrième degré pour confirmer par de nouveaux exemples la légitimité des vues sur lesquelles doit s'appuyer la conception qu'il faut se faire des racines.

Remarquons à ce sujet que si l'équation proposée se réduit à $x^4 + s = 0$ on sera certain d'avance; lorsque s sera positif, que jamais aucun nombre réel, soit positif, soit négatif ne pourra rendre le premier membre égal à zéro, puisque x^4 à son tour est positif, et que la somme de deux quantités positives ne peut jamais s'annuler. Ce n'est qu'en changeant l'addition en soustraction que l'annulation commandée par l'énoncé pourra s'obtenir; on voit dès lors que non-seulement x devra contenir la quantité numérique nécessaire pour anéantir s, après qu'il aura été procédé à la formation de sa quatrième puissance, mais en outre les indices d'opération à l'aide desquels cette quatrième puissance deviendra négative. Or parceque x^4 doit être l'équivalent négatif de s, il en résulte que si, au point de vue numérique, il faut que x soit égal à $\sqrt[4]{s}$, il sera nécessaire, pour satisfaire à cette condition de négativité, d'accoler à cette valeur une expression qui, élevée à la quatrième puissance, donne -1 c'est-à-dire le facteur $\sqrt[4]{-1}$. Tel est, dans le cas actuel, l'indice d'opération qui devra accompagner le nombre $\sqrt[4]{s}$ pour obtenir une expression algébrique jouissant de la propriété que l'addition qui figure dans la proposée se change en une soustraction dont le résultat sera zéro.

D'ailleurs parceque l'unité négative possède quatre

racines du quatrième degré, elles pourront être toutes admises indistinctement comme facteurs de $\sqrt[4]{s}$. La proposée aura donc quatre racines. On voit ainsi, dès le début, comment cette propriété est une conséquence nécessaire de celle en vertu de laquelle $\sqrt[4]{-1}$ a quatre valeurs ; on voit en même temps que ces quatre racines, ainsi que nous l'avons reconnu dès l'abord, seront toutes imaginaires.

Des observations analogues peuvent être présentées pour le cas où q et s étant positifs la proposée revêtirait la forme

$$x^4 + qx^2 + s = 0.$$

Dans ce cas, en effet, si x était simplement un nombre réel, x^2 aussi bien que x^4 seraient à leur tour positifs et jamais on ne pourrait obtenir zéro pour résultat de l'addition des trois éléments qui forment le premier membre de la proposée. Il faut donc tout au moins que l'un des termes x^4 ou qx^2, sinon tous les deux, soit négatif. Et en effet, considérant x^2 comme l'inconnue, l'équation devient du second degré, et si on la résout on trouve :

$$x^2 = -\frac{q}{2} \pm \sqrt{\frac{q^2}{4} - s}.$$

Or il est évident que l'expression que couvre le radical étant plus petite que $\frac{q^2}{4}$ ce radical sera moindre que $\frac{q}{2}$, d'où il suit que, s'il est réel, les deux valeurs de x^2 seront essentiellement négatives. Quant à x^4 la réalité de x^2 entraîne la positivité de cette quatrième puissance. Mais, en ce qui concerne x, de la double négativité de x^2 résulte la conséquence que les quatre racines sont imaginaires. Elles seront d'ailleurs de la forme $\pm(a \pm b)\sqrt{-1}$ qui est bien en effet le type au moyen duquel les carrés sont nécessairement négatifs et les quatrièmes puissances positives, ainsi que nous venons de reconnaître que cela doit avoir lieu.

Que si la valeur de $\frac{q^2}{4} - s$ s'abaisse au point de devenir négative, x^2 prend la forme $a \pm b\sqrt{-1}$ et dès lors x, x^2, x^4, sont tous imaginaires. Dans ce cas, c'est à l'aide de cette forme de racines c'est-à-dire par une nouvelle combinaison de $\sqrt{-1}$ avec certaines fonctions réelles de q et de s que les opérations initiales qui figurent dans le premier membre de la proposée, et qui ne peuvent en réel se résoudre à zéro, seront modifiées de manière à donner satisfaction à cette exigence de l'énoncé.

Au reste, que les racines revêtent la forme $\pm(a \pm b)\sqrt{-1}$, ou celle $\pm(a \pm b\sqrt{-1})$ on n'en voit pas moins que si les racines du quatrième degré de l'unité n'existaient pas, c'est-à-dire si les quatre formes $+1$, -1, $+\sqrt{-1}$, $-\sqrt{-1}$ se réduisaient au type unique $+1$ il n'y aurait plus, dans ce cas, comme dans le précédent, qu'une seule solution possible.

Sans être aussi apparents des faits analogues se produisent pour le cas le plus général de l'équation du quatrième degré; c'est ce dont il sera facile de se convaincre, lorsqu'après avoir résolu l'équation nous procéderons à la discussion des formules représentatives de la valeur des racines.

Concluons donc, à la suite de ces observations, qu'on doit se garder de dire qu'une racine est un <u>nombre</u> qui, mis à la place de x dans le premier membre d'une équation le rend nul. Une telle définition serait trop restreinte. Suffisante pour quelques cas, elle ne le serait pas pour tous. L'idée générale qu'il faut se faire de la racine est complexe; elle comporte à la fois la conception du nombre et celle d'opérations; car ce n'est souvent que par le changement indispensable de celles de ces opérations qui figurent dans l'énoncé que le premier membre de l'équation peut être annulé. Or un simple nombre ne jouissant pas des facultés propres à effectuer ce changement, il est nécessaire que l'adjonction d'indices ou de moyens opératifs vienne s'associer à la conception numérique pour que la racine puisse remplir l'intégralité des fonctions qui lui sont confiées.

—

II. —

II.

En suivant, pour le quatrième degré, l'ordre de discussion que nous avons adopté pour le second et pour le troisième, nous serions conduit à nous expliquer sur le cas très-simple $x^4 \pm s = 0$. Mais ce qui a été exposé dans ce qui précède (Voir Art. IV du Chap. 4e) au sujet de l'équation générale $x^{2m} \pm K = 0$, nous dispense d'entrer dans le détail de particularités auquel l'intelligence du lecteur pourra facilement suppléer.

Nous aurions ensuite à prendre en considération que les deux premiers termes de l'équation $x^4 + px^3$ peuvent toujours être envisagés comme le commencement de la quatrième puissance de $x + \frac{p}{4}$. Or s'il arrivait accidentellement que les autres termes, sauf le dernier, fussent identiques à ceux de ce développement, leur ensemble pourrait être représenté par $(x + \frac{p}{4})^4 - (\frac{p}{4})^4$ et l'équation prendrait la forme

$$(x + \frac{p}{4})^4 - (\frac{p}{4})^4 + s = 0 .$$

Elle serait ainsi ramenée au type général $x^{2m} + K = 0$ dans lequel x serait remplacé par $x + \frac{p}{4}$ et K le serait par $s - (\frac{p}{4})^4$. Les inverses des opérations qui figurent dans le premier membre deviennent alors très-apparents et la forme des racines s'en déduit immédiatement. Après tout ce que nous avons dit sur les cas analogues du second et du troisième degré, nous croyons pouvoir nous dispenser aussi d'entrer dans de plus amples explications à ce sujet.

Mais il arrivera généralement que les troisième et quatrième termes du développement de $x + \frac{p}{4}$ ne seront pas identiques avec les termes du même rang de la proposée. Dans ce cas les inverses des opérations du premier membre ne seront pas susceptibles d'une détermination immédiate; et il faudra recourir à des recherches spéciales pour résoudre l'équation; c'est ce que nous expliquerons plus tard.

Toutefois, l'idée de considérer $x^4 + px^3$ comme le commencement de la quatrième puissance de $x + \frac{p}{4}$ étant susceptible de conduire à une simplification de l'équation du quatrième degré analogue à celles qui ont été obtenues pour le second et pour le troisième, nous allons dans ce but en poursuivre l'application.

Nous pourrons donc substituer à $x^4 + px^3$ sa valeur $(x+\frac{p}{4})^4 - 6(\frac{p}{4})^2 x^2 - 4(\frac{p}{4})^3 x - (\frac{p}{4})^4$.

Mettant en effet cette valeur dans la proposée, il viendra

$$(x+\frac{p}{4})^4 + \left[q - 6(\frac{p}{4})^2\right] x^2 + \left[r - 4(\frac{p}{4})^3\right] x + s - (\frac{p}{4})^4 = 0.$$

Mais x^2 peut à son tour être remplacé par $(x+\frac{p}{4})^2 - 2\frac{p}{4}x - (\frac{p}{4})^2$; en faisant cette substitution, l'équation se modifie ainsi qu'il suit :

$$(x+\frac{p}{4})^4 + \left[q - 6(\frac{p}{4})^2\right](x+\frac{p}{4})^2 + \left[r - 2q\frac{p}{4} + 8(\frac{p}{4})^3\right](x+\frac{p}{4}) + \left[s - r\frac{p}{4} + q(\frac{p}{4})^2 - 3(\frac{p}{4})^4\right] = 0.$$

En conséquence, si je considère maintenant $x+\frac{p}{4}$ comme une inconnue, et si je parviens à en déterminer la valeur, il suffira d'en retrancher $\frac{p}{4}$ pour avoir celle de x qui résout la proposée. Or il y a un avantage évident à traiter cette dernière équation plutôt que la première, parce que, ne contenant pas le cube de l'inconnue, elle se présente sous une forme plus simple.

Tout ceci, à la vérité, ne nous fait pas connaître immédiatement la valeur de la racine, mais par ce moyen on introduit dans le problème une modification qui paraît propre à nous faire parvenir plus facilement à la découverte de cette racine.

Si, par exemple, il était question de résoudre l'équation

$$x^4 + 4x^3 + 3x^2 + 2x + 1 = 0$$

ou en déduirait les valeurs suivantes :

$$\frac{p}{4} = 1$$

$$q - 6\left(\frac{p}{4}\right)^2 = -3$$

$$r - 2q\left(\frac{p}{4}\right) + 8\left(\frac{p}{4}\right)^3 = 4$$

$$s - r\frac{p}{4} + q\left(\frac{p}{4}\right)^2 - 3\left(\frac{p}{4}\right)^4 = -1 .$$

L'équation en $x + \frac{p}{4}$ serait donc

$$(x+1)^4 - 3(x+1)^2 + 4(x+1) - 1 = 0$$

laquelle, en posant $x+1 = z$ prend la forme simple

$$z^4 - 3z^2 + 4z - 1 = 0$$

Or celle-ci étant résolue, il suffira de retrancher l'unité à ses racines pour avoir les valeurs de x.

Il résulte donc de là que nous serons en mesure d'obtenir les racines de l'équation la plus générale du quatrième degré, si nous trouvons les moyens de résoudre celles dans lesquelles le terme en x^3 manque. C'est de cette recherche que nous allons maintenant nous occuper.

III.

Même en supposant l'équation générale simplifiée comme nous venons de le dire, il paraît fort difficile de constituer de toutes pièces une expression présentant dans un ordre convenable la série des opérations inverses de celles qui composent le premier membre de l'équation proposée. Une pareille expression, mise à la place de x, détruisant successivement les opérations de ce premier membre, l'annulerait et serait par conséquent une racine. Mais l'intuition de ce moyen nous échappe, la simple inspection de l'équation n'est pas suffisante à le dévoiler, et ce sera en appelant à notre aide, ainsi que nous l'avons pratiqué pour troisième degré, les ressources que peut nous offrir l'étude de l'algèbre relativement aux propriétés dont jouissent les quatrièmes puissances que nous pourrons espérer de résoudre la question.

Pour le troisième degré nous avons constaté que l'élévation au cube d'un binome $a+b$ donnait un résultat assimilable à l'équation de ce degré privée de son second terme. Le succès obtenu par ce moyen est pour nous une invitation naturelle à entreprendre pour le quatrième degré une tentative analogue, en à rechercher si, par exemple, la quatrième puissance du trinome $a+b+c$ ne nous conduirait pas à une identité dont nous pourrions tirer profit pour atteindre le but que nous poursuivons.

Or, si l'on forme d'abord le carré de $a+b+c$, on

$$a^2+b^2+c^2+2(ab+ac+bc).$$

Elevant ensuite une seconde fois au carré, on obtiendra la quatrième puissance qui se présentera sous la forme

$$(a^2+b^2+c^2)^2+4(a^2+b^2+c^2)(ab+ac+bc)+4(ab+ac+bc)^2.$$

Cela posé, si nous doublons le premier terme de cette expression et si nous mettons en évidence le facteur $2(a^2+b^2+c^2)$ qui est commun aux deux premiers termes, nous obtiendrons pour leur ensemble

$$2(a^2+b^2+c^2)\left\{(a^2+b^2+c^2)+2(ab+ac+bc\right\},\ \text{soit}\ 2(a^2+b^2+c^2)(a+b+c)^2.$$

Quant au dernier terme on trouve, en le développant, qu'il est égal à

$$4(a^2b^2+a^2c^2+b^2c^2)+8\,abc\,(a+b+c)$$

et, parceque nous avons doublé le premier terme, il faudra pour rétablir l'équilibre en retrancher la valeur nous arrivons ainsi à la conséquence que la quatrième puissance de $(a+b+c)$ est représentée par :

$$2(a^2+b^2+c^2)(a+b+c)^2+8abc(a+b+c)+4(a^2b^2+a^2c^2+b^2c^2)-(a^2+b^2+c^2)^2;$$

de sorte que nous pourrons écrire que l'on a identiquement :

$$(a+b+c)^4 - 2(a^2+b^2+c^2)(a+b+c)^2 - 8abc(a+b+c) + (a^2+b^2+c^2)^2 - 4(a^2b^2+a^2c^2+b^2c^2) = 0 .$$

Or cette identité nous donne immédiatement le moyen de résoudre une équation du quatrième degré privée de son second terme.

Soit, en effet, cette équation

$$x^4 + px^2 + qx + r = 0 .$$

En la comparant avec l'identité ci-dessus, on voit qu'elle lui sera tout-à-fait assimilable sous les conditions suivantes :

$$x = (a+b+c)$$
$$p = -2(a^2+b^2+c^2)$$
$$q = -8abc$$
$$r = (a^2+b^2+c^2)^2 - 4(a^2b^2+a^2c^2+b^2c^2)$$

de telle sorte que si, avec les trois dernières de ces conditions, on parvient à déterminer a, b, c, en fonction de p, q, r, il suffira de faire la somme de ces quantités pour avoir x.

Or de ces conditions on déduit :

$$a^2+b^2+c^2 = -\frac{p}{2} \ , \quad a^2b^2+a^2c^2+b^2c^2 = \frac{1}{4}\left(\frac{p^2}{4}-r\right) \ , \quad a^2b^2c^2 = \frac{q^2}{64} .$$

On connaît ainsi la somme des trois quantités a^2, b^2, c^2, leur produit et la somme de leurs produits deux à deux ; d'où il suit que ces quantités seront les trois racines d'une équation du troisième degré, dont nous désignerons l'inconnue par z et qui sera ainsi conçue .

$$z^3 + \frac{p}{2} z^2 + \frac{1}{4}\left(\frac{p^2}{4} - r\right) z - \frac{q^2}{64} = 0$$

Lorsque cette équation sera résolue on extraira la racine-carrée de chacune de ses racines, et en ajoutant ces trois résultats on aura x.

Mais on remarquera que chaque racine ainsi obtenue sera double quant à son signe. Lorsque ensuite on voudra combiner, par voie d'addition, trois de ces six résultats pris dans chaque couple, il y aura huit manières de le faire et l'on obtiendra par conséquent huit racines.

Ces huit racines seront-elles acceptables simultanément, ou ne le seront-elles pas? Nous savons d'avance qu'elles ne sauraient l'être puisqu'une équation n'admet pas plus de solutions qu'il y a d'unités dans son degré. Mais alors nous avons à nous expliquer sur les causes en vertu desquelles le procédé mis en œuvre double en apparence le nombre des racines. C'est là une discussion d'autant plus importante que, faute d'avoir été rigoureusement établie, elle a ouvert la porte à une erreur qui s'est maintenue jusqu'à ce jour dans l'enseignement et qui figure dans tous les ouvrages d'algèbre. Nous expliquerons tout-à-l'heure en quoi elle consiste et nous donnerons les moyens de la faire disparaître.

IV.

Le procédé que nous venons de faire connaître n'est pas, selon nous, exposé par les auteurs avec toute la précision désirable. On se borne presque toujours à poser pour point de départ, et sans explication préalable, la condition $x = a + b + c$, comme si l'on obéissait d'instinct à une sorte de divination, justifiée il est vrai par la conclusion, mais qui semble tenir plus encore du hasard que du raisonnement. Or, en mathématiques, si le hasard conduit parfois à des découvertes, on doit, dans la partie didactique de la science, s'efforcer d'en faire disparaître la trace et lui substituer les considérations théoriques qui le justifient et l'expliquent. Dans ce que l'on fait aujourd'hui, nous retrouvons la trace de ces habitudes des géomètres des 17e et 18e siècles dont il a été question dans le chapitre IV et qui s'ingéniaient par tous les moyens à dissimuler les bases rationnelles de leurs procédés, soit pour s'en réserver exclusivement l'exploitation ultérieure, soit pour se produire dans le monde savant comme des génies inspirés. Nous nous sommes appliqué, dans ce qui précède, à éviter cet écueil. Déjà, pour le troisième degré, nous avons fait voir comment la constatation bien acquise des propriétés dont jouit le cube du binome $a+b$ conduit naturellement à utiliser ce fait analytique pour arriver à la résolution de l'équation de ce degré, et nous n'avons pas manqué, en ce qui concerne l'équation du quatrième, de faire voir que la connaissance préalable d'une propriété analogue pour l'élévation à la quatrième puissance du trinome $a+b+c$ peut être mise à profit pour résoudre cette équation. On voit alors comment la marche du procédé employé s'appuie sur les propriétés mêmes de l'algèbre et sur une application raisonnée de ces propriétés, et comment les études et les recherches antérieures deviennent propres à nous conduire à la découverte de l'inconnu et à la constitution des théories nouvelles.

Revenant maintenant aux conséquences précédentes, nous reconnaissons que pour avoir les racines de la proposée, il est nécessaire de résoudre une équation complète du troisième degré. Or si l'on veut pousser plus avant les calculs et utiliser les formules établies dans le chapitre quatrième, il faudra commencer par amener cette réduite à être privée de son second terme. Nous rappellerons à cet effet qu'il a été démontré à l'article VII du même chapitre que si l'on a une équation complète du troisième degré, savoir :

$$z^3 + gz^2 + hz + K = 0 ,$$

et si l'on considère z^3+gz^2 comme le commencement du cube de $z+\frac{g}{3}$ on pourra la mettre sous la forme :

$$\left(z+\frac{g}{3}\right)^3 + \left(h-\frac{g^2}{3}\right)\left(z+\frac{g}{3}\right) + \left(2\frac{g^3}{27}-\frac{gh}{3}+K\right) = 0$$

de sorte qu'en considérant $z+\frac{g}{3}$ comme une nouvelle inconnue y, on a définitivement l'équation sans second terme

$$y^3 + \left(h-\frac{g^2}{3}\right)y + \left(2\frac{g^3}{27}-\frac{gh}{3}+K\right) = 0$$

les racines de celle-ci diminuées de $\frac{g}{3}$ donneront donc z.

Appliquons ceci à la réduite à laquelle nous sommes parvenu. On a dans ce cas :

$$g = \frac{p}{2} \quad , \quad h = \frac{1}{4}\left(\frac{p^2}{4} - r\right) \quad , \quad K = -\frac{q^2}{64} \quad ;$$

de là on déduira

$$h - \frac{g^2}{3} = -\frac{1}{4}\left(\frac{p^2}{12} + r\right) .$$

Ce sera la valeur du coefficient du terme en y.

Quant à celle du terme tout connu, on trouvera qu'elle est égale à

$$-\frac{1}{4}\left\{\left(\frac{p}{6}\right)^3 - r\frac{p}{6} + \frac{q^2}{16}\right\}$$

l'équation en y sera donc

$$y^3 - \frac{1}{4}\left(\frac{p^2}{12} + r\right)y - \frac{1}{4}\left\{\left(\frac{p}{6}\right)^3 - r\frac{p}{6} + \frac{q^2}{16}\right\} = 0 .$$

Par suite, si l'on désigne par y_1, y_2, y_3, ses trois racines, on trouvera que les racines carrées des valeurs qui résolvent l'équation en z seront représentées par

$$\sqrt{z_1} = \pm\sqrt{y_1 - \frac{p}{6}} \;,\; \sqrt{z_2} = \pm\sqrt{y_2 - \frac{p}{6}} \;,\; \sqrt{z_3} = \pm\sqrt{y_3 - \frac{p}{6}} .$$

Ce sont là les doubles valeurs des éléments a, b, c, dont la réunion, opérée conformément aux règles qui seront indiquées ultérieurement, donnera les racines de la proposée.

Telle est la série de calculs et de transformations par laquelle il faudra passer pour obtenir le résultat poursuivi.

Or il est un autre point de vue sous lequel on peut envisager toutes ces choses et qui nous paraît offrir de l'intérêt parce qu'il se lie intimement à ce que nous avons exposé, dans le chapitre qui concerne le troisième degré, relativement aux fonctions résolvantes de trois nombres. Nous allons nous expliquer à ce sujet.

Puisqu'il est reconnu maintenant que c'est par leurs racines carrées que les éléments a, b, c doivent intervenir dans la solution, prenons les sous cette forme ; substituons en même temps aux lettres a, b, c les notations plus commodes a_1, a_2, a_3 et écrivons en conséquence

$$x = \sqrt{a_1} + \sqrt{a_2} + \sqrt{a_3}$$

il est constaté, par ce qui précède, que la valeur de x^4 se présentera alors sous la forme

$$2\,\Sigma(a_1)x^2 + 8\sqrt{a_1 a_2 a_3}\; x + 4\,\Sigma(a_1 a_2) - \overline{\Sigma(a_1)}^2.$$

Si nous mettons dans la proposée cette valeur à la place de x^4, elle deviendra

$$\left[2\Sigma(a_1)+p\right]x^2+\left(8\sqrt{a_1a_2a_3}+q\right)x + 4\,\Sigma(a_1a_2) - \overline{\Sigma(a_1)}^2 + r = 0.$$

Or il est bien évident que le premier membre sera annulé si l'on pose les trois conditions

$$\Sigma(a_1) = -\frac{p}{2}\;,\quad \sqrt{a_1a_2a_3} = -\frac{q}{8}\;,\quad 4\,\Sigma(a_1a_2) - \overline{\Sigma(a_1)}^2 = -r.$$

Cherchons maintenant à nous rendre compte des conséquences qui vont se produire. A cet effet désignons par A_1, A_2, A_3 les fonctions résolvantes des nombres a_1, a_2, a_3 ; il a été établi à l'article XXV du chapitre quatrième que l'on doit avoir successivement :

$$\Sigma(a_1) = A_1 = -\frac{p}{2}\;,\quad \Sigma(a_1a_2) = \frac{A_1^2 - A_2A_3}{3}$$

$$\sqrt{a_1a_2a_3} = \sqrt{\frac{A_1^3+A_2^3+A_3^3}{27} - \frac{A_1A_2A_3}{9}} = -\frac{q}{8}$$

et nous savons comment il faut s'y prendre pour déduire a_1, a_2, a_3 de A_1, A_2, A_3 ; tâchons donc de déterminer la valeur de ces dernières fonctions.

Pour cela commençons par substituer ces valeurs de $\Sigma(a_1)$ et $\Sigma(a_1a_2)$ dans la première et dans la troisième des conditions ci-dessus ;
nous aurons d'abord $\quad A_1 = -\frac{p}{2}$

par suite $\Sigma(a_1a_2)$ deviendra $\dfrac{\left(\frac{p}{2}\right)^2 - A_2A_3}{3}$ de sorte que la troisième condition prendra la forme

$$4\,\frac{\left(\frac{p}{2}\right)^2 - A_2A_3}{3} - \left(\frac{p}{2}\right)^2 = -r$$

et l'on en déduit

$$A_2A_3 = \frac{1}{4}\left[\left(\frac{p}{2}\right)^2 + 3r\right]$$

Elevant alors au carré la condition dans laquelle figure le radical du second degré et y substituant ensuite les valeurs de A_1 et de A_2A_3 on trouve

$$-\frac{1}{27}\left(\frac{p}{2}\right)^3 + \frac{A_2^3 + A_3^3}{27} + \frac{1}{36}\left[\left(\frac{p}{2}\right)^3 + 3r\frac{p}{2}\right] = \frac{q^2}{64}.$$

Réduisant, multipliant toute l'équation par 27 et conservant $A_2^3 + A_3^3$ seul dans le premier membre, il vient

$$A_2^3 + A_3^3 = \frac{1}{4}\left[\left(\frac{p}{2}\right)^3 - 9r\left(\frac{p}{2}\right)\right] + 27\,\frac{q^2}{64}.$$

Nous connaissons donc maintenant la somme de deux quantités A_2^3 et A_3^3 ; nous connaissons en même temps leur produit ; de là on conclura que ces quantités sont les racines d'une équation du second degré ainsi conçue :

$$z^2 - (A_2^3 + A_3^3)\,z + A_2^3A_3^3 = 0$$

D'après cela ces quantités auront pour valeur

$$\frac{1}{8}\left[\left(\frac{p}{2}\right)^3 - 9r\left(\frac{p}{2}\right) + 27\,\frac{q^2}{16}\right] \pm \frac{1}{8}\sqrt{\left[\left(\frac{p}{2}\right)^3 - 9r\left(\frac{p}{2}\right) + 27\,\frac{q^2}{16}\right]^2 - \left[\left(\frac{p}{2}\right)^2 + 3r\right]^3}.$$

l'un des signes du radical appartenant à A_2^3, l'autre à A_3^3.

Si, pour abréger, l'on pose

$$\left(\frac{p}{2}\right)^3 - 9r\left(\frac{p}{2}\right) + 27\,\frac{q^2}{16} = M\,, \quad \left(\frac{p}{2}\right)^2 + 3r = N$$

et si l'on désigne par α et α^2 les deux racines imaginaires cubiques de l'unité, l'on voit que les trois valeurs de A_2 s'obtiendront en multipliant successivement la quantité $\frac{1}{2}\sqrt[3]{M + \sqrt{M^2 - N^3}}$ par les facteurs $1, \alpha, \alpha^2$ et que les trois valeurs de A_3 s'obtiendront en multipliant la quantité $\frac{1}{2}\sqrt[3]{M-\sqrt{M^2-N^3}}$ par les mêmes facteurs.

D'ailleurs, d'après les lois connues qui lient les nombres a_1, a_2, a_3 à leurs fonctions résolvantes, on aura

$$\sqrt{a_1} = \pm\sqrt{\frac{A_1+A_2+A_3}{3}} = \pm\sqrt{-\frac{p}{6}+\frac{1}{2}\sqrt[3]{\frac{M}{27}+\sqrt{\frac{M^2}{27^2}-\frac{N^3}{27^2}}}+\frac{1}{2}\sqrt[3]{\frac{M}{27}-\sqrt{\frac{M^2}{27^2}-\frac{N^3}{27^2}}}}.$$

On trouvera ensuite, en vertu des mêmes lois :

$$\sqrt{a_2} = \pm\sqrt{\frac{A_1+\alpha^2A_2+\alpha A_3}{3}}, \quad \sqrt{a_3} = \pm\sqrt{\frac{A_1+\alpha A_2+\alpha^2A_3}{3}}$$

Et l'on voit que ces expressions sont en parfaite concordance avec la forme algébrique que nous venons d'obtenir pour les trois valeurs de chacune des quantités A_2 et A_3 puisqu'elles reproduisent ces valeurs textuellement.

Il est évident maintenant que ces résultats doivent être identiques avec ceux qui seront la conséquence du premier procédé que nous avons exposé. Pour nous éclairer à ce sujet nous n'avons qu'à rechercher si la réduite ci-dessous en y peut être constituée en fonction de M et de N de manière à ce que ses racines y_1, y_2, y_3, diminuées de $\frac{p}{6}$ reproduisent exactement a_1, a_2, a_3.

Or on se convaincra facilement que dans cette réduite le terme tout connu est égal à $-\frac{1}{4}\frac{M}{27}$ et que le coefficient du terme en y a pour valeur $-\frac{1}{4}\frac{N}{3}$.

Cette réduite peut donc s'écrire

$$y^3-\frac{1}{4}\frac{N}{3}y-\frac{1}{4}\frac{M}{27}=0$$

et de là on déduira qu'on a en effet

$$a_1 = y_1-\frac{p}{6}, \quad a_2 = y_2-\frac{p}{6}, \quad a_3 = y_3-\frac{p}{6};$$

d'où il résulte qu'il y a complet accord entre les deux procédés.

Cette comparaison entre les deux méthodes nous a paru utile, non seulement parcequ'elle relie entre eux ces différents ordres de conceptions, mais encore parcequ'elle donne une idée du parti qu'on peut tirer de la considération des fonctions résolvantes.

V.

A l'aide de ces explications, nous pouvons considérer comme suffisamment déterminé tout ce qui concerne les trois éléments z_1, z_2, z_3 ou a_1, a_2, a_3 des racines de la proposée.

Or, cette détermination faite, une question importante se présente à résoudre : celle qui consiste à préciser au moyen de quelles combinaisons de ces éléments on obtiendra les quatre racines.

On pourrait croire que cette question est résolue par ce qui est exposé dans les ouvrages d'enseignement. Mais il n'en est rien : les règles données à cet égard sont inexactes, elles ne sont pas aussi simples qu'on le dit ; elles ne dépendent pas uniquement, comme on l'a cru, des signes de certains coefficients de la proposée, mais aussi de la grandeur respective de quelques-uns de ces coefficients. De telle sorte que deux équations du quatrième degré, ayant exactement mêmes signes pour chacun de leurs termes, peuvent exiger pour la détermination de leurs racines des combinaisons différentes de z_1, z_2, z_3 ; et qu'à l'inverse la même combinaison de ces trois quantités peut convenir à deux équations distinctes, bien que le signe du coefficient qui, d'après les idées reçues, doit déterminer le choix de la combinaison, soit différent dans l'une et dans l'autre.

Il se présente donc ici un point de doctrine intéressant à étudier et qui touche très-directement au principe de la prétendue généralité des formules algébriques. Nous allons procéder à son examen, non seulement parce que nous aurons ainsi l'occasion de redresser une erreur, mais encore parceque cette discussion se rattache très-directement à notre sujet, la cause de l'erreur que nous signalons, provenant comme on va le voir, d'une circonstance d'imaginarité, dont les effets ont été méconnus ou passés sous silence.

Rappelons qu'étant donnée l'équation du quatrième degré, privée du terme en x^3, savoir :

$$x^4 + px^3 + qx + r = 0$$

si l'on pose $x = a + b + c$, c'est-à-dire si l'on admet que les racines, à un point de vue général, sont susceptibles d'être décomposées en trois éléments constitutifs a, b, c; conservant la même valeur absolue pour les quatre, et qui, lorsqu'on passe d'une racine à l'autre, sont seulement différenciées par certains signes extérieurs, si, disons-nous, on pose $x = a + b + c$ on obtient, pour déterminer a, b, c, les trois conditions suivantes :

$$1^{o} \ldots \quad a^2 + b^2 + c^2 = -\frac{p}{2}, \qquad 2^{o} \ldots \quad abc = -\frac{q}{8}$$

$$3^{o} \quad 4(a^2b^2 + a^2c^2 + b^2c^2) - (a^2 + b^2 + c^2)^2 = -r$$

desquelles résulte pour déterminer a^2, b^2, c^2, la formation d'une réduite du troisième degré revêtant la forme que nous avons indiquée dans l'article précédent.

Cela posé, z_1, z_2, z_3 étant les racines de cette équation, les trois éléments constitutifs de celles de la proposée auront pour valeur, en ayant égard à la fois aux considérations de grandeur et de signe :

$$a = \pm\sqrt{z_1}, \quad b = \pm\sqrt{z_2}, \quad c = \pm\sqrt{z_3}$$

Or la combinaison trois à trois, par voie d'addition, de ces doubles valeurs de a, b, c, conduit évidemment à huit valeurs de x, nombre supérieur à celui qu'on doit obtenir.

Cette circonstance d'un nombre de valeurs double de celui qui est nécessaire est généralement expliquée par les considérations suivantes :

Parceque, dit-on, pour former la réduite, au lieu de la condition primitive $abc = -\frac{q}{8}$ on fait usage de celle $a^2b^2c^2 = \frac{q^2}{64}$ qui convient à q positif aussi bien qu'à q négatif, il s'ensuit qu'en fait on a résolu, non pas une, mais deux équations, savoir :

$$x^4 + px^2 + qx + r = 0 \quad \text{et} \quad x^4 + px^2 - qx + r = 0$$

et de là résulte la nécessité d'avoir huit racines.

D'ailleurs, ajoute-t-on, il est évident que, si q est précédé du signe $+$, il faudra prendre des combinaisons de a, b, c qui laissent le produit abc toujours négatif, ce qui fournit un premier système dans lequel le nombre des signes extérieurs négatifs est toujours impair ; nous l'appellerons le système N°. 1.

Si, au contraire, dans la proposée, q est précédé du signe $-$, le produit abc devant être alors positif, le système de combinaisons dont il faut faire usage sera celui dans lequel le nombre des signes extérieurs négatifs sera pair ; nous l'appellerons le système N°. 2.

Examinons ce qu'il y a de fondé dans cette manière de voir.

Et d'abord, sans entrer immédiatement dans une discussion approfondie, on peut être conduit, par un premier aperçu, à douter de l'infaillibilité de ce raisonnement. Il suffit pour cela de remarquer que, dans l'explication précédente, on ne fait résulter le signe définitif du produit abc que des combinaisons de signes extérieurs qui accompagnent et précèdent les radicaux carrés. Or rien ne prouve, jusqu'à plus ample informé, que les quantités z_1, z_2, z_3 que couvrent ces radicaux, c'est-à-dire les racines de la réduite, ne se trouveront pas dans des circonstances telles, soit d'état négatif, soit d'état imaginaire, que l'influence prévue des signes extérieurs sera modifiée par ces états ; dès lors on peut, à bon droit, tenir en suspicion, la légitimité des conclusions précédentes.

Si donc on veut être bien renseigné à cet égard, il est indispensable d'examiner en détail les divers cas dans lesquels peuvent se trouver les racines de la réduite. C'est ce que nous allons faire en admettant d'abord qu'elles sont réelles.

VI.

Par ce que le dernier terme de la réduite est essentiellement négatif, il en résulte que, si toutes les racines sont réelles, il faudra nécessairement que le nombre de celles qui sont positives soit impair.

Cela posé, admettons que dans la proposée p est positif; dans ce cas, que $\frac{p^2}{4}-r$ soit positif ou négatif, il n'y aura jamais dans la réduite qu'une variation, d'où la conséquence qu'il ne peut pas y avoir plus d'une racine positive.

Dès lors deux des quantités z_1, z_2, z_3 seront négatives et, par suite, deux des expressions $\sqrt{z_1}$, $\sqrt{z_2}$, $\sqrt{z_3}$ seront imaginaires de la forme $K\sqrt{-1}$; d'après cela, et abstraction faite des signes extérieurs qu'on aura voulu adopter, le produit abc aura la forme $-\sqrt{z_1}\sqrt{z_2}\sqrt{z_3}$, il sera négatif; il devra donc rester tel qu'il est si q est positif dans la proposée, ce qui exige qu'on fasse usage des combinaisons de signes extérieurs répondant au second système; si, au contraire, q est négatif, c'est au premier système qu'il faudra recourir.

Nous parvenons ainsi, pour ce cas, à des conclusions tout-à-fait inverses de celles qui sont formulées dans les livres d'enseignement.

Supposons maintenant que p est négatif; si alors $\frac{p^2}{4}-r$ est plus grand que zéro, il n'y aura que des variations dans la réduite, par conséquent toutes ses racines seront positives ; le produit abc sera donc intrinsèquement positif, ce qui conduira à faire usage du N.º 1 lorsque q sera positif et du N.º 2 lorsque q sera précédé du signe −. On voit que, dans ce cas, le choix du système se fera conformément à la règle donnée par les auteurs.

Si, au contraire, dans la supposition de p négatif, $\frac{p^2}{4} - r$ est plus petit que zéro, la réduite n'ayant qu'une variation ne pourra avoir qu'une racine positive, et, comme alors le produit abc sera intrinsèquement négatif, il faudra recourir au système N.º 2 pour le cas où q sera précédé du signe + et au système N.º 1 pour celui où q sera précédé du signe −. La règle donnée est donc encore dans ce cas en défaut.

Nous résumons ces divers résultats dans le tableau suivant :

$+p$ avec $\left(\frac{p^2}{4} - r\right)$ positif ou négatif exige pour $\begin{cases} +q & \text{le N.º 2} \\ -q & \text{le N.º 1} \end{cases}$ contraire à la règle

$-p$ avec $\left(\frac{p^2}{4} - r\right)$ positif exige pour $\begin{cases} +q & \text{le N.º 1} \\ -q & \text{le N.º 2} \end{cases}$ conforme à la règle

$-p$ avec $\left(\frac{p^2}{4} - r\right.$ négatif exige pour $\begin{cases} +q & \text{le N.º 2} \\ -q & \text{le N.º 1} \end{cases}$ contraire à la règle

Ici se présente une observation importante.

On remarquera que, lorsque p est négatif, on peut avoir, pour le même signe de q tantôt le système N.º 1, tantôt le système N.º 2 ; le choix, ainsi que l'indique le tableau ci-dessus dépendra du signe de $\frac{p^2}{4} - r$. Or cette dernière quantité, lorsque r est positif, peut, suivant la grandeur de r être tantôt positive, tantôt négative. Par conséquent une équation du quatrième degré de la forme

$$x^4 - px^2 + qx + r = 0$$

ou encore de celle

$$x^4 - px^2 - qx + r = 0$$

exigera, <u>tout en conservant les mêmes signes de ses coefficients</u>, l'emploi des deux systèmes suivant que r sera plus grand ou plus petit que $\frac{p^2}{4}$. L'influence des signes des coefficients n'est donc pas à elle-seule absolue et décisive pour le choix du système. Des équations identiques, quant aux signes de leurs termes, exigeront tantôt le N.º 1, tantôt le N.º 2, suivant qu'il existera certains rapports de grandeurs entre quelques-uns de ces coefficients. Telle est la véritable raison algébrique pour laquelle les deux systèmes se présentent simultanément dans le procédé de résolution.

Ce serait une erreur de croire qu'il faut attribuer généralement cette présence à ce qu'en fait on a traité deux équations dont certains coefficients, tout en conservant la même valeur absolue, sont différenciés par les signes additif et négatif. Cela pourra arriver quelquefois, mais nous voyons qu'il est des cas où, pour les mêmes signes des coefficients, pour le même type d'équations, les deux systèmes sont nécessaires, suivant les grandeurs relatives de quelques-uns de ces coefficients. Le procédé de résolution aurait donc été incomplet s'il n'avait pas spontanément et simultanément mis à jour ces deux systèmes parce que s'ils sont indispensables pour le changement de certains signes et par conséquent pour des types différents, ils le sont encore, même alors que les signes et les types restent constants.

Ce fait est-il nouveau? Nous le croyons. Dans tous les cas, il n'a été exposé nulle part, que nous sachions, et encore moins développé, malgré toute la portée qu'il doit exercer sur nos conceptions algébriques.

Nous ne voulons pas dire, qu'on le remarque bien, que la solution obtenue est inexacte; nous ne disons pas davantage que cette solution ne contient pas en elle tout ce qui est nécessaire pour qu'elle soit algébriquement et rationnellement interprétée, mais nous constatons que jusqu'à présent, cette interprétation est restée incomplète et que de cette insuffisance est résultée une explication erronée des causes auxquelles il faut attribuer la présence de deux systèmes de racines. Nous ajouterons même, si l'on veut, que c'est bien parce qu'en fait on a résolu deux équations qui ont deux systèmes : mais ce en quoi nous nous écartons des idées reçues, c'est que tandis qu'on a prétendu que c'est toujours par le signe du coefficient q du terme en x que ces équations se distinguent. Nous disons que ce caractère n'est ni absolu ni exclusif, puisqu'il arrive quelquefois que lorsque, dans le premier membre ce signe et même tous les autres restent constants les deux systèmes n'en sont pas moins nécessaires suivant la nature d'un certain rapport de grandeur qui existera entre le terme tout connu r et le coefficient p du terme en x^2. Nous nous bornons quant à présent à ces premières observations dont nous exposerons tout-à-l'heure les principales conséquences (*)

Reprenons maintenant la discussion commencée sur

(*) Les observations qu'on vient de lire ont fait l'objet d'une note que M. Hermitte a bien voulu présenter en notre nom à l'Académie des sciences, il y a une quinzaine d'années. A l'époque où cette présentation a eu lieu, nous n'avions pas connaissance de ce qui se trouve inséré sur ce sujet dans la 6e édition des compléments d'Algèbre de Lacroix, page 76, (année 1835) et nous pensions avoir été le premier à signaler l'inexactitude de la règle indiquée par les auteurs pour le choix à faire du système de racines applicables à une équation donnée. Le passage ci-dessus rappelé de l'ouvrage de Lacroix nous a fait reconnaître notre erreur. Nous y avons vu que, dans les premières années de ce siècle, M. Brez professeur au lycée de Grenoble avait signalé cette inexactitude à l'attention des géomètres. Mais bien peu d'auteurs d'éléments ont profité des redressements indiqués par M. Brez et nous ne croyons pas que ces redressements se trouvent consignés ailleurs que dans le livre de Lacroix. Il n'y aurait eu que demi-mal si l'on s'était borné à garder le silence, comme l'ont fait quelques-uns, peu disposés sans doute à mettre à jour les mérites d'autrui. Mais la majorité a continué à propager l'erreur ; tant il est

les racines de la réduite et examinons ce qui se passe lorsque, parmi ces racines, il y en a deux imaginaires.

Nous savons que, dans ce cas, il y aura nécessairement deux racines imaginaires de la forme $m \pm n\sqrt{-1}$ et que la troisième sera réelle. Or, de ce que le dernier terme de la réduite est négatif, il résulte que la racine réelle sera toujours positive. En effet le dernier terme étant égal au produit des trois racines pris en signe contraire, il s'ensuit que ce produit sera positif. Or, en particulier le produit des imaginaires, affectant toujours la forme $m^2 + n^2$, est une quantité essentiellement positive; dès lors la racine réelle devra à son tour être positive et cela quel que soit le signe de q; les deux valeurs $\pm\sqrt{z'}$ de a seront donc réelles.

Maintenant, pour nous éclairer sur ce que va devenir le produit abc, il nous reste à rechercher

---

vrai que les livres qui se succèdent se font le plus souvent les uns sur les autres, beaucoup d'auteurs se montrant peu soucieux, dans la préparation de leurs ouvrages, d'améliorer le fond des doctrines, en s'imaginant avoir acquis des droits à une incontestable célébrité par cela seul qu'ils ont introduit quelques modifications dans le classement des matières. Ce n'est guère qu'en cela en effet que se distinguent les uns des autres les traités en si grand nombre dans lesquels sont exposés les principes de l'algèbre élémentaire.

Nous n'avons aucune observation à présenter sur les rectifications indiquées par M. Brex dans le cas où les racines de la réduite sont réelles. Nous reconnaissons que sur ce point, il nous a précédé, qu'il a très bien dit, et nous sommes tout à fait d'accord avec lui. Mais lorsque cette réduite possède des racines imaginaires, il nous paraît qu'il y a matière à discussion ainsi que nous l'expliquons dans la suite de cet article.

ce que sont les valeurs imaginaires $\sqrt{z''}$, $\sqrt{z'''}$. A cet égard, il est nécessaire de rappeler quelques principes (*)

Lorsqu'on met une expression imaginaire $a+b\sqrt{-1}$ sous la forme $\rho(\cos\theta+\sqrt{-1}\sin\theta)$, elle devient l'équivalence algébrique, pour ainsi dire visible, d'une droite dirigée partant de l'origine et faisant avec une ligne fixe passant par cette origine un angle égal à θ. Le nombre ρ exprime la longueur de cette droite comptée à partir de l'origine, et θ est l'angle qui définit et précise sa direction ; de sorte que l'x et l'y de cette droite, tels qu'on les entend dans le système des coordonnées rectilignes, sont respectivement a et b.

Le nombre ρ exprimant purement et simplement une longueur ne prend pas de signe, et si la suite des calculs en attribue un à l'expression complexe $\rho(\cos\theta+\sqrt{-1}\sin\theta)$, c'est à la partie directive de cette expression qu'il faut l'attribuer, puisque c'est à elle qu'incombe exclusivement la mission d'indiquer le sens suivant lequel la longueur, qui n'est que passive à cet égard, doit être portée.

Quant à l'angle θ, il indique l'écart angulaire qui existe entre la droite fixe et celle dont on s'occupe. Cet écart peut être considéré comme produit suivant deux modes, ou bien par une rotation s'effectuant au-dessus de la ligne de base et que l'on peut appeler le sens direct, ou bien par une rotation s'effectuant au-dessous de cette ligne et qui, par rapport à la précédente, sera considérée comme le sens rétrograde.

Mais, ainsi que nous l'avons expliqué à l'article IV du chapitre 10 de notre Traité de l'interprétation des imaginaires, c'est toujours dans le même

(*) C'est à des observations qui m'ont été communiquées par mon ami M. Transon que je dois la substance de ce que je vais exposer à ce sujet. Je lui suis d'autant plus gré de cette communication qu'elle m'a permis de rectifier une erreur dans laquelle j'étais tombé.

sens, soit direct, soit rétrograde, qu'il faut procéder à l'étude et au classement des directions, et jamais en faisant usage, dans une même question, tantôt de l'un de ces sens tantôt de l'autre.

L'angle θ a donc pour limites 0 et 2π, il est toujours positif et non tantôt positif, tantôt négatif, comme cela arriverait si la moitié de ses valeurs entre ces limites était comptée dans le sens direct et l'autre moitié dans le sens rétrograde.

Ajoutons qu'une expression imaginaire $a+b\sqrt{-1}$ étant donnée, celle $a-b\sqrt{-1}$, qui en diffère par le simple changement du signe de b, en est dite la conjuguée. Le directif de l'une étant donc $\cos\theta+\sqrt{-1}\sin\theta$ celui de l'autre sera $\cos\theta-\sqrt{-1}\sin\theta$. Or en vertu des principes de la trigonométrie on a, $\cos(2\pi-\theta)=\cos\theta$, $\sin(2\pi-\theta)=-\sin\theta$. D'où l'on voit que deux imaginaires conjuguées sont celles dont la somme des angles directifs est égale à la circonférence et que par suite leurs directions respectives sont symétriques par rapport à la ligne de base.

Si $\theta=0$ on a une quantité réelle $+1$, l'imaginaire disparaît et l'idée de la conjuguée s'efface avec elle; ou, pour mieux dire, on a deux conjuguées égales à $+1$. Il en est de même à l'autre limite $\theta=2\pi$.

Pour l'angle $\theta=\pi$, milieu de l'intervalle compris entre ces limites, l'imaginaire disparaît encore et l'on a la quantité réelle -1. Dans ce cas il y a encore égalité entre les deux conjuguées et leur valeur commune est -1.

Ces choses ainsi entendues, considérons l'expression imaginaire $a+b\sqrt{-1}$ et supposons qu'il s'agit d'en extraire la racine quarrée. Telle est en effet l'opération qui se présente dans la résolution de l'équation du quatrième degré, lorsqu'après avoir déterminé les racines de la réduite, il s'agit d'obtenir celles de la proposée. On sait qu'en réel l'expression d'une racine quarrée est susceptible de recevoir deux valeurs égales et de signes contraires. Ainsi la racine quarrée de M a les deux valeurs $\pm\sqrt{M}$, et l'on appelle $+\sqrt{M}$ la solution positive, $-\sqrt{M}$ la solution négative. Il en est de même en imaginaire. En effet, si dans $a+b\sqrt{-1}$ on néglige la considération tout arithmétique du rayon vecteur, ou, pour mieux dire, si l'on considère ce rayon comme égal à l'unité, cette expression, prise dans toute la généralité que comportent les directions par rapport aux angles qui les déterminent devient .... $\cos(2K\pi+\theta)+\sqrt{-1}\sin(2K\pi+\theta)$, K étant un nombre entier quelconque, et θ un angle positif ne dépassant pas 2π.

Si θ est moindre que π cela correspondra à b positif, s'il est plus grand que π cela correspondra à b négatif ; mais, quelle que soit celle de ces deux circonstances qui se présentera $\sin\frac{\theta}{2}$ sera toujours positif puisque $\frac{\theta}{2}$ est moindre que π.

Cela posé la racine quarrée de $\cos(2K\pi+\theta)+\sqrt{-1}\sin(2K\pi+\theta)$ est égale à $\cos(K\pi+\frac{\theta}{2})+\sqrt{-1}\sin(K\pi+\frac{\theta}{2})$, et en apparence elle est susceptible par la variation de K d'une infinité de solutions, mais en fait, comme après avoir posé $K=0$, $K=1$, on repasse indéfiniment, pour les autres valeurs de K, par les mêmes expressions que celles qui correspondent à $K=0$ et $K=1$, on voit qu'on aura seulement deux valeurs distinctes qui sont — $\cos\frac{\theta}{2}+\sqrt{-1}\sin\frac{\theta}{2}$ et $\cos(\pi+\frac{\theta}{2})+\sqrt{-1}\sin(\pi+\frac{\theta}{2})$. Or celle-ci est la même chose que $-\cos\frac{\theta}{2}-\sqrt{-1}\sin\frac{\theta}{2}$ et de là il résulte que pour l'imaginaire, comme pour le réel, la racine quarrée est égale à la même expression $\cos\frac{\theta}{2}+\sqrt{-1}\sin\frac{\theta}{2}$ prise une première fois avec le signe $+$, une seconde fois avec le signe $-$. D'ailleurs, en suivant l'analogie, ce sera $+(\cos\frac{\theta}{2}+\sqrt{-1}\sin\frac{\theta}{2})$ qui sera réputée la solution positive, $-(\cos\frac{\theta}{2}+\sqrt{-1}\sin\frac{\theta}{2})$ qui sera la solution négative. Ce qui d'ailleurs doit paraître décisif à cet égard, c'est que si $\theta=0$, ou bien si $\theta=2\pi$ ce sera celle de ces deux expressions qu'on considère comme positive qui devra donner $+1$. Or c'est bien la première de ces deux expressions qui satisfait à cette condition et non la seconde laquelle donne -1 dans l'un et l'autre cas. Nous sommes donc conduits, à la suite de ces considérations, à regarder comme positive celle des deux racines quarrées de l'expression imaginaire $a+b\sqrt{-1}$ dans laquelle le multiplicateur de $\sqrt{-1}$ est positif, et cela quel que soit dans l'expression primitive le signe de b.

Cela posé, lorsque la réduite du troisième degré a deux solutions imaginaires z'', z''' on sait que ces solutions sont conjuguées, de sorte que l'une étant $\cos(2K\pi+\theta)+\sqrt{-1}\sin(2K\pi+\theta)$, l'autre sera $\cos(2K'\pi+\theta')+\sqrt{-1}\sin(2K'\pi+\theta')$ sous la condition que $\theta'=2\pi-\theta$. Nous venons de voir ce que sont les racines quarrées de la première, et nous nous convaincrons par les mêmes moyens qu'on aura pour celles de la conjuguée ...... $\pm(\cos\frac{\theta'}{2}+\sqrt{-1}\sin\frac{\theta'}{2})$, le signe supérieur appartenant à la racine positive, le signe inférieur à la racine négative. Or, en vertu de la relation $\frac{\theta'}{2}=\pi-\frac{\theta}{2}$, ces expressions écrites en fonction de θ prennent les formes, savoir: la positive $-\cos\frac{\theta}{2}+\sqrt{-1}\sin\frac{\theta}{2}$, la négative $\cos\frac{\theta}{2}-\sqrt{-1}\sin\frac{\theta}{2}$. De l'inspection de ces valeurs résulte cette conséquence que le produit des deux racines quarrées positives, soit $(\cos\frac{\theta}{2}+\sqrt{-1}\sin\frac{\theta}{2})(-\cos\frac{\theta}{2}+\sqrt{-1}\sin\frac{\theta}{2})$ est réel et négatif, que le produit des deux racines quarrées négatives, soit $(-\cos\frac{\theta}{2}-\sqrt{-1}\sin\frac{\theta}{2})(\cos\frac{\theta}{2}-\sqrt{-1}\sin\frac{\theta}{2})$ est également négatif ; et ce sont au contraire les produits des racines quarrées de signe contraire qui sont positifs.

A la suite de ces constatations, on se convaincra facilement, en procédant à toutes les combinaisons possibles de signes, que le système N° 1, qui convient au cas où le nombre de racines quarrées négatives est impair, rend le produit abc positif, que le système N° 2 rend ce produit négatif. Qu'en conséquence c'est ce dernier système qui devra être employé lorsque p sera positif dans la proposée ; ce qui est contraire à la règle ordinaire, et ce qui coïncide avec ce qui doit être pratiqué pour le cas des trois racines réelles de la réduite dont deux sont négatives.

Cette conclusion est complètement l'opposée de celle de M. Bret du moins pour le cas où le terme réel des imaginaires z'' et z''' est positif ; car ce géomètre distingue, et à tort selon nous, la circonstance dans laquelle ce terme est positif de celle dans laquelle il est négatif.

Voici d'ailleurs comment tout ceci est exposé dans les compléments de Lacroix.

" Les racines imaginaires, dit-on, étant $z'' = \alpha + \beta\sqrt{-1}$, $z''' = \alpha - \beta\sqrt{-1}$, pour connaître le véritable signe de $\sqrt{z''}\sqrt{z'''}$, il faudra faire attention à celui de α. Si ce dernier est positif il viendra $\sqrt{z'}\sqrt{z''}\sqrt{z'''} = \sqrt{(\alpha^2+\beta^2)\,z'}$; ce produit étant positif, le choix du système des valeurs de x se fera comme si les racines de la réduite étaient réelles et positives. Mais si α était négatif, il faut observer que $\sqrt{-\alpha+\beta\sqrt{-1}} = \sqrt{-1}\sqrt{\alpha-\beta\sqrt{-1}}$ et que $\sqrt{-\alpha-\beta\sqrt{-1}} = \sqrt{-1}\sqrt{\alpha+\beta\sqrt{-1}}$ et parce qu'il en résulte $\sqrt{z'}\sqrt{z''}\sqrt{z'''} = -\sqrt{(\alpha^2+\beta^2)\,z'}$, le choix du système des valeurs de x doit être alors le même que si la réduite avait trois racines réelles dont deux négatives."

Le tort de ces raisonnements qui ont pour but de se fixer sur le choix à faire d'un système de signes est précisément de manquer de précision et de définition quant à ces signes, de ne donner aucune explication à leur sujet. Et en effet, après avoir conclu que, pour α positif, il faut prendre le système qui convient au cas des trois racines de la réduite réelles et positives, comment pourrai-je faire le choix de ce système, alors qu'on ne me dit rien sur celles des deux valeurs de $\sqrt{z''}$ et $\sqrt{z'''}$ qui sont soit positives, soit négatives.

En fait $\sqrt{z''}$ possède deux valeurs de la forme $\pm(\mu+\nu\sqrt{-1})$, ainsi que nous venons de le constater, et $\sqrt{z'''}$ en possède deux de la forme $\pm(\mu-\nu\sqrt{-1})$. Or prétendre que le produit $\sqrt{z''}\sqrt{z'''}$ est positif, c'est implicitement supposer qu'on ne compose ce produit qu'avec les expressions $\mu+\nu\sqrt{-1}$, $\mu-\nu\sqrt{-1}$ prises chacune avec des signes identiques, soit tous deux positifs, soit tous deux négatifs. Mais il est évident qu'on n'obtient pas ainsi la totalité des valeurs dont $\sqrt{z''}\sqrt{z'''}$ est susceptible, on n'en a que la moitié et l'on néglige les deux autres répondant aux cas où $\mu+\nu\sqrt{-1}$ et $\mu-\nu\sqrt{-1}$ sont pris avec des signes contraires et pour lesquels le produit $\sqrt{z''}\sqrt{z'''}$ est au contraire négatif. La vérité est donc que ce produit, suivant les choix qu'on fera pour ses facteurs sera tantôt positif, tantôt négatif, ce qui infirme évidemment les conclusions de M. Bret.

J'ajoute que d'ailleurs les choses se passeront exactement de même soit que le terme réel α des racines de la réduite se trouve dans le cas de la positivité, soit qu'il se trouve dans celui de la négativité.

Supposons, par exemple que l'on ait $z''=3+4\sqrt{-1}$ et par conséquent $z'''=3-4\sqrt{-1}$, on en déduira $\sqrt{z''}=\pm(2+\sqrt{-1})$, $\sqrt{z'''}=\pm(2-\sqrt{-1})$ et le produit $\sqrt{z''}\sqrt{z'''}$ sera susceptible des deux valeurs $\pm(2+\sqrt{-1})(2-\sqrt{-1})=\pm 5$ égales quant à la grandeur et distinctes par le signe. Il est donc inexact de dire que lorsque α est positif le produit $\sqrt{z''}\sqrt{z'''}$ l'est aussi essentiellement, il peut être négatif. D'un autre côté, si $z''=-3+4\sqrt{-1}$ et $z'''=-3-4\sqrt{-1}$ on en déduira $\sqrt{z''}=\pm(1+2\sqrt{-1})$, $\sqrt{z'''}=\pm(1-2\sqrt{-1})$; de sorte que le produit $\sqrt{z''}\sqrt{z'''}$ sera encore susceptible des deux valeurs ± 5. On ne saurait donc prétendre lorsque α est négatif que ce produit l'est aussi, il peut être positif : en résumé le signe du produit n'est nullement.

subordonné à celui de α, et, pour toutes les circonstances dans lesquelles peut se trouver α, ce produit est double.

Or affirmer que pour $+\alpha$ le produit $\sqrt{z''}\sqrt{z'''}$ est positif et qu'il faut alors recourir au système N.°1, c'est implicitement admettre que les racines quarrées positives de z'' et de z''' sont $\mu+\nu\sqrt{-1}$ pour la première de ces expressions et $\mu-\nu\sqrt{-1}$ pour la seconde et que les racines quarrées négatives sont respectivement $-\mu-\nu\sqrt{-1}$ et $-\mu+\nu\sqrt{-1}$, c'est-à-dire que les racines quarrées de même signe sont des conjuguées, tandis que nous avons fait voir que ce sont celles pour lesquelles les multiplicateurs de $\sqrt{-1}$ au lieu d'être de signe contraire sont de signe semblable et c'est alors ce signe même qui est celui de la racine. Les deux racines quarrées positives de z'' et z''' sont donc $\mu+\nu\sqrt{-1}$ et $-\mu+\nu\sqrt{-1}$ et les deux racines quarrées négatives sont $\mu-\nu\sqrt{-1}$ et $-\mu-\nu\sqrt{-1}$. Tels sont les faits qui doivent servir de base au choix du système et de là résultent les règles que nous avons indiquées et qui doivent être substituées à celles de M. Bret. Dans tous les cas ce n'est pas en dehors de ces bases qu'il faut entendre et appliquer les préceptes que nous venons de formuler.

Ne négligeons pas de faire observer que ceci offre un nouvel exemple des erreurs dans lesquelles on peut tomber lorsqu'on cède trop précipitamment aux considérations de l'analogie. Par ce que dans la résolution des équations et dans plusieurs autres circonstances algébriques, il arrive que les imaginaires marchent nécessairement par couples de conjuguées, on s'est laissé entraîner à croire qu'il doit toujours en être ainsi ; et c'est là ce qui explique comment M. Bret, faute d'y avoir suffisamment réfléchi, a été involontairement conduit à admettre que, dans la circonstance actuelle, c'étaient les conjuguées $\mu+\nu\sqrt{-1}$, $\mu-\nu\sqrt{-1}$, ou bien $-\mu+\nu\sqrt{-1}$, $-\mu-\nu\sqrt{-1}$ qui devaient représenter les racines quarrées de même signe ; tandis que, en réalité, elles représentent les deux couples de ces racines qui ont signe contraire, et c'est dans ce dernier sens que doit être édifiée cette partie de la théorie de l'équation du quatrième degré.

VII.

Nous croyons avoir établi que l'explication à l'aide de laquelle on a cru jusqu'à ce jour pouvoir subordonner uniquement au signe de q l'emploi des deux systèmes est inexacte. Nous ne sommes pas éloigné de croire que si, dans cette circonstance on s'est contenté d'une demi-raison, pour ainsi dire, sans pousser plus avant les recherches, c'est, ainsi que nous venons de l'expliquer à la fin de l'article précédent, qu'à cette demi-raison est venu se joindre le trop facile entraînement des analogies. Peut être aussi l'imaginaire qui se présente si naturellement ici, pour faire en même temps reconnaître et redresser la faute, a-t-il été un repoussoir pour des intelligences trop accoutumées à ne raisonner que sur le réel.

Quoi qu'il en soit, il est facile de voir que la méprise dans laquelle on est tombé à ce sujet tient à ce que, mettant de côté les exigences les plus obligatoires de l'esprit mathématique, on n'a eu égard qu'à une seule des conditions du problème, au lieu de les considérer dans leur ensemble. Rétablissons cette omission et la clarté se fera immédiatement.

C'est en effet parce qu'on s'est borné à remarquer que le produit abc doit être contraire au signe de q, qu'on a cru devoir exclusivement attribuer l'un des systèmes à q positif, l'autre à q négatif. Mais, à côté de cette condition, il y a cette autre

$$a^2 + b^2 + c^2 = -\frac{p}{2}.$$

Or, que dit celle-ci? Que quand p est positif dans la proposée la somme des carrés de a, b, c doit être négative, mais cela ne se peut que tout autant que quelques-unes des quantités a^2, b^2, c^2 seront négatives; or nous venons de voir que, dans le cas du réel, les valeurs négatives sont au nombre de deux ; dès lors on aurait pu immédiatement reconnaître que lorsque p est positif dans l'équation le produit abc est de la forme $\sqrt{z_1}\sqrt{-z_2}\sqrt{-z_3}$ ou $-\sqrt{z_1 z_2 z_3}$ et que ce produit s'il est égal à $-\frac{q}{8}$ ne pourra conserver son signe que tout autant qu'on aura recours aux combinaisons du second système, tandis que s'il est égal à $+\frac{q}{8}$ il sera nécessaire, pour que son signe change, de recourir à celles du premier.

On ne perdra pas de vue que, dans ce cas, c'est-à-dire lorsque p est positif dans la proposée, l'expression $\frac{p^2}{4}-r$ équivalent de $4(a^2b^2+a^2c^2+b^2c^2)$ qu'on peut mettre sous la forme $4a^2(b^2+c^2)+4b^2c^2$ pourra être tantôt positive, tantôt négative ; cela dépendra des valeurs respectives de a^2, b^2, c^2.

Par exemple, si $a^2=1$, $b^2=-4$, $c^2=-9$, on aura $a^2+b^2+c^2=-12$ et $a^2(b^2+c^2)+b^2c^2=-13+36$ qui est positif.

Si $a^2=4$, $b^2=-1$, $c^2=-9$ la somme $a^2+b^2+c^2$ sera encore négative et égale à -6 ; mais $a^2(b^2+c^2)+b^2c^2$ prendra la valeur $-40+9$ qui est négative.

Il est donc certain qu'avec p positif dans la proposée, et quel que soit le signe de $\frac{p^2}{4}-r$ la réduite aura toujours deux racines négatives.

Passant ensuite au cas où p est négatif pour lequel la condition en p devient

$$a^2+b^2+c^2=+\frac{p}{2}.$$

On remarquera que la somme $a^2+b^2+c^2$ peut rester positive soit lorsque a^2, b^2, c^2 sont tous trois positifs, soit encore, pour certains cas particuliers, lorsque deux de ces quantités sont négatives, la somme de celles-ci étant moindre que la troisième. Dès lors le même signe de q exigera tantôt le choix d'un système, tantôt celui de l'autre. Quant à ce choix nous venons de voir qu'il dépendra du signe de $\frac{p^2}{4}-r$.

Et en effet, si les trois racines sont positives, $a^2b^2+a^2c^2+b^2c^2$ ou $\frac{1}{4}\left(\frac{p^2}{4}-r\right)$ sera nécessairement positif ; j'ajoute même que ce n'est qu'alors qu'elles pourront l'être, car l'hypothèse que $a^2b^2+a^2c^2+b^2c^2$ est négatif est évidemment inconciliable avec la circonstance de la positivité commune à a^2, b^2, c^2.

Enfin si la somme $a^2+b^2+c^2$ reste positive quoique deux des quantités qui y figurent soient négatives, il en résultera que forcément $\frac{p^2}{4}-r$ sera négatif ; car il faudra alors que l'une des quantités a^2 soit plus grande que la somme b^2+c^2 des deux autres et, à plus forte raison, que chacune d'elles séparément. Par conséquent dans $\frac{p^2}{4}-r$ qui prend la forme $-4a^2(b^2+c^2)+4b^2c^2$ le produit $a^2(b^2+c^2)$ sera certainement supérieur au produit b^2c^2 et le résultat final ne pourra être que négatif.

En résumé lorsque p est positif, quel que soit le signe de $\frac{p^2}{4}-r$ la réduite a deux racines négatives, et il en est de même lorsque, p étant négatif, $\frac{p^2}{4}-r$ est négatif.

Tous ces résultats sont d'ailleurs parfaitement concordants avec les indications du tableau inséré dans l'article VI.

On voit que dans ces raisonnements les trois conditions sont prises en considération, de sorte qu'aucun doute ne saurait exister sur la légitimité des conclusions auxquelles ils conduisent.

VIII.

Les études que nous venons de faire, tout en rectifiant une erreur dans l'exposition des principes algébriques, sont de nature à développer nos idées soit sur les ressources diverses que présentent les procédés analytiques, soit sur les formes variées des réponses que cer procédés mettent à jour dans les questions que nous propo=sons de résoudre, soit enfin sur certaines limites en dehors desquelles les formules cessent de jouir d'une généralité ab=solue d'application.

C'est ici le lieu de présenter quelques explications à ce sujet.

Les formules qui donnent les racines des équations des trois premiers degrés jouissent de cette propriété que, telles qu'elles se présentent, elles sont générales, c'est-à-dire applicables à toutes les circonstances dans lesquelles les coeffi=cients des équations peuvent se trouver, soit au point de vue de leur grandeur, soit à celui de leur état positif ou négatif. Une fois ces formules obtenues, il suffit, pour avoir les racines dans un cas particulier quel qu'il soit, de substituer dans ces formules, à la place des valeurs gé=nérales des coefficients, leurs valeurs spéciales actuelles, et, cela une fois fait, les racines s'ensuivent par l'exécution simple et naturelle des calculs indiqués.

Toutefois ce que nous disons ici ne doit pas être étendu, pour le troisième degré, au-delà du cas où les coefficients de la proposée sont réels; car, lorsqu'ils sont imaginaires, les formules qui donnent les racines ne sont applicables qu'à l'aide d'une modification qu'il faut leur faire subir préalablement. C'est un sujet que nous nous contentons d'indiquer ici et que nous avons traité dans une étude spéciale sur les équations à coefficients imaginaires qui fera l'objet d'une publication ultérieure.

A la vérité, en partant d'une équation du troisième degré à coefficients réels, on trouve un nombre de solutions triple de celui qui est nécessaire; mais on se rend parfaitement compte de ce résultat en remar=quant que la nature du procédé employé est telle qu'en fait elle s'applique non-seulement à la proposée $x^3 + px + q = 0$, mais à deux autres équations qui, si on appelle α la première racine cubique imagi=naire de l'unité, revêtiraient la forme :

$$x^3 + \alpha px + q = 0 \quad , \quad x^3 + \alpha^2 px + q = 0 .$$

Mais à l'aide d'une discussion préalable, faite une fois pour toutes, on dégage de ces neuf valeurs les trois qui sont spécialement applicables à la proposée à coefficients réels, et, cet état, on obtient des formes algébriques qui, sans autre obligation que celle d'effectuer les calculs manifestement indiqués, jouissent sans exception de la généralité que nous venons de signaler.

Aussi n'est-il pas étonnant qu'obéissant, pour le quatrième degré, aux inductions de l'analogie, on ait été conduit à penser, pour expliquer la présence de huit racines au lieu de quatre, qu'on avait résolu, non pas une seule, mais deux équations ayant l'une et l'autre deux coefficients de même valeur absolue, mais caractérisés par des signes différents. Toutefois, même à ce point de vue, il y aurait une distinction essentielle entre le troisième et le quatrième degré, puisque, pour l'un, une même forme convient à tous les cas possibles de grandeur et de signe des coefficients, tandis que, pour l'autre, il n'en serait pas ainsi, qu'une même forme serait insuffisante et qu'il en faudrait deux s'appliquant l'une à l'état positif de q, l'autre à l'état négatif. C'est là une révélation algébrique qui a plus d'importance qu'on ne serait d'abord tenté de lui attribuer. Elle nous avertit qu'il se pourrait qu'on tombât quelquefois dans l'erreur si, sans discussion préalable, on attribuait à toutes les formules une généralité trop absolue d'application, se laissant trop facilement diriger en cela par l'entraînement des inductions analogiques.

Mais il y a plus, et puisque nous venons de constater que, même pour le cas où p, q, r conservent le même signe, les deux formes sont nécessaires suivant qu'il existe certaines relations de grandeur entre p et r, on trouve dans cette dernière considération un nouveau et très-puissant motif de n'envisager qu'avec beaucoup de circonspection le grand principe de la prétendue généralité des formules algébriques.

Si maintenant on met à profit ces circonstances de calcul, révélées par l'étude du quatrième degré, pour s'élever à l'idée de celles qui peuvent se présenter dans les degrés supérieurs, ne sera-t-on pas porté à penser qu'à plus forte raison, pour ces degrés, il y aura impossibilité de représenter dans tous les cas les valeurs des racines par un même et unique système de formules. Or il suffira d'admettre que le nombre de ces systèmes, qui se réduit à deux pour le quatrième degré, s'élève à un nombre sensiblement plus considérable lorsqu'il s'agit des ordres supérieurs, pour avoir une idée des complications sérieuses qui pourront surgir dans ces nouveaux cas, de l'impossibilité peut-être où l'on se trouvera d'arriver à une solution.

Ce qu'il y a de fâcheux, qu'on nous permette d'insister encore une fois sur ce point, c'est que nous faisons beaucoup trop d'algèbre avec le second degré seulement, et nous nous accoutumons ainsi à penser que ce que nous constatons pour ce degré peut être généralisé pour les autres. C'est là une erreur qui ne peut nous donner que des idées inexactes sur la véritable constitution de l'algèbre; car, dans le second degré, beaucoup de choses ne sont qu'exceptionnelles, comme l'est le degré lui-même, et ne sauraient par conséquent être transportées dans les autres.

C'est surtout à ce point de vue qu'une étude spéciale approfondie des équations du troisième et du quatrième degré nous paraît devoir faire partie des programmes d'enseignement. Sans doute elle ne nous apprendra pas tout ce qui concerne les degrés supérieurs, mais elle détruira du moins cette fausse croyance qu'il est permis de généraliser pour eux les vues particulières auxquelles on est conduit par l'étude du second. Elle nous apprendrait qu'à cet égard nous devons nous tenir dans une grande réserve, et que, puisque dès le quatrième degré des choses qui concernent des points de doctrine fort importants n'ont plus d'analogie avec ce qui a été constaté dans les études qui le précèdent, on s'exposerait à de graves méprises si, au lieu de demander au raisonnement la démonstration des propriétés qui appartiennent aux degrés supérieurs, on les présupposait pour ainsi dire, se laissant influencer par cette tendance à la généralisation qui nous porte très-facilement à admettre que ces propriétés doivent être une suite naturelle de celles précédemment constatées.

C'est parce que les observations qu'on vient de lire sur le quatrième degré nous paraissent très-propres à détruire ce fâcheux préjugé, et à nous rendre très-scrupuleux sur l'admission de ce que nous croyons devoir être vrai, alors que cela n'est que possible, qu'il nous a paru nécessaire de les présenter avec quelques développements. On verra plus tard, lorsque nous publierons nos études sur les rapports de la science de l'étendue avec celle de l'algèbre, des exemples non moins frappants des étranges abus, des déviations d'idées auxquels on est conduit lorsqu'on veut trop aveuglément se laisser diriger par les simples considérations analogiques.

IX.

Ce n'est pas seulement sur ce terrain que se produisent les incidents qui viennent nous avertir de nous tenir en garde contre une trop facile généralisation des procédés analytiques. Si l'on voulait, par exemple, juger de ce qui doit avoir lieu pour la résolution de l'équation du quatrième degré d'après ce qui se passe dans celle de l'équation du troisième, on serait naturellement porté à croire que, puisque celle-ci consiste à déterminer le binôme $a+b$, qu'on égale à x, par la considération des cubes de a et de b, ce devra être analogiquement par celle des quatrièmes puissances de a, b et c qu'on parviendra à déterminer les éléments du trinome a + b + c qui, dans ce cas, est censé représenter la valeur de x. Or l'expérience prouve que cette analogie ne se confirme pas et que le problème est moins compliqué qu'on n'aurait d'abord été tenté de le croire puisqu'il suffit de la considération des carrés de ces quantités pour arriver au but. Il y a là une simplification qui tourne certainement au profit de la pratique des calculs, que l'esprit doit par conséquent accueillir en fait avec satisfaction à ce point de vue, mais dont le côté rationnel ne se montre pas instantanément et nous laisse dans l'attente de quelques explications justificatives. Certes en réfléchissant aux rapports nécessaires qui existent entre la multiplicité des racines de l'équation du quatrième degré et l'existence de quatre racines de ce degré pour l'unité, on est naturellement porté à croire que cette simplification du procédé doit essentiellement tenir dans ce cas à celle même de ces racines de l'unité lesquelles forment en effet deux groupes ± 1, ± $\sqrt{-1}$ composés chacun d'un même élément pris avec des signes contraires, ce qui constitue un système fort simple assurément. Toutefois ce premier aperçu n'est, à vrai dire, qu'une présomption, qu'on ne doit pas dédaigner sans doute, mais qui ne saurait être considérée comme une explication complète.

Nous ajouterons même que la circonstance dont nous parlons ici est d'autant plus digne de remarque qu'en réfléchissant plus profondément sur ce sujet, et en interrogeant avec plus de persistance les ressources du calcul algébrique, on finit par reconnaître que, si la considération des carrés de a, b, c se montre suffisante pour résoudre le problème, elle n'est pas toutefois exclusive d'autres moyens, et que, parmi ceux-ci, celui qui consiste à faire usage des quatrièmes puissances, ainsi que l'analogie du troisième degré nous y invite, est également susceptible de conduire au but. Mais si cette conséquence nous satisfait tout d'abord, parce qu'elle justifie l'analogie soupçonnée, elle ne laisse pas, d'un autre côté de nous jeter dans l'incertitude par la perspective d'un nombre de systèmes qui semble devoir dépasser celui nécessaire, puisque nous aurons quatre valeurs de chaque élément au lieu de deux pour former nos combinaisons ternaires.

Ce sont là des questions d'un incontestable intérêt théorique et dont nous n'aurons garde de négliger l'examen.

Mais éclaircissons d'abord, au point de vue du mécanisme analytique, la circonstance dont nous venons d'entretenir le lecteur ; nous en apprécierons ensuite les conséquences les plus essentielles dans une discussion spéciale.

A cet effet, reprenons les trois conditions initiales, savoir :

$$a^2+b^2+c^2=-\frac{p}{2}\quad,\quad abc=-\frac{q}{8}$$

$$(a^2+b^2+c^2)^2-4(a^2b^2+a^2c^2+b^2c^2)=r$$

et faisons voir que, tout en permettant de procéder à la détermination de a, b, c par la considération de leurs carrés, elles donnent aussi les moyens de les obtenir par leurs quatrièmes puissances.

Si, dans la dernière, on fait le développement de $(a^2+b^2+c^2)^2$ elle deviendra :

$$a^4+b^4+c^4-2(a^2b^2+a^2c^2+b^2c^2)=r$$

et, si on lui ajoute le carré de la première, on trouvera

$$a^4+b^4+c^4=\frac{1}{2}\left(\frac{p^2}{4}+r\right)$$

D'un autre côté, puisqu'on a

$$a^2b^2+a^2c^2+b^2c^2=\frac{1}{4}\left(\frac{p^2}{4}-r\right)$$

il viendra en élevant au carré,

$$a^4b^4+a^4c^4+b^4c^4+2a^2b^2c^2(a^2+b^2+c^2)=\frac{1}{16}\left(\frac{p^2}{4}-r\right)^2$$

et par suite

$$a^4b^4+a^4c^4+b^4c^4=\frac{1}{16}\left\{\left(\frac{p^4}{4}-r\right)^2+\frac{pq^2}{4}\right\}$$

on-

On déduit enfin de la seconde $a^4 b^4 c^4 = \left(\frac{q}{8}\right)^4$.

Le résultat de ces calculs nous conduit donc à la connaissance de la somme des quantités a^4, b^4, c^4, de leur produit, et de la somme de leurs produits deux à deux; d'où il suit que ces trois quantités seront les racines d'une équation du troisième degré ainsi conçue :

$$x^3 - \frac{1}{2}\left(\frac{p^2}{4}+r\right)x^2 + \frac{1}{16}\left\{\left(\frac{p^2}{4}-r\right)^2 + \frac{pq^2}{4}\right\}x - \left(\frac{q}{8}\right)^4 = 0 .$$

Il est donc vrai de dire que a, b, c peuvent être obtenus par la considération de leurs quatrièmes puissances, ce qui confirme théoriquement l'analogie déduite du troisième degré. Mais comme, d'un côté, nous avons vu que cet excès de complication peut être évité, comme, d'un autre côté, la détermination par les quatrièmes puissances conduit par le fait à quatre valeurs de chacun des éléments a, b, c, lesquelles sont parconséquent susceptibles de produire un nombre de combinaisons trois à trois égal à 64 au lieu de 8, il devient nécessaire de faire voir que néanmoins on ne sera pas pour cela conduit à un plus grand nombre de systèmes dans un cas que dans l'autre, et d'indiquer comment les conditions du problème se chargeront d'elles-mêmes d'élaguer toutes celles de ces combinaisons qui ne constituent qu'une superfétation, au point de vue d'une proposée à coefficients réels, mais qui, au fond auront toutes leur utilité lorsque cette proposée aura des coefficients quelconques et parconséquent soit réels, soit imaginaires.

C'est ce que nous allons maintenant étudier.

X.

Disons d'abord que, parceque le dernier terme de la réduite est toujours négatif, il sera nécessaire, si ses racines sont réelles, ou bien que toutes trois soient positives, ou bien qu'une seule soit positive et les deux autres négatives. Nous n'aurons donc que deux systèmes à prendre en considération

l'un $+a^4$, $+b^4$, $+c^4$; l'autre $+a^4$, $-b^4$, $-c^4$.

Occupons-nous du premier et admettons par conséquent que les trois racines, d'ailleurs réelles, sont positives. Dans ce cas, on aura quatre valeurs de a, de b et de c, conformément aux indications du tableau suivant:

$$+a,\ -a,\ +a\sqrt{-1},\ -a\sqrt{-1}$$
$$+b,\ -b,\ +b\sqrt{-1},\ -b\sqrt{-1}$$
$$+c,\ -c,\ +c\sqrt{-1},\ -c\sqrt{-1}$$

Et nous allons maintenant examiner quelles sont les combinaisons ternaires de ces valeurs que les conditions du problème autorisent.

Or ces conditions, pour une proposée à coefficients réels, consistent essentiellement en ce que les trois fonctions

$$a^2+b^2+c^2,\quad a^2b^2+a^2c^2+b^2c^2,\quad abc$$ soient réelles.

Quelles que soient celles des quatre valeurs ci-dessus qu'on voudra prendre pour les trois éléments, les deux premières conditions seront toujours satisfaites. A ce point de vue, tout peut donc être accepté. Mais il n'en sera pas de même de la troisième et c'est par conséquent sur celle-ci que se trouve concentrée toute l'importance de la discussion. Or la réalité du produit abc exclut tout d'abord les divers systèmes dans lesquels les trois éléments seraient imaginaires ainsi que ceux dans lesquels un seul d'entre-eux le serait. On voit par là que la moitié des 64 combinaisons possibles se trouve éliminée.

Il ne nous restera donc que la ressource de combiner soit les éléments réels entre eux, soit un élément réel avec deux éléments imaginaires.

Cela posé, avec des éléments réels on aura les deux systèmes connus

$$1^\circ \begin{cases} +a \pm (b+c) \\ -a \pm (b-c) \end{cases}, \qquad 2^\circ \begin{cases} +a \pm (b-c) \\ -a \pm (b+c) \end{cases}$$

Ces systèmes dans lesquels a, b et c sont réels conviennent savoir : le premier à q négatif, le second à q positif ; ils seront essentiellement applicables aux cas où les racines de la proposée doivent être toutes quatre réelles.

En second lieu, avec un élément réel et deux imaginaires, on aura trois couples de systèmes, suivant que ce sera a, b ou c qui sera l'élément réel, savoir :

Systèmes de a réel. Systèmes de b réel. Systèmes de c réel.

$$1^\circ \begin{cases} +a \pm \sqrt{-1}\,(b+c) \\ -a \pm \sqrt{-1}\,(b-c) \end{cases} \qquad 1^\circ \begin{cases} +b \pm \sqrt{-1}\,(a+c) \\ -b \pm \sqrt{-1}\,(a-c) \end{cases} \qquad 1^\circ \begin{cases} +c \pm \sqrt{-1}\,(a+b) \\ -c \pm \sqrt{-1}\,(a-b) \end{cases}$$

$$2^\circ \begin{cases} +a \pm \sqrt{-1}\,(b-c) \\ -a \pm \sqrt{-1}\,(b+c) \end{cases} \qquad 2^\circ \begin{cases} +b \pm \sqrt{-1}\,(a-c) \\ -b \pm \sqrt{-1}\,(a+c) \end{cases} \qquad 2^\circ \begin{cases} +c \pm \sqrt{-1}\,(a-b) \\ -c \pm \sqrt{-1}\,(a+b) \end{cases}$$

D'après les conditions initiales, ces divers systèmes doivent être nécessairement formés par les combinaisons ternaires qui laissent au produit abc et même valeur numérique et même signe. Ils seront évidemment applicables aux cas où la proposée n'a que des racines imaginaires, et l'on voit, d'après la forme qu'ils imposent à ces racines, que celles-ci marcheront toujours par couples du type $M \pm N\sqrt{-1}$.

Nous trouvons ainsi le nombre de 32 combinaisons admissibles lesquelles ajoutées aux 32 combinaisons éliminées forment la totalité des 64 que nous avons reconnu devoir exister.

Il est d'ailleurs évident que les trois derniers

couples de systèmes, qui ne diffèrent les uns des autres que par des permutations des lettres a, b, c, n'en forment à proprement parler qu'un seul, sinon en ce qui concerne les valeurs des quatre expressions algébriques dont ils sont respectivement composés, du moins au point de vue de la nature et de la constitution des fonctions, au moyen desquelles les éléments a, b, c, y sont reliés entre eux. Ce qu'en effet on trouve dans ces systèmes c'est un type unique toujours composé d'un élément réel alternativement pris positivement et négativement et combiné au moyen de règles constantes avec deux éléments imaginaires de la forme invariable $K\sqrt{-1}$.

Examinons maintenant le cas où, sur les racines de la réduite, l'une a^4 est positive et les deux autres négatives. Dans cette circonstance les quatre valeurs de a seront comme précédemment

$$+a\,,\ -a\,,\ +a\sqrt{-1}\,,\ -a\sqrt{-1}\,.$$

Celles de b s'obtiendront en multipliant b par les quatre valeurs de $\sqrt[4]{-1}$ et il en sera de même de celles de c. Or les valeurs de $\sqrt[4]{-1}$ sont

$$\pm\left(\cos\frac{\pi}{8}+\sqrt{-1}\,\sin\frac{\pi}{8}\right) \quad \text{et} \quad \pm\left(\cos\frac{\pi}{8}-\sqrt{-1}\,\sin\frac{\pi}{8}\right)$$

En conséquence on aura savoir :

pour les quatre valeurs de b

$$\pm b\left(\cos\frac{\pi}{8}+\sqrt{-1}\,\sin\frac{\pi}{8}\right),\quad \pm b\left(\cos\frac{\pi}{8}-\sqrt{-1}\,\sin\frac{\pi}{8}\right)$$

pour les quatre valeurs de c,

$$\pm c\left(\cos\frac{\pi}{8}+\sqrt{-1}\,\sin\frac{\pi}{8}\right),\quad \pm c\left(\cos\frac{\pi}{8}-\sqrt{-1}\,\sin\frac{\pi}{8}\right)$$

Cela posé il est très facile de se convaincre que, avec ces valeurs, la condition

$$a^2+b^2+c^2=-\frac{p}{2}$$

ne pourra jamais être satisfaite par des valeurs réelles de p. En effet, la quantité a^2 sera bien toujours réelle, mais les carrés de toutes les valeurs de b, aussi bien que de celles de c revêtiront invariablement la forme $\pm b^2\sqrt{-1}$, $\pm c^2\sqrt{-1}$ puisque ces valeurs sont toutes des représentations de $b\sqrt[4]{-1}$ et de $c\sqrt[4]{-1}$ il suit de là que $\frac{p}{2}$ ne pourra être qu'une des huit expressions . . . .

$\pm a^2 \pm (b^2 \pm c^2)\sqrt{-1}$ en y prenant à volonté telles combinaisons de signes qu'on voudra ; en conséquence le coefficient de x^2 sera toujours imaginaire. Ce premier résultat est suffisant pour montrer que le cas, dans lequel deux des racines de la réduite qui donne les valeurs de a^4, b^4, c^4 sont négatives, ne saurait convenir à une proposée ayant ses coefficients réels, et nous pourrions nous en tenir là si nous voulions nous borner à ce qui concerne l'étude d'une telle équation. Mais au point de vue de la connaissance des propriétés dont jouissent les diverses fonctions de l'algèbre il n'est pas inutile de dire quelques mots des deux autres expressions $a^2b^2 + a^2c^2 + b^2c^2$ et abc.

La première peut se mettre sous la forme $a^2(a^2+b^2+c^2) - a^4 + b^2c^2$. Or a^2 et a^4 seront toujours réels ; nous venons de voir en outre en outre que b^2 et c^2 ne peuvent revêtir que les formes $\pm b^2\sqrt{-1}$, $\pm c^2\sqrt{-1}$, leur produit sera donc toujours réel ; par suite l'état de cette fonction sera évidemment le même que celui de $a^2 + b^2 + c^2$ que nous venons de reconnaître être toujours imaginaire.

D'ailleurs comme on a

$$r = a^4 + b^4 + c^4 - 2(a^2b^2 + a^2c^2 + b^2c^2)$$

il viendra, par la substitution de l'expression ci-dessus de $a^2b^2 + a^2c^2 + b^2c^2$,

$$r = b^4 + c^4 - a^4 - 2b^2c^2 - 2a^2(a^2+b^2+c^2)$$

valeur de laquelle résulte nécessairement l'imaginarité de r.

Quant à la fonction abc, elle pourra être quelquefois réelle et quelquefois imaginaire, mais, dans ce dernier cas elle affectera exclusivement la forme $K\sqrt{-1}$.

Il convient en effet de remarquer à ce sujet

que les quatre valeurs de $\sqrt[4]{-1}$ ne sont autre chose que les racines huitièmes de l'unité de rang impair, de telle sorte que si ρ désigne la première racine de l'unité du degré 8, ces valeurs seront ρ^1, ρ^3, ρ^5, ρ^7 ; le produit de deux quelconques de ces valeurs sera donc toujours une racine paire du même degré, c'est-à-dire ± 1, $\pm\sqrt{-1}$, dès lors la forme de bc ne pourra être que $\pm bc$, $\pm bc\sqrt{-1}$ et en le multipliant soit par $\pm a$, soit par $\pm a\sqrt{-1}$ on ne pourra avoir, comme nous l'avons annoncé, que du réel ou de l'imaginaire de la forme $K\sqrt{-1}$.

Ce sont donc là les seuls cas possibles pour le coefficient q de x puisque ce coefficient a pour valeur $-8\,abc$.

Nous nous bornons ici à la constatation de ces faits principaux. Une discussion plus approfondie à leur sujet nous ferait entrer directement dans l'étude des équations à coefficients imaginaires, travail considérable et complexe dont nous avons préparé les éléments essentiels, et qui nous l'avons dit, fera l'objet d'une publication spéciale dans laquelle nous exposerons l'ensemble de ce que nos recherches nous auront appris.

Nous devons maintenant, pour compléter cette discussion, examiner la circonstance dans laquelle la réduite a des racines imaginaires.

On sait que dans ce cas, une des racines a^4 sera réelle et les deux autres b^4 et c^4 imaginaires de la forme $M \pm N\sqrt{-1}$, le produit de celles-ci aura pour valeur $M^2 + N^2$ et sera par conséquent réel et positif ; en le multipliant par la racine réelle on devra obtenir un résultat égal et de signe contraire au dernier terme de la réduite et comme celui-ci est négatif, il s'ensuit que la racine réelle sera positive.

D'après cela l'élément a sera comme précédemment susceptible d'avoir les quatre valeurs $\pm a$, $\pm a\sqrt{-1}$

Quant aux deux racines imaginaires elles pourront

être de la forme $+(M \pm N\sqrt{-1})$ ou de celle $-(M \pm N\sqrt{-1})$.

Remarquons d'ailleurs qu'à un point de vue général $M \pm N\sqrt{-1}$ peut être mis sous la forme $\delta(\cos\alpha \pm \sqrt{-1}\sin\alpha)$. Nous voyons donc qu'en définitive nous aurons à tenir compte de deux circonstances : celle où les racines imaginaires affecteront la forme $+\delta(\cos\alpha \pm \sqrt{-1}\sin\alpha)$. celle où elles seront de la forme $-\delta(\cos\alpha \pm \sqrt{-1}\sin\alpha)$.

Admettons qu'on a d'abord

$$b^4 = +\delta(\cos\alpha + \sqrt{-1}\sin\alpha)$$
$$c^4 = +\delta(\cos\alpha - \sqrt{-1}\sin\alpha)$$

Pour passer de ces valeurs à celles de b et de c, il faudra extraire la racine quatrième de δ ce qui donnera quatre valeurs, puis celle de $\cos\alpha \pm \sqrt{-1}\sin\alpha$, ce qui en donnera quatre aussi dans chaque cas, et les combiner entre elles. Il semblerait résulter de là que chacune des racines b^4 et c^4 est susceptible de produire seize valeurs de b et de c. Mais on vérifiera facilement que ces valeurs sont égales quatre par quatre, de sorte que les seules qui sont distinctes sont, savoir:

pour b, $\pm\sqrt[4]{\delta}\left(\cos\frac{\alpha}{4} + \sqrt{-1}\sin\frac{\alpha}{4}\right)$, $\pm\sqrt{-1}\sqrt[4]{\delta}\left(\cos\frac{\alpha}{4} + \sqrt{-1}\sin\frac{\alpha}{4}\right)$

pour c, $\pm\sqrt[4]{\delta}\left(\cos\frac{\alpha}{4} - \sqrt{-1}\sin\frac{\alpha}{4}\right)$, $\pm\sqrt{-1}\sqrt[4]{\delta}\left(\cos\frac{\alpha}{4} - \sqrt{-1}\sin\frac{\alpha}{4}\right)$

Or ces expressions conduisent à deux valeurs distinctes pour les carrés et qui sont ainsi conçues :

pour b^2, $\pm\sqrt{\delta}\left(\cos\frac{\alpha}{2} + \sqrt{-1}\sin\frac{\alpha}{2}\right)$

pour c^2, $\pm\sqrt{\delta}\left(\cos\frac{\alpha}{2} - \sqrt{-1}\sin\frac{\alpha}{2}\right)$

Voyons maintenant ce que deviendront avec ces valeurs les conditions de réalité des fonctions

$$a^2+b^2+c^2, \quad a^2b^2+a^2c^2+b^2c^2, \quad abc.$$

Quant à a^2 nous savons qu'il sera toujours réel.

Si maintenant on combine b^2 et c^2 ou leur

attribuant les mêmes signes extérieurs, leur somme devient $\pm 2\sqrt{\delta}\cos\frac{\alpha}{2}$, elle sera donc réelle et par suite les deux premières fonctions le seront.

Pour savoir maintenant ce qui concerne la fonction abc, remarquons que, si l'on a pris les signes extérieurs positifs, b^2 correspond aux deux valeurs de b, $\pm\sqrt[4]{\delta}\left(\cos\frac{\alpha}{4}+\sqrt{-1}\sin\frac{\alpha}{2}\right)$ et c^2 correspond aux deux valeurs de c, $\pm\sqrt[4]{\delta}\left(\cos\frac{\alpha}{4}-\sqrt{-1}\sin\frac{\alpha}{4}\right)$.

Au point de vue des deux premières fonctions, ces doubles valeurs de b et de c pourraient donc être combinées avec les quatre valeurs de a et cela donnerait seize solutions; mais, si nous faisons intervenir la condition que abc doit être réel, nous reconnaîtrons que le produit de l'une quelconque des deux valeurs de b par une quelconque des deux valeurs de c est toujours réel, que, par conséquent, abc ne pourra l'être à son tour que si a l'est lui-même. Il faudra donc écarter les huit combinaisons qui résulteraient de l'emploi de $\pm a\sqrt{-1}$; il n'en restera donc que huit qui, au point de vue de la réalité de abc, pourront être acceptées. Si l'on classe celles-ci par groupes susceptibles de maintenir à ce produit le même signe, elles donneront lieu aux deux systèmes suivants:

$$1^\circ\left\{\begin{array}{l}+a\pm 2\sqrt[4]{\delta}\cdot\cos\frac{\alpha}{4}\\ -a\pm 2\sqrt{-1}\sqrt[4]{\delta}\sin\frac{\alpha}{4}\end{array}\right.\qquad 2^\circ\left\{\begin{array}{l}+a\pm 2\sqrt{-1}\sqrt[4]{\delta}\sin\frac{\alpha}{4}\\ -a\pm 2\sqrt[4]{\delta}\cos\frac{\alpha}{4}\end{array}\right.$$

Dans le cas où l'on prendra simultanément pour b^2 et c^2 les signes extérieurs négatifs $-b^2$ sera produit par les deux valeurs suivantes de b:

$$\pm\sqrt{-1}\sqrt[4]{\delta}\left(\cos\frac{\alpha}{4}+\sqrt{-1}\sin\frac{\alpha}{4}\right)$$

et $-c^2$ le sera par celles ci-dessous de c ....

$$\pm\sqrt{-1}\,\sqrt[4]{\delta}\left(\cos\frac{\alpha}{4}-\sqrt{-1}\,\sin\frac{\alpha}{4}\right).$$

Leur produit étant réel, c'est encore à des valeurs réelles de a qu'il faudra recourir pour que abc le soit. Cela donnera encore huit combinaisons et si l'on réunit ensemble les quatre dont le produit donne le même signe à abc, on formera les deux systèmes suivants

$$1^\circ \begin{cases} +a \pm 2\sqrt{-1}\,\sqrt[4]{\delta}\,\cos\frac{\alpha}{4} \\ -a \pm 2\sqrt[4]{\delta}\,\sin\frac{\alpha}{4} \end{cases}, \qquad 2^\circ \begin{cases} +a \pm 2\sqrt[4]{\delta}\,\sin\frac{\alpha}{4} \\ -a \pm 2\sqrt{-1}\,\sqrt[4]{\delta}\,\sin\frac{\alpha}{4} \end{cases}$$

Ces systèmes appartiennent évidemment au même type que les précédents. On voit d'ailleurs que les divers cas que nous venons de passer en revue correspondent à des proposées à coefficients réels qui ont deux racines réelles et deux racines imaginaires.

Mais, si l'on combine b^2 et c^2 avec des signes extérieurs différents, la somme deviendra égale à ...... $2\sqrt{-1}\sqrt{\delta}\,\sin\frac{\alpha}{2}$ et sera par conséquent imaginaire. De sorte que les deux premières fonctions entraîneront la nécessité que p et r soient à leur tour imaginaires. Ces divers cas ne sauraient donc appartenir à l'étude d'une équation du quatrième degré à coefficients réels.

D'ailleurs dans cette hypothèse les deux valeurs de b qui correspondront par exemple à $+b^2$ étant $\pm\sqrt[4]{\delta}\left(\cos\frac{\alpha}{4}+\sqrt{-1}\,\sin\frac{\alpha}{4}\right)$, celles qui correspondront à $-c^2$ seront $\pm\sqrt{-1}\,\sqrt[4]{\delta}\left(\cos\frac{\alpha}{4}-\sqrt{-1}\,\sin\frac{\alpha}{4}\right)$. Le produit de l'une quelconque des deux premières par une quelconque des deux dernières sera toujours de la forme $\pm K\sqrt{-1}$ et de là on conclura que le produit abc, et par suite le coefficient q, ne pourra être que réel, ou imaginaire de la forme $\pm K\sqrt{-1}$. Il en serait exactement de même, comme il sera facile de s'en convaincre, si l'on avait combiné $-b^2$ avec $+c^2$.

Procédons enfin à l'examen du cas dans lequel les deux racines imaginaires de la réduite se présentent sous la forme

$$-\delta(\cos\alpha \pm \sqrt{-1}\ \sin\alpha)$$

a^4 étant réel, les quatre valeurs de a seront comme à l'ordinaire $\pm a$ et $\pm a\sqrt{-1}$.

Quant à celles de b et de c ce seront les valeurs que peut prendre la double expression $\sqrt[4]{-\delta(\cos\alpha \pm \sqrt{-1}\ \sin\alpha)}$ valeurs concentrées dans l'expression

$$\sqrt[4]{\delta}\left(\cos\frac{\alpha}{4} + \sqrt{-1}\ \sin\frac{\alpha}{4}\right)\sqrt[4]{-1}\cdot\sqrt[4]{1}\ .$$

Or si l'on désigne par ρ la première racine imaginaire du degré 8 les quatre valeurs de $\sqrt[4]{-1}$ seront les puissances impaires de ρ soit $\rho^1, \rho^3, \rho^5, \rho^7$ et les quatre valeurs de $\sqrt[4]{1}$ seront les puissances paires $\rho^2, \rho^4, \rho^6, \rho^8$. Mais le produit de l'une quelconque des premières par l'une quelconque des secondes ne donnera que quatre résultats distincts $\rho^1, \rho^3, \rho^5, \rho^7$. Et comme $\rho^5 = -\rho$ et que $\rho^7 = -\rho^3$ il en résulte que les quatre valeurs de b seront

$$\pm\rho\sqrt[4]{\delta}\left(\cos\frac{\alpha}{4} + \sqrt{-1}\ \sin\frac{\alpha}{4}\right), \quad \pm\rho^3\sqrt[4]{\delta}\left(\cos\frac{\alpha}{4} + \sqrt{-1}\ \sin\frac{\alpha}{4}\right);$$

celles de c seront à leur tour

$$\pm\rho\sqrt[4]{\delta}\left(\cos\frac{\alpha}{4} - \sqrt{-1}\ \sin\frac{\alpha}{4}\right), \quad \pm\rho^3\sqrt[4]{\delta}\left(\cos\frac{\alpha}{4} - \sqrt{-1}\ \sin\frac{\alpha}{4}\right).$$

Mais on peut remplacer ρ^3 par $\rho\sqrt{-1}$, on peut ensuite combiner la direction ρ avec celle de α, et, cela fait, on reconnaît que les valeurs de b et de c se transforment ainsi qu'il suit, savoir :

$$\text{pour } b \left\{\begin{array}{l} \pm\sqrt[4]{\delta}\left\{\cos\left(\frac{\alpha}{4} + \frac{2\pi}{8}\right) + \sqrt{-1}\ \sin\left(\frac{\alpha}{4} + \frac{2\pi}{8}\right)\right\}, \\ \pm\sqrt{-1}\sqrt[4]{\delta}\left\{\cos\left(\frac{\alpha}{4} + \frac{2\pi}{8}\right) + \sqrt{-1}\ \sin\left(\frac{\alpha}{4} + \frac{2\pi}{8}\right)\right\}. \end{array}\right.$$

$$\text{et pour } c \left\{\begin{array}{l} \pm\sqrt[4]{\delta}\left\{\cos\left(\frac{\alpha}{4} + \frac{2\pi}{8}\right) - \sqrt{-1}\ \sin\left(\frac{\alpha}{4} + \frac{2\pi}{8}\right)\right\}, \\ \pm\sqrt{-1}\sqrt[4]{\delta}\left\{\cos\left(\frac{\alpha}{4} + \frac{2\pi}{8}\right) - \sqrt{-1}\ \sin\left(\frac{\alpha}{4} + \frac{2\pi}{8}\right)\right\}. \end{array}\right.$$

On retrouve donc ici les mêmes formes que dans le cas précédent sous la condition de substituer l'angle $\frac{\alpha}{4} + \frac{2\pi}{8}$ à l'angle $\frac{\alpha}{4}$.

Il s'ensuit d'abord que les combinaisons dans lesquelles entreraient les valeurs imaginaires de a devront être rejetées comme s'appliquant à des proposées à coefficients imaginaires. Si de plus on remarque que l'on a

$$\cos \frac{2\pi}{8} = \sin \frac{2\pi}{8} = \frac{1}{\sqrt{2}}$$

on en déduira

$$\cos\left(\frac{\alpha}{4} + \frac{2\pi}{8}\right) = \frac{1}{\sqrt{2}}\left(\cos\frac{\alpha}{4} - \sin\frac{\alpha}{4}\right)$$

$$\sin\left(\frac{\alpha}{4} + \frac{2\pi}{8}\right) = \frac{1}{\sqrt{2}}\left(\cos\frac{\alpha}{4} + \sin\frac{\alpha}{4}\right) \quad ;$$

et de là il résultera immédiatement, par comparaison avec les formules précédentes, les deux systèmes

$$1^{\circ}\begin{cases} a \pm \sqrt{2}\sqrt[4]{\delta}\left(\cos\frac{\alpha}{4} - \sin\frac{\alpha}{4}\right) \\ -a \pm \sqrt{2}\sqrt{-1}\sqrt[4]{\delta}\left(\cos\frac{\alpha}{4} + \sin\frac{\alpha}{4}\right) \end{cases}, \quad 2^{\circ}\begin{cases} a \pm \sqrt{2}\sqrt{-1}\sqrt[4]{\delta}\left(\cos\frac{\alpha}{4} + \sin\frac{\alpha}{4}\right) \\ -a \pm \sqrt{2}\sqrt[4]{\delta}\left(\cos\frac{\alpha}{4} - \sin\frac{\alpha}{4}\right) \end{cases}$$

du même type et correspondant par conséquent à des cas dans lesquels la proposée a deux racines réelles et deux racines imaginaires.

On obtiendrait d'une manière semblable les deux autres systèmes.

XI.

La discussion à laquelle nous venons de nous livrer pourra paraître longue, mais c'est là un inconvénient auquel il faut savoir se résigner. Dans l'étude des sciences, et surtout dans celle de l'algèbre, tout ce qui se rattache à une même question est uni par une si étroite solidarité qu'on doit s'efforcer de ne rien négliger. Une seule omission peut avoir pour conséquence ou de jeter un voile d'obscurité sur ce qu'on a découvert, ou d'introduire dans la nomenclature des faits algébriques de regrettables lacunes. Les nombreuses investigations auxquelles nous venons de procéder, et dont aucune n'est inutile, prouvent, en résumé, et contrairement peut être à des opinions préconçues qu'il y a sous le couvert synthétique d'un polynome du quatrième degré un plus grand nombre de détails d'analyse qu'on ne serait disposé à le croire; or qui pourrait prétendre qu'il n'y a pas intérêt à les connaître tous et à en avoir l'explication? N'est-il pas constaté par ce qui précède que c'est parce qu'on a négligé, dans le procédé usuel, d'avoir égard à certaines circonstances de la résolution de l'équation du quatrième degré que les règles données pour le choix à faire des racines ont été inexactement formulées? De telle sorte qu'il est permis d'affirmer que non seulement nous ne connaissons que peu de chose des relations et des équivalences qui existent entre le premier membre d'une équation du quatrième degré et les expressions algébriques de ses racines, mais encore que, sur ce petit nombre de rapports, il s'en trouve quelques-uns qui ne sont pas admissibles dans les termes où ils ont été énoncés.

A l'aide des recherches précédentes nous sommes en mesure d'abord de redresser les erreurs qui frappent certaines propriétés connues; en second lieu de mettre à jour d'autres propriétés tenues en oubli, et surtout d'acquérir la complète intelligence des liens analytiques à l'aide desquels s'établit la dépendance des unes aux autres.

Mais, afin de donner au lecteur les moyens de suivre avec plus de fruit les nouvelles études que nous allons entreprendre à ce sujet, il nous paraît nécessaire de lui présenter au préalable le résumé des divers faits qui viennent de passer successivement sous ses yeux dans l'article précédent.

Nous avons d'abord constaté qu'étant donnée

une équation du quatrième degré, privée du terme en x^3.
Savoir $$x^4+px^2+qx+r=0\quad,$$
si l'on pose $x=a+b+c$, il est possible d'obtenir, en fonction des coefficients de cette équation, les valeurs de a^4, b^4, c^4, et que ces valeurs seront les racines d'une équation du troisième degré ainsi conçue :

$$z^3-\frac{1}{2}\left(\frac{p^2}{4}+r\right)z^2+\frac{1}{16}\left\{\left(\frac{p^2}{4}-r\right)^2+\frac{pq^2}{4}\right\}z-\left(\frac{q}{8}\right)^4=0\,.$$

Or, suivant les valeurs particulières des coefficients p, q, r, les racines a^4, b^4, c^4 pourront être ou bien toutes trois réelles, ou bien une réelle et deux imaginaires.

– Cas où les racines de la réduite sont réelles.

Lorsque les racines sont toutes trois réelles, elles ne peuvent se trouver, au point de vue de leur positivité ou de leur négativité, que dans deux circonstances,

1° ou toutes trois seront positives ;

2° ou une seule sera positive et les deux autres négatives.

D'ailleurs, dans chaque cas, lorsque de a^4, b^4, c^4 on voudra passer à a, b, c, il y aura quatre valeurs pour chacune de ces quantités, de sorte que le nombre de combinaisons ternaires possibles sera de 64.

Or, voici ce que nous avons constaté :

Première variété, les trois racines sont positives.

Dans cette circonstance, il a été établi que la moitié de ces 64 combinaisons est applicable à une proposée dans laquelle p et r sont réels, mais dont le coefficient q est imaginaire de la forme $\pm K\sqrt{-1}$. Ce sont celles dans lesquelles figurent ou trois éléments imaginaires, ou un seul imaginaire et deux réels.

L'autre moitié est susceptible d'appartenir à une proposée à coefficients réels. Elle se compose d'abord de huit combinaisons dans lesquelles les valeurs de tous les éléments sont réelles, ce qui donne les deux systèmes connus :

$$1^\circ \left\{ \begin{array}{l} +a \pm (b+c) \\ -a \pm (b-c) \end{array} \right. , \quad 2^\circ \left\{ \begin{array}{l} +a \pm (b-c) \\ -a \pm (b+c) \end{array} \right. .$$

Ces systèmes correspondent aux cas où toutes les racines de la proposée sont réelles.

Elle se compose, en second lieu, de 24 combinaisons dans lesquelles les valeurs de deux éléments sont imaginaires de la forme $K\sqrt{-1}$ et celle du troisième est réelle. On a ainsi trois couples de systèmes caractérisés chacun par celui des éléments qui y est réel. Ces systèmes sont tous du type suivant, relatif au cas où c'est a qui est réel :

$$1^\circ \left\{ \begin{array}{l} +a \pm \sqrt{-1}\,(b+c) \\ -a \pm \sqrt{-1}\,(b-c) \end{array} \right. , \quad 2^\circ \left\{ \begin{array}{l} +a \pm \sqrt{-1}\,(b-c) \\ -a \pm \sqrt{-1}\,(b+c) \end{array} \right. ;$$

ils correspondent aux cas où toutes les racines sont imaginaires.

Deuxième variété. Une racine est positive et les deux autres négatives.

Nous avons fait voir qu'alors toutes les combinaisons, sans exception, imposent à p et à r des valeurs imaginaires de la forme $M + N\sqrt{-1}$; elles sont donc inapplicables à des proposées à coefficients réels. Quant au coefficient q, il sera quelquefois réel, quelquefois imaginaire. Mais, dans ce dernier cas, il affectera toujours la forme $\pm K\sqrt{-1}$.

Tel est le résumé de ce qui concerne le réel.

Cas où la réduite contient des racines imaginaires.

Dans cette circonstance, une des racines, a^4 par exemple, est réelle et toujours positive. Les deux autres sont imaginaires soit de la forme $+(M \pm N\sqrt{-1})$, soit de celle $-(M \pm N\sqrt{-1})$; ces deux formes peuvent d'ailleurs être remplacées par les suivantes $+\delta(\cos\alpha \pm \sqrt{-1}\sin\alpha)$, $-\delta(\cos\alpha \pm \sqrt{-1}\sin\alpha)$.

Nous aurons donc à prendre en considération deux variétés :

1° variété. a^4 est réel, b^4 et c^4 ont pour valeur $+\delta(\cos\alpha \pm \sqrt{-1}\sin\alpha)$.

De ces conditions résultent pour a, b, c les quatre valeurs suivantes :

pour a .... $\pm a$, $\pm a\sqrt{-1}$

pour b ... $\pm\sqrt[4]{\delta}\left(\cos\frac{\alpha}{4}+\sqrt{-1}\sin\frac{\alpha}{4}\right)$, $\pm\sqrt{-1}\sqrt[4]{\delta}\left(\cos\frac{\alpha}{4}+\sqrt{-1}\sin\frac{\alpha}{4}\right)$

pour c ... $\pm\sqrt[4]{\delta}\left(\cos\frac{\alpha}{4}-\sqrt{-1}\sin\frac{\alpha}{4}\right)$, $\pm\sqrt{-1}\sqrt[4]{\delta}\left(\cos\frac{\alpha}{4}-\sqrt{-1}\sin\frac{\alpha}{4}\right)$

Or pour avoir des résultats applicables à une proposée à cœfficients réels, il faut d'abord éliminer toutes les combinaisons dans lesquelles figurera $\pm a\sqrt{-1}$, ce qui en exclut la moitié. Puis sur les 32 restantes on doit encore éliminer toutes celles dans lesquelles une des deux premières valeurs de b serait réunie à une des dernières valeurs de c et réciproquement.

Il n'y aura donc finalement que 16 combinaisons acceptables. Dans toutes a sera réel ; elles se composeront, quant à b et à c, savoir :

En premier lieu de la réunion d'une quelconque des deux premières valeurs de b avec une quelconque des deux premières valeurs de c, ce qui donnera les deux systèmes suivants.

1° $\begin{cases} +a \pm 2\sqrt[4]{\delta}\cos\frac{\alpha}{4} \\ -a \pm 2\sqrt{-1}\sqrt[4]{\delta}\sin\frac{\alpha}{4} \end{cases}$, 2° $\begin{cases} +a \pm 2\sqrt{-1}\sqrt[4]{\delta}\sin\frac{\alpha}{4} \\ -a \pm 2\sqrt[4]{\delta}\cos\frac{\alpha}{4} \end{cases}$;

En second lieu de la réunion d'une quelconque des deux dernières valeurs de b avec une quelconque des deux dernières valeurs de c ce qui donnera les deux nouveaux systèmes

1° $\begin{cases} a \pm 2\sqrt{-1}\sqrt[4]{\delta}\cos\frac{\alpha}{4} \\ -a \pm 2\sqrt[4]{\delta}\sin\frac{\alpha}{4} \end{cases}$, 2° $\begin{cases} a \pm 2\sqrt[4]{\delta}\sin\frac{\alpha}{4} \\ -a \pm 2\sqrt{-1}\sqrt[4]{\delta}\cos\frac{\alpha}{4} \end{cases}$

Ces divers systèmes, qui ont d'ailleurs tous même type, appartiennent au cas où la proposée contient deux racines réelles et deux racines imaginaires.

2e. Variété. a^4 est réel, b^4 et c^4 ont pour valeur $-\partial(\cos\alpha \pm \sqrt{-1}\ \sin\alpha)$.

Ce cas rentre immédiatement dans le précédent en considérant que -1 est la même chose que $\cos\frac{2\pi}{2} \pm \sqrt{-1}\sin\frac{2\pi}{2}$, que l'on a en conséquence

$$-\partial\left(\cos\alpha \pm \sqrt{-1}\ \sin\alpha\right) = +\partial\left\{\cos\left(\alpha + \frac{2\pi}{2}\right) + \sqrt{-1}\ \sin\left(\alpha + \frac{2\pi}{2}\right)\right\}.$$

Il suffira donc, pour avoir les combinaisons admissibles de remplacer, dans les quatre systèmes précédents, l'angle $\frac{\alpha}{4}$ par $\frac{\alpha}{4} + \frac{2\pi}{8}$ et par suite de substituer savoir :

$$\frac{\cos\frac{\alpha}{4} - \sin\frac{\alpha}{4}}{\sqrt{2}} \text{ à } \cos\frac{\alpha}{4}, \text{ et } \frac{\cos\frac{\alpha}{4} + \sin\frac{\alpha}{4}}{\sqrt{2}} \text{ à } \sin\frac{\alpha}{4}.$$

On obtiendra donc les mêmes types modifiés suivant les exigences d'une nouvelle valeur de l'angle α.

XII.

Il résulte de toute cette discussion qu'il est en effet possible d'obtenir la valeur des racines par la considération des quatrièmes puissances des trois éléments a, b, c. Mais comme, d'un autre côté, il est établi que l'emploi des carrés est suffisant pour cet objet, il faut en conclure que ces deux moyens sont équivalents. Or c'est là un sujet qui donne matière à de nombreuses et importantes observations.

Il n'est pas douteux en effet que lorsqu'on fait usage des quatrièmes puissances, chaque élément ayant quatre valeurs, au lieu de deux, le nombre des combinaisons ternaires possibles s'accroît dans une proportion très considérable; par conséquent on doit être porté à penser que si le mode par les quatrièmes puissances contient tout ce qui est néces=saire pour la résolution de la proposée, il doit nécessairement aussi contenir beaucoup d'autres choses qui sont inutiles à ce qui la concerne.

C'est ce que montrent en effet les recherches précédentes dans lesquelles nous avons reconnu que plusieurs de ces combinaisons répondent à des équations dont les coeffi=cients seraient imaginaires et qui, par conséquent, ne sont pas dans le cas de celles dont nous nous occupons ici exclu=sivement.

Ce premier fait analytique explique donc que ces deux modes susceptibles d'équivalence, pour ce qui concerne les proposées à coefficients réels, sont cependant différenciés par cette circonstance que l'un, celui des carrés se trouve na=turellement et exclusivement restreint au cas où la proposée n'a que des coefficients réels, tandis que l'autre, celui des quatrièmes puissances, tout en s'appliquant à ces sortes d'équa=tions convient également à des équations renfermant des coefficients imaginaires, sans embrasser toutefois, il est bon de le dire en passant, l'ensemble des catégories des équations de cette dernière sorte.

L'existence simultanée de ces deux modes peut donc en principe ne rien présenter de contradictoire. L'excès de combinaisons fourni par l'un comparativement à l'autre tenant à ce que la question a une plus grande généralité, au point de vue de la nature de la proposée, lorsqu'on fait usage des quatrièmes puissances que lorsqu'on se borne à n'employer que les carrés.

Toutefois ces premières explications ne sont pas suffisantes, surtout si l'on s'en tient aux seules indica=tions qui sont développées, soit dans les traités d'algèbre, soit dans les leçons orales d'enseignement sur la théorie des équations du quatrième degré. Il semblerait en effet, par ce qui est dit et écrit, qu'il n'existe que deux systè=mes de racines pour les équations de ce degré à coefficients réels; tandis que la considération des quatrièmes puissances de a, b, c nous a conduit à reconnaître que le nombre de ces systèmes est bien supérieur à deux, même en se restreignant à la circonstance de la réalité des coefficients.

Nous n'ignorons pas qu'au fond il est possible de rattacher tous ces systèmes à un seul et même type dont ils ne seraient que des variétés successives; mais cela n'a été dit nulle part, on n'a rien affirmé d'explicite à ce sujet, et si la vérité sur ce point a été soupçonnée par quelques esprits, il faut reconnaître que ces soupçons n'ont exercé aucune influence sur la direction des études. En fait, tout ce qui a été exposé et formulé sur les systèmes de racines de l'équation du quatrième degré à coefficients réels est basé sur la supposition tacite il est vrai mais très-formelle au fond que les carrés a^2, b^2, c^2 des trois éléments sont réels et positifs.

Ce n'est pas à dire pour cela qu'on n'a pas eu l'idée que deux de ces carrés pouvaient être négatifs et même imaginaires; cette idée au contraire a certainement existé chez les auteurs puisqu'ils s'en sont servi pour expliquer dans quels cas les racines de la proposée seraient ou toutes quatre réelles, ou toutes quatre imaginaires, ou composées d'un couple réel et d'un couple imaginaire. Mais ce que nous leur reprochons c'est d'avoir trop rapidement glissé sur cette idée, de ne l'avoir pas scrutée dans tous ses détails, de ne l'avoir pas comprise dans toute sa signification. Après s'en être servis pour expliquer un certain ordre de faits, ils n'ont pas su voir qu'elle était en contradiction avec un certain ordre de règles qu'ils ont très-inexactement formulées. Il nous paraît incontestable en effet que, si on l'avait tant soit peu approfondie, on n'aurait pas établi en principe que ces deux systèmes appartiennent respectivement à deux équations identiques sauf pour ce qui concerne le signe du coefficient du terme en x; on se serait convaincu que si, dans quelques cas, la nature de ce signe est décisive, il n'en est pas toujours ainsi; on aurait reconnu que, même lorsque ce signe ne change pas, c'est tantôt à l'un, tantôt à l'autre de ces systèmes qu'il faut avoir recours, parce qu'il intervient ici une condition particulière intéressant les grandeurs respectives de certains coefficients, condition au sujet de laquelle on ne trouve rien d'analogue dans l'étude des équations des trois premiers degrés, double contrôle s'exerçant à la fois par les signes et par les grandeurs qui constitue, en matière d'appréciation algébrique, un mode nouveau dont l'idée fondamentale n'a pas été exposée et qui vient donner une plus grande extension au contingent de nos conceptions en analyse.

On pourra dire à la vérité que, puisque nous reconnaissons nous-même que ces variétés de systèmes peuvent être rattachées à un type unique qui est précisément celui que tous les auteurs ont formulé dans leurs ouvrages, il doit suffire de la connaissance de celui-ci pour que l'on ait en mains l'instrument propre à se diriger dans l'étude de tous les détails variés que peut offrir une proposée du quatrième degré. Cette observation est d'autant plus juste que c'est précisément en y ayant égard que nous avons procédé à l'examen critique ci-dessus exposé. Mais la faute a consisté en ce que précisément on n'a pas laissé chacun juge de ce qu'il aurait à faire suivant les circonstances, on ne lui a pas donné cet utile avertissement, et, considérant au contraire les deux systèmes en question comme applicables sans restriction à tous les cas, on en a déduit des règles qu'on a données comme générales alors qu'elles ne sont applicables qu'à certaines particularités.

A cet égard la théorie de l'équation du quatrième degré peut être citée comme un exemple remarquable des erreurs dans lesquelles on peut tomber lorsqu'on cède trop facilement à l'entraînement des inductions analogiques, soit en ce qui concerne l'influence des signes, soit en ce qui se rapporte à cette tendance trop générale d'admettre que les propriétés des fonctions déduites de la considération du réel sont également applicables à l'imaginaire.

Nous nous sommes déjà expliqué, dans ce qui précède, sur ce qui est relatif à l'influence des signes; disons maintenant quelques mots de l'idée trop fréquemment appliquée que les propriétés démontrées pour le réel existent aussi pour l'imaginaire.

Lorsque les carrés a^2, b^2, c^2 de nos trois éléments sont tous positifs et que, par suite, a, b, c sont réels, les permutations qu'on peut faire entre ces éléments dans les fonctions $a^2+b^2+c^2$, $a^2b^2+a^2c^2+b^2c^2$ quels que soient les signes de a, b, c ne changent pas les valeurs de ces fonctions, lesquelles, on ne le perdra pas de vue, sont intimement liées à celles des coefficients de la proposée. Quant à la troisième fonction abc, elle reste également invariable pour les quatre combinaisons des éléments qui forment chacun des systèmes applicables à ce cas. Il suit nécessairement de là que les quatre racines dont chacun de ces systèmes est composé doivent constituer un ensemble quaternaire invariable, c'est-à-dire donnant toujours les quatre mêmes nombres lorsqu'on y permutera entre elles à volonté les trois lettres a, b, c.

En effet, le premier système, par exemple, étant écrit
$$+a \pm (b+c) \quad , \quad -a \pm (b-c)$$
la permutation de b avec c laisse évidemment intacts ces quatre résultats. Si l'on permute ensuite a avec b, il viendra:
$$b \pm (a+c) \quad , \quad -b \pm (a-c) \quad .$$
Or, sous cette forme, les deux premières racines sont la première et la troisième de la forme précédente, les deux dernières sont celles des rangs 2 et 4. Il en serait exactement de même de la permutation de a avec c. On se convaincra sans peine que le second système jouit d'une propriété semblable.

Les choses se passent exactement de même pour l'équation du troisième degré privée de son second terme dont les racines ont pour expression

$$a+b, \quad a\alpha+b\alpha^2, \quad a\alpha^2+b\alpha.$$

On voit qu'en effet elles constituent un système ternaire dans lequel la permutation de a avec b n'apporte aucun changement dans la valeur d'ensemble du groupe de ces racines, même lorsque a et b sont imaginaires.

Ces faits ainsi constatés, on serait certainement conduit à penser, si l'on voulait se laisser diriger par les seules considérations de l'analogie, que ce doit être là une règle générale applicable à tous les degrés. Mais si l'on a pu être porté à raisonner ainsi tant que l'on n'a tenu compte, pour le quatrième degré, que de la forme explicite des deux systèmes usuels, il devient évident, en ayant égard aux variétés que prend cette forme pour les autres systèmes reconnus admissibles, que l'induction analogique dont nous parlons doit être abandonnée, puisque, même pour ce degré, elle ne se vérifie plus avec les autres systèmes. Et, en effet, si nous prenons celui qui convient au cas où les quatre racines de la proposée sont imaginaires et dans lequel a^2 étant positif, b^2 et c^2 sont négatifs, on a pour l'expression des racines :

$$+a \pm \sqrt{-1}\,(b+c), \quad -a \pm \sqrt{-1}\,(b-c).$$

On reconnaît facilement que, si ces quatre valeurs ne changent pas lorsqu'on permute b avec c, elles deviennent différentes lorsque permutant a avec b on écrit

$$+b \pm \sqrt{-1}\,(a+c), \quad -b \pm \sqrt{-1}\,(a-c).$$

Ainsi, entre le cas où a^2, b^2, c^2 sont positifs, et celui où deux de ces carrés sont négatifs, c'est-à-dire entre l'hypothèse où a, b, c, sont tous trois réels, et celle où deux de ces éléments sont imaginaires, il existe une différence essentielle que la forme des racines rend manifeste, et dont il est d'ailleurs facile de s'expliquer la raison d'être en remontant aux principes. C'est qu'en effet, tant que a, b et c sont réels, les fonctions $a^2+b^2+c^2$, $a^2b^2+a^2c^2+b^2c^2$ restent symétriques par rapport à ces trois quantités quels que soient leurs signes, mais elles cessent de l'être en acquièrent chacune trois valeurs lorsqu'une ou deux de ces quantités de réelles qu'elles étaient deviennent imaginaires. On voit par là qu'il est toujours nécessaire de se tenir en garde contre une trop facile tendance à la généralisation et que ce moyen de conclure ne saurait être admis qu'après avoir été dûment légitimé, ce qu'on a souvent négligé de faire.

Or les fonctions $a^2+b^2+c^2$, $a^2b^2+a^2c^2+b^2c^2$ subissant dans les valeurs qu'elles sont susceptibles de prendre un changement aussi essentiel que celui que nous venons de constater, même alors que numériquement a, b, c restent les mêmes, les conséquences à déduire de l'égalisation de ces fonctions aux coefficients de la proposée éprouveront à leur tour d'inévitables modifications; aussi, tandis que dans le cas où a, b, c sont réels, l'invariabilité de ces deux fonctions est la cause déterminante de l'existence d'un seul couple de systèmes de racines dans lequel la considération de la grandeur respective des éléments n'exerce aucune influence, il n'en est plus ainsi lorsque deux de ces éléments devenant imaginaires prennent trois valeurs au lieu d'une dépendant des grandeurs respectives de ces éléments. Alors à chaque groupe de valeurs corrélatives de ces fonctions, correspondra un couple spécial de systèmes; on aura donc dans cette circonstance trois couples au lieu d'un seul, ce qui confirme de plus en plus l'impossibilité où l'on se trouve, dans le quatrième degré, de procéder, pour la composition des racines, par la seule considération des signes des coefficients, et la nécessité de faire intervenir pour cette composition les grandeurs numériques de ces coefficients en même temps que leurs signes.

C'est là un fait analytique nouveau qui,

s'il a été entrevu, n'a été ni annoncé, ni développé et dont il nous a paru nécessaire de signaler et de justifier l'importance. Au reste c'est un sujet sur lequel nous reviendrons tout-à-l'heure dans le but de nous rendre compte de l'influence que le fait en question doit exercer au point de vue du mécanisme analytique.

XIII.

Il ne sera maintenant ni long ni difficile de prouver que, soit qu'on fasse usage, pour déterminer les racines, de la considération des carrés, soit qu'on mette en œuvre celle des quatrièmes puissances, on obtient exactement les mêmes résultats, lorsque d'ailleurs on s'assujétit à la condition de n'en faire l'application qu'à des équations à coefficients réels.

En effet, qu'il soit question de la réduite des quatrièmes puissances, ou de celle des carrés, les racines réelles doivent être ou toutes trois positives, ou une positive et deux négatives.

Nous avons constaté dans l'article X que le cas où, dans la réduite des quatrièmes puissances, les trois racines sont positives, conduit pour une proposée à coefficients réels, d'une part aux deux systèmes connus dans lesquels tout est réel, d'autre part, à trois couples de systèmes du type suivant :

$$\begin{cases} +a \pm \sqrt{-1}\,(b+c) \\ -a \pm \sqrt{-1}\,(b-c) \end{cases}, \quad \begin{cases} +a \pm \sqrt{-1}\,(b-c) \\ -a \pm \sqrt{-1}\,(b+c) \end{cases}$$

dans lesquels un élément est réel et les deux autres imaginaires.

Les 32 autres combinaisons de ce cas appartiennent à des équations à coefficients imaginaires.

Quant à la supposition qu'une des racines de la

réduite est positive et que deux sont négatives, elle ne conduit à aucune combinaison applicable à des proposées à coefficients réels.

En résumé, pour cette réduite, la circonstance que toutes les racines sont réelles, quel que soit leur signe, donne lieu à huit systèmes admissibles.

Or l'hypothèse que dans la réduite des carrés les racines sont réelles conduit aux mêmes conséquences.

On trouve, en effet, si les trois racines sont positives, les deux premiers systèmes; s'il y en a une positive et deux négatives, ce qui peut arriver de trois manières, on aura les trois autres systèmes ci-dessus définis.

Nous croyons pouvoir nous dispenser d'entrer à ce sujet dans des détails de calculs auxquels le lecteur pourra très facilement suppléer.

Ainsi, l'on n'a ni plus ni moins dans un cas que dans l'autre lorsque les racines des réduites sont réelles.

Quant à la circonstance où les réduites ont deux racines imaginaires, en se reportant au développement des calculs exposé à l'article X, pour le cas de la réduite des quatrièmes puissances, on verra d'abord que sur les quatre valeurs de a les deux imaginaires $\pm a\sqrt{-1}$ ont dû être rejetées; il ne reste donc à faire entrer dans les combinaisons que $\pm a$ qui sont précisément les deux résultats de l'extraction de la racine carrée de a^2.

D'un autre côté, en ce qui concerne les deux racines imaginaires des réduites, il a été constaté que pour celles de la réduite des quatrièmes puissances les seules combinaisons admissibles sont celles qui attribuent à b^2 et à c^2 même signe, soit positif, soit négatif. Or comme précisément, dans la réduite des carrés dont b^2 et c^2 sont les racines imaginaires, ces quantités obéissent naturellement à cette condition puisque si l'une est $+(M+N\sqrt{-1})$, l'autre doit être $+(M-N\sqrt{-1})$, et que pareillement $-(M+N\sqrt{-1})$ ne peut marcher qu'avec $-(M-N\sqrt{-1})$, on voit que ce qui est exigé dans un cas se trouve exactement reproduit dans l'autre, de sorte qu'il y a complète identité entre les deux modes.

En conséquence, soit qu'on veuille déterminer les racines de la proposée par la considération des quatrièmes puissances de a, b, c, soit qu'on veuille le faire par la considération de leurs carrés, la condition que la proposée doit avoir des coefficients réels conduit exactement dans les deux cas au même nombre et à la même forme de systèmes admissibles.

Tout l'excédant de solutions obtenues, lorsqu'on procède à l'aide de a^4, b^4, c^4, n'implique pas d'ailleurs contradictions, cet excédant correspondant à des proposées dont les coefficients seraient imaginaires. De sorte qu'en résumé nous sommes autorisé à dire, que la condition que les coefficients de la proposée sont réels a pour équivalence algébrique de diminuer de moitié le degré de l'équation résolvante.

XIV.

Lorsque nous avons cherché à résoudre l'équation

$$x^4+px^2+qx+r=0\ ,$$

nous avons vu qu'après avoir posé $x=a+b+c$, nous sommes parvenu pour déterminer a, b, c, aux trois conditions suivantes :

$$a^2+b^2+c^2=-\frac{p}{2}\ ,\quad abc=-\frac{q}{8}\ ,\quad a^2b^2+a^2c^2+b^2c^2=\frac{1}{4}\left(\frac{p^2}{4}-r\right).$$

Considérant alors a^2, b^2, c^2 comme les trois racines d'une équation du troisième degré, nous avons pu écrire cette équation sous la forme :

$$z^3 + \frac{p}{2} z^2 + \frac{1}{4}\left(\frac{p^2}{4} - r\right) z - \frac{q^2}{64} = 0 .$$

Cette manière de procéder assigne donc à z le rôle spécial de représenter les trois quantités a^2, b^2, c^2 et l'on conclut de là que chacun des éléments a, b, c sera susceptible de deux valeurs.

Mais il est permis d'envisager les choses à un autre point de vue et de recourir à un procédé qui, en apparence du moins, paraît devoir conduire à des résultats très-différents.

On peut en effet chercher à résoudre les trois conditions en a, b, c par rapport à chacune de ces quantités, à l'aide de l'élimination de deux d'entre elles de b et de c par exemple, de manière à obtenir une équation finale qui ne contiendra plus que a.

Pour réaliser cette pensée, on substituera dans la troisième la valeur de $b^2 + c^2$ déduite de la première et l'on trouvera :

$$- a^2\left(a^2 + \frac{p}{2}\right) + b^2 c^2 = \frac{1}{4}\left(\frac{p^2}{4} - r\right) .$$

Mettant ensuite dans celle-ci la valeur de $b^2 c^2$ déduite de la seconde, il viendra

$$- a^2\left(a^2 + \frac{p}{2}\right) + \frac{q^2}{64 a^2} = \frac{1}{4}\left(\frac{p^2}{4} - r\right) ;$$

chassant alors le dénominateur a^2, faisant tout passer dans le premier membre en changeant les signes, on obtient

$$a^6 + \frac{p}{2} a^4 + \frac{1}{4}\left(\frac{p^2}{4} - r\right) a^2 - \frac{q^2}{64} = 0 .$$

Or cette équation étant du sixième degré donnera évidemment six valeurs de a, tandis que précédemment nous avons constaté que cet élément ne devait en avoir que deux. Il existe donc entre ces conséquences une contradiction tout au moins apparente, au sujet de laquelle il devient nécessaire de s'expliquer.

Remarquons d'abord que l'équation en a ayant

les mêmes coefficients que celle en z, on doit en conclure que les trois valeurs de a^2 seront les mêmes que les trois valeurs de z, et comme celles-ci sont a^2, b^2, c^2 il s'ensuit que finalement les six valeurs de a ne seront autre chose que les trois doubles valeurs de a, b, c déduites de l'équation en z.

D'un autre côté, si au lieu d'éliminer b et c pour déterminer a, on avait éliminé soit a et c pour obtenir b, soit a et b pour obtenir c, on serait parvenu à des équations en b^6 et c^6 tout à fait semblables à celle en a^6, du moins pour tous les cas où les trois conditions initiales conservent la propriété de symétrie par rapport à a, b, c; d'où l'on conclut que les six valeurs de b, aussi bien que les six valeurs de c, sont exactement les mêmes que les six valeurs de a.

Cela étant, au lieu des huit combinaisons ternaires fournies par le premier procédé, nous allons nous trouver en présence de 216, c'est-à-dire que nous en aurons un nombre 27 fois plus considérable.

Voyons comment l'accord pourra s'établir entre ces deux résultats qui, au premier abord, paraissent si discordants.

A cet effet, il faut remarquer que ce que nous nous proposons, ce n'est pas de résoudre des cas particuliers de l'équation du quatrième degré, mais le cas le plus général, c'est-à-dire celui dans lequel les coefficients p, q, r conservent une complète indépendance. Or, pour qu'il en soit ainsi, nous devons exclure toutes les combinaisons dans lesquelles un choix ayant été fait parmi les six valeurs de a, nous prendrions soit pour b, soit pour c, celles de leurs valeurs qui, aux signes près sont les mêmes que celle choisie pour a. Il est clair que s'il en était ainsi, on n'aurait plus dans les trois conditions initiales que deux des trois éléments a, b, c, qu'on pourrait les éliminer, qu'il resterait alors une condition entre p, q, r et que, par suite les coefficients cesseraient d'être indépendants. Il en serait de même si, après avoir pris arbitrairement une valeur de a, on la combinait avec deux valeurs de b et de c qui, quoique numériquement différentes de celle choisie pour a, seraient égales entre elles, aux signes près. De là résulte la nécessité qu'abstraction faite des signes, les grandeurs des trois valeurs choisies pour former une combinaison applicable au cas général soient toutes différentes entre elles.

Cela posé, si a^2, b^2, c^2 sont réels et positifs, les six valeurs de a, toutes réelles, seront égales tout aussi bien que celles de b et de c à $\pm a$, $\pm b$, $\pm c$ et il résulte de ce que nous venons de dire que si l'on prend $\pm a$ pour a, on ne devra le combiner qu'avec $\pm b$ et $\pm c$; si l'on prend $\pm b$ pour a, on ne le combinera qu'avec $\pm a$ et $\pm c$; si enfin on prend $\pm c$ on ne pourra l'associer qu'avec $\pm a$ et $\pm b$.

Or lorsque a, b, c sont réels, comme nous le supposons ici, ces trois groupes n'en font évidemment qu'un seul qui est précisément celui que fournit l'équation en z'.

La concordance s'établit donc entre ces deux manières de voir. Dans le premier cas, comme dans le second, du moins sous la condition que a, b, c sont réels, on n'a ni plus ni moins que huit combinaisons admissibles, et, de part et d'autre, l'ensemble de ces huit combinaisons est identique.

Voyons maintenant ce qui va se passer lorsque les quantités a^2, b^2, c^2, sans cesser d'être réelles, viendront, par l'effet de la négativité de quelques-unes d'entre elles détruire la symétrie des trois conditions initiales.

Nous avons constaté que, dans ce cas, un de ces carrés reste nécessairement positif et que, par conséquent, les deux autres sont négatifs, de sorte que, si c'est à a^2 que la positivité est dévolue, les trois équations qui lient a, b, c aux coefficients de la proposée seront:

$$a^2-b^2-c^2=-\frac{p}{2}\ ,\quad abc=-\frac{q}{8}\ ,\quad -a^2b^2-a^2c^2+b^2c^2=\frac{1}{4}\left(\frac{p^2}{4}-r\right).$$

Si, comme précédemment, nous mettons dans la troisième la valeur de $-b^2-c^2$ déduite de la première, il viendra

$$-a^2\left(a^2+\frac{p}{2}\right)+b^2c^2=\frac{1}{4}\left(\frac{p^2}{4}-r\right).$$

Mettant ensuite dans celle-ci la valeur de b^2c^2 déduite de la seconde, on trouve

$$-a^2\left(a^2+\frac{p}{2}\right)+\frac{q^2}{64.a^2}=\frac{1}{4}\left(\frac{p^2}{4}-r\right)\ ;$$

chassant alors le dénominateur a^2, faisant tout passer dans le premier membre en changeant les signes, on obtient l'équation

$$a^6+\frac{p}{2}a^4+\frac{1}{4}\left(\frac{p^2}{4}-r\right)a^2-\frac{q^2}{64}=0.$$

qui donnera six valeurs de a. Or celle-ci ayant exactement mêmes coefficients que la réduite en z, on en conclut que les trois valeurs de a^2 sont celles de z ; et, comme dans l'hypothèse actuelle une de ces valeurs est positive et les deux autres négatives, il s'en suit que les six valeurs de a seront

$$\pm a\ ,\ \pm b\sqrt{-1}\ ,\ \pm c\sqrt{-1}$$

Passons maintenant à la détermination de b. On déduit de la première condition $a^2-c^2=b^2-\frac{p}{2}$; cette valeur substituée dans la troisième donne

$$-b^2\left(b^2-\frac{p}{2}\right)-a^2c^2=\frac{1}{4}\left(\frac{p^2}{4}-r\right)\ ;$$

remplaçant a^2c^2 par $\frac{q^2}{64b^2}$, il vient

$$-b^2\left(b^2-\frac{p}{2}\right)-\frac{q^2}{64b^2}=\frac{1}{4}\left(\frac{p^2}{4}-r\right)$$

Faisant alors disparaître le dénominateur b^2 on trouve finalement

$$-b^6+\frac{p}{2}b^4-\frac{1}{4}\left(\frac{p^2}{4}-r\right)b^2-\frac{q^2}{64}=0$$

Or, sauf le changement du signe du carré de l'inconnue, cette équation étant identique à celle en a^6, il s'en suit que ses six racines seront

$$\pm a\sqrt{-1}\ ,\quad \pm b\ ,\quad \pm c\ .$$

D'ailleurs les trois conditions initiales étant symétriques en b et en c, on obtiendrait une équation en c^6 tout-à-fait semblable à celle en b^6 et qui donnerait par conséquent les mêmes valeurs qu'elle.

Les combinaisons ternaires fournies par ces trois groupes de valeurs sextuples seraient donc comme précédemment au nombre de 216, mais, par les motifs ci-dessus exposés, toutes celles de ces combinaisons dans lesquelles la grandeur d'un même élément, quel que soit son signe, figurerait deux fois doivent être rejetées comme impropres à la solution générale.

Il ne reste donc d'admissible que les quatre groupes de combinaisons suivantes

1°. $\pm a$ avec $\pm b$ et $\pm c$

2°. $\pm a$ avec $\pm b\sqrt{-1}$ et $\pm c\sqrt{-1}$

3°. $\pm b\sqrt{-1}$ avec $\pm a\sqrt{-1}$ et $\pm c$

4°. $\pm c\sqrt{-1}$ avec $\pm a\sqrt{-1}$ et $\pm b$

Mais le premier ne saurait être accueilli parce qu'il se rapporte au cas où a^2, b^2, c^2 sont tous trois positifs, ce qui est contraire à l'hypothèse actuelle. Il ne reste donc comme possibles que les trois autres.

Nous ne pouvons plus ici, comme dans le cas précédent, dire que ces trois groupes se confondent en un seul, parceque suivant que ce sera la plus grande, la moyenne ou la plus petite des quantités a, b, c qui sera réelle, les trois conditions initiales, précédemment invariables, correspondront à des proposées différentes. Ce résultat est d'ailleurs conforme à ce que nous avons constaté dans les articles X et XIII, de sorte que, soit qu'on fasse usage, pour la détermination des racines, des carrés de a, b, c ou de leurs quatrièmes puissances ou de leurs sixièmes puissances. toutes les fois qu'il s'agira d'une proposée à coefficients réels, on se trouvera toujours en présence des mêmes conclusions.

XV.

Les idées que nous pouvons acquérir sur les ressources variées de l'algèbre prennent un grand développement lorsqu'au lieu de nous confiner pour l'appréciation de ces ressources dans la seule considération du réel, nous faisons intervenir celle de l'imaginaire, et mieux encore lorsque nous étudions les effets de l'immixtion de l'un avec l'autre. C'est un sujet sur lequel il est intéressant d'appeler l'attention du lecteur.

Nous venons de nous occuper dans l'article précédent des équations du quatrième degré pour lesquelles les racines sont toutes quatre réelles ou toutes quatre imaginaires, et l'on a pu constater que dans ces deux cas les racines d'une même équation sont constituées à l'aide de trois éléments réels a, b, c de telle sorte que, pour le premier cas, les fonctions $a^2+b^2+c^2$, abc, $a^2b^2+a^2c^2+b^2c^2$ et pour le second les fonctions $a^2-b^2-c^2$, abc, $-a^2b^2-a^2c^2+b^2c^2$ restent constantes, lorsqu'on y met pour a, b, c, celles des expressions de ces éléments prises avec leurs signes qui figurent dans une même racine quelle qu'elle soit. Si donc on se laissait exclusivement diriger par l'analogie, on serait disposé à croire que les mêmes faits doivent exister dans toutes les circonstances et se reproduire par conséquent lorsque deux des racines sont réelles et les deux autres imaginaires. Ce serait là une erreur, et il n'est pas sans intérêt de voir comment dans ce cas, le calcul de leur recherche se modifie.

La constitution des racines peut bien alors se faire à l'aide de trois éléments réels ; mais ces éléments y figurent avec des modifications de signes telles que leurs diverses variétés introduites dans les fonctions en question donnent à celles-ci des valeurs différentes. Il en résulte qu'il devient nécessaire, lorsqu'on veut procéder à la détermination de ces éléments de le faire à l'aide d'autres fonctions.

Il est évident de prime abord, que tant qu'on considère a, b, c comme réels, le système

$$+a \pm (b+c) , \quad -a \pm (b-c)$$

et son homologue donneront toujours quatre racines réelles. D'un autre côté le système

$$+a \pm \sqrt{-1}\,(b+c) , \quad -a \pm \sqrt{-1}\,(b-c)$$

et son homologue donneront toujours quatre racines imaginaires. Il faudrait donc, si l'on veut avoir un couple de racines réelles et un couple de racines imaginaires, prendre la moitié des racines au premier de ces deux systèmes et l'autre moitié au second. On est ainsi conduit à penser que le groupe de racines applicable à ce cas doit probablement être constitué ainsi qu'il suit

$$+a \pm (b+c) , \quad -a \pm \sqrt{-1}\,(b-c)$$

son homologue serait

$$-a \pm (b-c) , \quad +a \pm \sqrt{-1}\,(b+c)$$

Nous nous bornerons ici à mentionner celui-ci parce qu'il sera facile de s'assurer que tout ce que nous allons dire du premier est textuellement applicable au second.

Il est d'ailleurs bien entendu que nous nous maintenons dans la condition persistante que a, b, c sont réels. Nous ferons voir tout-à-l'heure qu'un pareil système correspond en effet à une équation générale du quatrième degré à coefficients réels privée de son second terme.

Or il est évident que dans ce cas, lorsque la fonction $a^2 + b^2 + c^2$, au lieu des expressions $+a$, $\pm b$, $\pm c$ du premier couple, reçoit celles $-a$, $\pm\sqrt{-1}\,b$ $\pm\sqrt{-1}\,c$ du second, elle subit un changement de valeur, il en serait de même de $a^2b^2 + a^2c^2 + b^2c^2$; et à son tour la fonction abc, tout en conservant la même valeur numérique, change de signe quand on passe d'un couple à l'autre.

Il est donc nécessaire pour déterminer a, b, c, de renoncer, ainsi que nous l'avons dit, à ces fonctions et d'en employer d'autres. Que seront celles-ci? C'est ce que nous allons maintenant rechercher.

Le premier couple de racines correspond à un facteur du second degré ainsi conçu

$$(x-a)^2-(b+c)^2 \, .$$

D'un autre côté, le facteur du second degré correspondant au deuxième couple est

$$(x+a)^2+(b-c)^2$$

Par suite la proposée doit être.

$$\left[(x-a)^2-(b-c)^2\right]\left[(x+a)^2+(b-c)^2\right]=0$$

Effectuant les calculs en ordonnant par rapport à x elle devient

$$x^4-(2a^2+4bc)\,x^2-4a(b^2+c^2)x+\left[a^2-(b+c)^2\right]\left[a^2+(b-c)^2\right]=0.$$

Telle est l'équation que nous avons annoncée ci-dessus. Avant de procéder à sa solution, arrêtons-nous un instant sur sa forme, nous y trouverons d'utiles enseignements.

On sait que les coefficients d'une équation sont composés symétriquement avec les racines. Or si les racines sont formées des trois mêmes éléments, convenablement modifiés pour chacune par certains signes d'opérations, l'équation à laquelle elles appartiennent aura pour coefficients des fonctions de ces éléments qui, d'après le principe que nous venons de rappeler, devront être formées symétriquement avec les racines. Ces fonctions jouiront donc de la propriété de rester invariables quelle que soit la racine qu'on voudra choisir pour en prendre les trois éléments qui la constituent et les introduire dans ces fonctions, en l'état même où ils figurent dans cette racine, et quelles que soient d'ailleurs les modifications qui les affectent lorsqu'on passe d'une racine à l'autre.

Nous avons vu en effet que, lorsque les quatre racines de la proposée sont réelles. c'est là une propriété qui appartient aux fonctions $a^2+b^2+c^2$, $a.bc$, $a^2b^2+a^2c^2+b^2c^2$; que, lorsque les quatre racines sont imaginaires, cette propriété se trouve dévolue aux fonctions $a^2-b^2-c^2$, abc; $-a^2b^2-a^2c^2+b^2c^2$; mais qu'elle cesse d'être vraie pour ces fonctions lorsque deux racines sont réelles et deux imaginaires, et, s'il n'en existait pas d'autres jouissant dans ce cas de la propriété en question, il faudrait renoncer à la résolution de cette spécialité de l'équation du quatrième degré. Mais ces fonctions existent et l'équation ci-dessus en x^4 les fait connaître. Nous nous occuperons tout à l'heure des conséquences auxquelles elles conduisent par leur fonctionnement analytique. En attendant, il n'est pas sans intérêt de faire voir comment, avant même de les connaître, on aurait pu s'éclairer sur les conditions essentielles auxquelles les exigences de leur symétrie par rapport aux éléments les assujétissent.

Par exemple dans les quatre racines dont nous nous occupons ici on trouve que l'élément a figure avec le signe + ou avec le signe −; dès lors dans les coefficients où entrera un terme uniquement formé avec la quantité $\underline{a}$, il faudra que ce terme soit représenté par une fonction qui ne changera pas quand on y emploiera $+a$ ou $-a$. La plus simple de ces fonctions est a^2, et c'est en effet celle qu'on voit figurer en première ligne. Pour b et c la fonction bc reste aussi invariable lorsqu'on y introduit un quelconque des quatre couples

$$+b,+c\ ;\ -b,-c\ ;\ +\sqrt{-1}\,b,\ -\sqrt{-1}\,c\ ;\ -\sqrt{-1}\,b+\sqrt{-1}\,c.$$

qui figurent dans une même racine, d'où l'on conclut que cette fonction peut aussi être employée toute seule.

Mais la fonction b^2+c^2 est positive pour les deux premières racines, c'est-à-dire lorsque a est positif.

en négative pour les deux dernières dans lesquelles a figure négativement ; elle ne saurait donc être employée seule. Mais elle pourra fort bien prendre place dans les coefficients si elle est multipliée par a, parce qu'en effet le produit $a(b^2+c^2)$ reste invariable lorsqu'on y met simultanément pour a, b, c les trois formes algébriques qu'ils revêtent dans une même racine.

Quant au terme tout connu de l'équation en x, il devient, en effectuant la multiplication de ses deux facteurs, $a^4-4bca^2-(b^2-c^2)^2$ dont chaque terme reste invariable.

De cet examen préliminaire il résulte que les coefficients de l'équation en x^4 sont en effet constitués de manière à satisfaire au principe ci-dessus, de sorte que dès l'abord ils paraissent très-propres à être utilisés pour la résolution d'une équation du quatrième degré ayant deux racines réelles et deux racines imaginaires.

Cela posé, si une pareille équation se présente sous la forme

$$x^4+px^2+qx+r=0$$

en la comparant à l'équation ci-dessus en a, b, c, on trouvera pour déterminer ces éléments et par suite les racines les conditions suivantes

$$1^o \ldots\ a^2+2bc=-\frac{p}{2}\,, \qquad 2^o \ldots\ a(b^2+c^2)=-\frac{q}{4}$$

$$3^o \ldots\ \left[a^2-(b+c)^2\right]\left[a^2+(b-c)^2\right]=r$$

Voyons maintenant comment on pourra en déduire les valeurs de a, b, c.

Et d'abord les deux premières donnent :

$$2bc=-\frac{p}{2}-a^2\,, \quad b^2+c^2=-\frac{q}{4a}\,.$$

En les ajoutant et les retranchant il vient :

$$(b+c)^2=-\frac{q}{4a}-\frac{p}{2}-a^2$$
$$(b-c)^2=-\frac{q}{4a}+\frac{p}{2}+a^2$$

Substituant ces valeurs dans la troisième on trouve

$$\left(2a^2+\frac{p}{2}+\frac{q}{4a}\right)\left(2a^2+\frac{p}{2}-\frac{q}{4a}\right)=r$$

équation dans laquelle a entre seul.

Le premier membre étant égal au produit de la somme de deux quantités par leur différence, on aura

$$\left(2a^2+\frac{p}{2}\right)^2-\frac{q^2}{16a^2}=r.$$

Développant, faisant disparaître le dénominateur a^2 et ramenant tout dans le premier membre on obtiendra finalement

$$a^6+\frac{p}{2}a^4+\frac{1}{4}\left(\frac{p^2}{4}-r\right)a^2-\frac{q^2}{64}=0.$$

Telle est l'équation qui fera connaître a. Il est vrai qu'elle est du sixième degré, mais elle se résoudra comme celles du troisième et l'on voit qu'au fond cette méthode n'implique pas plus de difficulté pratique que la méthode ordinaire.

On remarquera d'ailleurs que l'équation à laquelle nous venons de parvenir est exactement par rapport à a^2 ce qu'est la réduite ordinaire par rapport à z, de sorte qu'au point de vue du mécanisme analytique et des opérations de calcul à effectuer il y a similitude complète entre le procédé usuel et celui que nous venons de décrire. Mais si jusque là, et en ce qui concerne la formation d'une réduite, il y a concordance, il cesse d'y en avoir, dès que, cette réduite étant résolue, il s'agit de faire emploi de ses racines et de les grouper de manière à obtenir les quatre racines de la proposée. Donnons quelques explications à ce sujet.

Dans le procédé ordinaire les racines de la réduite sont les carrés des trois éléments a, b, c de la valeur de x écrite sous la forme générale $x=a+b+c$. Chacun de ces éléments aura d'ailleurs deux valeurs.

Dans le procédé actuel l'inconnue se rapporte à un seul élément qui par conséquent possède six valeurs à lui tout seul. Ces valeurs sur lesquelles nous nous expliquerons dans l'article suivant seront au surplus les doubles valeurs précédentes de a, b, c.

En outre, dans le procédé ordinaire, après qu'on aura fait choix d'une valeur de a, on aura, pour cette valeur, quatre combinaisons ternaires possibles dont deux applicables à un certain état des coefficients de la proposée défini dans ce qui précède et les deux autres à un second état pareillement défini.

Les choses ne se passent plus ainsi dans le procédé actuel, parceque les combinaisons de a avec b et c sont déterminées d'avance par la forme préalablement donnée aux racines. Car nous sommes obligés, d'après cette forme, d'afsocier $\pm(b+c)$ avec $+a$ et $\pm\sqrt{-1}\,(b-c)$ avec $-a$, et toute autre sorte de combinaison nous est interdite, d'après les termes mêmes dans lesquels la quèstion a été posée.

C'est d'ailleurs ce qu'indiquent clairement les calculs précédents puisque les équations qui donnent $b+c$ et $b-c$ en fonction de a assignent à chacun de ces binômes deux valeurs égales et de signe contraire pour chaque valeur de a, ce qui définit et commande les associations possibles et nous interdit à cet égard toute initiative.

Mais ici se présentent des observations importantes et sur lesquelles nous devons appeler l'attention du lecteur.

XVI

Lorsqu'on sait d'une équation du quatrième degré que ses racines doivent être ou toutes quatre réelles ou toutes quatre imaginaires, nous avons vu comment les éléments de ces racines s'obtiennent par la résolution de la réduite ordinaire en z et il a été constaté que les trois valeurs de z qui sont alors réelles représentent les carrés a^2, b^2, c^2 de ces éléments.

Si la proposée se trouve dans le cas d'avoir deux

racines réelles et deux racines imaginaires, on pourra toujours concevoir l'existence d'une équation composée avec les coefficients de la proposée semblablement à la réduite ci-dessus. Or sera-t-il possible, dans cette circonstance, d'utiliser cette équation comme une résolvante? C'est ce que nous allons examiner.

Il est certain que, dans ce nouveau cas comme dans les premiers, on est toujours libre de prendre pour les racines la forme hypothétique $x = a + b + c$ et que, partant de cette base et lui appliquant la suite des calculs ci-dessus énumérés, on ne pourra parvenir qu'à une équation du troisième degré en z du même type que les précédentes. Mais il n'est pas moins certain que cette équation ne saurait avoir ses trois racines réelles, car, s'il en était ainsi, on n'en pourrait déduire pour a, b, c que des valeurs telles que la fonction $a + b + c$ serait ou constamment réelle ou constamment imaginaire, tandis qu'il est actuellement nécessaire qu'elle soit alternativement l'une et l'autre.

Il y aurait donc entre les termes de l'énoncé et une pareille conclusion une contradiction manifeste; aussi dans ce cas, comme dans toutes les circonstances semblables, l'algèbre, opposant impossibilité à impossibilité, nous répond par l'imaginaire. Il a été d'ailleurs établi qu'alors une des valeurs de z est toujours réelle et positive et que les deux autres sont imaginaires de la forme $m \pm n\sqrt{-1}$.

Mais ce moyen de solution qui jusqu'à présent ne se montre à nous que comme un moyen possible d'échapper à une contradiction est-il réellement acceptable? Pour nous éclairer à ce sujet, il faut rechercher si l'idée que nous émettons ici est concordante avec tous les faits antérieurement acquis.

Or il est incontestable, d'après ce qui vient d'être établi dans l'article précédent, que la forme des racines de l'équation du quatrième degré lorsqu'elles sont en partie réelles et en partie imaginaires peut être représentée généralement par le système . . . .

$$+a \pm (b+c)\ , \quad -a \pm \sqrt{-1}\ (b-c)$$

dans lequel a, b, c sont réels.

Il n'est pas moins incontestable que, dans ces conditions de réalité, les trois fonctions $a^2+b^2+c^2$, abc, $a^2b^2+a^2c^2+b^2c^2$ ne sont pas invariables pour toutes les racines, qu'elles ne peuvent donc être employées pour la détermination de a, b, c et nous avons vu qu'il faut en effet leur substituer les trois suivantes

$$a^2+2bc\ , \quad a(b^2+c^2)\ , \quad \{a^2-(b+c)\}\{a^2+(b-c)^2\}$$

Si cependant il est vrai que les racines cherchées peuvent continuer à être une dérivation du type $x = a+b+c$, mais sous la réserve qu'actuellement a sera réel et que b et c seront imaginaires, il faudra nécessairement que, dans ce cas, et avec ces états de a, b, c, les trois premières fonctions, conséquences inévitables du type $x = a+b+c$, de variables qu'elles étaient sous les premières conditions, deviennent invariables avec les secondes pour l'ensemble des quatre racines ; de là résulte cette conséquence que les trois secondes fonctions qui jouissent d'ores et déjà de cette propriété d'invariabilité, mais pour une appropriation de leurs éléments réels différente de celle $x = a+b+c$, devront prendre la forme des premières lorsqu'on y introduira la supposition que a restant réel, b et c sont désormais considérés comme imaginaires. Si les choses se passent ainsi, un complet accord s'établira entre ces deux ordres de conceptions.

Or c'est ce que le calcul vérifie ainsi que nous allons nous en convaincre.

Remplaçons en effet b et c par $m+n\sqrt{-1}$ et $m-n\sqrt{-1}$, il viendra d'abord

$$bc = m^2+n^2\ , \text{ et par suite } \ 2bc = (m+n)^2+(m-n)^2.$$

Dès lors la première fonction a^2+2bc va devenir une

somme de trois carrés en prendra par conséquent la forme du type $a^2+b^2+c^2$ dans lequel b^2 est remplacé par $(m+n)^2$ et c^2 par $(m-n)^2$.

En second lieu on aura

$$b^2+c^2=2(m^2-n^2)$$

et par suite

$$a(b^2+c^2)=2a(m+n)(m-n)$$

de sorte que la condition $a(b^2+c^2)=-\frac{9}{4}$ se trouvera remplacée par $a(m+n)(m-n)=-\frac{9}{8}$.

C'est effectivement le type du produit abc dans lequel encore b et c sont remplacés par $m+n$ et $m-n$.

Quant à la troisième fonction elle prend la forme développée $a^4-4bca^2-(b^2-c^2)^2$.
Remplaçant $4bc$ par $2(m+n)^2+2(m-n)^2$ et b^2-c^2 par $4mn\sqrt{-1}$ elle devient:

$$a^4-2(m+n)^2a^2-2(m-n)^2a^2+16m^2n^2.$$

Mais l'on a $4mn=(m+n)^2-(m-n)^2$ et par suite

$$16m^2n^2=(m+n)^4+(m-n)^4-2(m+n)^2(m-n)^2.$$

Il viendra donc finalement

$$a^4+(m+n)^4+(m-n)^4-2\left\{a^2(m+n)^2+a^2(m-n)^2+(m+n)^2(m-n)^2\right\}$$

expression tout-à-fait conforme à celle qui donne la valeur de r dans l'hypothèse du type $x=a+b+c$.

Nous pouvons donc maintenant conclure à coup sûr que ce type peut être généralement employé pour toutes les circonstances dans lesquelles se trouveront les racines de l'équation du quatrième degré.

XVII.

Dans les articles du chapitre quatrième, compris

du n° XIX au n° XXIII et relatifs à la résolution de l'équation du troisième degré, nous avons exprimé et développé cette pensée que toute expression algébrique, de quelque degré qu'elle soit, exprimant une identité entre certaines quantités ou fonctions, pouvait être mise à profit pour résoudre une équation de même degré et de même forme qu'elle. Nous avons ajouté que ce n'est pas seulement lorsque les fonctions qui entrent dans ces expressions sont algébriques, que c'est encore lorsqu'elles sont circulaires, transcendantes et même de nature différentielle et intégrale, qu'elles peuvent être utilisées à ce point de vue. Puis faisant application de cette idée à la considération des cosinus et des tangentes, nous avons montré que ces sortes de fonctions, outre qu'elles sont très-propres à la résolution théorique des équations du second et du troisième degré, offrent le précieux avantage de soustraire la pratique des calculs aux empêchements de l'irréductibilité. Ces fonctions acquièrent ainsi une importance analytique qu'on ne saurait méconnaître. Or des circonstances analogues se présentent dans le quatrième degré, et, sans nous appesantir outre mesure sur ce sujet, il ne sera pas inutile de procéder à l'examen de quelques-unes.

Une des plus simples est celle qui se rattache à la valeur du cosinus de l'arc quadruple en fonction de l'arc simple.

On sait que a désignant un angle, on a identiquement

$$\cos 4a = 8\cos^4 a - 8\cos^2 a + 1 ,$$

d'où l'on déduit en ordonnant par rapport aux puissances de $\cos a$

$$\cos^4 a - \cos^2 a + \frac{1-\cos 4a}{8} = 0 .$$

En conséquence si l'on avait à résoudre une équation de la forme

$$x^4 - x^2 + r = 0$$

on l'assimilerait à la précédente en posant $r = \dfrac{1-\cos 4a}{8}$, d'où l'on tire $\cos 4a = 1 - 8r$. De là on déduira la valeur de l'angle $4a$ et le cosinus du quart de cet angle sera la valeur de x

D'ailleurs le cos $1-8r$ appartient non seulement à l'angle $4a$, mais plus généralement à $4a+2K\pi$, d'où résulteront pour le quart un nombre de valeurs distinctes égal à 4 savoir : a, $a+\frac{\pi}{2}$, $a+\pi$, $a+\frac{3\pi}{2}$, ce qui conduit finalement pour les racines à $\pm\cos a$, $\pm\sin a$.

Si la proposée se présentait sous la forme plus générale $x^4-px^2+r=0$, il serait facile de la ramener au cas précédent. A cet effet on posera $x=tz$ et il viendra

$$t^4z^4-pt^2z^2+r=0.$$

Divisant toute l'équation par t^4 et posant ensuite $t=\sqrt{p}$ on obtiendra l'équation suivante en z

$$z^4-z^2+\frac{r}{p^2}=0$$

assimilable à la précédente. Considérant alors $1-8\frac{r}{p^2}$ comme le cosinus d'un angle $4a$ on déterminera la valeur de l'angle a dont le cosinus sera la valeur de z ; enfin de la relation $x=tz$ on déduira les quatre valeurs de x qui seront $\pm\sqrt{p}\cdot\cos a$, $\pm\sqrt{p}\cdot\sin a$.

Lorsqu'au lieu d'être négatif le coefficient du terme en x^2 sera positif on le ramènera au négatif par la transformation de x en $x\sqrt{-1}$, de sorte que, dans ce cas, les racines prendront la forme $\pm\sqrt{-1}\sqrt{p}\cos a$, $\pm\sqrt{-1}\sqrt{p}\sin a$.

Il est même possible dans cet ordre d'idées de résoudre une équation du quatrième degré plus générale que les précédentes. Augmentons en effet de la quantité K les valeurs ci-dessus de x, et désignons par y l'inconnue de la nouvelle équation dont les racines seront les quatre valeurs ainsi augmentées. Nous aurons

$$y=x+K\,,\quad\text{d'où}\quad x=y-K$$

et en substituant dans $x^4-px^2+r=0$, il viendra

$$y^4-4Ky^3+(6K^2-p)y^2+(2pK-4K^3)y+K^4-pK^2+r=0.$$

En conséquence si l'on avait une proposée de la forme

$$y^4+Hy^3+Py^2+Qy+R=0$$

on pourrait l'assimiler à la précédente en égalant les

coefficients des mêmes puissances de y, ce qui donnerait les conditions suivantes :

$$4K=H\ ,\quad 6K^2-p=P,\quad 2pK-4K^3=Q\ ,\quad K^4-pK^2+r=R.$$

La première donne $K=\frac{H}{4}$ et en substituant cette valeur de K dans la seconde on trouve $p=6\left(\frac{H}{4}\right)^2-P$

D'un autre côté, on déduit de la dernière

$$r=R+pK^2-K^4,\ \text{et par suite}\quad r=R-P\left(\frac{H}{4}\right)^2+5\left(\frac{H}{4}\right)^4.$$

On a donc tout ce qui est nécessaire pour former $1-8\frac{r}{p^2}$ qui représente cos.a ; en effectuant tous les calculs on trouve :

$$\cos 4a=\frac{2(P^2-4R)-\left\{2\left(\frac{H}{4}\right)^2+P\right\}^2}{\left\{6\left(\frac{H}{4}\right)^2-P\right\}^2}$$

de sorte que deux des valeurs de y pourront s'écrire

$$y=\frac{H}{4}\pm\sqrt{6\left(\frac{H}{4}\right)^2-P}\ \cos\frac{1}{4}\left[\text{arc cos.}=\frac{2(P^2-4R)-\left\{2\left(\frac{H}{4}\right)^2+P\right\}^2}{\left\{6\left(\frac{H}{4}\right)^2-P\right\}^2}\right.$$

Les deux autres valeurs de y s'obtiendraient en substituant dans celles-ci $\sin\frac{1}{4}$ à $\cos\frac{1}{4}$.

On remarquera toutefois que l'équation que nous venons de résoudre n'est pas la plus générale du quatrième degré ; car si dans la valeur de Q on substitue celles de p et de K, on aura entre les trois coefficients H, P, Q une équation de condition ainsi conçue.

$$\frac{H}{4}\left\{4\left(\frac{H}{4}\right)^2-P\right\}=\frac{Q}{2}\ ;$$

et ce n'est que lorsque cette condition sera satisfaite que ce mode de solution pourra être accepté.

On remarquera enfin que lorsque la valeur de cos. $4a$ tombera en dehors des limites $+1$ et -1, ce procédé cessera d'être applicable puisqu'un cosinus doit être toujours une fraction comprise entre ces limites.

Il n'est pas inutile d'ailleurs de faire observer

que, dans ces sortes de considérations, ce n'est pas en dehors des conditions d'existence auxquelles sont soumises les conditions initiales qu'il faudrait se hasarder à poser des conclusions.

Dans le cas actuel, par exemple, toutes les solutions indiquées reposent sur l'assimilation des équations proposées à l'identité

$$\cos^4 a - \cos^2 a + \frac{1 - \cos 4a}{8} = 0 .$$

Or le terme tout connu étant essentiellement positif, ce sera exclusivement aux équations jouissant d'une positivité analogue que les raisonnements ci-dessus seront applicables. En conséquence, si l'on avait l'équation

$$x^4 - x^2 - 2 = 0$$

et si, perdant de vue cette recommandation, on voulait la résoudre par le procédé qui vient d'être exposé, on trouverait que la valeur $1 - 8r$ de $\cos 4a$ devient $1 + 16$ ou 17 et comme cette valeur est supérieure à l'unité, on en conclurait que les valeurs de x, dans le cas actuel doivent être imaginaires, l'équation proposée a cependant les deux racines réelles $\pm\sqrt{2}$.

L'erreur viendrait de ce qu'on aurait fait usage, pour une proposée dont le dernier terme est négatif d'un moyen de solution qui ne peut s'appliquer qu'à des équations dont le terme tout connu doit être au contraire toujours positif. Mais si la proposée prenait la forme

$$x^4 - x^2 + 2 = 0$$

elle rentrerait dans la catégorie de celles qui sont représentées par l'identité initiale et comme la valeur -15 qu'on en déduirait pour $\cos 4a$ est inadmissible, on en conclurait avec raison que cette équation ne peut avoir que des racines imaginaires.

On voit d'ailleurs que la plus grande valeur du dernier terme de l'identité répond au cas où $\cos 4a$ est égal à -1 ; ce dernier terme devient alors $1/4$. Quant à sa plus petite valeur elle est zéro. De sorte qu'en général une équation de la forme

$$x^4 - x^2 + r = 0$$

ne peut avoir de racines réelles que lorsque r est compris entre zéro et $\frac{1}{4}$. Ces racines sont alors toutes quatre réelles, elles s'étendent de -1 à $+1$; ce sont donc des fractions proprement dites positives ou négatives.

On remarquera, en passant que puisque, en restant dans le réel, la plus grande valeur de r est $\frac{1}{4}$, il en résulte que le maximum négatif de la fonction $x^4 - x^2$ doit être $-1/4$. L'identité initiale nous permet d'assigner facilement la valeur de x correspondant à ce maximum. En effet, c'est pour $\cos 4a = -1$ que le terme tout connu de cette identité devient égal à $1/4$; d'après cela $\cos a$ doit avoir pour valeur $\cos\frac{\pi}{4}$, c'est-à-dire $\frac{1}{\sqrt{2}}$; et telle sera la valeur de x ainsi qu'il est facile de s'en convaincre par l'application des règles qui servent à déterminer les maximum.

XVIII

Comme seconde application des mêmes idées nous ferons usage des identités auxquelles conduit la considération des tangentes. On sait qu'on a

$$\text{tang.}\, 4a = \frac{4\,\text{tang}\, a - 4\,\text{tang}^3 a}{1 - 6\,\text{tang}^2 a - \text{tang}^4 a}$$

On déduit de là l'identité :

$$\text{tang}^4 a + \frac{4}{\text{tang}\, 4a}\,\text{tang}^3 a - 6\,\text{tang}^2 a - \frac{4}{\text{tang}\, 4a}\,\text{tang}\, a + 1 = 0$$

En conséquence si l'on avait une équation de la forme

$$x^4 + px^3 - 6x^2 - px + 1 = 0 .$$

On l'identifierait avec la précédente en posant

$$\frac{4}{\text{tang}\, 4a} = p \,, \quad \text{d'où} \quad \text{tang}\, 4a = \frac{4}{p}$$

On déduirait de là la valeur de a et la racine serait $\text{tang}\, a$, c'est-à-dire

$$\text{tang}\, \frac{1}{4}\left(\text{arc tang} = \frac{4}{p}\right)$$

On sait d'ailleurs qu'une même tangente correspond non seulement à un angle θ, mais encore à tous les angles représentés par $\theta + K\pi$, K étant un nombre entier quelconque. Or si θ est égal à $4a$ et si l'on en prend le quart on aura quatre valeurs distinctes et les racines seront :

$$\operatorname{tang} a,\ \operatorname{tang}\left(a + \frac{\pi}{4}\right),\ \operatorname{tang}\left(a + \frac{\pi}{2}\right),\ \operatorname{tang}\left(a + \frac{3\pi}{4}\right).$$

Il est facile de voir que si p changeait de signe, il résulte de la constitution de l'équation que ce serait la même chose que de supposer que c'est x qui en change, de sorte que dans ce cas les racines ne seraient autre chose que les précédentes prises en signe contraire.

Mais la proposée en x est loin d'être la plus générale du quatrième degré puisqu'elle ne renferme qu'un seul coefficient arbitraire. Nous pouvons d'abord très-simplement lui en faire acquérir deux. Pour cela posons $x = tz$, il viendra

$$t^4 z^4 + p t^3 z^3 - 6 t^2 z^2 - ptz + 1 = 0$$

et en divisant par t^4

$$z^4 + \frac{p}{t} z - \frac{6}{t^2} z^2 - \frac{p}{t^3} z + \frac{1}{t^4} = 0 .$$

Posant alors $\frac{p}{t} = P$, $\frac{6}{t^2} = Q$, on aura $\frac{p}{t^3} = \frac{P.Q}{6}$, $\frac{1}{t^4} = \left(\frac{Q}{6}\right)^2$; de sorte que toute équation de la forme

$$z^4 + P z^3 - Q z^2 - \frac{PQ}{6} z + \left(\frac{Q}{6}\right)^2 = 0$$

aura pour racine $\frac{x}{t}$ ou $\sqrt{\frac{Q}{6}}\, x$ ou enfin $\sqrt{\frac{Q}{6}} \operatorname{tang}\frac{1}{4}\left(\operatorname{arc\,tang} = \frac{4}{p}\right)$ et comme actuellement on a $p = tP = P\sqrt{\frac{6}{Q}}$ on en déduira $\frac{4}{p} = 4\,\frac{\sqrt{\frac{Q}{6}}}{P}$. Il viendra donc définitivement

$$z = \sqrt{\frac{Q}{6}} \operatorname{tang}\frac{1}{4}\left[\operatorname{arc\,tang} = 4\,\frac{\sqrt{\frac{Q}{6}}}{P}\right].$$

Les autres racines s'obtiendront en ajoutant à l'arc qu'on doit diviser par 4 les arcs $\frac{\pi}{4}$, $\frac{\pi}{2}$, $\frac{3\pi}{4}$ et en prenant les tangentes de ces sommes qu'on multipliera par $\sqrt{\frac{Q}{6}}$.

Nous pouvons même faire un pas de plus dans la voie

de la généralité. Si, en effet, on considère l'équation

$$y^4 + Ay^3 + By^2 + Cy + D = 0$$

et si on peut l'amener à être de la forme de celle ci-dessus en z, sa résolution pourra être obtenue. Dans ce but posons $y = u + K$, u étant une nouvelle inconnue, et substituons, il viendra :

$u^4 + 4K$	$u^3 + 6K^2$	$u^2 + 4K^3$	$u + K^4$	$= 0$
$+ A$	$+ 3AK$	$+ 3AK^2$	$+ AK^3$	
	$+ B$	$+ 2BK$	$+ BK^2$	
		$+ C$	$+ CK$	
			$+ B$	

Nous pouvons maintenant profiter de l'indétermination de K pour faire en sorte que le coefficient de u soit égal au $1/6$ du produit de ceux en u^3 et en u^2 et nous écrirons en conséquence pour réaliser cette condition :

$$4K^3 + 3AK^2 + 2BK + C = \frac{1}{6}(4K + A)(6K^2 + 3AK + B).$$

Or il arrive qu'en développant le second membre les termes en K^3 et en K^2, étant égaux de part et d'autre, disparaissent, et il ne reste plus qu'une relation du premier degré en K de laquelle on déduit la valeur suivante

$$K = \frac{6C - AB}{3A^2 - 8B}.$$

Si l'on substitue cette valeur de K dans l'équation en u, ses trois premiers coefficients seront conformes à ceux de l'équation en z. Mais ce ne sera qu'à la condition que le terme tout connu sera égal au carré du sixième du coefficient de u^2 que le procédé ci-dessus pourra être appliqué. Or ce terme tout connu varie avec D ; la question se présente donc de savoir comment à l'origine, c'est-à-dire dans l'équation en y, D aura dû être lié avec A, B, C dans cette équation pour que le terme tout connu de celle en u satisfasse à la condition que nous venons de rappeler.

Pour s'éclairer à ce sujet, il n'y a qu'à écrire

que ce terme est égal au carré du sixième du coefficient de u^2. Cela donne la relation

$$K^4 + AK^3 + BK^2 + CK + D = \left(K^2 + \frac{A}{2}K + \frac{B}{6}\right)^2.$$

Faisant le développement, les deux termes K^4 et AK^3 disparaissent de part et d'autre et il reste une relation qui, après le remplacement de la valeur ci-dessous de K, donne

$$D = \left(\frac{B}{6}\right)^2 - \frac{1}{12}\,\frac{(6C-AB)^2}{3A^2-8B}$$

Nous pouvons donc affirmer que lorsqu'une équation se présentera sous la forme :

$$y^4 + Ay^3 + By^2 + Cy + \left\{\left(\frac{B}{6}\right)^2 - \frac{1}{12}\,\frac{(6C-AB)^2}{3A^2-8B}\right\} = 0$$

elle sera résoluble par le procédé qui vient d'être exposé.

Ce procédé consiste, comme on voit, à passer de la proposée en y à une équation en u, à l'aide de la relation $y = u + K$, et à profiter de l'indétermination de K, pour assimiler cette équation en u à la précédente en z ; or si l'on se rappelle que la valeur de la racine de celle-ci est

$$\sqrt{\frac{Q}{6}}\ \text{tang}\ {}^1\!/_4 \left[\text{arc tang} = \frac{4\sqrt{\frac{Q}{6}}}{P}\right)$$

on remarquera que sa réalité ou son imaginarité est essentiellement liée à celle de tang. $4a$, soit $\frac{4}{P}\sqrt{\frac{Q}{6}}$. Si l'expression de cette dernière devenait imaginaire, le procédé ne serait plus applicable. Mais, comme c'est en partant de l'hypothèse que le coefficient de z^2 est essentiellement négatif dans l'équation en z que nous avons obtenu la valeur réelle $\frac{4}{P}\sqrt{\frac{Q}{6}}$ de tang $4a$, on voit qu'il sera nécessaire qu'à son tour le coefficient de u^2 dans l'équation en u soit négatif. Il y a donc intérêt à ce point de vue à connaître la valeur de ce coefficient en fonction de A, B, C ; ce sera la valeur de Q qu'il faudra mettre en œuvre pour former tang $4a$. Quant à celle de P qui y figure aussi, ce sera celle du coefficient du terme en u^3. On aura donc

$$P = 4K + A, \quad \text{et} \quad Q = 6K^2 + 3AK + B,$$

et il ne s'agira plus que de substituer la valeur de K dans ces deux expressions. Nous n'insisterons pas sur les détails de ces calculs qui sont très-simples et qui donnent :

$$P = 3\,\frac{A^3 - 4AB + 8C}{3A^2 - 8B}$$

$$Q = \frac{8(27C^2 - B^3) - 18(A^2-4B)(B^2-3AC)}{(3A^2-8B)^2}.$$

Comme dans cette valeur de Q le dénominateur est toujours positif, on voit que sa négativité dépendra de celle du numérateur.

Si, par exemple, on supposait $A = B = C = 1$, on trouverait que Q est positif et égal à 4 ; par conséquent, dans cette hypothèse, l'équation en u et par suite celle en y ne sauraient avoir de racines réelles. En effet, dans ce cas le terme tout connu désigné par $D + CK + BK^2 + AK^3 + K^4$ se réduit à D parceque K est égal à -1. Or la valeur générale de D nous donne dans cette circonstance $\frac{1}{36} + \frac{5}{12}$ soit $\frac{4}{9}$ qui est bien en effet le carré de $\frac{Q}{6}$ ou $\frac{2}{3}$. Or l'équation proposée étant alors $$y^4 + y^3 + y^2 + y + \frac{4}{9} = 0$$
tous ses termes sont additifs et par conséquent aucune valeur positive de y ne pourra rendre ce premier membre nul.

Si y est négatif et plus grand que 1, $y^4 - y^3$ aussi bien que $y^2 - y$ seront positifs et le premier membre ne pourra être annulé. Enfin si y est moindre que l'unité et négatif, la somme des termes en y formera le produit $-y(1-y)(y^2+1)$ lequel est susceptible d'un maxima entre 1 et zero correspondant à la valeur $\frac{1}{\sqrt{2}}$ de y. Mais on s'assurera que ce maxima reste inférieur à $\frac{4}{9}$. De sorte qu'aucune valeur réelle n'est possible.

Pour donner un exemple de l'application du procédé, prenons l'équation suivante en y :

$$y^4 - y^3 - y^2 + \frac{1}{3} y + \frac{2}{99} = 0 \quad ;$$

les trois coefficients de y^3, y^2, y ont été pris arbitrairement quant au terme tout connu il est égal à la fonction de ces coefficients qui représente la valeur ci-dessus de D.

La valeur de K est égale à $\frac{1}{11}$ et en la mettant en œuvre on trouve que l'équation en u, conforme à celle en z, est :

$$u^4 - \frac{7}{11} u^3 - \frac{148}{11^2} u^2 + \frac{518}{3.11^3} u + \frac{5476}{3^2.11^4} = 0$$

On vérifiera qu'en effet le coefficient de u est le $1/6$ du produit des coefficients de u^3 et de u^2 et que le terme-tout connu est le carré du sixième du coefficient de u^2.

Cela posé, on aura

$$\text{tang } 4a = \frac{4}{P} \sqrt{\frac{Q}{6}} = - \frac{4}{7} \sqrt{\frac{74}{3}} = - 2,838$$

Cette tangente répond à l'angle $-70°,4$ dont le quart est $-17°,6$. La tangente de celui-ci a pour valeur $-0,317$ et par suite on aura

$$u = -0,317 \sqrt{\frac{Q}{6}} = - \frac{0,317}{11} \sqrt{\frac{74}{3}} = - \frac{1,5755}{11}.$$

Ajoutant à u la valeur de K qui est $\frac{1}{11}$ on trouve pour celle de y

$$y = - \frac{1,5755}{11} + \frac{1}{11} = - \frac{0,5755}{11} = - 0,0523$$

Nous n'insisterons pas davantage sur le développement de ces moyens de résoudre les équations ; ce que nous venons de dire, joint à ce qui a été exposé quand nous nous sommes occupé du troisième degré, nous paraît suffisant pour bien fixer les idées à cet égard.

Nous allons maintenant nous occuper des importantes questions qui se rattachent à la détermination et à l'usage des fonctions résolvantes de quatre nombres.

XIX.

Soient pris arbitrairement quatre nombres x_1, x_2, x_3, x_4; si en même temps on désigne par α la racine quatrième de l'unité qui est égale a $\sqrt{-1}$ les trois autres racines de l'unité seront α^2, α^3, α^4. Cela posé formons la fonction suivante

$$\alpha x_1 + \alpha^2 x_2 + \alpha^3 x_3 + \alpha^4 x_4$$

que nous désignerons pour abréger par X_1.

Maintenant élevons d'abord au carré, puis au cube, puis enfin à la quatrième puissance tous les α qui figurent dans cette fonction, nous obtiendrons les trois fonctions suivantes :

$$\alpha^2 x_1 + \alpha^{2.2} x_2 + \alpha^{3.2} x_3 + \alpha^{4.2} x_4 = X_2$$

$$\alpha^3 x_1 + \alpha^{2.3} x_2 + \alpha^{3.3} x_3 + \alpha^{4.3} x_4 = X_3$$

$$\alpha^4 x_1 + \alpha^{2.4} x_2 + \alpha^{3.4} x_3 + \alpha^{4.4} x_4 = X_4$$

Ces fonctions dans lesquelles nous n'effectuons pas à dessein les réductions dont sont susceptibles les exposants de α sont ce que nous appelons les fonctions résolvantes des quatre nombres donnés.

Il résulte évidemment de la loi de leur formation qu'on peut les condenser en une seule formule ainsi conçue :

$$X_K = \alpha^K x_1 + \alpha^{2K} x_2 + \alpha^{3K} x_3 + \alpha^{4K} x_4$$

En donnant à K les valeurs 1, 2, 3, 4 on obtiendra successivement X_1, X_2, X_3, X_4.

Par opposition à la dénomination de résolvantes, nous donnerons aux quatre nombres qui servent à les former celle de résolues. La convenance de ces appellations sera suffisamment justifiée et comprise par ce qui va suivre.

Il est d'ailleurs facile de se convaincre que, dans une résolvante quelle qu'elle soit, la puissance de α par laquelle est multipliée une résolue a pour exposant le produit de l'indice de cette résolvante par l'indice de la résolue.

De sorte que l'expression encore plus condensée que la précédente

$$X_R = \Sigma \, (\alpha^{rR} x_r)$$

est susceptible de représenter à la fois et la loi du passage d'une résolvante à l'autre et celle de la formation particulière des quatre termes de chaque résolvante.

En laissant R constant, on ne sort pas d'une même résolvante et l'on obtient ensuite des quatre termes par la substitution à r des valeurs 1, 2, 3, 4. En laissant au contraire r constant et donnant à R les valeurs successives 1, 2, 3, 4, on aura les 4 coefficients qui affectent dans chaque résolvante la même résolue. Ces quatre coefficients seront α^r, α^{2r}, α^{3r}, α^{4r}. On voit que quel que soit r leur somme sera $\alpha^r + \alpha^{2r} + \alpha^{3r} + \alpha^{4r}$, expression qui est toujours nulle tant que r n'est pas un multiple de 4, et qui devient égale à 4 lorsque, au contraire, r est un pareil multiple. Le produit des quatre mêmes coefficients est égal à l'unité positive lorsque r est pair et à l'unité négative lorsqu'il est impair.

Ces choses ainsi entendues, considérons la fonction

$$\alpha X_1 + \alpha^2 X_2 + \alpha^3 X_3 + \alpha^4 X_4$$

qui est exactement formée avec X_1, X_2, X_3, X_4 de la même manière que l'est X_1 avec x_1, x_2, x_3, x_4, et désignons-la par X'_1. Si nous élevons d'abord au carré, puis au cube, puis enfin à la quatrième puissance tous les α qui figurent dans cette fonction, nous obtiendrons les trois suivantes.

$$\alpha^2 X_1 + \alpha^{2.2} X_2 + \alpha^{3.2} X_3 + \alpha^{4.2} X_4 = X'_2$$

$$\alpha^3 X_1 + \alpha^{2.3} X_2 + \alpha^{3.3} X_3 + \alpha^{4.3} X_4 = X'_3$$

$$\alpha^4 X_1 + \alpha^{2.4} X_2 + \alpha^{3.4} X_3 + \alpha^{4.4} X_4 = X'_4$$

Il résulte de la loi de leur formation qu'on peut, comme précédemment, les condenser en une seule formule ainsi conçue :

$$X'_K = \alpha^K X_1 + \alpha^{2K} X_2 + \alpha^{3K} X_3 + \alpha^{4K} X_4$$

Il est évident en effet qu'en donnant à K les valeurs 1, 2, 3, 4 on obtiendra successivement X'_1, X'_2, X'_3, X'_4. D'ailleurs on remarquera ici, comme pour ce qui concerne les X, que, dans une quelconque des fonctions X', la puissance de α par laquelle est multipliée une résolvante a pour exposant le produit de l'indice de X' par l'indice de la résolvante en question. De telle sorte que l'expression, encore plus condensée que la précédente

$$X'_K = \Sigma\left(\alpha^{RK} X_R\right)$$

est susceptible de représenter à la fois et la loi du passage d'une fonction X' à une autre et celle de la formation particulière de chacune des fonctions X'. En laissant K constant on ne sort pas d'un même X' et l'on obtient ensuite les quatre termes par la substitution à R des valeurs 1, 2, 3, 4. En laissant au contraire R constant et donnant à K les valeurs successives 1, 2, 3, 4, on aura les quatre coefficients en α qui affectent dans chaque X' la même résolvante.

Mais puisque, d'après ce qui a été établi précédemment on a

$$X_R = \Sigma\left(\alpha^{rR} x_r\right),$$

nous pourrons introduire cette expression dans X'_K et il viendra

$$X'_K = \Sigma\left[\alpha^{KR}\Sigma\left(\alpha^{rR} x_r\right)\right].$$

A l'aide de cette formule on obtiendra directement tous les X' en fonction des nombres primitifs x_1, x_2, x_3, x_4.

Voyons quelle sera leur valeur ainsi constituée.

Pour cela nous devrons considérer K comme constant afin de ne pas sortir d'une même fonction. Cherchons dans ces conditions l'ensemble des termes qui contiendront x affecté du même indice r. Pour les obtenir il faudra supposer r constant et R variable de 1 à 4. Cela donnera quatre termes qui pourront être écrits comme suit:

$$\left[\alpha^{K+r} + \alpha^{2(K+r)} + \alpha^{3(K+r)} + \alpha^{4(K+r)}\right] x_r$$

Or si $K+r$ n'est pas un multiple de 4 le coefficient de x_r sera nul ; donc tous les x dont l'indice ajouté à K ne donneront pas un pareil multiple disparaîtront. Mais il y aura toujours entre 1 et 4 une valeur de r, et une seule qui, ajoutée à K donnera à cette somme cette propriété, et cet indice a évidemment pour valeur $4-K$. Dans ce cas le coefficient de x_{4-K} sera égal à 4 et nous pouvons en conséquence écrire que généralement on aura

$$X'_K = 4\,x_{4-K}\,.$$

Donnant successivement à K les valeurs 1, 2, 3, 4 nous aurons les relations :

$$X'_1 = 4x_3\,,\ X'_2 = 4x_2\,,\ X'_3 = 4x_1\,,\ X'_4 = 4x_4\,.$$

Ces résultats justifient la dénomination de résolvantes que nous avons données aux fonctions X et celle de résolues qu'on peut appliquer soit aux quatre quantités données soit aux fonctions X' qui, au multiple de 4 près, leur sont équivalentes.

Comme nous aurons souvent à mentionner la loi algébrique à l'aide de laquelle on passe, soit de la valeur d'une résolvante, soit de la valeur d'une résolue aux trois autres, il nous a paru nécessaire, pour donner plus de concision au discours de lui affecter une dénomination spéciale. Dans ce qui va suivre nous l'appellerons la *loi puissancielle des résolvantes*.

Nous sommes donc autorisés, d'après l'exposé qu'on vient de lire, à conclure que quatre nombres étant pris arbitrairement, il est toujours possible de former, à l'aide de la loi puissancielle des résolvantes, quatre fonctions linéaires de ces nombres, lesquelles, traitées à leur tour par la même loi, reproduisent successivement le quadruple de ces quatre nombres. Ce théorème, pour le quatrième degré, est exactement l'analogue de ceux que nous avons démontrés pour le second et pour le troisième, et la voie est suffisamment ouverte maintenant pour qu'il soit facile de prévoir qu'une semblable propriété se reproduira dans tous les degrés.

Nous trouvons ici un nouvel exemple de la constitution de nombres réels à l'aide d'éléments imaginaires. Ce fait analytique, qu'il faudra désormais considérer comme un état normal pour tous les degrés, enlève à la circonstance de l'irréductibilité le voile d'obscurités qui l'a recouverte jusqu'ici en rationalise en théorie tout ce qu'elle semblait présenter d'irrégulier. Ajoutons d'ailleurs que, pour la pratique, l'interprétation de la forme imaginaire agissant plus radicalement encore, fait disparaître l'obstacle lui-même et restitue, dans les applications, à ce qui ne doit pas conserver l'état imaginaire, la forme réelle. Ce point de doctrine ne saurait donc aujourd'hui présenter aucune incertitude; mais il pourra toujours être invoqué comme une preuve de la nécessité de ne pas passer légèrement sur les principes dans l'étude des sciences.

Ne manquons pas, avant d'abandonner ce sujet, de faire observer que la détermination de x_1, x_2, x_3, x_4, à l'aide des fonctions résolvantes ne doit sa possibilité qu'à l'existence des racines quatrièmes de l'unité; puisque toutes les formules qui viennent de passer sous nos yeux sont exclusivement des combinaisons de ces quatre nombres avec ces seules racines. Nous verrons d'ailleurs que cette expression de quatre nombres est en complète équivalence avec celle qu'on en peut faire à l'aide d'une équation du quatrième degré. De sorte que si une telle équation a quatre solutions, la cause en est à ce que l'unité possède dans ce degré quatre racines.

XX.

L'importance des fonctions résolvantes étant ainsi indiquée et même établie en partie, procédons à l'examen de leurs principales propriétés.

Si l'on considère la fonction $\alpha x_1 + \alpha^2 x_2 + \alpha^3 x_3 + \alpha^4 x_4$ que nous avons désignée par X_1 et si l'on remarque

que nous ne nous sommes nullement expliqué sur l'ordre dans lequel les quatre nombres donnés doivent y prendre place, on comprendra tout de suite qu'elle est susceptible de plusieurs valeurs, suivant que cet ordre sera différent, et l'on se rendra facilement compte que le nombre de ces valeurs s'élève à 24. On peut en effet laisser x_1 à la même place et permuter ensuite dans les trois autres termes les nombres x_2, x_3, x_4, ce qui se pourra faire de 6 manières. Comme d'ailleurs chacun des nombres donnés peut à son tour occuper la première place, et que, pour chacune de ces circonstances, il y aura six nouvelles valeurs, il s'ensuit que le nombre total de celles-ci sera bien de 24.

On voit, d'après ces explications, que ces valeurs formeront quatre groupes sextuples réunissant chacun toutes celles qui commencent par la même lettre. Or je dis qu'il suffit de connaître les six composantes d'un groupe pour en déduire celles d'un autre groupe quelconque.

Mais d'abord présentons pour le premier groupe le tableau de ses six valeurs, que nous désignerons, pour abréger par M_1, M_2, M_3, M_4, M_5, M_6

La première place sera toujours prise par x_1; puis x_2, x_3, x_4 occuperont chacun deux fois les trois autres places. L'ordre suivant lequel ce tableau peut être disposé est indifférent. Mais par des considérations mises rétrospectivement à jour dans la suite des calculs, et que nous signalerons en leur temps, nous mettrons à côté l'une de l'autre les deux valeurs dans lesquelles la troisième place est occupée par la même lettre; ces deux valeurs formeront un couple, et nous en aurons ainsi trois. Cela posé, voici ce tableau :

1er Couple... $\begin{cases} \alpha x_1 + \alpha^2 x_2 + \alpha^3 x_3 + \alpha^4 x_4 = M_1 \\ \alpha x_1 + \alpha^2 x_4 + \alpha^3 x_3 + \alpha^4 x_2 = M_2 \end{cases}$

2e Couple... $\begin{cases} \alpha x_1 + \alpha^2 x_2 + \alpha^3 x_4 + \alpha^4 x_3 = M_3 \\ \alpha x_1 + \alpha^2 x_3 + \alpha^3 x_4 + \alpha^4 x_2 = M_4 \end{cases}$

3e Couple.. $\begin{cases} \alpha x_1 + \alpha^2 x_3 + \alpha^3 x_2 + \alpha^4 x_4 = M_5 \\ \alpha x_1 + \alpha^2 x_4 + \alpha^3 x_2 + \alpha^4 x_3 = M_6 \end{cases}$

Voyons maintenant comment, avec les six valeurs de ce groupe nous formerons celui dans lequel x_K, quel que soit K, se trouvera à la première place.

Dans le premier groupe, x_K occupe tous les rangs excepté le premier. Si μ est un de ces rangs dans une valeur quelconque M_t, le terme en x_K sera $\alpha^\mu x_K$ et il suffira pour amener x_K à la première place de lui faire acquérir le coefficient α ; or c'est ce qu'on réalisera en multipliant M_t par une puissance de α dont l'exposant sera, par rapport à 4, le complément de μ augmenté d'une unité, c'est-à-dire $4-\mu+1$. Quand cela sera fait les coefficients des trois autres nombres qui étaient primitivement différents les uns des autres et de celui de x_K, continueront de jouir de cette propriété. Or quelles que soient les positions que les nouveaux coefficients vont assigner à ces trois nombres, on sera certain qu'elles formeront une combinaison appartenant au groupe x_K puisque dans ce groupe ces nombres figurent à toutes les places autres que la première. Il suit de là que cette valeur particulière du groupe x_K sera exprimé par $\alpha^{4-\mu+1}M_t$. D'ailleurs, dans le premier groupe, le nombre x_K occupe deux fois la place μ parceque les rangs de x_1 et de x_K étant déterminés dans ce groupe, les deux autres nombres peuvent y être permutés entre eux. D'après cela si $M_{t'}$ est la valeur dans laquelle x_K occupe une seconde fois la place μ, on voit que $\alpha^{4-\mu+1}M_{t'}$ sera encore une combinaison appartenant au groupe x_K. Et comme en dehors des rangs 1 et μ le nombre x_K occupe deux fois les deux autres rangs, appliquant les mêmes raisonnements à ces quatre nouvelles circonstances, il s'ensuit qu'avec les six valeurs du groupe x_1 on aura formé celles du groupe x_K.

Si l'on remarque que, dans le premier groupe et en dehors de la valeur 1, μ est susceptible des trois valeurs 2, 3, 4 auxquelles correspondent, pour $4-\mu+1$, celles 3, 2, 1, il s'ensuit qu'un groupe quelconque x_K se composera de deux des valeurs du groupe x_1 multipliées chacune par α, de deux autres multipliées chacune par α^2, enfin des deux restantes multipliées par α^3.

En résumé la connaissance des six valeurs d'un groupe suffira pour obtenir celle des 24 valeurs de X_1.

En maintenant l'ordre ci-dessus indiqué pour le premier groupe, nous donnons en regard les valeurs correspondantes dans les trois autres groupes. Cet ensemble forme le tableau suivant :

N.os d'ordre.	1.er Groupe.	2.e Groupe	3.e Groupe.	4.e Groupe.
1	M_1	$\alpha^3 M_1$	$\alpha^2 M_1$	αM_1
2	M_2	αM_2	$\alpha^2 M_2$	$\alpha^3 M_2$
3	M_3	$\alpha^3 M_3$	αM_3	$\alpha^2 M_3$
4	M_4	αM_4	$\alpha^3 M_4$	$\alpha^2 M_4$
5	M_5	$\alpha^2 M_5$	$\alpha^3 M_5$	αM_5
6	M_6	$\alpha^2 M_6$	αM_6	$\alpha^3 M_6$

On voit que chaque groupe se divise aussi en trois couples qui, quant aux lettres M, sont toujours composés de la réunion des deux qui forment un couple du premier groupe, et quant aux coefficients jouissent de la propriété d'être simultanément ou des puissances impaires ou des puissances paires de α et de donner toujours l'unité pour produit.

Occupons nous maintenant des fonctions X_2.

Nous avons dit que celles-ci s'obtiennent en élevant au carré les coefficients de X_1. Examinons d'abord ce que cette opération va produire sur les six valeurs du premier groupe.

L'élévation des coefficients au carré fera disparaître tous les exposants impairs de α ; on ne trouvera donc dans X_2 que α^2 et α^4, c'est-à-dire -1 et $+1$, le premier appartenant aux rangs 1 et 3, le second aux rangs 2 et 4, ce qui justifie l'utilité du classement que nous avons admis pour les valeurs de X_1.

Or, dans le premier groupe, x_1 occupant toujours la première place et x_2, x_3, x_4 occupant chacun deux fois la troisième, on voit que la somme de ces deux termes ne pourra être que l'un des nombres

$$-(x_1+x_3),\quad -(x_1+x_4),\quad -(x_1+x_2)$$

quant à la somme des termes de rang pair elle se composera évidemment pour chaque cas de la somme des deux nombres qui ne figurent pas dans celle des trois valeurs précédentes dont on s'occupe. En conséquence le premier groupe ne donnera que trois valeurs pour X_2 ; en les désignant pour abréger par A, B, C, nous aurons savoir

$$A = -(x_1+x_3)+(x_2+x_4) \quad \text{fournie par } M_1 \text{ et } M_2$$

$$B = -(x_1+x_4)+(x_2+x_3) \quad \text{fournie par } M_3 \text{ et } M_4$$

$$C = -(x_1+x_2)+(x_3+x_4) \quad \text{fournie par } M_5 \text{ et } M_6 .$$

Quant au second groupe, comparativement au premier, nous avons vu qu'il se compose de la manière suivante :

$$\begin{cases}\alpha^3 M_1\\ \alpha M_2\end{cases},\quad \begin{cases}\alpha^3 M_3\\ \alpha M_4\end{cases},\quad \begin{cases}\alpha^2 M_5\\ \alpha^2 M_6\end{cases}$$

Lors donc que, pour former X_2, on élèvera les coefficients au carré les valeurs de X_2 produites par $\alpha^2 M_6$ et $\alpha^2 M_5$ resteront les mêmes que précédemment et les autres changeront de signe, ce qui donnera les trois valeurs

$$-A,\ -B,\ +C .$$

Le troisième groupe est composé de la manière suivante :

$$\begin{cases}\alpha^2 M_1\\ \alpha^2 M_2\end{cases},\quad \begin{cases}\alpha^3 M_3\\ \alpha^3 M_4\end{cases},\quad \begin{cases}\alpha^3 M_5\\ \alpha M_6\end{cases}.$$

Ce sera donc ici le couple $\alpha^2 M_2$ et $\alpha^2 M_1$ qui conservera son signe et les autres qui en changeront ; on obtiendra donc les trois valeurs $+A,\ -B,\ -C$

Enfin, pour le quatrième groupe, on vérifiera que le couple $\alpha^2 M_4$, $\alpha^2 M_3$ conservera son signe, que les deux autres en changeront et que par suite les trois valeurs obtenues seront

$$-A,\ +B,\ -C .$$

On voit d'après cela que, si les trois quantités A, B, C pouvaient être déterminées, on connaîtrait par cela même les valeurs de X_2. Mais comme ces quantités doivent être appliquées tantôt avec le signe +, tantôt avec le signe −, il en résulte qu'il sera nécessaire que l'équation dont elles sont les racines, si nous parvenons à la trouver, nous les fasse connaître par leurs carrés. Ce sera donc une équation du sixième degré, mais résoluble comme celles du troisième.

Passons maintenant à la fonction X_3.

Celle-ci s'obtient en élevant au cube les coefficients de α qui figurent dans X_1. Or comme ces coefficients, dans une valeur quelconque de X_1 sont tous différents les uns des autres, leur évaluation au cube laissera subsister cette propriété, de sorte qu'en résumé il y aura autant de valeurs de X_3 qu'il y en a de X_1, c'est-à-dire 24; et ces valeurs de X_3 seront exactement les mêmes que celles de X_1. Les unes et les autres seront donc les racines d'une même équation du 24e degré, mais qui, à cause de la distribution de ces racines en quatre groupes de sextuples, sera résoluble comme une équation du sixième degré.

Enfin la fonction X_4 s'obtenant par l'élévation des coefficients de X_1 à la quatrième puissance, il en résulte que tous ces coefficients deviendront égaux à l'unité, quelle que soit la valeur particulière de X_1 qu'on aura voulu prendre, de sorte que cette fonction a pour valeur unique la somme $x_1 + x_2 + x_3 + x_4$.

XXI.

Avant d'aller plus loin, il convient de présenter ici une observation.

Si les fonctions X_1, X_2, X_3 ne possédaient comme X_4 qu'une seule valeur, il n'y aurait dans la formation et dans l'usage des unes et des autres aucune ambiguïté. Mais cette multiplicité de valeurs nous met dans la nécessité de donner quelques explications sur le procédé à suivre dans ces sortes de calculs.

Il résulte évidemment, de ce qui a été développé dans l'article XIX pour passer de X_1 à X_2 et X_3, que ces deux dernières fonctions ne représentent pas une quelconque des valeurs que nous avons reconnu leur appartenir, mais particulièrement celle qui résulte spécialement du choix qui a pu être fait pour X_1. Il ne saurait donc être permis de prendre pour X_2 et pour X_3, une fois que la forme de X_1 a été arrêtée, toute autre des six valeurs de X_2 ou des 24 de X_3 que celle qui est une dépendance immédiate et directe de l'espèce particulière qu'il a été convenu de prendre pour X_1 parmi les 24 valeurs dont cette fonction est susceptible. Agir autrement, ce serait évidemment sortir des conditions et des raisonnements sur lesquels est basée la précédente démonstration; il semblerait même au premier abord que ce n'est que pour la valeur particulière de X_1 savoir $\alpha x_1+\alpha^2x_2+\alpha^3x_3+\alpha^4x_4$ que le résultat que nous avons annoncé peut être considéré comme certain, puisque c'est exclusivement sur cette valeur que nous avons opéré. Mais nous allons montrer que si, dans la suite des calculs, toute initiative de changement des fonctions nous est interdite, il n'en est pas de même pour le point de départ. De telle sorte que, quelle que soit au début celle des valeurs de X_1 qu'il aura convenu de choisir, les résolvantes et les résolues qui en seront déduites par l'application de la loi puissancielle conduiront toujours aux quatre mêmes résultats $= 4x_1, 4x_2, 4x_3, 4x_4$. Justifions ce point de doctrine important.

On remarquera, en effet, que, dans l'esprit de la démonstration exposée dans l'article XIX, les nombres x_1, x_2, x_3, x_4 ne subissent d'un bout à l'autre aucune altération dans leurs grandeurs; il ne s'exerce sur eux d'autre influence que celle d'être multipliées d'abord par certaines puissances de α et ensuite par certaines sommes de ces puissances. Il se forme ainsi, pour chacun de ces quatre nombres des coefficients qui ont pour unique mission ou de les faire disparaître en entier ou de les maintenir sans autre changement que celui de les quadrupler tous. On conçoit dès lors qu'à la condition d'employer les mêmes quatre nombres dans X_1, quel que soit d'ailleurs leur rang, il y aura complète identité entre tous les ensembles quaternaires ainsi obtenus, chaque fonction X' reproduisant un de nos quatre nombres. La seule différence qui se manifestera sera une modification dans l'arrangement final de ces nombres au point de vue de leur mise à jour successive. C'est-à-dire que suivant l'ordre de x_1, x_2, x_3, x_4, dans X_1, ce sera tel ou tel autre X' qui correspondra à la valeur de chacun de ces nombres.

Il est d'ailleurs facile, dans toutes les circonstances de savoir à laquelle des quatre résolues devra être égale la quadruple valeur de chacun des nombres donnés.

Supposons en effet que l'on prend pour X_1 un arrangement quelconque $\alpha x_a + \alpha^2 x_b + \alpha^3 x_c + \alpha^4 x_d$, les indices a, b, c, d étant tous différents et présentant, dans tel ordre qu'on voudra, les valeurs 1, 2, 3, 4. Rien ne s'oppose à ce que je représente x_a, x_b, x_c, x_d par x'_1, x'_2, x'_3, x'_4 ; je rentre ainsi, au point de vue des indices, dans l'ordonnancement précédent et j'arriverai par conséquent aux conclusions suivantes :

$$X'_1 = 4x'_3, \quad X'_2 = 4x'_2, \quad X'_3 = 4x'_1, \quad X'_4 = 4x'_4 ;$$

remplaçant maintenant les x' par leurs équivalents, j'aurai

$$X'_1 = 4x_c, \quad X'_2 = 4x_b, \quad X'_3 = 4x_a, \quad X'_4 = 4x_d.$$

D'où l'on peut conclure d'une manière générale que quel que soit l'arrangement qu'on aura voulu prendre pour former X_1, la première résolue X'_1 sera égale au quadruple du nombre qui occupe dans X_1 la troisième place, la seconde X'_2 s'appliquera au nombre qui occupe la deuxième place ; la troisième X'_3 à celui qui occupe la première ; enfin la quatrième X'_4 à celui qui figure au dernier rang.

En résumé, quelle que soit la résolvante initiale qu'on prendra comme point de départ pour la composition des résolvantes et des résolues qui en dépendent, on obtiendra toujours le même résultat.

Mais il n'en serait plus de même si, ayant formé les quatre résolvantes, on changeait dans la composition des résolues l'ordre des résolvantes qui y figurent. Pour faire mieux apprécier l'importance de cette recommandation, faisons-en une application particulière.

Par exemple, en nous conformant à l'ordre suivi en premier lieu, nous avons constaté que la première résolue $\alpha X_1 + \alpha^2 X_2 + \alpha^3 X_3 + \alpha^4 X_4$ a pour valeur $4x_3$. Si nous changeons X_1 et X_2 de place et si nous appelons y_1 la valeur de l'expression ainsi modifiée, nous aurons les deux relations

$$\alpha X_1 + \alpha^2 X_2 + \alpha^3 X_3 + \alpha^4 X_4 = 4x_3$$

$$\alpha X_2 + \alpha^2 X_1 + \alpha^3 X_3 + \alpha^4 X_4 = y_1 \quad ;$$

Soustrayant l'une de l'autre, il viendra, en ayant égard à ce que α^2 est égal à -1

$$(\alpha+1)(X_1 - X_2) = 4x_3 - y_1 \quad .$$

Or on trouve $(\alpha+1)(X_1 - X_2) = 2\alpha x_1 - 2(\alpha+1)x_2 + 2x_3$;

par conséquent $2\alpha x_1 - 2(\alpha+1)x_2 + 2x_3 = 4x_3 - y_1$

et par suite $y_1 = 2(x_2 + x_3) - 2\alpha(x_1 - x_2)$.

Voyons ce qui concerne la seconde résolue. Sa valeur dans le premier arrangement est $4x_2$; si l'on appelle y_2 sa valeur dans le second on aura

$$\alpha^2 X_1 + \alpha^{2.2} X_2 + \alpha^{3.2} X_3 + \alpha^{4.2} X_4 = 4x_2$$

$$\alpha^2 X_2 + \alpha^{2.2} X_1 + \alpha^{3.2} X_3 + \alpha^{4.2} X_4 = y_2 \quad ;$$

Soustrayant et remplaçant α^2 par -1 et α^4 par $+1$ on trouve

$$-2(X_1 - X_2) = 4x_2 - y_2$$

et par suite

$$y_2 = 2\alpha(x_1 - x_3) + 2(x_1 + x_3) .$$

Pour la troisième résolue qui est primitivement égale à $4x_1$, si l'on appelle y_3 sa nouvelle valeur on aura

$$\alpha^3 X_1 + \alpha^{2.3} X_2 + \alpha^{3.3} X_3 + \alpha^{4.3} X_4 = 4x_1$$

$$\alpha^3 X_2 + \alpha^{2.3} X_1 + \alpha^{3.3} X_3 + \alpha^{4.3} X_4 = y_3 ;$$

soustrayant il viendra

$$(1-\alpha)(X_1 - X_2) = 4x_1 - y_3$$

et par suite

$$y_3 = 2(x_1 + x_2) + 2\alpha(x_3 - x_2) .$$

Quant à la dernière résolue elle est invariable pour toutes les permutations qu'on peut y faire des résolvantes et conserve toujours la valeur $4x_4$.

Le résultat de ces calculs prouve combien les valeurs des résolues se modifient lorsqu'on y permute l'ordre des résolvantes qui les composent.

On peut remarquer, comme vérification, que, dans le second arrangement aussi bien que dans le premier, la somme des quatre résolues se réduit toujours à $4X_4$, il est donc nécessaire que nous ayons :

$$y_1 + y_2 + y_3 + y_4 = 4X_4 = 4(x_1 + x_2 + x_3 + x_4) .$$

En effet, en faisant cette somme, tous les termes imaginaires des y disparaissent, les termes réels au contraire s'ajoutent et conduisent au résultat prévu.

XXII.

Nous avons constaté dans l'article XIX que les valeurs des quatre résolues X' sont successivement le quadruple des quatre nombres x_1, x_2, x_3, x_4 ; de sorte que si l'on désigne symboliquement par K' les résolues et par x un quelconque des quatre nombres donnés, on aura la relation $X' = 4x$. Faisant usage de la valeur générale de X', cette relation devient

$$x = \frac{\alpha^K X_1 + \alpha^{2K} X_2 + \alpha^{3K} X_3 + \alpha^{4K} X_4}{4}.$$

Il suit de là qu'en attribuant à K les diverses valeurs comprises de 1 à 4, cette formule donnera successivement x_1, x_2, x_3, x_4. On peut donc la considérer, sous ces conditions, comme une véritable équation ayant ces mêmes nombres pour racines. Or d'un autre côté on sait que l'équation du quatrième degré

$$x^4 - \Sigma(x_1)x^3 + \Sigma(x_1x_2)x^2 - \Sigma(x_1x_2x_3)x + x_1x_2x_3x_4 = 0$$

a exactement les mêmes racines. Il doit donc y avoir équivalence entre l'une et l'autre et c'est ce dont nous allons maintenant nous assurer.

A cet effet il faudra rechercher s'il est possible, en partant de la valeur ci-dessus du premier degré de x, et la soumettant à des opérations autorisées, de faire disparaître et l'indéterminée K et l'imaginaire α de manière à obtenir une équation du quatrième degré à coefficients réels, constituée comme celle que nous venons de transcrire ci-dessus.

Dans ce but, remplaçant dans la valeur de x, l'expression α^{4K} par l'unité, et faisant ensuite passer $\frac{X_4}{4}$ dans le premier membre on aura

$$x - \frac{X_4}{4} = \frac{\alpha^K X_1 + \alpha^{2K} X_2 + \alpha^{3K} X_3}{4}.$$

Il faut maintenant remarquer que si l'on admet que les nombres x_1, x_2, x_3, x_4 sont réels, celles des deux valeurs de $x - \frac{X_4}{4}$ qui répondent aux valeurs paires de K seront, savoir :

$$\text{pour } K = 2 \ldots\ldots \frac{-X_1 + X_2 - X_3}{4}$$

$$\text{pour } K = 4 \ldots\ldots \frac{X_1 + X_2 + X_3}{4},$$

et, en cet état, rien ne s'opposerait à ce que X_1, X_2, X_3

pussent être considérés comme réels. Mais cette supposition cesse d'être admissible lorsque l'on considère les valeurs pour lesquelles K est impair. En effet on a alors, savoir

$$\text{pour } K = 1 \ldots \frac{\alpha X_1 - X_2 - \alpha X_3}{4}$$

$$\text{pour } K = 3 \ldots \frac{-\alpha X_1 - X_2 + \alpha X_3}{4}.$$

Les quatre valeurs de $x - \frac{X_4}{4}$ prennent ainsi la forme :

$$\frac{X_2}{4} \pm \left(\frac{X_1}{4} + \frac{X_3}{4}\right), \quad -\frac{X_2}{4} \pm \alpha\left(\frac{X_1}{4} - \frac{X_3}{4}\right).$$

Or il est évident que les deux dernières ne pourront donner un résultat réel qu'à la double condition que X_1 et X_3 seront imaginaires et que X_2 sera réel. Ce résultat est d'ailleurs conforme à la composition des quatre résolvantes X_1, X_2, X_3, X_4. Il résulte en effet des propriétés bien connues des racines quatrièmes de l'unité que, sous la condition que x_1, x_2, x_3, x_4 sont réels, celles de ces résolvantes qui ont des indices pairs sont réelles et que celles qui ont des indices impairs sont imaginaires. Tout est donc en concordance dans cet ordre d'idées.

Nous voyons ici se produire, pour le quatrième degré, cette circonstance de l'irréductibilité en vertu de laquelle, lorsque les racines sont toutes réelles, leurs éléments constitutifs revêtent, sinon en totalité, du moins en partie, la forme imaginaire. Mais ce fait analytique fort surprenant, incompréhensible même, lorsqu'il se révèle uniquement comme une conséquence très-inattendue des calculs, s'impose au contraire, logiquement à nous dès le début lorsqu'on a préalablement porté son attention sur les particularités de la formation de quatre nombres à l'aide de fonctions résolvantes. C'est encore un épisode de la création du réel par l'imaginaire, mais un épisode qui, se reproduisant pour tous les degrés, devra désormais être considéré comme véritablement caractéristique d'un état normal.

Après cette digression, revenons à la question dont nous cherchons plus spécialement la solution. On vient de voir que les quatre valeurs de $x - \frac{X_4}{4}$ se présentent sous la forme

$$a \pm (b+c) \;,\quad -a \pm (b-c)\sqrt{-1}$$

dont nous nous sommes particulièrement occupé dans l'art. XV. Nous avons reconnu alors que ces quatre expressions sont les racines d'une équation du quatrième degré qui, si l'on désigne par z l'inconnue, prend la forme

$$z^4 - (2a^2 + 4bc)\,z^2 - 4a(b^2+c^2)\,z + \left[a^2 - (b+c)^2\right]\left[a^2 + (b-c)^2\right] = 0.$$

Or, dans le cas actuel nous aurons

$$z = x - \frac{X_4}{4}\;,\quad a = \frac{X_2}{4}\;,\quad b = \frac{X_1}{4}\;,\quad c = \frac{X_3}{4}\;,$$

d'où résulte l'équation

$$\left(x - \frac{X_4}{4}\right)^4 - 2\left[\left(\frac{X_2}{4}\right)^2 + 2\,\frac{X_1 X_3}{4^2}\right]\left(x - \frac{X_4}{4}\right)^2 - 4\,\frac{X_2}{4}\left[\left(\frac{X_1}{4}\right)^2 + \left(\frac{X_3}{4}\right)^2\right]\left(x - \frac{X_4}{4}\right)$$

$$+ \left[\left(\frac{X_2}{4}\right)^2 - \left(\frac{X_1}{4} + \frac{X_3}{4}\right)^2\right]\left[\left(\frac{X_2}{4}\right)^2 + \left(\frac{X_1}{4} - \frac{X_3}{4}\right)^2\right] = 0 \;;$$

puis en développant en ordonnant par rapport à x, il vient :

$$\left.\begin{array}{l|l|l}
x^4 - X_4 x^3 + 6\left(\frac{X_4}{4}\right)^2 & x^2 - 4\left(\frac{X_4}{4}\right)^3 & x + \left(\frac{X_4}{4}\right)^4 \\
\qquad - 2\left(\frac{X_2}{4}\right)^2 & \quad + 4\,\frac{X_4}{4}\left(\frac{X_2}{4}\right)^2 & \quad - \left(\frac{X_4}{4}\right)^2\left[2\left(\frac{X_2}{4}\right)^2 + 4\,\frac{X_1 X_3}{4^2}\right] \\
\qquad - 4\,\frac{X_1 X_3}{4^2} & \quad + 8\,\frac{X_4}{4}\,\frac{X_1}{4}\,\frac{X_3}{4} & \quad + 4\,\frac{X_4}{4}\,\frac{X_2}{4}\left[\left(\frac{X_1}{4}\right)^2 + \left(\frac{X_3}{4}\right)^2\right] \\
 & \quad - 4\,\frac{X_2}{4}\left(\frac{X_1}{4}\right)^2 & \quad + \left[\left(\frac{X_2}{4}\right)^2 - \left(\frac{X_1}{4} + \frac{X_3}{4}\right)^2\right]\left[\left(\frac{X_2}{4}\right)^2 + \left(\frac{X_1}{4} - \frac{X_3}{4}\right)^2\right] \\
 & \quad - 4\,\frac{X_2}{4}\left(\frac{X_3}{4}\right)^2 &
\end{array}\right\} = 0$$

Et nous aurons à vérifier si les coefficients successifs de cette équation sont $-\Sigma(x_1)$, $+\Sigma(x_1 x_2)$, $-\Sigma(x_1 x_2 x_3)$, $+x_1 x_2 x_3 x_4$.

1°. La chose est évidente pour le multiplicateur de x^3 ; passons à celui de x^2. Or d'après la composition de X_1, X_2, X_3, X_4 et en remarquant que $\alpha^2 = -1$, $\alpha^3 = -\alpha$, $\alpha^4 = +1$, on aura

$X_1 =$

$$X_1 = -(x_2 - x_4) + \alpha(x_1 - x_3), \quad X_2 = (x_2 + x_4) - (x_1 + x_3)$$

$$X_3 = -(x_2 - x_4) - \alpha(x_1 - x_3), \quad X_4 = (x_2 + x_4) + (x_1 + x_3).$$

En conséquence il viendra

$$4X_1X_3 = 4\left[(x_2 - x_4)^2 + (x_1 - x_3)^2\right]$$

$$2X_2^2 = 2(x_2 + x_4)^2 - 4(x_2 + x_4)(x_1 + x_3) + 2(x_1 + x_3)^2$$

$$6X_4^2 = 6(x_2 + x_4)^2 + 12(x_2 + x_4)(x_1 + x_3) + 6(x_1 + x_3)^2;$$

retranchant les deux premières de la dernière on trouve

$$6X_4^2 - 2X_2^2 - 4X_1X_3 = 4(x_2 + x_4)^2 - 4(x_2 - x_4)^2 + 16(x_2 + x_4)(x_1 + x_3) + 4(x_1 + x_3)^2 - 4(x_1 - x_3)^2.$$

Mais les deux premiers termes du second membre se réduisent à $16\, x_2 . x_4$ et les deux derniers à $16\, x_1 x_3$; il viendra donc en divisant par 16

$$6\left(\frac{X_4}{4}\right)^2 - 2\left(\frac{X_2}{4}\right)^2 - 4\frac{X_1X_3}{4^2} = x_2x_4 + (x_2 + x_4)(x_1 + x_3) + x_1x_3 = \Sigma(x_1x_2)$$

2° Passons au coefficient de x que, pour abréger, nous désignerons par P et qui se compose de cinq termes.

Les deux premiers peuvent s'écrire :

$$\frac{1}{4^2}X_4(X_4^2 - X_2^2), \quad \text{soit} \quad -\frac{1}{4}X_4(x_1 + x_3)(x_2 + x_4);$$

les deux derniers donnent :

$$-\frac{1}{4^2}X_2(X_1^2 + X_3^2), \quad \text{soit} \quad -\frac{2}{4^2}X_2\left[(x_2 - x_4)^2 - (x_1 - x_3)^2\right].$$

Enfin celui du milieu est égal à

$$\frac{2}{4^2}X_4\left[(x_2 - x_4)^2 + (x_1 - x_3)^2\right].$$

Ajoutant ces trois résultats on a

$$P = \frac{2}{4^2}(x_2 - x_4)^2(X_4 - X_2) + \frac{2}{4^2}(x_1 - x_3)^2(X_4 + X_2) - \frac{1}{4}X_4(x_1 + x_3)(x_2 + x_4)$$

Remplaçant $X_4 - X_2$ et $X_4 + X_2$ il vient

$P =$

$$P = \frac{1}{4}(x_2-x_4)^2(x_1+x_3)+\frac{1}{4}(x_1-x_3)^2(x_2+x_4)-\frac{1}{4}X_4(x_1+x_3)(x_2+x_4).$$

Substituant enfin pour X_4 la somme $(x_1+x_3)+(x_2+x_4)$ cette expression devient

$$P = \frac{1}{4}(x_1+x_3)\left\{(x_2-x_4)^2-(x_2+x_4)^2\right\}+\frac{1}{4}(x_2+x_4)\left\{(x_1-x_3)^2-(x_1+x_3)^2\right\}$$

ou plus simplement

$$P = -(x_1+x_3)\,x_2x_4 - (x_2+x_4)\,x_1x_3$$

ce qui n'est autre chose que $-\Sigma(x_1x_2x_3)$

3°. En ce qui concerne le terme tout connu, après avoir mis en réserve, pour le restituer à la fin, le facteur commun $\frac{1}{4^4}$, on remarquera d'abord qu'il contient trois termes dans lesquels n'entrent ni X_1 ni X_3 et qui sont

$$X_4^4 - 2X_4^2X_2^2 + X_2^4, \text{ ou bien } (X_4^2-X_2^2)^2.$$

Or, si pour abréger on désigne x_2+x_4 par T, et x_1+x_3 par S on aura

$$(X_4^2-X_2^2)^2 = 16\,T^2S^2.$$

Quant aux termes qui contiennent X_1 et X_3, ils sont :

$$-4(X_4^2+X_2^2)X_1X_3+4X_4X_2(X_1^2+X_3^2)-(X_1^2-X_3^2)^2$$

et deviennent, en y remplaçant X_4 et X_2 par leurs valeurs en fonction de T et de S

$$-8(T^2+S^2)X_1X_3+4(T^2-S^2)(X_1^2+X_3^2)-(X_1^2-X_3^2)^2.$$

Cela posé, si l'on désigne x_2-x_4 par T' et x_1-x_3 par S', on aura :

$$-8(T^2+S^2)(T'^2+S'^2)+8(T^2-S^2)(T'^2-S'^2)+16T'^2S'^2;$$

réunissant ces termes à la somme des trois précédents on trouve :

$$-16(T^2S'^2+S^2T'^2)+16(T^2S^2+T'^2S'^2)$$

ce qui se réduit à

$$16(T^2-T'^2)(S^2-S'^2)$$

et parceque l'on a $T^2-T'^2=$

$$T^2 - T'^2 = 4\,x_2\,x_4\ ,\quad S^2 - S'^2 = 4\,x_1\,x_3$$

on obtiendra finalement $4^4\,x_1\,x_2\,x_3\,x_4$ qui, multiplié par le facteur commun $\frac{1}{4^4}$ tenu en réserve, se réduit simplement à $x_1\,x_2\,x_3\,x_4$.

Toutes nos prévisions se trouvent ainsi justifiées et par là se trouve établie la complète équivalence de l'équation générale du quatrième degré avec la formule linéaire qui exprime les racines en fonction de leurs résolvantes.

XXIII

Ce que nous venons d'exposer dans l'article précédent fait comprendre l'intime relation qui existe entre l'équation générale du quatrième degré et la fonction linéaire

$$x = \frac{\alpha^{K} X_1 + \alpha^{2K} X_2 + \alpha^{3K} X_3 + \alpha^{4K} X_4}{4}$$

Du principe de cette identification résulte immédiatement la complète confirmation des faits antérieurement acquis sur la forme des racines, et en outre l'indication précise de l'origine algébrique de ces faits. De telle sorte que sans avoir procédé à aucune tentative de résolution, et, ajouterons-nous, alors même que cette tentative devrait rester infructueuse, il nous aura suffi d'avoir constaté qu'il est possible, à l'aide de la loi puissancielle des résolvantes de procéder linéairement à la génération de quatre nombres, pour avoir une idée préalable et complète de ce que l'algèbre est susceptible d'autoriser en ce qui concerne l'expression écrite des racines de l'équation du quatrième degré.

Quant à la valeur même de ces racines, elle ne se présente pas aussi explicitement que leur forme. Pour l'obtenir en effet, il faudrait, à l'aide des ressources que présente la proposée, c'est-à-dire à l'aide des fonctions $\Sigma(x_1)$, $\Sigma(x_1 x_2)$, $\Sigma(x_1 x_2 x_3)$, $x_1 x_2 x_3 x_4$, déterminer X_1, X_2, X_3, X_4. Une fois cette détermination faite, celle des racines s'ensuivrait immédiatement. Malheureusement le problème au premier abord ne paraît guère susceptible de solution, puisque nous avons reconnu que X_1 possède 24 valeurs, ce qui fait entrevoir la nécessité de résoudre une équation du 24e degré. A la vérité, nous avons constaté à l'article XX que cette équation pourra être traitée comme une du sixième, mais la difficulté n'en reste pas moins supérieure à celle que nous cherchons à résoudre puisque celle-ci n'est que du quatrième ; cette considération semble devoir nous condamner à l'impuissance.

S'il s'agissait de la seconde résolvante X_2, l'obstacle disparaîtrait parceque nous avons vu que celle-ci n'est susceptible que de six valeurs de la forme $\pm A$, $\pm B$, $\pm C$ lesquelles correspondront à une équation du sixième degré résoluble comme une du troisième, ce que nous savons faire. Mais les premiers empêchements se reproduisent pour la troisième résolvante X_3 qui, comme la première, est susceptible de 24 valeurs. Quant à la quatrième X_4 elle ne fera jamais obstacle puisque sa valeur sera toujours celle du coefficient de x^3 prise en signe contraire.

La difficulté du problème est donc ainsi bien constatée, et il nous a paru nécessaire d'insister sur tout ce qu'elle présente de sérieux, car si, malgré ce qu'elle a d'insurmontable dans les apparences, nous parvenons cependant à la faire disparaître, il ne pourra résulter de ce travail d'investigation que de très utiles enseignements sur la nature des procédés de l'algèbre, sur la puissance de ses moyens, sur les ressources variées qu'offre son mécanisme lorsqu'on sait le faire fonctionner avec intelligence.

Rappelons à ce sujet qu'il a été expliqué à l'article XX que les 24 valeurs de la résolvante X_3 ne sont pas quelconques, du moins par rapport à celles de la première X_1, elles sont au contraire les mêmes ; de sorte qu'à ce point de vue la difficulté de la question n'est pas augmentée, car obtenir les unes, c'est un moyen d'avoir du même coup la connaissance des autres. Il convient en outre de remarquer que la résolvante particulière X_3 qui entre dans la valeur générale de x n'est pas indépendante de celle adoptée pour X_1, elle en est au contraire une conséquence nécessaire. Or on conçoit que de cette dépendance il doit résulter une certaine élection parmi les 24 valeurs de X_3 appropriée à celle qu'il a convenu de choisir pour X_1; élection telle que les deux expressions de X_1 et de X_3 qui vont se trouver simultanément en présence dans la valeur de x seront assujéties à une relation obligée. Or il y a un intérêt évident à connaître la nature de cette relation parcequ'elle pourrait être telle que la solution du problème fût non seulement simplifiée, mais même rendue possible. C'est là une recherche importante dont nous allons maintenant nous occuper.

Puisqu'il a été établi que, quel que soit le choix qu'on voudra faire de l'une quelconque des 24 valeurs de X_1, la loi puissancielle des résolvantes conduit toujours au groupe des quatre mêmes nombres x_1, x_2, x_3, x_4, prenons une valeur quelconque de X_1 soit $\alpha x_a + \alpha^2 x_b + \alpha^3 x_c + \alpha^4 x_d$ on en déduira des valeurs spéciales de X_2 et de X_3 et l'on pourra mettre ces trois résolvantes sous la forme

$$X_1 = \alpha(x_a - x_c) - (x_b - x_d)$$

$$X_2 = -(x_a + x_c) + (x_b + x_d)$$

$$X_3 = -\alpha(x_a - x_c) - (x_b - x_d).$$

Quant à X_4 il sera constamment égal à $(x_a + x_c) + (x_b + x_d)$. On aura donc pour la première résolue

$$X_1' = \alpha X_1 + \alpha^2 X_2 + \alpha^3 X_3 + X_4 = \alpha(X_1 - X_3) - X_2 + X_4;$$

d'ailleurs $X_1 - X_3$ a pour valeur $2\alpha(x_a - x_c)$ et par suite

$$X_1' = -2(x_a - x_c) - X_2 + X_4.$$

Cela posé, si l'on désigne comme nous l'avons déjà fait

par $\pm A$, $\pm B$, $\pm C$ les six valeurs de X_2 et si l'on appelle A la valeur actuelle de X_2 c'est-à-dire $-(x_a+x_c)+(x_b+x_d)$, on aura, d'après ce qui a été établi à l'article XX,

$$B = -(x_a+x_d)+(x_b+x_c) \quad , \quad C = -(x_a+x_b)+(x_c+x_d).$$

Or il arrive alors que le premier terme $-2(x_a-x_c)$ de la valeur de X'_1 se trouve être précisément égal à $B+C$ de telle sorte qu'il viendra

$$X'_1 - X_4 = -A+B+C.$$

Passant maintenant à la seconde résolue, nous aurons :

$$X'_2 = \alpha^2 X_1 + \alpha^4 X_2 + \alpha^6 X_3 + X_4 = \alpha^2(X_1+X_3) + X'_2 + X_4$$

Or X_2 conserve la valeur A ; quant à X_1+X_3 il est égal à $-2(x_b-x_d)$. On aura donc

$$X'_2 = 2(x_b-x_d) + A + X_4 .$$

On vérifiera d'ailleurs que le premier terme $2(x_b-x_d)$ de cette expression est égal à $B-C$, de sorte qu'en faisant passer X_4 dans le premier membre il viendra

$$X'_2 - X_4 = A+B-C .$$

Quant à la troisième résolue elle se présente sous la forme

$$X'_3 = \alpha^3 X_1 + \alpha^6 X_2 + \alpha^9 X_3 + X_4 = -\alpha(X_1-X_3) - X_2 + X_4 ;$$

substituant pour X_2 sa valeur A, pour $X_1 - X_3$ celle $2\alpha(x_a-x_c)$ on trouve

$$X'_3 = 2(x_a-x_c) - A + X_4$$

et comme il a été constaté que $-2(x_a-x_c)$ est égal à $B+C$, on déduira de là

$$X'_3 - X_4 = -A-B-C .$$

Enfin pour la quatrième résolue on a

$$X'_4 = X_1 + X_2 + X_3 + X_4 ;$$

mais nous avons constaté que X_1+X_3 est égal à $-2(x_b-x_d)$

et par suite à $C - B$, de sorte que nous pourrons écrire

$$X'_4 - X_4 = A + C - B.$$

Il résulte de ces vérifications que les quatre résolues diminuées de la quantité constante X_4 sont susceptibles d'être représentées par certaines combinaisons des trois fonctions A, B, C de telle sorte que si l'on vient à supposer que X_4 ou son équivalent $\xi(x_1)$ est nul et si l'on se rappelle que chaque résolue est le quadruple de l'un des nombres x_1, x_2, x_3, x_4, on en conclura que quatre nombres dont la somme est nulle sont toujours exprimables à l'aide de trois fonctions comme suit :

$$\frac{A}{4} \pm \left(\frac{B}{4} - \frac{C}{4}\right), \quad -\frac{A}{4} \pm \left(\frac{B}{4} + \frac{C}{4}\right).$$

Ainsi se trouvent expliquées dans leurs causes premières, d'une part, la possibilité de la résolution du quatrième degré, d'autre part la forme constitutive des racines à l'aide de trois éléments lorsque cette équation est privée du terme en x^3. Dans le cas où ce terme existe, si l'on désigne par p son coefficient, on aura $X_4 = -p$ et tout ce qui vient d'être dit de x_1, x_2, x_3, x_4 pourra se dire de...
$x_1 + \frac{p}{4}$, $x_2 + \frac{p}{4}$, $x_3 + \frac{p}{4}$, $x_4 + \frac{p}{4}$.

En conséquence pour ce qui concerne la forme des racines, nous sommes directement conduit par la considération des fonctions résolvantes aux mêmes conséquences que par la résolution de l'équation. Quant à leurs valeurs, la détermination de A, B, C par les procédés déjà exposés les fera connaître dans tous les cas.

XXIV.

Après tout ce que nous avons exposé au sujet de irréductibilité dans l'étude de l'équation du troisième degré et les nouvelles explications dont l'étude actuelle pour le quatrième degré a été l'occasion, il ne nous paraît pas nécessaire d'insister davantage sur cette difficulté algébrique qui n'a pu être pour nos prédécesseurs un objet de surprise que parce que les faits de la génération du réel par l'imaginaire n'avaient été ni approfondis, ni même conçus dans leur véritable caractère analytique. Cette question, en ce qui concerne son côté rationnel, nous paraît maintenant suffisamment élucidée. Mais pour le quatrième degré, comme pour le troisième, il n'est pas sans intérêt de la considérer dans ses phases de réalisation. C'est là une étude que les aperçus géométriques rendent très-facile.

Supposons en effet que les quatre nombres donnés représentent des longueurs et procédons à la construction des fonctions résolvantes X_1, X_2, X_3, X_4.

A cet effet soient pris la droite OD comme ligne de base et le point O comme origine. Si, à partir de O, nous portons à la suite les unes des autres les quatre longueurs x_1, x_2, x_3, x_4, nous réaliserons l'addition de ces longueurs et par conséquent nous obtiendrons ainsi X_4.

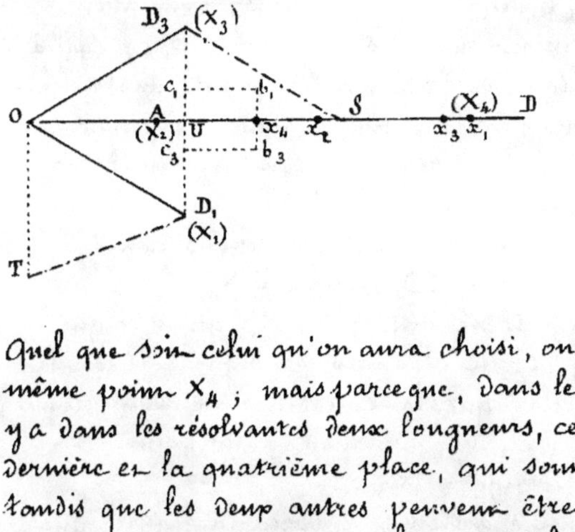

L'ordre dans lequel cette addition peut être faite est indifférent en ce qui concerne le résultat.

Quel que soit celui qu'on aura choisi, on aboutira toujours au même point X_4 ; mais parce que, dans le quatrième degré, il y a dans les résolvantes deux longueurs, celles qui occupent la dernière et la quatrième place, qui sont toujours réelles, tandis que les deux autres peuvent être imaginaires, nous suivrons cette indication, bien qu'à la rigueur elle n'ait rien d'impératif, et nous rapprocherons x_2 de x_4 et x_1 de x_3. Nous prendrons donc d'abord $Ox_4 = x_4$ et nous le ferons suivre de x_4 ; puis après x_2 nous placerons x_3 que nous ferons suivre de x_1..

Ces choses ainsi entendues, nous arrivons à un point x_1 tel que nous avons $Ox_1 = X_4$.

Quant à X_2 comme il est également réel, il devra être aussi placé sur la ligne de base. Or on a .... $X_2 = (x_4 + x_2) - (x_1 + x_3)$; en conséquence, si à gauche du point x_2 je prends une longueur $x_2 A$ égale à celle $x_2 x_1$ j'aboutirai à un point tel que j'aurai $OA = X_2$. Il ne nous reste plus qu'à procéder à la construction de X_1 et de X_3.

Comme nous sommes libre de faire, dans tel ordre que nous voudrons, les additions des quatre termes qui figurent dans ces expressions, nous écrirons, pour les facilités de la figure la résolvante X_1 sous la forme

$$X_1 = x_4 + \alpha x_1 - x_2 - \alpha x_3$$

Or pour ajouter αx_1 à x_4 nous élèverons par le point x_4 la perpendiculaire $x_4 b_1$ égale à x_1 ; puis, pour avoir égard à $-x_2$ nous mènerons vers la gauche $b_1 c_1$ égal à x_2 en parallèle à la ligne de base ; enfin pour construire $-\alpha x_3$, nous élèverons par le point c_1 une perpendiculaire à la ligne de base, mais dirigée en sens inverse de la précédente, à cause que α est précédé du signe $-$ et nous prendrons $c_1 D_1$ égal à x_3 ; nous arriverons ainsi à un point D_1 tel qu'on aura OD_1 dirigé $= X_1$.

Quant à X_3, il ne diffère de X_1 qu'en ce que les termes αx_1 et αx_3 sont changés de signe ; il est facile de voir, d'après cela, que la construction symétrique à la précédente $x_4 b_3 c_3 D_3$ conduira à un point D_3 tel qu'on aura OD_3 dirigé $= X_3$.

Il est évident d'ailleurs, d'après la figure, que X_1 et X_3 sont égaux quant à leurs longueurs et symétriquement placés par rapport à la ligne de base quant à leurs directions.

Voila donc nos quatre résolvantes géométriquement

construites. Mais avant de passer à la figuration des résolues, constatons quelques propriétés de cette construction.

Nous avons déjà dit que tout ce qui concerne X_4 et X_2 est réel. Les additions et les soustractions de ces résolvantes rentrent donc dans la classe ordinaire des opérations arithmétiques. Il n'en est pas de même de X_1 et de X_3 qui sont imaginaires et dont par conséquent la somme et la différence seront réalisables par des figures géométriques. Voyons ce que seront ces figures.

Pour obtenir $X_3 + X_1$, par l'extrémité D_3 de X_3 on mènera la droite $D_3 S$ égale et parallèle à OD_1 ; on aboutira ainsi à un un point S placé sur la ligne de base, à cause de l'égalité des longueurs et de la symétrie des directions et l'on aura $OS = X_3 + X_1$. Mais OS est le double de OU, et il résulte évidemment de la construction que OU est égal à $x_4 - x_2$, de sorte que $X_3 + X_1$ a pour valeur $2(x_4 - x_2)$, résultat conforme à celui qu'indique l'algèbre.

Quant à la différence $X_1 - X_3$, pour l'obtenir, il faut à l'extrémité D_1 de X_1 mener une longueur égale et parallèle à OD_3, mais marchant en sens inverse à cause du signe négatif. Cela nous fait aboutir à un point T de la perpendiculaire menée par O sur la ligne de base. On aura donc $X_1 - X_3 = OT$ dirigé. Mais d'une part la direction de OT est $-\alpha$, d'autre part la longueur OT est égale à $D_1 D_3$ ou $2\,UD_1$, et il est évident, d'après la construction, que UD_1 est égal à $x_3 - x_1$. Il suit de là qu'on a finalement

$$X_1 - X_3 = -2\alpha(x_3 - x_1) = 2\alpha(x_1 - x_3) ;$$

ce qui est encore conforme à ce qu'indique l'algèbre.

Occupons-nous maintenant des résolues.

La première X_1' a pour expression $\alpha X_1 + \alpha^2 X_2 + \alpha^3 X_3 + X_4$; les deux termes en X_2 et X_4 sont réels ; leur réunion donne $X_4 - X_2$, soit $2(x_1 + x_3)$ longueur qui devra être portée à partir de l'origine sur la ligne de base.

Prenons donc (fig. suiv.) $O x_3 = 2x_3$ et $x_3 x_1 = 2x_1$, nous obtiendrons ainsi Ox_1 comme représentation de $X_4 - X_2$

Il faut maintenant ajouter d'abord αX_1 à la suite de cette longueur, ce qui se fera en menant par x_1 une perpendiculaire à la direction OD_1 de la précédente figure, et en prenant sur cette perpendiculaire une lon-

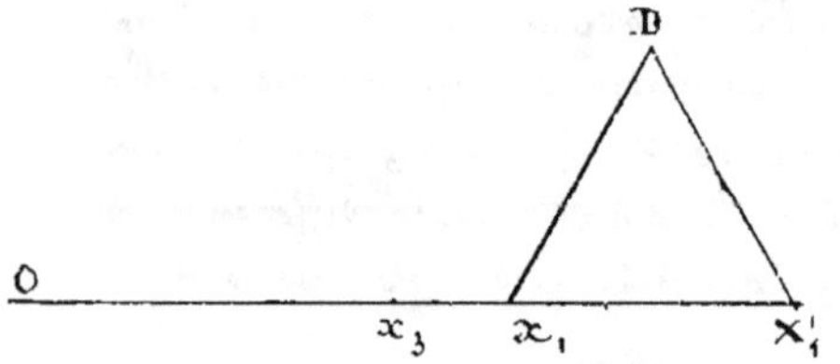

gueur $x_1 D$ égale à celle de X_1. Il faudra ensuite, à l'extrémité de $x_1 D$ construire $\alpha^3 X_3$; pour cela on mènera par D une perpendiculaire à la direction OD_3 de la figure précédente, et, à cause du facteur α^3, il faudra agir sur la partie de cette perpendiculaire qui se dirige au-dessous de OD_3. C'est donc sur cette partie qu'on prendra une longueur égale à celle de X_3 ; cela fait, on aura construit $\alpha^3 X_3$. Or il sera facile de se convaincre que cette construction fera aboutir au point X'_1 de la ligne de base en que le triangle isoscèle $x_1 D X'_1$ est précisément égal au triangle ODT de la figure ci-dessus dans lequel nous avons reconnu que la base OT a pour valeur $2(x_3 - x_1)$; on aura donc aussi $x_1 X'_1 = 2(x_3 - x_1)$ et par suite: $x_3 X'_1 = 2 x_3$. En conséquence, la construction géométrique conduit pour X'_1 à une longueur quadruple de x_3, ainsi que nous l'avons déjà constaté par les considérations algébriques.

Pour la seconde résolue X'_2 les quatre termes sont réels; tout se bornera donc à de simples additions et soustractions sur la ligne de base. Or $X_4 + X_2$ a pour valeur $2(x_2 + x_4)$; d'un autre côté $X_3 + X_1$ est égal à $2(x_4 - x_2)$; le résultat final des opérations sera donc $4 x_2$. Telle est en effet la valeur précédemment trouvée pour X'_2.

La troisième résolue X'_3 a pour expression:

$$\alpha^3 X_1 + \alpha^6 X_2 + \alpha^9 X_3 + X_4, \text{ ou } -\alpha X_1 - X_2 + \alpha X_3 + X_4.$$

Dans ce cas encore, X_2 et X_4 sont réels et leur différence

$X_4 - X_2$, c'est-à-dire $2(x_1 + x_3)$ devra être portée sur la ligne de base à partir de l'origine. Soit donc $Ox_1 = 2x_1$ et $x_1x_3 = 2x_3$, nous obtenons ainsi la longueur Ox_3, représentative de $X_4 - X_2$, à la suite de laquelle il faudra d'abord porter $-\alpha X_1$, ce qui se fera en menant une perpendiculaire à la direction de X_1 et en y portant x_3D égal à la longueur de X_1 mais dans un sens inverse de celui de la première résolue à cause du signe − qui, dans le cas actuel, précède αX_1; puis, à la suite de D, nous mènerons DX'_3 perpendiculaire en direction et égal en longueur à X_3, nous aboutirons ainsi à un point X'_3 situé sur la ligne de base tel qu'on aura $OX'_3 = X'_3$. Or le triangle formé par cette construction est égal au précédent et par conséquent sa base $x_3X'_3$ est égale à $2(x_3 - x_1)$. On aura donc

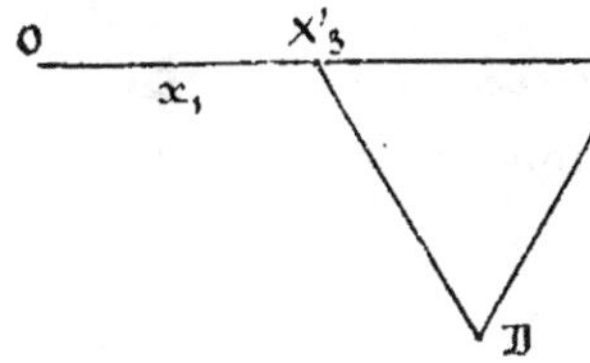

$$OX'_3 = Ox_3 - x_3X'_3 = 2(x_3 + x_1) - 2(x_3 - x_1) = 4x_1$$

résultat conforme à celui précédemment obtenu.

Quant à la quatrième résolue, tous les termes en sont réels; les opérations s'exécuteront donc, comme pour la seconde, sur la ligne de base, et, comme on a,

$$X_4 + X_2 = 2(x_4 + x_2), \quad X_1 + X_3 = 2(x_4 - x_2),$$

on voit que le résultat de ces additions et soustractions ne pourra être que $4x_4$.

L'accord le plus parfait existe donc entre les indications de l'algèbre et celles qui résultent des considérations géométriques.

XXV

Bien que, dans ce qui précède, nous ayons toujours raisonné dans l'hypothèse que les quatre nombres donnés sont réels, la loi puissancielle des résolvantes ne s'applique pas moins au cas où ces quatre nombres sont imaginaires.

Admettons en effet qu'on a généralement ..... $x_a = z_a + y_a\sqrt{-1}$.

On formera, par les procédés précédemment décrits, les quatre résolvantes que nous désignerons par W_1, W_2, W_3, W_4 et l'on aura

$$W_1 = \alpha(z_1+y_1\sqrt{-1})+\alpha^2(z_2+y_2\sqrt{-1})+\alpha^3(z_3+y_3\sqrt{-1})+\alpha^4(z_4+y_4\sqrt{-1})$$

$$W_2 = \alpha^2(z_1+y_1\sqrt{-1})+\alpha^{2.2}(z_2+y_2\sqrt{-1})+\alpha^{3.2}(z_3+y_3\sqrt{-1})+\alpha^{4.2}(z_4+y_4\sqrt{-1})$$

$$W_3 = \alpha^3(z_1+y_1\sqrt{-1})+\alpha^{2.3}(z_2+y_2\sqrt{-1})+\alpha^{3.3}(z_3+y_3\sqrt{-1})+\alpha^{4.3}(z_4+y_4\sqrt{-1})$$

$$W_4 = \alpha^4(z_1+y_1\sqrt{-1})+\alpha^{2.4}(z_2+y_2\sqrt{-1})+\alpha^{3.4}(z_3+y_3\sqrt{-1})+\alpha^{4.4}(z_4+y_4\sqrt{-1}).$$

Cela fait, on trouvera, comme précédemment, les quatre identités suivantes:

$$\alpha W_1 + \alpha^2 W_2 + \alpha^3 W_3 + W_4 = 4(z_3+y_3\sqrt{-1})$$

$$\alpha^2 W_1 + \alpha^{2.2} W_2 + \alpha^{3.2} W_3 + W_4 = 4(z_2+y_2\sqrt{-1})$$

$$\alpha^3 W_1 + \alpha^{2.3} W_2 + \alpha^{3.3} W_3 + W_4 = 4(z_1+y_1\sqrt{-1})$$

$$W_1 + W_2 + W_3 + W_4 = 4(z_4+y_4\sqrt{-1})$$

Nous n'insisterons pas sur les autres propriétés dont jouissent les fonctions W_1, W_2, W_3, W_4; elles sont tout-à-fait analogues à celles qui ont été constatées pour X_1, X_2, X_3, X_4 et peuvent être établies par les mêmes moyens.

Maintenant si l'on considère séparément les quatre nombres z_1, z_2, z_3, z_4 et si l'on désigne par Z_1, Z_2, Z_3, Z_4 leurs fonctions résolvantes on aura

$$Z_1 = \alpha z_1 + \alpha^2 z_2 + \alpha^3 z_3 + \alpha^4 z_4$$

$$Z_2 = \alpha^2 z_1 + \alpha^{2.2} z_2 + \alpha^{3.2} z_4 + \alpha^{4.2} z_4$$

$$Z_3 = \alpha^3 z_1 + \alpha^{2.3} z_2 + \alpha^{3.3} z_3 + \alpha^{4.3} z_4$$

$$Z_4 = \alpha^4 z_1 + \alpha^{2.4} z_2 + \alpha^{3.4} z_3 + \alpha^{4.4} z_4$$

Si, d'un autre côté, on considère séparément les quatre nombres y_1, y_2, y_3, y_4 et si l'on désigne par Y_1, Y_2, Y_3, Y_4 leurs fonctions résolvantes, on aura :

$$Y_1 = \alpha y_1 + \alpha^2 y_2 + \alpha^3 y_3 + \alpha^4 y_4$$

$$Y_2 = \alpha^2 y_1 + \alpha^{2.2} y_2 + \alpha^{3.2} y_3 + \alpha^{4.2} y_4$$

$$Y_3 = \alpha^3 y_1 + \alpha^{2.3} y_1 + \alpha^{3.3} y_3 + \alpha^{4.3} y_4$$

$$Y_4 = \alpha^4 y_1 + \alpha^{2.4} y_1 + \alpha^{3.4} y_3 + \alpha^{4.4} y_4 \quad ;$$

de là on conclura sans aucune difficulté

$$W_1 = Z_1 + Y_1 \sqrt{-1}$$

$$W_2 = Z_2 + Y_2 \sqrt{-1}$$

$$W_3 = Z_3 + Y_3 \sqrt{-1}$$

$$W_4 = Z_4 + Y_4 \sqrt{-1} \quad ,$$

et comme les résolvantes en Z et en Y s'appliquent maintenant à des nombres réels, nous serons en droit de les considérer comme jouissant de toutes les propriétés ci-dessus établies.

Cela posé, si nous supposons que les quatre nombres donnés sont les racines d'une équation du quatrième degré dont nous représenterons l'inconnue par w et si, pour abréger, nous désignons ses racines par w_1, w_2, w_3, w_4, cette équation sera constituée comme suit

$$w^4 - \Sigma(w_1)\, w^3 + \Sigma(w_1 w_2)\, w^2 - \Sigma(w_1 w_2 w_3)\, w + w_1 w_2 w_3 w_4 = 0.$$

Or ce que nous proposons maintenant, c'est de rechercher dans quelles circonstances les coefficients de cette équation seront réels.

XXVI.

Nous remarquerons à cet effet que, de ce qui a

été établi dans l'article XXII, il résulte d'abord que le coefficient du terme en w^3, exprimé à l'aide des fonctions résolvantes, est $-W_4$, soit $-Z_4 - Y_4\sqrt{-1}$; par conséquent, comme Z_4 et Y_4 sont l'un et l'autre réels, il sera nécessaire, pour qu'il n'y ait rien d'imaginaire dans ce coefficient, que Y_4 soit nul, de sorte que W_4 se réduira à Z_4 et sera réel.

On a vu d'ailleurs dans ce même article que l'équation en w, exprimée à l'aide des fonctions résolvantes peut peut être écrite sous la forme.

$$\left(w+\frac{W_4}{4}\right)^4 - 2\left[\left(\frac{W_2}{4}\right)^2 + 2\,\frac{W_1W_3}{4^2}\right]\left(w-\frac{W_4}{4}\right)^2 - 4\,\frac{W_2}{4}\left[\left(\frac{W_1}{3}\right)^2+\left(\frac{W_3}{4}\right)^2\right]\left(w-\frac{W_4}{4}\right)$$

$$+\left[\left(\frac{W_2}{4}\right)^2 - \left(\frac{W_1}{4}+\frac{W_3}{4}\right)^2\right]\left[\left(\frac{W_2}{4}\right)^2 + \left(\frac{W_1}{4}-\frac{W_3}{4}\right)^2\right] = 0 .$$

Or comme il vient d'être établi que W_4 est réel, il s'ensuit que lorsqu'on fera le développement des diverses puissances de $w - \frac{W_4}{4}$ les coefficients définitifs des puissances de w ne seront autre chose que des polynomes dont les termes seront tous des produits des coefficients actuels par des multiples des diverses puissances de $\frac{W_4}{4}$, c'est-à-dire par des quantités réelles. D'où l'on voit que les conditions nécessaires pour que ces polynomes soient réels, c'est que les coefficients de l'équation en $w - \frac{W_4}{4}$ le soient. Ces conditions jointes à celle $Y_4 = 0$ résoudront la question.

Occupons-nous donc de faire en sorte que

$$W_2^2 + 2W_1W_3\,,\quad W_2\left(W_1^2+W_3^2\right),\quad \left[W_2^2-(W_1+W_3)^2\right]\left[W_2^2+(W_1-W_3)^2\right]$$

soient réels.

Si, dans la première de ces expressions, on remplace tous les W par leurs valeurs en Z et en Y, on trouvera

$$W_2^2 + 2W_1W_3 = \left(Z_2+Y_2\sqrt{-1}\right)^2 + 2\left(Z_1+Y_1\sqrt{-1}\right)\left(Z_3+Y_3\sqrt{-1}\right).$$

La partie indépendante de $\sqrt{-1}$ est $Z_2^2 - Y_2^2 + 2\left(Z_1Z_3 - Y_1Y_3\right)$, et l'on s'assurera aisément qu'elle est bien réelle. Quant au coefficient de $\sqrt{-1}$ il a pour valeur $2\left(Z_2Y_2 + Z_1Y_3 + Z_3Y_1\right)$ et il est également réel ; par conséquent pour que le résultat soit indépendant de $\sqrt{-1}$ il faudra que ce coefficient soit nul. ce qui donne pour première condition

$$Z_2 Y_2 + Z_1 Y_3 + Z_3 Y_1 = 0 .$$

La seconde expression $W_2 (W_1^2 + W_3^2)$, lorsqu'on y remplace tous les W par leurs valeurs en Z et en Y, devient

$$(Z_2 + Y_2\sqrt{-1}) \left[(Z_1 + Y_1\sqrt{-1})^2 + (Z_3 + Y_3\sqrt{-1})^2\right] .$$

Or on se convaincra sans difficulté que la partie indépendante de $\sqrt{-1}$ aussi bien que le coefficient de $\sqrt{-1}$ sont réels, d'où il suit que pour que le résultat ne contienne rien d'imaginaire il faudra encore que ce coefficient soit nul. cela nous donne pour seconde condition

$$Y_2 (Z_1^2 + Z_3^2 - Y_1^2 - Y_3^2) + 2 Z_2 (Z_1 Y_1 + Z_3 Y_3) = 0 .$$

Passons au terme tout connu. Celui-ci est formé par le produit de deux facteurs qui sont chacun du second degré, ce qui nous conduirait, en effectuant les calculs, à une expression du quatrième degré qui, d'ailleurs, à l'aide des deux précédentes conditions, se simplifierait. Mais il y a un moyen facile d'éviter cette complication et ce moyen consiste à faire l'application du principe que, pour qu'un produit de deux facteurs soit réel, il faut ou bien que ces facteurs soient réels, ou bien, s'ils sont imaginaires, que l'un étant de la forme $A + B\sqrt{-1}$ l'autre soit de celle $A - B\sqrt{-1}$.

De là deux hypothèses de l'examen desquelles nous allons nous occuper.

1re *hypothèse*. — Elle a pour base la réalité des deux facteurs. Or si l'on remplace dans chacun d'eux les W par leurs valeurs en Z et en Y on trouvera, savoir:

pour le 1er facteur.. $Z_2^2 Y_2^2 - (Z_1 + Z_3)^2 + (Y_1 - Y_3)^2 + 2\left[Z_2 Y_2 - (Z_1 + Z_3)(Y_1 + Y_3)\right]\sqrt{-1}$,

pour le 2e facteur $Z_2^2 Y_2^2 + (Z_1 - Z_3)^2 - (Y_1 - Y_3)^2 + 2\left[Z_2 Y_2 + (Z_1 - Z_3)(Y_1 - Y_3)\right]\sqrt{-1}$.

Mais les quantités Z_2, Y_2, Z_1+Z_3 et Y_1+Y_3 sont réelles quant à Z_1-Z_3 et Y_1-Y_3, elles sont chacune de la forme $K\sqrt{-1}$, d'où il suit que leur carré aussi bien que leur produit sera réel ; en conséquence le coefficient de $\sqrt{-1}$ aussi bien que la partie indépendante de $\sqrt{-1}$ sont réels et par suite la réalité des deux facteurs exige que l'on ait

$$Z_2 Y_2 - (Z_1+Z_3)(Y_1+Y_3) = 0$$

$$Z_2 Y_2 + (Z_1-Z_3)(Y_1-Y_3) = 0 \;;$$

on déduit de là

$$Z_2 Y_2 = (Z_1Y_1 + Z_3Y_3) + (Z_1Y_3 + Z_3Y_1)$$

$$Z_2 Y_2 = -(Z_1Y_1 + Z_3Y_3) + Z_1Y_3 + Z_3Y_1) .$$

Et pour qu'il n'y ait pas incompatibilité entre ces deux valeurs de Z_2Y_2 il faut que $Z_1Y_1+Z_3Y_3$ soit nul. Il reste alors

$$Z_2 Y_2 = Z_1Y_3 + Z_3Y_1 \;;$$

mais la première condition ci-dessus trouvée exige qu'on ait

$$Z_2 Y_2 = -(Z_1Y_3 + Z_3Y_1) \;;$$

d'où l'on voit que $Z_1Y_3+Z_3Y_1$ doit aussi être nul et qu'il en sera de même de Z_2Y_2. Nous sommes donc en présence des trois conditions

$$Z_1Y_1 + Z_3Y_3 = 0 \;,\quad Z_1Y_3 + Z_3Y_1 = 0 ,\quad Z_2Y_2 = 0 .$$

Si l'on prend successivement la somme et la différence des deux premières on pourra les remplacer par les suivantes

$$(Z_1+Z_3)(Y_1+Y_3) = 0$$

$$(Z_1-Z_3)(Y_1-Y_3) = 0$$

et l'on voit immédiatement qu'elles seront satisfaites par les quatre systèmes suivants :

$$Z_1+Z_3 = 0 ,\quad Y_1-Y_3 = 0$$

$$Z_1+Z_3 = 0 ,\quad Z_1-Z_3 = 0$$

$$Z_1-Z_3 = 0 ,\quad Y_1+Y_3 = 0$$

$$Y_1+Y_3 = 0 ,\quad Y_1-Y_3 = 0 .$$

Chacun de ces systèmes combiné avec l'un des deux qui s'en déduisent de $Z_2 Y_2 = 0$ donnera tout autant de groupes de racines correspondant à des proposées à coefficients réels. Nous allons les passer en revue.

1er Cas. $Z_1 + Z_3 = 0$, $Y_1 - Y_3 = 0$, $Z_2 = 0$. Ces relations conduisent aux trois suivantes en x et y

$$x_4 - x_2 = 0, \quad y_1 - y_3 = 0, \quad x_4 + x_2 = x_1 + x_3.$$

Remarquons maintenant que, dans le cas actuel, la condition nécessaire pour que le coefficient du terme en w soit réel se réduit à

$$Y_2 (Z_1^2 + Z_3^2 - Y_1^2 - Y_3^2) = 0.$$

Or $Z_1 + Z_3$ et $Y_1 - Y_3$ étant nuls on aura

$$Z_1^2 + Z_3^2 = -2 Z_1 Z_3 \text{ et } -Y_1^2 - Y_3^2 = -2 Y_1 Y_3;$$

il viendra donc

$$Y_2 (Z_1 Z_3 + Y_1 Y_3) = 0.$$

Mais à cause de $x_4 - x_2 = 0$, le produit $Z_1 Z_3$ se réduit à $(x_1 - x_3)^2$, et à cause de $y_1 - y_3 = 0$ le produit $Y_1 Y_3$ est égal à $(y_4 - y_2)^2$. On aura donc

$$Y_2 \left[(x_1 - x_3)^2 + (y_4 - y_2)^2 \right] = 0,$$

ou bien

$$Y_2 \left[(x_1 - x_3) + (y_4 - y_2)\sqrt{-1} \right] \left[(x_1 - x_3) - (y_4 - y_2)\sqrt{-1} \right] = 0.$$

Or le premier membre pourra être annulé en égalant à zéro chacun de ses trois facteurs.

En ce qui concerne les facteurs imaginaires, ils donnent l'un et l'autre $y_4 - y_2 = 0$, $x_1 - x_3 = 0$. Ces nouvelles conditions jointes aux précédentes conduisent à cette conséquence que tous les x sont égaux et que, quant aux y on a $y_4 = y_2$, $y_1 = y_3$ et $y_2 = -y_1$ les quatre racines sont donc dans ce cas égales deux à deux et se composeront du couple répété $x_1 \pm y_1 \sqrt{-1}$.

Si au lieu des facteurs imaginaires c'est Y_2 qui est

nul, on aura $y_4 + y_2 = 0$ et par suite $y_1 + y_3 = 0$; mais on a aussi $y_1 - y_3 = 0$, de sorte que y_1 et y_3 sont nuls ; en outre $y_4 = -y_2$, il y aura donc deux racines réelles z_1 et z_3 et deux racines imaginaires $\frac{z_1 + z_3}{2} \pm y_2\sqrt{-1}$.

Enfin si on débute avec $Z_1 + Z_3 = 0$ et $Y_1 - Y_3 = 0$, c'est Y_2 au lieu de Z_2 qui est nul, on rentre exactement dans le dernier cas que nous venons de traiter sauf que la relation $z_4 + z_2 = z_3 + z_1$ n'existera pas. On aura donc deux racines réelles z_1 et z_3 et deux racines imaginaires $z_2 \pm y_2\sqrt{-1}$

2e Cas. $Z_1 + Z_3 = 0$, $Z_1 - Z_3 = 0$, $Z_2 = 0$; de là résulte la conséquence que les trois fonctions Z_1, Z_2, Z_3 sont nulles et que par suite tous les z sont égaux.

D'ailleurs la condition pour que le coefficient du terme en w soit nul se réduit alors à $Y_2 Y_1 Y_3 = 0$; or que ce soit Y_1 ou Y_3 qui est nul, on aura dans les deux cas $y_4 - y_2 = 0$, $y_1 - y_3 = 0$ relations qui, combinées avec celle $Y_4 = 0$, conduisent à $y_4 = y_2$, $y_3 = y_1$, $y_2 = -y_1$; par suite les racines sont égales deux à deux et se composent du couple répété $z_1 \pm y_1\sqrt{-1}$.

Si c'est en vertu de $Y_2 = 0$ que le produit $Y_2 Y_1 Y_3$ est annulé, on aura, à cause de $Y_4 = 0$, savoir $y_4 = -y_2$, $y_3 = -y_1$; les racines seront donc $z_1 \pm y_1\sqrt{-1}$, $z_1 \pm y_2\sqrt{-1}$.

Enfin si avec les deux conditions initiales ..... $Z_1 + Z_3 = 0$, $Z_1 - Z_3 = 0$, c'est Y_2 au lieu de Z_2 qui est nul, on aura $Z_1 = 0$, $Z_3 = 0$, $Y_2 = 0$, et de là on déduira les valeurs suivantes des racines : $z_1 \pm y_1\sqrt{-1}$, $z_2 \pm y_2\sqrt{-1}$.

3e Cas. $Z_1 - Z_3 = 0$, $Y_1 + Y_3 = 0$, $Z_2 = 0$; on déduit de là pour les z et les y

$$z_1 = z_3\,,\quad y_4 = y_2\,,\quad z_4 + z_2 = z_1 + z_3 = 2z_1\,.$$

La condition pour que le coefficient du terme en w soit réel sera comme précédemment $Y_2(Z_1 Z_3 + Y_1 Y_3) = 0$.

Or, $Z_1 Z_3$, à cause de $z_1 - z_3 = 0$, se réduit à $(z_4 - z_2)^2$ et $Y_1 Y_3$ à cause de $y_1 - y_2 = 0$ se réduit à $(y_1 - y_3)^2$; on aura par suite

$$Y_2 \left[(z_4 - z_2) + y_1 - y_3) \sqrt{-1} \right] \left[(z_4 - z_2) - (y_1 - y_3) \sqrt{-1} \right] = 0.$$

Cette expression pourra être annulée en égalant à zéro chacun de ses trois facteurs. En ce qui concerne les facteurs imaginaires, ils conduisent l'un et l'autre à $z_4 - z_2 = 0$ et $y_1 - y_3 = 0$. On conclura de là, comme dans le premier cas, que tous les z sont égaux et, d'autre part, pour les y, que $y_4 = y_2$, $y_1 = y_3$ et que $y_2 = -y_1$; dès lors les racines seront égales deux à deux et se composeront du couple répété $z_1 \pm y_1 \sqrt{-1}$.

Si, au lieu des facteurs imaginaires, c'est Y_2 qui est nul, on aura simultanément $y_4 - y_2 = 0$, $y_4 + y_2 = 0$, de sorte que y_4 et y_2 seront nuls, par suite $y_1 + y_3$ le sera aussi et il viendra $y_3 = -y_1$; enfin z_1 et z_3 auront pour valeur commune $\frac{z_4 + z_2}{2}$. De tout cela il résulte que sur les quatre racines, il y en aura deux réelles z_4 et z_2 et deux imaginaires savoir $\frac{z_4 + z_2}{2} \pm y_1 \sqrt{-1}$.

Enfin si, au début, avec $z_1 - z_3 = 0$ et $Y_1 + Y_3 = 0$, c'est Y_2 au lieu de Z_2 qui est nul, on aura $z_1 - z_3 = 0$, $y_4 - y_2 = 0$, $y_4 + y_2 = 0$. Il suit de là que y_4 et y_2 sont nuls et que $y_3 = -y_1$. En conséquence, deux racines seront réelles z_4 et z_2 et deux seront imaginaires savoir $z_1 \pm y_1 \sqrt{-1}$.

4e Cas. $Y_1 + Y_3 = 0$, $Y_1 - Y_3 = 0$, $Z_2 = 0$. On en déduit $Y_1 = Y_3 = 0$ et par suite

$$y_4 = y_2 \ , \ y_1 = y_3 \ , \ z_4 + z_2 = z_1 + z_3 \ , \ y_2 = -y_1 .$$

Dans ce cas, la condition pour que le coefficient de w soit réel se réduit à $Y_2 Z_1 Z_3 = 0$.

Or, que z_1 ou z_3 soient nuls, on déduit de l'une ou de l'autre hypothèse $z_4 = z_2$, $z_1 = z_3$. Par suite l'équation $z_4 + z_2 = z_1 + z_3$ donne $z_2 = z_1$. De sorte que tous les z sont égaux, les racines seront donc égales deux à deux et se composeront du couple répété $z_1 \pm y_1 \sqrt{-1}$.

Si c'est à cause de $Y_2 = 0$ que le produit $Y_2 Z_1 Z_3$

est annulé, il en résultera que toutes les fonctions résolvantes en Y seront nulles et qu'il en sera de même des y; par suite toutes les racines deviennent réelles et sont z_1, z_2, z_3, $z_1+z_3-z_2$.

Enfin si on débute avec $Y_1+Y_3=0$ et $Y_1-Y_3=0$ c'est Y_2 au lieu de Z_2 qui est nul, les z deviennent indépendants les uns des autres et tous les y disparaissent; on aura donc les quatre racines réelles z_1, z_2, z_3, z_4.

2e hypothèse.

— Cette hypothèse s'applique au cas où les deux facteurs du terme tout connu sont de la forme $A \pm B\sqrt{-1}$.

Il faudra alors:

Premièrement que les parties réelles soient égales, ce qui donne $Z_2^2-Y_2^2-(Z_1+Z_3)^2+(Y_1+Y_3)^2=Z_2^2-Y_2^2+(Z_1-Z_3)^2-(Y_1-Y_3)^2$

Supprimant de part et d'autre $Z_2^2-Y_2^2$, effectuant les calculs et réduisant on trouve

$$Z_1^2+Z_3^2-Y_1^2-Y_3^2=0.$$

Or comme la condition à remplir pour que coefficient du terme en w soit réel est

$$Y_2\,(Z_1^2+Z_3^2-Y_1^2-Y_3^2)+2\,Z_2(Z_1Y_1+Z_3Y_3)=0\;;$$

on voit que celle-ci se réduira à

$$Z_2\,(Z_1Y_1+Z_3Y_3)=0.$$

Il faudra en second lieu que les parties imaginaires soient égales et de signe contraire, ce qui donnera

$$Z_2Y_2-(Z_1+Z_3)(Y_1+Y_3)=-Z_2Y_2-(Z_1-Z_3)(Y_1-Y_3)$$

et en réduisant

$$2Z_2Y_2-2(Z_1Y_3+Z_3Y_1)=0.$$

Mais comme d'un autre côté, pour que le coefficient du terme en w^2 soit réel, il faut que $Z_1Y_2+Z_1Y_3+Z_3Y_1$ soit nul.

Il en résulte qu'on aura à la fois

$$Z_2 Y_2 = 0, \quad Z_1 Y_3 + Z_3 Y_1 = 0.$$

On sera donc en présence de quatre conditions

$$Z_1^2 + Z_3^2 - Y_1^2 - Y_3^2 = 0$$

$$Z_2(Z_1 Y_1 + Z_3 Y_3) = 0$$

$$Z_1 Y_3 + Z_3 Y_1 = 0$$

$$Z_2 Y_2 = 0$$

Cela posé, si Z_2 n'est pas nul ces conditions correspondent à ceux des cas que nous venons d'étudier dans lesquels la relation $Z_2 Y_2 = 0$ est satisfaite par $Y_2 = 0$. Cette partie de la question est donc résolue.

Si c'est Z_2 qui est nul, ces quatre conditions se réduisent à trois savoir :

$$Z_1^2 + Z_3^2 - Y_1^2 - Y_3^2 = 0, \quad Z_1 Y_3 + Z_3 Y_1 = 0, \quad Z_2 = 0.$$

Les deux premières exprimées en fonction des z et des y donnent

$$\left\{(z_4 - z_2)^2 - (y_4 - y_2)^2\right\} - \left\{(z_1 - z_3)^2 - (y_1 - y_3)^2\right\} = 0$$

$$(z_4 - z_2)(y_4 - y_2) + (z_1 - z_3)(y_1 - y_3) = 0.$$

Ajoutant à la première le produit de la seconde par $2\sqrt{-1}$ elles peuvent être remplacées par la suivante :

$$\left\{(z_4 - z_2) + (y_4 - y_2)\sqrt{-1}\right\}^2 - \left\{(z_1 - z_3) - (y_1 - y_3)\sqrt{-1}\right\}^2 = 0$$

d'où l'on déduit

$$(z_4 - z_2) + (y_4 - y_2)\sqrt{-1} = \pm\left\{(z_1 - z_3) - (y_1 - y_3)\sqrt{-1}\right\}$$

En prenant le signe supérieur on a

$$z_4 - z_2 = z_1 - z_3, \quad y_4 - y_2 = y_3 - y_1 :$$

Mais on a aussi à cause de $Z_2 = 0$, $Y_4 = 0$

$$z_4 + z_2 = z_1 + z_3, \quad y_4 + y_2 = -y_3 - y_1$$

Donc, en ajoutant $x_4 = x_1$, $y_4 = -y_1$

et en retranchant $x_2 = x_3$, $y_3 = -y_2$;

de sorte que les racines seront $x_1 \pm y_1\sqrt{-1}$, $x_2 \pm y_2\sqrt{-1}$

En prenant le signe inférieur et répétant des calculs analogues on se convaincra que les quatre racines seront $x_1 \pm y_1\sqrt{-1}$, $x_3 \pm y_3\sqrt{-1}$.

De toute cette discussion il résulte que pour qu'une équation du quatrième degré ait tous ses coefficients réels, il est nécessaire que ses racines soient ou toutes quatre réelles, ou toutes quatre imaginaires formant deux couples de la forme $a \pm b\sqrt{-1}$, ou enfin que deux soient réelles et les deux autres imaginaires de la même forme.

Nous pourrions ici reproduire et avec plus d'autorité encore les observations qui terminent nos études sur l'équation du troisième degré et qui sont relatives à l'intervention de la forme imaginaire dans les équations et à l'intime solidarité qui existe entre cette forme et le réel. Mais nous espérons que sur ce point la lumière est faite dans l'esprit du lecteur. Nous croyons que rien d'essentiel n'a été omis dans la nouvelle étude que nous venons de présenter pour le quatrième degré, et que chacun sera en mesure maintenant de s'éclairer sur les questions de détail qui peuvent venir prendre place dans cette théorie. Il ne nous reste plus qu'à traiter le problème des applications géométriques, et c'est ce que nous allons faire dans le chapitre suivant.

Chap. 7.

Chapitre septième.

Construction géométrique des racines des équations du quatrième degré et figuration polygonale de leurs premiers membres.

Sommaire. — I. Détermination préalable des racines de la réduite du troisième degré. — II. Construction géométrique des racines de l'équation du quatrième degré lorsque celles de la réduite sont réelles. Dans ce cas les quatre racines sont ou toutes réelles ou toutes imaginaires. — III. Figuration polygonale du premier membre de la proposée lorsque celle-ci possède des racines imaginaires. — IV. Construction géométrique des racines dans le cas où celles de la réduite sont en partie réelles et en parties imaginaires. — V. Les diverses constructions précédentes conduisent à la constatation des principales propriétés des racines. Application aux valeurs des fonctions $\Sigma(x_1)$, $\Sigma(x_1 x_2)$, $\Sigma(x_1 x_2 x_3)$, $x_1 x_2 x_3 x_4$.

I

Lorsqu'une équation du quatrième degré ne contenant pas de terme en x^3 se présente sous la forme

$$x^4 + px^2 + qx + r = 0,$$

il est connu que sa résolution dépend de celle d'une réduite du troisième degré ainsi conçue :

$$z^3 + \frac{p}{2} z^2 + \frac{1}{4}\left(\frac{p^2}{4} - r\right) z - \frac{q^2}{64} = 0 .$$

Il y aura donc lieu au préalable de construire les racines de celle-ci. Mais comme elle contient un terme en z^2, elle ne rentre pas immédiatement dans les cas que nous avons examinés et il est nécessaire au préalable de l'y ramener.

A cet effet nous rappellerons que lorsqu'on a une équation complète du troisième degré, savoir :

$$x^3+bx^2+cx+d=0$$

si l'on augmente toutes les racines de la quantité constante $\frac{b}{3}$ de telle sorte qu'en appelant y les nouvelles inconnues on ait $x+\frac{b}{3}=y$, et si l'on substitue dans la proposée la valeur de x déduite de cette condition, on obtient l'équation suivante privée de second terme :

$$y^3+\left(c-\frac{b^2}{3}\right)y+\left(2\frac{b^3}{27}-\frac{bc}{3}+d\right)=0$$

et les valeurs de x seront celles de y diminuées de $\frac{b}{3}$.

Cela posé, pour la réduite ci-dessus, on a

$$b=\frac{p}{2}, \quad c=\frac{p^2-4r}{16}, \quad d=-\frac{q^2}{64}.$$

Avec ces valeurs on trouve d'abord $c-\frac{b^2}{3}=-\frac{1}{4}\left(\frac{p^2}{12}+r\right)$ et ensuite

$$2\frac{b^3}{27}-\frac{bc}{3}+d=-\frac{1}{4}\left\{\left(\frac{p}{6}\right)^3-r\frac{p}{6}+\frac{q^2}{16}\right\}$$

Par conséquent l'équation en y devient, en faisant les substitutions,

$$y^3-\frac{1}{4}\left(\frac{p^2}{12}+r\right)y-\frac{1}{4}\left\{\left(\frac{p}{6}\right)^3-r\frac{p}{6}+\frac{q^2}{16}\right\}=0.$$

résultat tout à fait conforme à celui déjà obtenu à l'article IV du précédent chapitre.

En cet état on pourra construire les racines y_1, y_2, y_3, d'après les méthodes ci-dessus exposées, on leur retranchera $\frac{p}{6}$ et l'on obtiendra les trois valeurs de z au moyen desquelles il faudra procéder à la construction des quatre racines de la proposée.

A l'aide de ces explications, nous pouvons considérer comme suffisamment déterminé tout ce qui concerne les trois racines de la réduite ou les trois éléments des racines de la proposée, éléments que nous avons désignés par a_1, a_2, a_3 dans l'article précité du précédent chapitre.

Quant aux combinaisons qu'il en faudra faire

pour obtenir les racines de la proposée, nous avons constaté que les règles posées à cet égard dans les ouvrages d'enseignement sont inexactes. Nous nous sommes expliqué sur ce point de doctrine avec tous les détails nécessaires dans les articles V, VI, VII et VIII du chapitre précédent, et nous aurons soin, dans les exemples qui vont passer sous les yeux du lecteur, de faire voir comment ces explications théoriques doivent être mises à profit dans la pratique.

Il ne pourra d'ailleurs être que très-utile de revenir sur l'étude de ces questions dans lesquelles l'erreur s'est introduite parceque le rôle de l'imaginaire n'a pas été suffisamment compris et que ses relations avec le réel, au lieu d'être sainement interprêtées, n'étaient apparues que comme d'irréductibles contradictions.

Nous supposons donc qu'à l'aide de ce retour sur ce qui a été exposé à ce sujet, on s'est bien fixé sur le choix à faire du système de combinaison des trois éléments, et nous allons actuellement nous expliquer sur la figuration géométrique des racines.

II.

Nous supposerons d'abord que les trois racines de la réduite se trouvent dans le cas le plus simple, c'est-à-dire qu'elles sont toutes réelles. Nous avons fait remarquer que, dans ce cas, de la composition de cette réduite, il résulte que les racines positives doivent être en nombre impair; nous aurons donc deux cas distincts à examiner : ou bien les trois racines seront positives ou bien une seule le sera.

Lorsque les trois racines sont positives, les trois éléments a_1, a_2, a_3 sont réels; la construction s'exécutera donc alors au moyen des deux opérations les plus simples de la géométrie, l'addition et la soustraction, et il n'y aura d'autre attention à prendre que celle de bien choisir le système.

Par exemple, on a pour la proposée :

$$x^4 - 58x^2 \pm 192x - 135 = 0 .$$

Ici r étant négatif, $\frac{p^2}{4} - r$ sera positif et comme en même temps p est négatif, il résulte du tableau inscrit à l'art. VI du précédent chapitre, qu'on fera usage du système n°1 lorsque q sera positif, du système n°2 lorsqu'il sera négatif. C'est le cas où la règle formulée dans les ouvrages d'enseignement est applicable.

La réduite est alors.. $z^3 - 29z^2 + 244z - 576 = 0$,

et elle convient également à q positif et à q négatif ; on trouve que ses racines sont : 4, 9, 16 ; d'où il suit que l'on a :

$$a_1 = 2 , \quad a_2 = 3 , \quad a_3 = 4$$

On en déduira que les racines de la proposée, lorsque le terme en x est positif sont 1, 3, 5, −9 ; et que lorsque ce terme est négatif, elles sont −1, −3, −5, +9. Ce sont les précédentes changées de signe, ainsi que cela doit être, puisque, supposer que dans la proposée le terme en x passe au négatif, revient à changer le signe de x, et par suite celui des racines.

Passons au second cas des racines réelles de la réduite, celui dans lequel il y en a deux négatives. Ces racines étant $z_1, -z_2, -z_3$, on en prendra les racines carrées que nous désignerons par a, $b\sqrt{-1}$, $c\sqrt{-1}$. Dans ce cas, si p est positif, quel que soit le signe de $\frac{p^2}{4} - r$, le choix du système se fera contrairement à la règle enseignée. Il en sera de même lorsque p étant négatif $\frac{p^2}{4} - r$ le sera aussi ; de sorte que dans ces circonstances les racines seront savoir :

pour q négatif $\quad a \pm (b-c)\sqrt{-1} , \; -a \pm (b+c)\sqrt{-1}$, et
pour q positif $\quad a \pm (b+c)\sqrt{-1} , \; -a \pm (b-c)\sqrt{-1}$.

Quant à l'hypothèse que p étant négatif $\frac{p^2}{4} - r$ est positif, elle ne rentre pas dans le cas actuel puisque alors les trois racines sont positives.

La construction géométrique de ces racines est d'ailleurs ce qu'il y a de plus simple. Supposons qu'il s'agit du cas dans lequel $\frac{p^2}{4} - r$ et p sont négatifs, il faudra, ainsi que nous venons de le dire, choisir le système contrairement à la règle enseignée ; en conséquence, pour q positif, après avoir formé les trois longueurs a, $(b-c)$, $(b+c)$, on portera (fig. 11) celle a sur la ligne de base.

à droite et à gauche de l'origine en OM et ON ; à l'extrémité M de $+a$ on élèvera une perpendiculaire sur laquelle on prendra, au-dessus et au-dessous de la ligne de base les longueurs Mm_1, Mm'_1 égales à $b+c$ on joindra m_1 et m'_1 avec l'origine et les longueurs dirigées Om_1, Om'_1 seront les deux premières racines.

Puis, à l'extrémité N de $-a$, on élèvera une perpendiculaire sur laquelle on prendra, au-dessus et au-dessous de la ligne de base, les longueurs Nn_1, Nn'_1 égales à $b-c$ et les deux longueurs dirigées On_1, On'_1 seront les deux autres racines.

Si $\frac{p^2}{4}-r$ et p étant négatifs, q l'était à son tour, il résulte de ce qui vient d'être dit que les racines seront les longueurs dirigées partant de l'origine et désignées par les mêmes lettres portant l'indice 2. Elles seront représentées sur la figure au moyen de traits interrompus par des points.

III.

La discussion développée dans les articles V, VI, VII et VIII du chapitre précédent montre que; lorsque les racines de la réduite sont réelles, elles ne peuvent se trouver que dans deux cas; ou toutes les racines seront positives, ou il y en aura deux négatives.

Dans le premier cas, il est évident que, quel que soit le système dont on devra faire choix, les racines de la proposée ne peuvent être que réelles. Dans le second cas, il faudra nécessairement, quel que soit le système à employer, que les quatre racines soient imaginaires, puisque $\sqrt{-1}$ figure dans toutes. Il n'y a d'exception que pour la circonstance où b serait égal à c; alors $(b-c)\sqrt{-1}$ étant nul, on aura, avec le premier système, deux racines imaginaires et deux racines réelles égales à a; et, avec le second système deux racines imaginaires et deux racines réelles égales à $-a$

Quoi qu'il en soit, toutes les fois que la proposée aura des racines imaginaires, son premier membre sera l'expression d'une figure de géométrie composée de longueurs dirigées, et nous allons faire voir comment, étant donnée la racine, on devra procéder à la construction de cette figure.

Soit par exemple l'équation du 4e degré :

$$x^4 - 1,42\, x^2 + 2,304\, x + 4,3633 = 0 \;.$$

En lui appliquant les règles ordinaires on obtiendra sa réduite sous la forme

$$z^3 - 0,71\, z^2 - 0,9648\, z - 0,082944 = 0$$

et l'on trouve pour les racines les valeurs suivantes

$$z_1 = 1.44 \;,\quad z_2 = -0.09 \;,\quad z_3 = -0,64 \;;$$

de là on déduit $a = 1,2 \;,\quad b = 0,3\sqrt{-1} \;,\quad c = 0,8\sqrt{-1} \;.$

D'ailleurs comme p est négatif dans la proposée, qu'il en est de même de $\frac{p^2}{4} - r$, on en conclura que, pour q positif, comme c'est ici le cas, on devra avoir recours au système N° 2. On est ainsi finalement conduit à cette conséquence que les quatre racines de la proposée sont, savoir

$$1,2 \pm 1,1\sqrt{-1} \;,\quad -1,2 \pm 0,5\sqrt{-1}$$

Prenons une quelconque de ces racines, la première du premier groupe, par exemple, et cherchons ce que représente pour elle le premier membre de la proposée.

Soit (fig. 12) GOD la ligne de base et O l'origine, décrivons du point O comme centre et avec le rayon unité, la circonférence $mnc'c$, et supposons que la longueur dirigée Om'_1 est la racine donnée.

Le terme en x^4 s'obtiendra en prenant la direction OM, qui correspond au quadruple de l'angle que fait la racine avec la ligne de base, et en portant sur cette direction la 4me puissance de la longueur Om'_1. Pour obtenir celle-ci on mènera par m'_1 une tangente à la circonférence unité et puis la droite OcQ qui joint le point de contact c avec l'origine. Cela fait, par un système d'arcs concentriques et de perpendiculaires à cette dernière droite on arrivera sur le prolongement de Om'_1 au point m^{iv}_1 tel que la longueur Om^{iv}_1 sera la 4e puissance de celle Om'_1 ; transportant donc m^{iv}_1 en M_1, le terme x^4 se trouve représenté, tant en longueur qu'en direction, par OM_1 dirigé.

Passons maintenant au terme $-1,42\,x^2$ et déterminons en la longueur. On remarquera d'abord que Om''_1 est égal au carré de Om'_1, il faudra donc avoir le produit de Om''_1 par p qui a ici pour valeur 1,42. A cet effet, prenons sur OD la longueur Op égale à 1,42 ; joignons p avec m et par m''_1, menons une parallèle à mp. Celle-ci coupera OD en un point P tel que OP sera une quatrième proportionnelle à 1, Op et Om''_1 ; de sorte que cette longueur OP sera celle du terme en x^2 ; quant à sa direction elle est celle d'un angle double de celui que fait x avec la ligne de base, mais qu'il faut prendre en sens inverse à cause du signe négatif. On mènera donc la droite M_1P_1 satisfaisant à ces conditions directives et on l'arrêtera au point P_1 tel que $M_1P_1 = OP$; le terme en x^2 sera ainsi représenté, tant en grandeur qu'en direction, par M_1P_1.

Enfin le terme en x devant avoir même direction que la racine, on commencera par mener par le point P_1 une parallèle à Om'_1. Quant à la longueur de ce troisième côté elle sera égale au produit de 2,304 par Om'_1. D'après cela si, sur une droite quelconque passant par O, la droite Oc par exemple, on prend $Oq = 2,304$, qu'on joigne q avec m et que par l'extrémité de la racine on mène m'_1Q parallèle à mq on aura évidemment $OQ = 2,304 \times Om'_1$. Prenant donc $P_1Q_1 = OQ$, la longueur dirigée P_1Q_1 sera le troisième côté de la figure ; et il faudra, puisque Om'_1 est racine, que le point Q_1 tombe sur la ligne de base à une distance de l'origine égale au terme tout connu de la proposée.

Le quadrilatère $OM_1 P_1 Q_1 O$ est donc la représentation géométrique de ce qu'exprime le premier membre pour la racine $1,2 + 1,1\sqrt{-1}$; la seconde racine symétrique à celle-ci, par rapport à la ligne de base donnerait une figure semblable retournée de haut en bas par rapport à cette base.

Pour la troisième racine $-1,2 + 0,5\sqrt{-1}$, figurée en On'_1, on mènera par le point n'_1 une droite touchant en C' la circonférence unité et l'on tracera la droite Oc' prolongée. Par un système d'arcs concentriques et de perpendiculaires à Oc', on déterminera le point n_1^{iv} et l'on aura On_1^{iv} égale à la quatrième puissance de la longueur de la racine ; portant donc cette longueur à partir du point O sur la direction correspondante à un angle quadruple de celui que fait x_3 avec la ligne de base, ON_1 représentera x_3^4 en grandeur et en direction.

Pour le terme en x_3^2, on prendra $Op' = 1,42$, on joindra n avec p' et l'on mènera par le point n''_1 une parallèle $n''_1 P'$ à cette dernière droite ; la longueur OP' sera égale à $1,42 \times On''_1$ c'est-à-dire à $1,42 \times x_3^2$. Cela fait, si par N_1 on mène une parallèle à la direction correspondant à un angle double de celui que fait x_3 avec la ligne de base, et si, à partir de N_1 on porte sur cette parallèle la longueur $N_1 P'_1$ égale à OP' mais en sens inverse à cause du signe $-$, la longueur dirigée $N_1 P'_1$ ainsi obtenue représentera $-1,42\,x_3^2$.

Enfin pour le terme en x_3, joignant P'_1 avec Q_1 il faudra que $P'_1 Q_1$ soit parallèle à la direction de la racine, et l'on trouvera que sa longueur est celle OQ' qu'on obtient lorsqu'après avoir pris $Oq' = 2,304$ on mène $n'_1 Q'$ parallèle à nq'.

Le quadrilatère $ON_1 P'_1 Q_1 O$ est donc la représentation géométrique de ce qu'exprime le premier membre de la proposée pour la troisième racine.

S'il s'agissait de la quatrième, on aurait le même quadrilatère retourné de bas en haut.

Enfin si dans la proposée on suppose que le terme

en x est négatif au lieu d'être positif, les autres termes restant les mêmes, il résulte de ce qui a été expliqué dans l'article qui précède que les nouvelles racines ne seront autre chose que les premières changées de signe. Or ce changement n'en introduira aucun dans les quadrilatères qui représentent le premier membre de l'équation.

En effet, le terme tout connu et les termes en x^4 et en x^2 n'étant pas modifiés par le changement de signe de x auront pour représentants mêmes grandeurs et mêmes directions que précédemment; les trois côtés des quadrilatères qui correspondent à ces termes seront donc invariables. Quant au côté qui représente le terme en x, il ne change pas comme grandeur; il est vrai qu'il devient négatif, et il faudrait d'après cela, si la racine était restée la même, le prendre en sens inverse de ce qui a été d'abord fait, mais comme la direction de cette racine est à son tour inverse de la précédente, cette circonstance vient maintenir pour ce côté le sens suivant lequel il a été primitivement dirigé. Il est donc vrai que la représentation géométrique du premier membre ne sera pas modifiée.

IV.

Passons enfin à l'examen du cas dans lequel les racines de la réduite sont en partie imaginaires. Nous savons qu'alors la racine réelle sera positive; désignons-la par A et supposons qu'on a:

$$z_1 = A \ , \ z_2 = M + N\sqrt{-1} \ , \ z_3 = M - N\sqrt{-1} \ .$$

Ce sont les racines carrées de ces trois quantités qui, combinées, suivant les cas, conformément aux indications des deux systèmes ci-dessus donneront les quatre racines de la proposée, et nous rappellerons à ce sujet que, lorsque la réduite a deux racines imaginaires, il a été établi.

que c'est le système N.º 1 qui doit être choisi pour q positif et le système N.º 2 pour q négatif.

Cela posé, admettons que la proposée du 4.e degré étant donnée on calcule sa réduite en z suivant les règles ordinaires ; qu'on ramène ensuite cette réduite à la forme plus simple $z'^3 + p'z' + q' = 0$; ainsi que nous l'avons indiqué à l'article 1, et qu'on construise les racines de cette dernière équation. Il suffira de leur retrancher le $\frac{1}{3}$ du coefficient du terme en z^2 dans l'équation en z, pour avoir les trois racines z_1, z_2, z_3 de la réduite. C'est avec celles-ci qu'il s'agira de construire les quatre racines de la proposée.

A cet effet nous les représenterons sur la figure (13) savoir : l'une par Oz_1 située du côté positif de la ligne de base, c'est la racine réelle ; les autres par les deux longueurs dirigées Oz_2, Oz_3, ce sont les deux racines imaginaires.

Décrivons avec O pour centre et avec OA pour rayon la circonférence unité, puis déterminons les trois éléments $\sqrt{z_1}$, $\sqrt{z_2}$, $\sqrt{z_3}$. Pour cela sur Oz_1 décrivons une demi-circonférence OBz_1 et élevons par le point A une perpendiculaire à la ligne de base, perpendiculaire qui rencontre cette circonférence en B, la longueur OB sera égale à $\sqrt{z_1}$; nous la transportons en $\overline{O\sqrt{z_1}}$ sur la ligne de base.

Prolongeons ensuite Oz_2 jusqu'à sa rencontre en C avec la circonférence unité, décrivons sur OC une demi-circonférence qui est coupée en E par la perpendiculaire élevée sur OC par le point z_2 ; il résulte de cette construction qu'au point de vue des longueurs, OE est la racine carrée du rayon vecteur Oz_2 ; quant à la racine carrée de la direction de ce dernier on l'obtiendra en divisant l'arc AC en deux parties égales par la droite OF, de sorte qu'en rabattant sur celle-ci la longueur OE on obtiendra $\overline{O\sqrt{z_2}}$ qui représentera, tant en grandeur qu'en direction, la racine carrée de z_2.

On exécutera pour z_3 une construction toute semblable et l'on déterminera ainsi la longueur dirigée $\overline{O\sqrt{z_3}}$.

Les trois éléments géométriques qui doivent par voie d'addition et de soustraction convenablement combinées nous donner les racines de la proposée sont donc $\overline{O\sqrt{z_1}}$, $\overline{O\sqrt{z_2}}$, $\overline{O\sqrt{z_3}}$.

Si l'on suppose q positif on fera usage du système N° 1 dans lequel les signes négatifs des éléments sont en nombre impair.

En conséquence l'une des racines cherchées sera $\overline{O\sqrt{z_1}} + \overline{O\sqrt{z_2}} - \overline{O\sqrt{z_3}}$. Pour la construire, par le point $\sqrt{z_1}$ on mènera $\overline{a_1\sqrt{z_1}}$ égal et parallèle à $\overline{O\sqrt{z_2}}$ et marchant dans le même sens que lui, puis par le point a_1 on mènera $\overline{a_1 x_1}$ égal et parallèle à $\overline{O\sqrt{z_3}}$ en marchant en sens inverse, on aboutira ainsi au point x_1 qu'on joindra avec l'origine et la longueur dirigée $\overline{Ox_1}$ sera l'une des racines imaginaires de la proposée.

L'autre racine imaginaire $\overline{O\sqrt{z_1}} - \overline{O\sqrt{z_2}} + \overline{O\sqrt{z_3}}$ sera la longueur dirigée $\overline{Ox_2}$ ainsi que cela est suffisamment indiqué par la figure.

Quant aux deux autres racines qui sont réelles, leur valeur est $-\overline{O\sqrt{z_1}} \pm (\overline{O\sqrt{z_2}} + \overline{O\sqrt{z_3}})$. Prenant donc, de l'autre côté de l'origine, la longueur OL égale à l'élément $\overline{O\sqrt{z_1}}$, la construction du triangle $L a_3 x_3$ dont les côtés obliques sont respectivement égaux aux deux autres éléments et marchent dans le même sens qu'eux conduira à Ox_3, pour la troisième racine; tandis que la construction du triangle $L a_4 x_4$ dont les côtés obliques sont égaux aux mêmes éléments, mais marchent en sens inverse, conduira à Ox_4 qui sera la quatrième racine.

Nous ne donnerons pas ici la construction de la figure qui représente le premier membre de l'équation pour les racines imaginaires, ayant déjà traité cette question dans ce qui précède, mais nous allons faire voir comment de ces constructions géométriques, on peut déduire les principales propriétés des racines.

V

Remarquons d'abord qu'il s'agit dans l'espèce d'une proposée ayant deux racines réelles et deux racines imaginaires, et rappelons que dans ce cas, a, b, c étant les éléments des racines on a conformément à ce qui a été exposé dans l'article XV du précédent chapitre

$$\Sigma(x_1) = 0, \quad \Sigma(x_1 x_2) = -2a^2 - 4bc, \quad \Sigma(x_1 x_2 x_3) = -4a(b^2+c^2)$$

$$x_1 x_2 x_3 x_4 = \left[a^2 - (b+c)^2\right]\left[a^2 + (b-c)^2\right].$$

Procédons maintenant à la vérification géométrique de ces quatre égalités.

Pour nous éclairer à ce sujet reproduisons ici la partie de la figure 13 qui s'applique plus spécialement aux quatre racines, en supprimant les détails de la construction de $\sqrt{z_1}$, $\sqrt{z_2}$, $\sqrt{z_3}$, et conservons les mêmes lettres

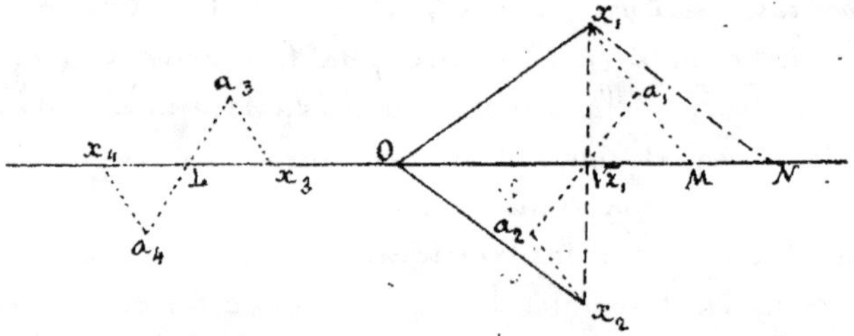

Pour construire $\Sigma(x_1)$, il faut d'abord à l'extrémité de x_1 ajouter $\overline{Ox_2}$. On mènera à cet effet, par le point x_1 une ligne égale et parallèle à Ox_2 ; or, à cause de l'égalité des longueurs $\overline{Ox_1}$, $\overline{Ox_2}$ et de leur situation symétrique par rapport à la ligne de base, on formera ainsi un triangle isoscèle Ox_1N et l'on aboutira à un point N sur la ligne de base. Cela fait, il restera, pour compléter $\Sigma(x_1)$, à ajouter x_3 et x_4

Mais comme il résulte de la figure qu'à partir du point N, en suivant le chemin NO, on se trouve reporté au point de départ, on voit que pour que la proposition qui nous occupe soit vraie, il ne reste plus qu'à prouver que le chemin NO est égal au chemin $x_3 + x_4$. Et d'abord, quant à la direction, elle est bien la même puisque ces chemins sont placés sur la ligne de base et que chacun d'eux procède de droite à gauche, nous n'avons donc plus qu'à nous occuper des longueurs.

A cet effet, on remarquera d'abord que par construction le point $\sqrt{z_1}$ se trouve au milieu de ON de sorte que les trois longueurs $\overline{O\sqrt{z_1}}$, $\overline{N\sqrt{z_1}}$, OL sont égales. En second lieu si, entre les points x_1 et x_2 on reproduit les lignes de construction qui ont servi à les déterminer et si l'on prolonge $\overline{x_1 a_1}$ vers la ligne de base qu'elle rencontre au point M, on formera un triangle $\sqrt{z_1}\, a_1 M$ égal à chacun des triangles équilatéraux $x_3 a_3 L$, $x_4 a_4 L$ qui à la suite du point L nous ont servi à construire x_3 et x_4. On aura donc, quant aux longueurs, les égalités suivantes :

$$OM = \overline{O\sqrt{z_1}} + \overline{M\sqrt{z_1}} = OL + \overline{Lx_4} = x_4$$

$$MN = \overline{N\sqrt{z_1}} - \overline{M\sqrt{z_1}} = OL - \overline{Lx_3} = x_3$$

desquelles on déduit, par voie d'addition, que la longueur NO a en effet pour valeur celle de $x_3 + x_4$.

Occupons-nous maintenant de ce qui concerne la somme des racines prises deux à deux. Cette somme peut s'écrire :

$$\Sigma(x_1 x_2) = x_1 x_2 + x_3 x_4 + (x_1 + x_2)(x_3 + x_4).$$

Introduisons-y les modifications suivantes :

D'abord le produit $x_1 x_2$ est, d'après la figure, égal à $(Ox_1)^2$.

En outre, il résulte de la construction que

$$x_3 = OL - \overline{Lx_3}\ , \quad x_4 = OL + Lx_4$$

et par suite : $x_3 = a - (b+c)$, $x_4 = a + (b+c)$.

Cela donne pour produit $a^2 - (b+c)^2$

On a donc

$$x_1 x_2 + x_3 x_4 = (\overline{O}x_1)^2 + a^2 - (b+c)^2.$$

Quant-

Quant au produit $(x_1+x_2)(x_3+x_4)$ nous avons vu que $x_1+x_2 = ON$, $x_3+x_4 = -ON$. Ce produit a donc pour valeur $-\overline{ON}^2$, de sorte qu'il viendra

$$\Sigma(x_1 x_2) = (Ox_1)^2 + a^2 - (b+c)^2 - \overline{ON}^2 .$$

Mais d'après la figure

$$(Ox_1)^2 = (O\sqrt{z_1})^2 + (\sqrt{z_1}\, x_1)^2 = a^2 + (\sqrt{z_1}\, x_1)^2$$

et comme en vertu de la construction la longueur $\overline{\sqrt{z_1}\, x_1}$ est égale à $b-c$, on aura

$$(\overline{Ox_1})^2 = a^2 + (b-c)^2 .$$

Faisant usage de cette valeur de $(\overline{Ox_1})^2$ en remplaçant $\overline{ON}^2$ par $4a^2$ on trouve

$$\Sigma(x_1 x_2) = a^2 + (b-c)^2 + a^2 - (b+c)^2 - 4a^2 ;$$

et enfin, conformément au type de la proposée

$$\Sigma(x_1 x_2) = -2a^2 - 4bc .$$

Passons à la somme des produits des racines prises trois à trois. Cette somme peut être exprimée par

$$x_1 x_2 (x_3+x_4) + x_3 x_4 (x_1+x_2) ,$$

ce qui, d'après la figure et en remarquant que $x_3+x_4 = -ON$ et que $x_1+x_2 = ON$, peut s'écrire $-ON(\overline{Ox_1}^2 - OM.MN)$. Or à cause des relations déjà constatées, savoir :

$$ON = 2a ,\quad \overline{Ox_1}^2 = a^2 + (b-c)^2 ,\quad OM.MN = a^2 - (b+c)^2$$

cette expression devient

$$-2a\left\{(b-c)^2 + (b+c)^2\right\} = -4a(b^2+c^2) .$$

Tel est en effet le coefficient du terme en x dans l'équation obtenue à l'article XV du précédent chapitre.

Enfin pour ce qui concerne le produit des quatre racines, il s'obtient en multipliant $x_1 x_2$ par $x_3 x_4$, c'est-à-dire $\overline{Ox_1}^2$ par $OM.MN$. Mais nous venons de voir que $\overline{Ox_1}^2$ a pour équivalent $a^2 + (b-c)^2$, et que $OM.MN$ est égal à $a^2 - (b-c)^2$. Il viendra donc pour ce produit

$$\left[a^2 + (b-c)^2\right]\left[a^2 - (b+c)^2\right]$$

et l'on reconnait dans cette expression la valeur du terme tout connu de l'équation de l'article XV.

Nous mettons ici un terme à l'examen de ces concordances entre l'analyse et la géométrie. A l'aide de cet exposé le lecteur sera en mesure d'approfondir ce sujet et de donner à l'étude de ces rapprochements toute l'extension qu'il jugera convenable.

Abordons maintenant la dernière partie de notre programme et présentons le résultat de nos recherches sur l'équation du cinquième degré.

Chapitre huitième

Equations du cinquième degré

Nota (Voir le sommaire à la fin du Chapitre.)

I.

Bien que nous n'ayons à peu près aucun écrit sur la théorie développée de l'équation du cinquième degré, il est très probable que c'est là un objet qui a été l'occasion de nombreuses études. Si les difficultés dans les recherches scientifiques sont une cause de découragement et d'abstention pour quelques esprits, elles excitent chez d'autres un vif sentiment de curiosité. Loin de s'amoindrir avec les obstacles, le désir de s'avancer dans le champ de l'inconnu grandit. Car l'homme est et sera toujours avide de connaître, et plus il rencontrera de mystères dans sa route, plus il s'appliquera à découvrir les vérités qu'ils dérobent à sa vue. Toute prohibition qui nous est imposée, quelle qu'en soit l'origine, qu'elle vienne de la volonté des hommes ou de la nature des choses, est un irritant pour le désir, un stimulant pour la résistance, une excitation à la lutte, lutte insensée et coupable quelquefois, mais souvent utile, nécessaire même, parce qu'elle est l'instrument le plus efficace du progrès. Il existe d'ailleurs chez l'homme un sentiment plus puissant encore que celui de l'amour de la science, c'est l'amour-propre. Aussi est-ce moins encore en vue de l'objet qu'on recherche que parfois on se résigne aux plus rudes labeurs, que dans l'espoir de découvrir enfin ce que tant d'autres ont vainement cherché et de se créer ainsi un titre de supériorité parmi ses semblables. Gloire futile en elle-même quand elle n'a pour objet qu'une vaniteuse personnalité, mais dont l'humanité profite quand le but poursuivi est la science. Tout n'est donc pas inutile dans l'œuvre de l'amour-propre; mais autant celui qui l'entreprend est ardent à proclamer la réussite, autant il s'ingénie à dissimuler l'insuccès. C'est là une disposition d'esprit des plus fâcheuses au point de vue du progrès. Si nous connaissions aujourd'hui tous les détails des tentatives infructueuses faites pour élucider la théorie de l'équation du cinquième degré, il est probable que nous serions fixés sur un grand nombre de points qui intéressent cette théorie; que nous comprendrions la raison de certaines impossibilités, que nous connaîtrions, d'une part, quelles sont les branches de la science qu'il est inutile d'interroger à nouveau; d'autre part quelles sont celles dont l'exploration est de nature à nous faire espérer quelque succès. Les erreurs consciencieuses ne doivent être une honte pour personne; n'a pas qui veut le talent d'en commettre; penser le contraire est un détestable préjugé. Parmi ceux qui tiennent le sceptre de la science il n'y a qu'une sorte de gens qui ne sont pas exposés à se tromper: c'est la catégorie des stationnaires. Dans tous les cas, de telles erreurs sont toujours bonnes à connaître quand ce ne serait que pour nous faire économiser le travail d'esprit et le temps qu'il faut inutilement dépenser toutes les fois qu'on y retombe.

Nous tâcherons d'éviter cet écueil; nous exposerons de cette théorie tout ce que nous croyons en savoir. Il ne faudrait pas s'imaginer en effet que, parce que le but final n'a pu être atteint il n'y a pas d'intéressantes remarques à présenter sur ce sujet. Quelque incomplets que soient les résultats que nous avons à faire connaître, nous pensons qu'ils ne seront pas stériles pour la science. Ils marqueront, pour l'époque actuelle, les limites que l'algèbre nous permet d'atteindre, en même temps qu'ils fixeront le point de départ des recherches de l'avenir.

Nous saurons, par exemple, que si les moyens algébriques de résoudre l'équation générale du cinquième degré nous manquent, il n'en est pas de même pour plusieurs équations particulières de ce degré, nous dirons quels sont ces moyens, nous ferons voir comment la géométrie les réalise. Nous pourrons même, au point de vue le plus général, diminuer de moitié les impossibilités du problème; car si les formules qui donnent la valeur absolue des racines, nous sont encore inconnues dans tout leur développement, nous sommes du moins en position aujourd'hui d'assigner les formes qu'elles doivent revêtir, de sorte que la difficulté se trouve réduite à savoir si les fonctions encore implicites qui figurent dans ces formes sont de nature algébrique, ou doivent être cherchées dans d'autres catégories que celles de l'algèbre proprement dite.

Tel est le travail d'exposition auquel nous allons procéder.

II.

Nous avons montré, dans les chapitres quatrième et sixième, comment le développement du cube du binome $a+b$ et celui de la quatrième puissance du trinome $a+b+c$ conduisent à des identités au moyen desquelles on obtient sans difficulté la résolution des équations des troisième et quatrième degré. Non seulement ce procédé explique le côté rationnel de ces solutions et fait tomber le reproche de tentatives irréfléchies, quoique heureuses, qu'on peut à bon droit adresser aux méthodes exposées dans les ouvrages d'enseignement, mais il porte en lui-même la preuve immédiate de sa fécondité, et il suffit d'en avoir fait l'expérience une première fois pour comprendre qu'il est susceptible d'être utilisé dans une foule d'autres circonstances que celles qui concernent le troisième et le quatrième degré. Faisons l'application de ces idées au développement de la cinquième puissance de $a+b$ et nous obtiendrons entre a et b une identité au moyen de laquelle il nous sera possible de résoudre quelques cas particuliers de l'équation du cinquième degré. Au point de vue de la pratique, ceci pourra ne constituer qu'une fort modeste conquête, mais à celui de la théorie et notamment en ce qui concerne l'obstacle de l'irréductibilité, nous trouverons dans l'étude de ces faits de très utiles enseignements.

Si dans le développement de $(a+b)^5$ on met à part les deux termes a^5+b^5, les quatre autres ont pour facteur commun $5ab$ et peuvent s'écrire

$$5ab\left[a^3+b^3+2ab(a+b)\right].$$

Mais, de son côté, la fonction a^3+b^3 a pour valeur

$$(a+b)^3-3ab(a+b)$$

et de là il suit qu'on aura

$$(a+b)^5-5ab(a+b)^3+5a^2b^2(a+b)-(a^5+b^5)=0.$$

On sera donc certain, quels que soient a et b que si, dans le premier membre on introduit pour $(a+b)$, pour ab et pour a^5+b^5, les valeurs résultant de tel choix qu'on aura fait de a et b ce premier membre sera toujours nul. En conséquence si les deux fonctions ab et a^5+b^5 étaient connues la somme $a+b$ ne l'étant pas, en la désignant par x on aurait pour la déterminer, l'équation

$$x^5-5ab\,x^3+5a^2b^2x-(a^5+b^5)=0.$$

Il suit de là que si une équation de la forme

$$x^5-5p.x^3+5p^2x-r=0$$

était donnée et qu'il s'agit de la résoudre, on l'assimilerait à la précédente en considérant p comme égal au produit de deux quantités a et b, en admettant que r est égal à la somme des cinquièmes puissances des mêmes quantités. Tachant alors de déterminer d'après ces deux conditions les valeurs de a et de b, on serait certain que la somme $a+b$ serait la valeur de x.

Mais sans nous expliquer encore sur cette détermina- de a et de b à l'aide des fonctions ab et a^5+b^5, on remarquera de suite que cette dernière fonction a^5+b^5 ne change pas lorsqu'au lieu de faire simplement usage de a et de b, on emploie le produit de l'une et de l'autre par une quelconque des racines cinquièmes de l'unité. De telle sorte qu'à ce point de vue non-seulement $a+b$ serait une solution, mais il en serait de même de toutes celles qui sont représentées par l'expression générale $a\alpha^K + b\alpha^{K'}$, dans laquelle α est la première racine cinquième de l'unité et K et K' sont les nombres entiers compris de 1 à 5. D'après cela l'équation pourrait être satisfaite de 25 manières différentes.

Mais pour que la proposée reste invariable dans toutes ses parties, il ne suffit pas que la fonction a^5+b^5 ne change pas, il faut encore qu'il en soit de même de celle ab. Or si a devient $a\alpha^K$, si b devient $b\alpha^{K'}$ le produit prendra la forme générale $ab\alpha^{K+K'}$. Il changera donc le plus souvent avec K et K'. Toutefois on reconnaît immédiatement que si la somme $K+K'$ est égale à 5 l'expression $\alpha^{K+K'}$ deviendra α^5 ou l'unité et que, sous l'empire de cette condition ab sera à son tour immuable. En conséquence faisant choix pour K et K' des valeurs entières qui satisfont à la relation $K+K'=5$, on retirera de la forme générale $a\alpha^K + b\alpha^{K'}$ les formes particulières qui jouissent de la double propriété que pour elles le produit des deux éléments aussi bien que la sommes de leurs cinquièmes puissances sont invariables. Ces formes qui sont évidemment au nombre de cinq seront tout autant de solution de la proposée, et l'on voit par là que celle-ci possède cinq racines, savoir

$$a+b,\quad a\alpha+b\alpha^4,\quad a\alpha^2+b\alpha^3,\quad a\alpha^3+b\alpha^2,\quad a\alpha^4+b\alpha.$$

Or il ressort bien évidemment de cette analyse que ce n'est que parceque l'unité possède cinq racines cinquièmes qu'il nous a été permis d'obtenir ces cinq solutions. Si l'on vient en effet à supposer que toutes ces racines se confondent en une seule qui serait l'unité, les cinq formes distinctes ci-dessus se réduisent à leur tour à une seule $a+b$ qui serait l'unique solution de la proposée. Cette remarque est tout à fait conforme à celles que nous avons faites pour les degrés précédents et nous verrons qu'elle est générale pour celui-ci.

De cette discussion il résulte qu'avant même de connaître les valeurs absolues des racines, nous avons pu être parfaitement renseigné sur leur nombre et sur leur forme ; ce qui prouve que ces deux attributs des racines sont encore plus une dépendance du degré et de la composition spéciale de l'équation que de la valeur particulière de ses divers termes. Il ne nous reste plus, pour compléter la solution, qu'à connaître par quelles fonctions de p et de r les éléments a et b peuvent être représentés. Nous verrons plus tard que telle est la marche progressive qui se reproduit dans tous les cas.

Occupons-nous maintenant de la détermination de a et de b et supposons que la proposée se présente sous la forme

$$x^5 + px^3 + \frac{p^2}{5}x + r = 0 .$$

En cet état elle peut être assimilée à l'identité ci-dessus, et il suffit pour cela d'écrire les deux relations

$$p = -5ab\ , \quad r = -(a^5+b^5)\ ;$$

remarquant alors que la première peut se mettre sous la forme

$$a^5 b^5 = -\left(\frac{p}{5}\right)^5 ,$$

on voit que nous connaîtrons la somme et le produit des deux quantités a^5 et b^5 et que par suite celles-ci seront les racines d'une équation du second degré ainsi conçue :

$$z^2 + rz - \left(\frac{p}{5}\right)^5 = 0$$

On aura donc en la résolvant

$$a^5 = -\frac{r}{2} + \sqrt{\frac{r^2}{4} + \left(\frac{p}{5}\right)^5}\ ,\quad b^5 = -\frac{r}{2} - \sqrt{\frac{r^2}{4} + \left(\frac{p}{5}\right)^5}$$

Extrayant ensuite les racines cinquièmes on obtiendra cinq valeurs de a et cinq valeurs de b. Mais par ce que, d'après la proposée, p ou son égal $-5ab$ doit être réel, on voit qu'il ne sera permis de combiner avec une valeur quelconque de a que celle de b qui donnera un produit réel. Nous sommes ainsi exactement ramené aux formes précédentes. La première racine sera donc

$$a+b = \sqrt[5]{-\frac{r}{2} + \sqrt{\frac{r^2}{4} + \left(\frac{p}{5}\right)^5}} + \sqrt[5]{-\frac{r}{2} - \sqrt{\frac{r^2}{4} + \left(\frac{p}{5}\right)^5}}$$

et les autres s'obtiendront en combinant chacun de ces radicaux du cinquième degré avec les racines cinquièmes de l'unité, conformément aux prescriptions ci-dessus énoncés.

III.

L'équation particulière du cinquième degré que nous venons de résoudre présente la plus complète analogie avec l'équation du troisième, sinon quant à la forme de son premier membre, du moins en ce qui concerne la forme et la valeur de ses racines. Cette dernière forme est en effet, dans ce cas comme dans l'autre, une addition composée de deux termes dans lesquels les exposants, radicaux et diviseurs 3 sont remplacés par le nombre 5 et où les racines cinquièmes de l'unité se substituent aux racines cubiques. L'analogie se soutient donc dans les plus petits détails et de là résultent, pour le cas particulier de l'équation du cinquième degré, une série de propositions dont le développement et les principes marchent parallèlement à ce qui a été démontré pour le troisième. Sans entrer ici dans les nombreux détails qui se rattachent à ce sujet, nous nous expliquerons sur les circonstances qui intéressent la nature des racines au point de vue de leur réalité ou de leur imaginarité et qui constituent un des épisodes les plus importants du programme de nos études.

Ce que nous avons à dire ici sera calqué mot pour mot sur ce qui a été expliqué à ce sujet dans l'étude de l'équation du troisième degré. Non-seulement, en opérant ainsi, l'analogie entre les deux circonstances sera plus évidente, mais le lecteur comprendra sans peine, à mesure que nos idées se développeront, que des cas semblables doivent se reproduire dans tous les degrés, et il sera fixé d'avance sur la nature des raisonnements qu'il faudra leur appliquer.

Nous venons de constater que les valeurs des deux éléments a et b constitutifs des cinq racines, ou pour mieux dire les valeurs des cinquièmes puissances de ces éléments ne sont autre chose que les deux racines d'une équation du second degré. En conséquence, d'après ce que nous savons de ces racines, a^5 et b^5 ne pourront se trouver que dans deux cas : ils seront tous deux simultanément réels ou simultanément imaginaires. Il suffit d'ailleurs de remarquer la teneur analytique de a^5 et de b^5 pour se convaincre immédiatement que, pour que leurs valeurs soient réelles, il faut que la quantité $\frac{r^2}{4}+\left(\frac{p}{5}\right)^5$ que couvre le radical carré qui figure dans l'une et dans l'autre soit positive, et que, pour qu'elles soient imaginaires, cette même quantité doit être négative. Telle est la conséquence immédiate des résultats apparents du calcul. Or ce résultat doit nécessairement se trouver d'accord avec les conditions initiales qui lui ont donné naissance, et il n'est pas sans intérêt de voir comment, avant même de connaître la valeur analytique de a^5 et de b^5, on peut déduire de l'expression de ces conditions la réalité de ces deux cinquièmes puissances.

Nous savons en effet que a et b sont la dépendance obligée des relations suivantes,

$$ab=-\frac{p}{5}\ , \quad a^5+b^5=-r\ ;$$

cela posé élevons la seconde au carré, nous aurons

$$a^{10} + 2a^5b^5 + b^{10} = r^2,$$

retranchant $4a^5b^5$ de part et d'autre, il vient

$$a^{10} - 2a^5b^5 + b^{10} = r^2 - 4a^5b^5.$$

Mais le premier membre est le carré de $a^5 - b^5$ et l'on peut, dans le second, remplacer a^5b^5 par $-\left(\frac{p}{5}\right)^5$; cette équation devient ainsi $(a^5-b^5)^2 = 4\left\{\frac{r^2}{4} + \left(\frac{p}{5}\right)^5\right\}$

Or si p est positif, le second membre le sera lui-même, quel que soit le signe de r, et par suite la racine $a^5 - b^5$ du premier membre sera réelle. Mais, comme déjà $a^5 + b^5$ est réel, il s'en suit que a^5 et b^5 le seront à leur tour; nous voyons donc directement par cette voie que la positivité de $\frac{r^2}{4} + \left(\frac{p}{5}\right)^5$ entraîne la réalité de a^5 et de b^5, tout comme nous l'avons reconnu par la considération de la valeur algébrique de ces deux quantités.

Mais on remarquera que nous n'étendons pas l'assertion au-delà de ce qui concerne les cinquièmes puissances de a et de b, et cela parceque les calculs précédents se prononcent non sur a et sur b mais sur a^5 et b^5 et que ces deux dernières quantités pourront conserver leur réalité, bien que les valeurs arithmétiques de leurs racines a et b soient multipliées par une racine cinquième quelconque de l'unité. De là résultent pour chacune de ces quantités cinq valeurs génératrices et par suite 25 combinaisons possibles par voie d'addition, si l'on n'avait égard qu'à la condition $a^5 + b^5 = -r$. Mais la prise en considération de la condition $ab = -\frac{p}{5}$ qui exige que le produit ab soit réel, réduit à 5 le nombre de combinaisons qu'on peut admettre, et détermine ainsi les racines conformément à ce qui a été expliqué dans ce qui précède.

Quant à l'imaginaire qui vient ici après coup s'accoler à a et b et qui imprime aux racines le cachet de ses empêchements, sa présence ne tient pas à l'impossibilité de satisfaire en réel à la proposée, puisque toute équation de degré impair possède toujours, en au moins, une racine réelle. Il n'est donc pas l'indice qu'une contradiction figure dans l'énoncé, et nous ne sommes pas obligé de le subir comme la conséquence d'une impossibilité initiale et organique. Il est uniquement la suite inévitable du fait des opérations qu'après la transcription algébrique de l'énoncé, nous mettons ultérieurement en œuvre pour résoudre la question ; opérations qui, ainsi que nous l'avons constaté dans notre première publication, ouvrent si souvent la porte à l'intervention de l'imaginaire. Nous le tolérons donc et nous l'admettons malgré l'entrave apparente qu'il porte avec lui, parce que nous savons bien que cette entrave, introduite par certaines opérations auxiliaires de nos raisonnements, disparaîtra d'elle-même, lorsque nous mettrons les racines en jeu, en vertu des autres opérations commandées par la question, et que par suite elle n'est pas un empêchement à l'annulation du premier membre de la proposée. On peut donc dire, ainsi que nous l'avons fait remarquer pour le troisième degré, que c'est une imaginaire de tolérance et de simple nature opérative, ce n'est pas un imaginaire constitutif que les impossibilités de la question font naître et imposent.

La positivité de $\frac{r^2}{4}+\left(\frac{p}{5}\right)^5$ est évidemment indépendante du signe de r ; elle est certaine lorsque p est positif. Mais, d'après la nature des raisonnements employés, il est évident que toutes nos conclusions persisteront pour des signes quelconques de p et de r tant que la quantité $\frac{r^2}{4}+\left(\frac{p}{5}\right)^5$ restera positive. Cette dernière condition constitue ainsi une catégorie particulière d'équations, parmi celles dont nous faisons l'étude, pour laquelle une des racines sera toujours réelle, et les quatre autres seront imaginaires. Il est d'ailleurs facile de se convaincre que ces dernières ne sont pas seulement imaginaires d'apparence, mais qu'elles le sont essentiellement. En effet si l'on substitue dans chacune la valeur des racines cinquièmes de l'unité qui y figurent, valeur dont l'expression générale est

$$\alpha^{K} = \cos\frac{2K\pi}{5} + \sqrt{-1}\,\sin\frac{2K\pi}{5}$$

et si l'on a égard aux diverses relations qui, d'après les principes de la trigonométrie, lient entre eux les divers sinus et cosinus, on s'assurera par un calcul facile que ces quatre racines prennent la forme

$$(a+b)\cos\frac{2\pi}{5} \pm \sqrt{-1}\,(a-b)\sin\frac{2\pi}{5}$$

$$(a+b)\cos.\frac{4\pi}{5} \pm \sqrt{-1}\,(a-b)\sin\frac{4\pi}{5},$$

expressions dans lesquelles l'indice $\sqrt{-1}$ se maintient toujours, sauf le cas très-particulier où a est égal à b; mais alors la condition de positivité de $\frac{r^2}{4} + \left(\frac{p}{5}\right)^5$ disparaît puisque cette quantité devient nulle. Il est donc bien certain que cette positivité commande la réalité des valeurs de a^5 et de b^5 et répond à une catégorie d'équations du cinquième degré pour laquelle une seule des racines est réelle et les quatre autres sont imaginaires.

Pour terminer ce qui se rattache à ce sujet, il nous reste à nous expliquer sur la positivité ou la négativité de la racine réelle. Or la condition $a^5+b^5 = -r$ fait voir immédiatement qu'il faudra, lorsque r sera positif que tout au moins une des quantités a^5 ou b^5 soit négative et en même temps dépasse l'autre en grandeur absolue, d'où il suit que la racine sera négative quel que soit le signe de p. Lorsque r sera négatif, la même condition montre que tout au moins l'une des quantités a^5 ou b^5 devra être positive et supérieure en grandeur absolue à celle qui serait négative, de sorte que dans ce cas la racine sera constamment positive.

En résumé la racine réelle est toujours d'un signe contraire à celui de r, quel que soit celui de p. Il sera très facile de vérifier cette conclusion par l'examen direct de la valeur algébrique de la racine. Mais il ne faudra pas perdre de vue que cette règle ne doit être appliquée que dans la circonstance où il est reconnu que la quantité $\frac{r^2}{4} \pm \left(\frac{p}{5}\right)^5$ est positive.

IV.

De ce qui vient d'être exposé au sujet de la positivité de l'expression $\frac{r^2}{4} \pm \left(\frac{p}{5}\right)^5$ et de la conséquence qui résulte de cette positivité pour l'existence à l'état réel des expressions a^5 et b^5 nous avons été conduit à reconnaître la nécessité que sur les cinq racines une seule soit réelle et les quatre autres imaginaires. Lors donc que toutes les racines de l'équation du cinquième degré qui nous occupe devront être réelles, il sera impossible que a^5 et b^5 s'ils peuvent exister soient réels. S'ils l'étaient en effet, on en conclurait que les expressions

$$a\alpha + b\alpha^4,\ a\alpha^2+b\alpha^3,\ a\alpha^3+b\alpha^2,\ a\alpha^4+b\alpha$$

seraient racines, racines non réelles, différentes par conséquent des cinq précédentes ; le nombre des solutions serait donc supérieur à cinq, ce qui est impossible.

Il y a donc contradiction entre la supposition que les cinq racines sont réelles et celle que les valeurs de a^5 et de b^5 le sont également. A cette contradiction l'algèbre devra répondre par une impossibilité équivalente. On peut se demander, comme nous l'avons fait pour le troisième degré, de quelle nature sera cette impossibilité. Revêtira-t-elle la forme habituelle de l'imaginaire ou une forme encore plus compliquée ? Il ne serait pas aisé de prévoir à l'avance quelle sera la réponse à ces questions. C'est à l'algèbre même qu'il faut la demander ; c'est en la consultant et en comparant les moyens qui lui sont propres avec les conditions qu'il nous convient de lui imposer lorsque nous exigeons que les cinq racines soient simultanément réelles que nous pourrons nous éclairer sur cette circonstance.

Et d'abord il est facile de se convaincre que pour que les cinq racines soient réelles il faut nécessairement que le coefficient p soit négatif.

En effet l'équation actuelle étant privée du terme en x^4, il s'ensuit que la somme des racines doit être nulle, et, puisqu'elles sont toutes réelles, elles ne pourront être simultanément ni toutes positives ni toutes négatives.

Cela posé, ou bien le nombre des racines négatives sera impair, ou bien il sera pair; dans le premier cas le produit des cinq racines sera négatif, dans le second il sera positif; et, comme le terme tout connu est égal à ce même produit pris en signe contraire, on voit que, lorsque le nombre des racines négatives sera impair, le terme tout connu ou r sera positif, lorsque ce nombre sera pair le terme tout connu sera négatif.

Voyons ce qui se passera dans le premier cas ou r est positif.

Si alors on fait usage d'une des racines positives x_π pour la substituer à x dans la proposée on aura

$$x_\pi^5 + p\,x_\pi^3 + \frac{p^2}{5}x_\pi + r = 0 .$$

Or si p était positif, il s'ensuivrait qu'une somme de quatre termes tous positifs devrait être nulle, ce qui est évidemment impossible; la supposition de p positif n'est donc pas acceptable, et ce coefficient doit être négatif.

Dans le second cas où r est négatif, si l'on fait usage d'une des racines négatives $-x_\nu$ pour la substituer à x dans la proposée, on aura:

$$-x_\nu^5 - p x_\nu^3 - \frac{p^2}{5}x_\nu - r = 0 .$$

Or si p était positif, il s'ensuivrait qu'une somme de quatre termes tous négatifs devrait être nulle, impossibilité non moins grande que la précédente; il faut donc qu'un de ces termes tout au moins change de signe, ce qui, dans le cas actuel ne peut avoir lieu que si p est négatif.

Concluons donc que, lorsque les cinq racines sont réelles, p est nécessairement négatif. On aura dès lors $a^5 b^5 = + \left(\frac{p}{5}\right)^5$, ce qui exigerait si a et b étaient réels qu'ils fussent de même signe. Or cette condition est évidemment inconciliable avec la nécessité ci-dessus constatée que la proposée possède simultanément des racines positives et des racines négatives. Donc encore une fois, a et b ne sauraient être réels.

Mais comme on a identiquement

$$a^5 = \frac{a^5+b^5}{2} + \frac{a^5-b^5}{2}, \quad b^5 = \frac{a^5+b^5}{2} - \frac{a^5-b^5}{2}$$

et que a^5+b^5 est certainement réel, il s'ensuit que a^5-b^5 sera non moins nécessairement imaginaire.

D'ailleurs il a été établi dans l'article précédent que la valeur de cette quantité est $2\sqrt{\frac{r^2}{4}+\left(\frac{p}{5}\right)^5}$. D'où l'on voit en résumé que l'expression sous le radical, ou pour mieux dire, puisque maintenant p est négatif, que l'expression $\frac{r^2}{4}-\left(\frac{p}{5}\right)^5$ sera être négative.

Nous aurons occasion de revenir sur cette circonstance remarquable en vertu de laquelle, lorsque les racines doivent être réelles, les éléments de ces mêmes racines sont nécessairement imaginaires. Quand nous nous expliquerons sur les fonctions résolvantes et résolues du cinquième degré, nous verrons cette propriété, que nous venons d'étudier dans une espèce particulière d'équation, se généraliser et s'élever à la hauteur d'un principe applicable à tous les cas. Nous pourrons en outre en indiquer avec une grande évidence la cause primordiale. Alors les idées que nous avons déjà émises, dans les études exposées sur le 3e degré au sujet de la génération du réel par l'imaginaire, prendront une extension dont le lecteur saisira toute l'importance.

V.

Ces deux points de doctrine étant ainsi théoriquement

établis, il est nécessaire de les examiner au point de vue de la pratique, parceque l'un d'eux donne naissance à une difficulté dont l'algèbre proprement dite n'a pas encore pu donner la solution.

Tant que dans les expressions de a^5 et de b^5 la quantité que couvre le radical carré est positive, on obtient facilement par les procédés arithmétiques connus les valeurs de a et de b. Mais il n'en est pas de même lorsqu'elle est négative; dans ce cas ces valeurs prennent la forme implicite $\sqrt[5]{A \pm B\sqrt{-1}}$ et alors la question se présente de savoir ce que peut être une pareille racine cinquième et par quelles opérations on parviendra à l'exprimer explicitement.

Il est d'abord évident que les valeurs cherchées ne peuvent pas être réelles; car si l'on avait

$$\sqrt[5]{A \pm B\sqrt{-1}} = K,$$

il viendrait, en élevant à la cinquième puissance

$$A \pm B\sqrt{-1} = K^5$$

d'où l'on déduirait que le réel est égal à l'imaginaire, ce qui est impossible.

On ne pourrait pas admettre davantage que ces valeurs sont de la forme $K\sqrt{-1}$, puisqu'on serait alors conduit à l'égalité

$$A + B\sqrt{-1} = K^5\sqrt{-1}$$

qui n'est pas plus admissible que la précédente.

Il ne nous reste donc que la ressource de supposer que ce qu'on cherche doit être de la forme $m \pm n\sqrt{-1}$, et alors la relation entre A, B, m, n serait

$$A \pm B\sqrt{-1} = m^5 \pm 5m^4n\sqrt{-1} - 10m^3n^2 \mp 10m^2n^3\sqrt{-1} + 5m.n^4 \pm n^5\sqrt{-1},$$

équation contre laquelle les impossibilités ci-dessus ne peuvent plus être invoquées; à la vérité elle est du cinquième degré, tout comme la proposée, et cette circonstance paraît de prime abord peu propre à ouvrir la porte à une solution. C'est là un point que nous discuterons tout à l'heure.

Mais au préalable il importe de vérifier si en attribuant à a et à b les valeurs imaginaires $m+n\sqrt{-1}$, $m-n\sqrt{-1}$, les formes que nous avons déterminées pour les racines se prêteront à devenir réelles, et si, en même temps, toutes les autres conditions du problème seront satisfaites.

Il est d'abord évident que la première racine $a+b$ aura pour valeur $2m$ et sera par conséquent réelle. Quant aux quatre autres, nous avons constaté à l'article III qu'en faisant usage de la valeur générale

$$\alpha^K = \cos\frac{2K\pi}{5} + \sqrt{-1}\sin\frac{2K\pi}{5}$$

elles peuvent s'écrire comme suit :

$$(a+b)\cos\frac{2\pi}{5} \pm \sqrt{-1}\,(a-b)\sin\frac{2\pi}{5}$$

$$(a+b)\cos\frac{4\pi}{5} \pm \sqrt{-1}\,(a-b)\sin\frac{4\pi}{5}.$$

Or comme on a maintenant

$$a+b = 2m\,, \quad a-b = 2n\sqrt{-1}$$

la substitution de ces valeurs donnera

$$2m\cos\frac{2\pi}{5} \pm 2n\sin\frac{2\pi}{5}$$

$$2m\cos\frac{4\pi}{5} \pm 2n\sin\frac{4\pi}{5},$$

expressions qui en effet sont toutes quatre réelles.

Leur somme est d'ailleurs nulle puisque, d'une part, les termes où figurent les sinus se détruisent, et que, d'autre part, l'addition des autres donne $2m+4m\left(\cos\frac{2\pi}{5}+\cos\frac{4\pi}{5}\right)$. Or la somme de ces deux cosinus ayant pour valeur $-\frac{1}{2}$, on voit que le résultat définitif sera zéro.

On pourra vérifier en outre que la somme des produits des racines deux à deux a pour valeur $-5(m^2+n^2)$; c'est un calcul un peu long mais facile et dont il est inutile de donner ici les détails. On voit que cette somme de produits, qui forme le coefficient du terme en x^3, est essentiellement négative, résultat conforme à ce que nous avons établi sur la négativité de p. On aura donc dans le cas actuel:

$$-5(m^2+n^2) = -p\ ,\ \text{d'où}\ m^2+n^2 = \frac{p}{5}\ .$$

et comme, lorsque p est négatif on doit avoir $\frac{p}{5} = ab$, on est conduit à cette conséquence que $ab = m^2+n^2$; c'est en effet ce qu'on obtient lorsqu'on suppose que a et b sont de la forme $m+n\sqrt{-1}$, $m-n\sqrt{-1}$.

On s'assurera également qu'avec les formes ci-dessus déterminées pour les racines, la somme de leurs produits trois à trois, celle de leurs produits quatre à quatre, aussi bien que le produit des cinq satisfont bien à toutes les conditions commandées par l'énoncé. Ce sont là de faciles vérifications sur lesquelles il n'est pas nécessaire d'insister.

Mais ce qui doit surtout nous occuper c'est la détermination de a et de b et par conséquent celle de m et de n. Nous avons constaté ci-dessus que cette détermination dépend de la résolution de l'équation

$$A \pm B\sqrt{-1} = m^5 \pm 5m^4n\sqrt{-1} - 10m^3n^2 \mp 10m^2n^3\sqrt{-1} + 5mn^4 \pm n^5\sqrt{-1}$$

Or si l'on égale séparément le réel au réel et l'imaginaire à l'imaginaire, on obtiendra les deux équations suivantes :

$$m^5 - 10m^3n^2 + 5mn^4 - A = 0$$

$$n^5 - 10m^2n^3 + 5m^4n - B = 0$$

au moyen desquelles il faudra procéder à la détermination de m et de n.

Ainsi que nous l'avons déjà fait remarquer, toutes ces équations étant du cinquième degré, elles paraissent peu propres à diminuer la difficulté de la résolution explicite de la proposée; de sorte que la ressource qui nous reste c'est de rechercher ou bien si le degré de ces équations ne pourrait pas être abaissé, ou bien si, tout en conservant ce degré, nous n'aurions pas à traiter des équations plus faciles que celle qu'il s'agit de résoudre.

Nous remarquerons d'abord que les inconnues m et n

sont enchevêtrées dans chacune de ces deux conditions. Mais il est facile de les séparer à l'aide de la relation que nous venons de trouver entre m et n, savoir $m^2+n^2=\frac{p}{5}$. Si l'on substitue dans la première la valeur qu'on en déduit pour n^2 on trouve

$$m^5-10\left(\frac{p}{5}-m^2\right)m^3+5\left(\frac{p}{5}-m^2\right)^2m-A=0$$

et en développant et réduisant

$$16m^5-20\frac{p}{5}m^3+5\frac{p^2}{25}m-A=0.$$

Remplaçant ensuite A par sa valeur $-\frac{r}{2}$ et faisant disparaître le diviseur 2, il viendra

$$32m^5-8pm^3+2\frac{p^2}{5}m+r=0,$$

équation dans laquelle $2m$ peut être considérée comme l'inconnue et qui prend la forme définitive

$$(2m)^5-p(2m)^3+\frac{p^2}{5}(2m)+r=0.$$

Telle est la relation à l'aide de laquelle nous déterminerons m.

Or on remarquera qu'elle n'est autre chose que la proposée elle-même dans laquelle x est remplacé par $2m$. Une telle conséquence n'a d'ailleurs rien qui doive nous surprendre, elle n'est autre chose que l'expression de la propriété dont jouit $2m$ d'être une des cinq racines, ainsi que nous l'avons constaté en procédant à la nomenclature de ces racines. Mais, d'un autre côté, ce qui se présente de rationnel et de nécessaire dans cette conclusion vient précisément nous avertir qu'un obstacle insurmontable s'opposera à la résolution du problème que nous nous sommes proposé, parceque l'algèbre ne nous offre aucun moyen de nous conduire à la manifestation explicite des racines. Il faudrait en effet pour les obtenir déterminer tout au moins m; or nous voyons que la difficulté de cette détermination est exactement la même que celle d'avoir x, de sorte que nous nous trouvons ainsi engagé dans un cercle dont il nous est impossible de sortir.

On pourrait à la vérité essayer de déterminer n, après quoi m serait donné par la relation $m^2 = \frac{p}{5} - n^2$. Malheureusement il n'y a pas plus de solution à espérer de ce côté que de l'autre. Si en effet dans la seconde équation on remplace m^2 par $\frac{p}{5} - n^2$ et qu'on procède aux opérations et réductions nécessaires, on obtiendra finalement l'équation.

$$(2n)^5 - p(2n)^3 + \frac{p^2}{5}(2n) - 2B = 0 \quad .$$

qui, sauf la valeur du terme tout connu, est de même forme et de même constitution que la proposée et offrira par conséquent, pour la détermination de n les mêmes difficultés que nous oppose à son tour la proposée pour la détermination de x.

Ainsi les éléments dont la somme doit donner les racines cherchées sont eux-mêmes les racines d'autres équations identiquement constituées comme l'est la proposée et qui ne seront par conséquent résolubles que quand on saura résoudre celle-ci. La difficulté ne fait donc autre chose que se transporter d'une quantité à une autre, sans rien perdre de son importance, sans que dans ces passages il soit rien changé au nombre et à la nature de ses empêchements.

Or c'est en cela même que consiste l'irréductibilité. Elle ne vient pas seulement à la présence de l'imaginaire, car nous venons de voir que, si nous connaissions $m + n\sqrt{-1}$ et $m - n\sqrt{-1}$, nous obtiendrions facilement avec ces expressions, quoiqu'elles soient imaginaires, des racines réelles. Elle tient essentiellement à ce que l'imaginaire qui, dans d'autres cas, présente le négatif soumis à l'influence directe et unique du radical carré, le présente en outre ici comme subissant en même temps celle du radical du cinquième degré, et que, dégager le négatif de cette double influence, est une question dont la solution, d'après l'analyse à laquelle nous venons de procéder, ne peut pas être obtenue avec les moyens ordinaires que possède l'algèbre proprement dite.

Par le fait même du type particulier d'équation

dont nous nous occupons ici, les cinq racines se trouvent dès l'abord soumises à trois conditions, savoir : que leur somme est nulle, qu'il en est de même de celle de leurs produits trois à trois, qu'enfin la somme de leurs produits quatre à quatre est égale à la cinquième partie du carré de la somme de leurs produits deux à deux. Dans cette circonstance, c'est une conception très-logique que de chercher à déterminer ces cinq choses, déjà trois fois dépendantes l'une de l'autre, à l'aide de deux seulement ; l'esprit entrevoit dans cette conception un moyen de vaincre la difficulté, et en effet, nous avons reconnu que ce procédé est très-efficace pour certains cas. Malheureusement il arrive pour d'autres cas que, dans ces deux choses, entrent deux éléments m et n tels que 2m et 2n ne sont déterminables que par des équations ayant le type même de la proposée et dont l'un, plus particulièrement 2m doit satisfaire à la proposée elle même telle qu'elle est constituée et spécialisée par l'énoncé. Il suit de là que non seulement 2m aura nécessairement cinq valeurs, mais que ces cinq valeurs seront précisément celles des cinq racines cherchées. Le moyen employé pour déterminer celles-ci est donc fatalement condamné à n'être efficace qu'à la condition de les connaître au préalable, c'est-à-dire qu'il est radicalement impropre à nous conduire au but. La question se présente donc maintenant de savoir si nous ne pourrons pas aboutir par une autre voie, et c'est ce que nous allons rechercher

VI.

Nous venons de voir qu'en interrogeant l'algèbre dans ses moyens, en cherchant à l'utiliser dans ses facultés, il nous a été répondu par un refus de concours. Or il ne faudrait pas se hâter de conclure que le problème est frappé d'une impossibilité absolue. L'algèbre ne va pas certainement jusque là, et non seulement, à cet égard, elle ne prononce rien de pareil, non seulement elle ne nous dit pas qu'il faut refuser toute existence à l'expression m que nous cherchons, mais au contraire elle nous fait connaître les conditions sous lesquelles cette expression existe; elle nous apprend de plus qu'elle est susceptible de cinq valeurs. Mais, en même temps, en nous révélant que les doubles de ces valeurs sont précisément celles des racines que nous cherchons, elle vient nous prévenir, quant au fond, en laissant à ce point de vue les choses en l'état où elles se trouvent naturellement, que la rationnalité du procédé est du même titre que celle de l'énoncé; elle ne formule donc pas d'interdiction et son arrêt sur ce point est simplement suspensif. Par conséquent il ne nous est pas défendu de chercher ailleurs et il n'y aura rien d'illogique à le faire.

Quant aux moyens, nous avons vu que l'algèbre exclut formellement, pour les deux éléments, toute fonction réelle et ne nous laisse que la ressource de celles qui sont imaginaires. Mais elle nous apprend en même temps que dans les circonstances où cet imaginaire se produit et avec les facultés qui lui sont propres pour représenter ces sortes d'expressions, il serait nécessaire, pour constituer les éléments qui doivent faire connaître les racines, que ces racines fussent connues d'avance et qu'elles le fussent explicitement, puisque cette constitution est telle que la valeur explicite des racines doit y figurer. De sorte qu'il faudrait au préalable que la proposée fût résolue pour que le procédé employé pour la résoudre pût aboutir; et tout se bornerait alors à une simple vérification.

En résumé nous ne voyons dans tout ceci rien d'illogique, quant à la théorie qui pose des conditions sans les condamner, mais nous en concluons l'impuissance quant à la pratique, qui ne sait faire autre chose que nous ramener au point de départ.

Nous sommes donc conduit ou à renoncer ou à recourir à d'autres moyens. Or nous allons voir que, tout en nous refusant son concours, l'algèbre par ses indications va elle-même nous mettre sur la voie de la direction que nous devons imprimer à nos nouvelles recherches.

Et d'abord elle nous apprend, ainsi que nous venons de le rappeler, que, si nous ne voulons pas nous heurter contre l'impossible, c'est aux fonctions imaginaires, à l'exclusion de celles qui sont réelles, que nous devons nous adresser. Nous admettrons donc que les éléments générateurs des racines doivent bien avoir la forme $m+n\sqrt{-1}$, $m-n\sqrt{-1}$. Elle nous apprend, en second lieu, que chacune des deux parties m et n qui composent ces éléments est susceptible de cinq valeurs, ni plus ni moins, et que ces valeurs doivent être réelles. Or, pour peu qu'on soit familiarisé avec les propriétés des fonctions circulaires, on voit de suite que les divers rapports trigonométriques simples qui appartiennent à l'angle quelconque $\frac{\theta}{5}$ jouissent de cette propriété, parceque les rapports analogues qui, pour un angle α, conviennent au même titre à l'angle plus général $\theta+2K\pi$, donnent naissance, pour le cinquième de cet angle, à cinq valeurs distinctes et réelles, sans excès comme sans défaut. Enfin l'algèbre nous a appris, dans le cours de la discussion précédente, que les valeurs de m et de n sont telles que la somme de leurs carrés m^2+n^2 doit être constante et égale à $\frac{p}{5}$ pour toutes ces valeurs. Or cette constance de la somme des carrés vient immédiatement nous fixer sur le choix à faire parmi les divers rapports trigonométriques parce qu'elle est la loi essentielle qui lie la valeur du sinus à celle du cosinus; de telle sorte que toutes ces indications de l'algèbre que nous venons de passer en revue vont se trouver confirmées et associées en parfaite concordance dans les valeurs

$$\sqrt{\frac{p}{5}}\cos\frac{\theta+2\pi}{5}\ ,\quad \sqrt{\frac{p}{5}}\sin\frac{\theta+2\pi}{5}$$

attribuées à m et à n, et que sans aller plus loin, mais sous la condition que l'angle θ sera possible, nous pouvons affirmer dès à présent que les cinq valeurs de $2m$ condensées dans $2\sqrt{\frac{p}{5}}\cos\frac{\theta+2k\pi}{5}$ sont les racines de l'équation.

Ainsi, sans calculs, d'inductions en inductions, en nous conformant aux prescriptions successives que l'algèbre nous indique, alors même qu'elle ne peut pas y satisfaire, nous parvenons à avoir une idée nette et précise de la forme de fonction qui donnera les valeurs de x. Nous ne savons pas encore, il est vrai, ce que seront les valeurs complètes et numériques des racines, mais nous connaissons du moins la forme, le moule dans lequel la matière inconnue, l'angle θ, devra être introduite pour qu'alors l'objet cherché se trouve déterminé et défini dans toutes ses parties.

Nous voyons ici un exemple remarquable et curieux à plus d'un titre des services que peut nous rendre l'algèbre lorsque, tenant compte de tout ce qu'elle enseigne et la suivant pas à pas dans ses révélations, nous en poursuivons à l'aide du raisonnement toutes les conséquences nécessaires. Il arrive alors que, dans ce qu'elle ne peut pas faire elle-même, elle nous met sur la voie de la direction qu'il faut suivre dans nos nouvelles investigations ; nous faisant connaître à l'avance les propriétés essentielles auxquelles doivent satisfaire des expressions, qu'elle ne possède pas dans son domaine, mais auxquelles elle impose des conditions et imprime un caractère au moyen desquels il nous devient facile d'aller les chercher, de les reconnaître et de les prendre là où elles se trouvent.

Qu'avons-nous à faire maintenant, dans la nouvelle voie où nous sommes engagé, pour compléter la solution du problème ? Il nous reste à connaître la valeur de l'angle $\frac{\theta}{5}$. Cette recherche, en terminant notre oeuvre, deviendra la démonstration directe des parties du raisonnement précédent auxquelles on voudrait n'attribuer qu'une valeur inductive et satisfera ainsi à toutes les exigences.

Or s'il est vrai que les racines revêtent la forme générale $2\sqrt{\frac{p}{5}}\cos\frac{\theta+2k\pi}{5}$, on en conclura, en ayant égard aux propriétés connues qui lient les sinus et les cosinus de $\frac{6\pi}{5}$ et $\frac{8\pi}{5}$ aux sinus et aux cosinus de $\frac{2\pi}{5}$ et de $\frac{4\pi}{5}$, que ces racines seront individuellement constituées comme suit :

$$2\sqrt{\frac{p}{5}}\cos\frac{\theta}{5}$$

$$2\sqrt{\frac{p}{5}}\left(\cos\frac{\theta}{5}\cos\frac{2\pi}{5}\pm\sin\frac{\theta}{5}\sin\frac{2\pi}{5}\right)$$

$$2\sqrt{\frac{p}{5}}\left(\cos\frac{\theta}{5}\cos\frac{4\pi}{5}\pm\sin\frac{\theta}{5}\sin\frac{4\pi}{5}\right)$$

D'un autre côté, et pour nous mettre à l'abri de toute objection, nous pouvons faire remarquer que nous sommes parfaitement maître de donner aux deux éléments $m+n\sqrt{-1}$, $m-n\sqrt{-1}$ la forme

$$\rho\left(\cos\frac{\theta}{5}+\sqrt{-1}\sin\frac{\theta}{5}\right),\quad \rho\left(\cos\frac{\theta}{5}-\sqrt{-1}\sin\frac{\theta}{5}\right).$$

Les règles de cette substitution sont faciles et connues ; et comme nous avons vu qu'il faut que m^2+n^2 soit égal à $\frac{p}{5}$, on en déduira $\rho=\sqrt{\frac{p}{5}}$. Mettant alors en œuvre ces deux éléments dans la forme générale des racines

$$a\alpha^K+b\alpha^{5-K}$$

on retombera sur les expressions ci-dessus des cinq valeurs de x dont l'exactitude se trouve ainsi directement confirmée.

En conséquence la valeur de leur produit se présentera sous la forme

$$32\left(\sqrt{\frac{p}{5}}\right)^5\cos\frac{\theta}{5}\left(\cos^2\frac{\theta}{5}\cos^2\frac{2\pi}{5}-\sin^2\frac{\theta}{5}\sin^2\frac{2\pi}{5}\right)\left(\cos^2\frac{\theta}{5}\cos^2\frac{4\pi}{5}-\sin^2\frac{\theta}{5}\sin^2\frac{4\pi}{5}\right)$$

Cela posé si l'on a égard aux relations suivantes qui résultent des valeurs numériques de $\sin\frac{2\pi}{5}$, $\cos\frac{2\pi}{5}$, $\sin\frac{4\pi}{5}$, $\cos\frac{4\pi}{5}$, savoir :

$$\cos^2\frac{2\pi}{5}\cos^2\frac{4\pi}{5}=\frac{1}{16}$$

$$\sin^2\frac{2\pi}{5}\sin^2\frac{4\pi}{5}=\frac{5}{16}$$

$$\cos^2\frac{2\pi}{5}\sin^2\frac{4\pi}{5}+\cos^2\frac{4\pi}{5}\sin^2\frac{2\pi}{5}=\frac{10}{16},$$

on trouve que le produit ci-dessus devient :

$$2\left(\sqrt{\frac{p}{5}}\right)^5 \cos\frac{\theta}{5}\left(\cos^4\frac{\theta}{5} - 10\cos^2\frac{\theta}{5}\sin^2\frac{\theta}{5} + 5\sin^4\frac{\theta}{5}\right)$$

expression qui, en y remplaçant $\sin^2\frac{\theta}{5}$ par $1-\cos^2\frac{\theta}{5}$ se modifie ainsi qu'il suit :

$$2\left(\sqrt{\frac{p}{5}}\right)^5 \cos\frac{\theta}{5}\left(16\cos^4\frac{\theta}{5} - 20\cos^2\frac{\theta}{5} + 5\right).$$

Ce produit devant être égal et de signe contraire au terme tout connu $\pm r$ il en résulte une équation qui, en faisant passer dans le second membre le facteur $2\left(\sqrt{\frac{p}{5}}\right)^5$ prend la forme

$$16\cos^5\frac{\theta}{5} - 20\cos^3\frac{\theta}{5} + 5\cos\frac{\theta}{5} = \pm\frac{\frac{r}{2}}{\left(\sqrt{\frac{p}{5}}\right)^5}.$$

Telle est la relation à l'aide de laquelle nous sommes conduit à déterminer l'angle $\frac{\theta}{5}$. Or le premier membre de cette équation correspond à une propriété bien connue des fonctions circulaires. Il est l'expression, en fonction de $\frac{\theta}{5}$ du cosinus de l'arc quintuple θ.

En conséquence si nous cherchons la valeur de l'angle dont le cosinus est égal à la quantité toute connue qui figure dans le second membre de l'équation, le cosinus du cinquième de cet angle sera précisément la valeur cherchée de $\cos\frac{\theta}{5}$.

Ce cosinus aura cinq valeurs, ainsi que nous l'avons fait remarquer, et par suite les racines seront les produits de ces valeurs par le facteur constant $2\sqrt{\frac{p}{5}}$. Nous venons d'ailleurs d'établir, dans ce qui précède, l'identité de ces valeurs avec celles que donne la forme générale $a\alpha^K + b\alpha^{5-K}$.

Voilà donc un moyen simple et très-pratique de remédier par les fonctions circulaires à l'insuffisance constatée de l'algèbre proprement dite.

Nous ne devons pas négliger de faire observer que pour que ce moyen soit efficace, il est nécessaire que l'expression numérique du cosinus de l'arc dont on doit prendre le cinquième soit une quantité moindre que l'unité. C'est à cette condition seulement que les racines seront possibles par les cosinus, et alors elles seront réelles. Il faut donc pour qu'il en soit ainsi que la condition

$$\pm \frac{\frac{r}{2}}{\left(\sqrt{\frac{p}{5}}\right)^5} < 1$$

soit satisfaite. En élevant au carré on a un résultat qui convient au double signe et l'on retombe sur le fait déjà constaté que, dans ce cas, la quantité $\frac{r^2}{4} - \left(\frac{p}{5}\right)^5$ doit être négative. Si cette quantité était positive, la circonstance d'un cosinus supérieur à l'unité serait un signe évident d'impossibilité pour les fonctions circulaires. Mais nous avons vu qu'alors ce sera l'algèbre qui, à son tour, viendra en aide à la trigonométrie. C'est donc par le concours de cette double ressource que l'équation qui nous occupe sera résoluble dans toute sa généralité.

Qu'une dernière observation nous soit permise à ce sujet. On vient de voir que là où les fonctions de l'algèbre se montrent insuffisantes celles dites circulaires nous viennent en aide, et que réciproquement lorsque celles-ci ne peuvent plus nous servir, c'est avec les premières que nous obtenons les solutions. Or comme tous les efforts faits pour obtenir par l'algèbre ce que la trigonométrie nous donne si facilement ont été infructueux, n'est-on pas en droit d'en conclure que l'assimilation des fonctions de la première espèce avec celles de la seconde paraît être une œuvre impossible. Ce fait vient corroborer les observations que nous avons présentées à ce sujet dans notre première publication lorsque nous nous sommes occupé des séries. Ce qu'il y a de certain du moins, c'est que pour un des cas les plus simples dans lequel la recherche de cette assimilation a été poursuivie, on a été obligé de proclamer l'irréductibilité. Nous sommes donc en droit d'affirmer que, jusqu'à ce jour, rien dans la science ne vient contredire les conclusions générales que nous avons déduites de nos précédentes études.

VII.

VII.

En nous occupant des équations de degré inférieur au cinquième, nous avons appelé l'attention du lecteur sur les ressources que peut offrir toute identité algébrique pour la résolution de ces équations. Cette observation est d'ailleurs générale et l'on peut affirmer que toute relation d'un degré quelconque n dans laquelle entreront les puissances successives d'une fonction pourra être utilisée dans le but de résoudre une équation du degré n de même type que cette relation. De telle sorte que si l'on a identiquement

$$\overline{\varphi(x)}^{n} + A_K \overline{\varphi(x)}^{n-K} + A_{K'} \overline{\varphi(x)}^{n-K'} + \ldots\ldots = 0,$$

$K, K', \ldots\ldots$ étant quelconques et les coefficients $A_K, A_{K'} \ldots$ étant des dépendances connues de $\varphi(x)$ on pourra espérer de résoudre les équations du type :

$$y^n + a\,y^{n-K} + a'\,y^{n-K'} + \ldots\ldots = 0$$

dans lequel $n, K, K', \ldots\ldots$ conservent les mêmes valeurs que dans l'identité en $\varphi(x)$:

Il est évident, en effet, que si l'on parvient, à l'aide d'opérations permises, à constituer les coefficients de l'équation en y dans le même état de dépendance que possèdent les quantités $A_K, A_{K'} \ldots$ soit entre elles, soit par rapport à $\varphi(x)$, de ce moment l'assimilation de y avec $\varphi(x)$ se trouvera autorisée, et l'équation sera par conséquent résolue.

Nous avons cité des exemples de ce procédé pour le second, le troisième et le quatrième degré et quoique, pour ces degrés, la résolution connue de ces équations générales enlève quelque intérêt à cet ordre de considérations, il n'en a pas moins une grande importance puisqu'il nous a permis de surmonter l'obstacle de l'irréductibilité. Mais pour le cinquième degré dans lequel les formules générales de résolution n'existent pas, tout devient une véritable conquête dans l'application de ce procédé ; nous pourrons ainsi soustraire quelques cas particuliers de ces équations à la prohibition qui, jusqu'à ce jour, les a frappées dans leur généralité, et introduire par ce moyen quelques faits nouveaux dans le domaine de la science.

A vrai dire, ce que nous venons d'exposer dans l'article précédent au sujet du cas irréductible qui s'observe dans l'équation

$$x^5 + px^3 + \frac{p^2}{5}x + r = 0$$

n'est pas autre chose que la résolution de cette équation par la fonction circulaire du cosinus, résolution basée sur l'identité

$$16\cos^5\frac{\theta}{5} - 20\cos^3\frac{\theta}{5} + 5\cos\frac{\theta}{5} = \cos\theta \, .$$

Prenons maintenant pour point de départ la tangente et étudions les faits qui vont se produire. On sait qu'on a identiquement :

$$\operatorname{tang} 5a = \frac{\operatorname{tang}^5 a - 10\operatorname{tang}^3 a + 5\operatorname{tang} a}{1 - 10\operatorname{tang}^2 a + 5\operatorname{tang}^4 a} \, ;$$

d'où l'on déduit, en faisant disparaître le dénominateur, et en ordonnant par rapport à tang. a

$$\operatorname{tang}^5 a - 5\operatorname{tang} 5a\operatorname{tang}^4 a - 10\operatorname{tang}^3 a + 10\operatorname{tang} 5a\operatorname{tang}^2 a + 5\operatorname{tang} a - \operatorname{tang} 5a = 0 \, .$$

En conséquence, si l'on avait à résoudre une équation de la forme

$$x^5 - px^4 - 10x^3 + 2px^2 + 5x - \frac{p}{5} = 0 \, ,$$

on l'identifierait avec la précédente en posant

$$p = 5\operatorname{tang} 5a \, , \quad \text{d'où} \quad \operatorname{tang} 5a = \frac{p}{5} \, .$$

On déterminerait l'angle $5a$ dont la tangente a pour valeur $\frac{p}{5}$ et il est évident que la tangente du cinquième de cet angle serait la valeur de x. Si, par exemple, p est égal à 5, l'équation devient ....

$$x^5 - 5x^4 - 10x^3 + 10x^2 + 5x - 1 = 0\,,$$

et l'on a $\quad \tan 5a = 1 \quad$ d'où $\quad 5a = 45°$.

Mais comme l'arc général $5a + K\pi$ a même tangente que $5a$, quelle que soit la valeur entière de K, on sera conduit, en prenant le cinquième, à cinq angles distincts, savoir

$$a\,,\quad a + \frac{\pi}{5}\,,\quad a + \frac{2\pi}{5}\,,\quad a + \frac{3\pi}{5}\,,\quad a + \frac{4\pi}{5}$$

dont les tangentes seront les racines cherchées.

Ici a est égal à $9°$, de sorte que les cinq valeurs de x seront

$$\tan 9°,\ \tan 45°,\ \tan 81°,\ -\tan 63°,\ -\tan 27°$$

expressions qui ont pour représentation numérique

$$0{,}1584\,,\quad 1{,}0000\,,\quad 6{,}3137\,,\quad -0{,}5095\,,\quad -1{,}9626$$

On s'assurera, comme vérification, que la somme des racines positives est $7{,}4721$, que celle des racines négatives est $-2{,}4721$; que par suite l'addition générale donne $+5$, résultat égal et de signe contraire au coefficient de x^4. On s'assurera également que le produit des deux racines négatives est $+1$, aussi bien que celui des trois racines négatives, de sorte que le produit général est $+1$ résultat égal et de signe contraire au terme tout connu.

L'équation que nous venons de résoudre est très particulière puisqu'elle ne renferme qu'une seule quantité arbitraire pour tous ses coefficients ; nous pouvons très simplement lui faire acquérir plus de généralité en lui en donnant deux. Posons à cet effet $x = tz$, z étant une nouvelle inconnue. En substituant et divisant par t^5 il viendra

$$z^5 - \frac{p}{t}z^4 - \frac{10}{t^2}z^3 + 2\frac{p}{t^3}z^2 + \frac{5}{t^4}z - \frac{p}{5t^5} = 0\,.$$

On voit, d'après cela, que si l'on avait l'équation

$$z^5 + Pz^4 + Qz^3 + Rz^2 + Sz + T = 0$$

il suffirait pour la résoudre, de l'identifier avec la précédente, ce qui se fera à l'aide des relations

$$P = -\frac{p}{t}, \quad Q = -\frac{10}{t^2}, \quad R = 2\,\frac{p}{t^3}, \quad S = \frac{5}{t^4}, \quad T = -\frac{p}{5t^5}.$$

Avec les deux premières on déterminera p et t dont les valeurs seront

$$t = \sqrt{-\frac{10}{Q}}, \quad p = -t.P = -P\sqrt{-\frac{10}{Q}}$$

moyennant quoi l'on aura

$$R = \frac{PQ}{5}, \quad S = \frac{Q^2}{20}, \quad T = \frac{PQ^2}{500}$$

et la proposée prendra la forme

$$z^5 + Pz^4 + Qz^3 + \frac{PQ}{5}z^2 + \frac{Q^2}{20}z + \frac{PQ^2}{500} = 0.$$

En conséquence, si une équation du cinquième degré se trouve constituée suivant ce type on pourra la résoudre. A cet effet, on considérera la valeur ci-dessus de $\frac{p}{5}$, c'est-à-dire $-\frac{P}{5}\sqrt{-\frac{10}{Q}}$ comme une tangente, et on déterminera l'angle auquel elle appartient. On prendra le cinquième de cet angle, ce qui conduira à cinq valeurs dont on cherchera les tangentes ; celles-ci seront les valeurs de x, et puisque $x = tz$, on en conclura $z = \frac{x}{t}$. On aura donc

$$z = \sqrt{-\frac{Q}{10}}\,x, \text{ et enfin } z = \sqrt{-\frac{Q}{10}}\ \text{tang.}\,\frac{1}{5}\left(\text{arc tang.} = -\frac{P}{5}\sqrt{-\frac{10}{Q}}\right).$$

On voit que, pour que la tangente de $5a$ soit possible, il est nécessaire que Q soit négatif, ce qui conduit à l'expression suivante de la proposée

$$z^5 + Pz^4 - Qz^3 - \frac{PQ}{5}z^2 + \frac{Q^2}{20}z + \frac{PQ^2}{500} = 0.$$

Si, par exemple, on suppose que $P = 1$, $Q = 40$, la proposée deviendra

$$z^5 + z^4 - 40z^3 - 8z^2 + 80z + 3{,}2 = 0\ ;$$

d'après cela l'on aura ....

$$\frac{p}{5} = -\frac{P}{5}\sqrt{\frac{10}{40}} = -0,1$$

Cette expression considérée comme une tangente correspond à très peu près à un angle de $-6°$ ou de $174°$, ou pour mieux dire de $174° + K\pi$ dont le cinquième conduit aux cinq valeurs suivantes :

$$34°,48', \quad 70°,48', \quad -73°,12', \quad -37°,12', \quad -1°,12'$$

les valeurs respectives des tangentes de ces angles sont

$$0,70, \quad 2,87, \quad -3,30, \quad -0,75, \quad -0,02.$$

Multipliant chacune d'elles par $\sqrt{\frac{Q}{10}}$ qui est ici égal à 2, on obtient pour la valeur des cinq racines

$$1,40, \quad 5,74, \quad -6,60, \quad -1,50, \quad -0,04.$$

On vérifiera qu'avec ces valeurs la somme des racines négatives est $-8,14$, que celle des racines positives est $+7,14$ et que la somme totale est -1, résultat égal et de signe contraire au coefficient du terme en z^4. Quant au produit, celui des racines négatives est $-0,4$, celui des racines positives est 8, le produit total sera donc $-3,2$, résultat égal et de signe contraire au terme tout connu.

Nous pouvons encore faire un nouveau pas dans la voie de la généralité. Si en effet on considère l'équation

$$y^5 + Ay^4 + By^3 + Cy^2 + Dy + E = 0,$$

et si l'on peut l'amener à être de la forme de celle ci-dessus en z, sa résolution pourra être obtenue. Dans ce but posons $y = u + K$, u étant une nouvelle inconnue, et substituons, il viendra

$$\begin{array}{l|l|l|l|l|l}
u^5 + 5K & u^4 + 10K^2 & u^3 + 10K^3 & u^2 + 5K^4 & u + K^5 & = 0 \\
\quad + A & \quad + 4AK & \quad + 6AK^2 & \quad + 4AK^3 & \quad + AK^4 & \\
 & \quad + B & \quad + 3BK & \quad + 3BK^2 & \quad + BK^3 & \\
 & & \quad + C & \quad + 2CK & \quad + CK^2 & \\
 & & & \quad + D & \quad + DK & \\
 & & & & \quad + E &
\end{array}$$

Profitant maintenant de l'indétermination de K, nous

l'assujétirons à la condition que le coefficient de u^2 est égal au cinquième du produit de ceux de u^4 et de u^3, nous écrirons en conséquence

$$10K^3 + 6AK^2 + 3BK + C = \frac{1}{5}(5K+A)(10K^2 + 4AK + B).$$

Or il arrive qu'après avoir développé le second membre les termes en K^3 et en K^2 étant égaux de part et d'autre disparaissent et il ne reste plus qu'une relation du premier degré en K de laquelle on déduit la valeur suivante :

$$K = \frac{5C - AB}{4A^2 - 10B}$$

Si l'on substitue cette valeur de K dans l'équation en u ses trois premiers coefficients seront évidemment conformes à ceux de l'équation en z. Mais, pour qu'elle puisse être résolue par le procédé dont nous nous occupons en ce moment, il faudra que cette même conformité s'observe en outre pour le coefficient de u et pour le terme tout connu. Or ces deux quantités sont variables arbitrairement avec D et avec E. La question se présente donc de savoir comment à l'origine, c'est-à-dire dans l'équation en y, sera établie la liaison de D et de E avec A, B, C pour que les deux derniers coefficients de l'équation en u se trouvent par rapport aux autres constitués dans les conditions exigées par l'équation en z.

Occupons-nous d'abord de D. A cet effet nous remarquerons qu'il faut que le coefficient de u soit égal à la vingtième partie du carré du coefficient de u^3. Nous devrons donc avoir

$$5K^4 + 4AK^3 + 3BK^2 + 2CK + D = \frac{1}{20}(10K^2 + 4AK + B)^2.$$

Développant le carré du second membre, on reconnaît que les termes en K^4 et en K^3 disparaissent de part et d'autre, et il reste, après réduction,

$$2BK^2 + 2CK + D = \frac{4}{5}A^2K^2 + \frac{2}{5}ABK + \frac{1}{20}B^2$$

d'où l'on déduit immédiatement : ....

$$D = \frac{1}{5}(4A^2 - 10B)K^2 - \frac{2}{5}(5C - AB)K + \frac{B^2}{20}.$$

Mais il résulte de la valeur ci-dessus de K qu'on a

$$4A^2 - 10B = \frac{5C - AB}{K}$$

en l'on trouve finalement après substitution

$$D = \frac{B^2}{20} - \frac{1}{5}(5C - AB)K$$

Passons maintenant à la valeur de E.

Nous avons vu que dans l'équation en z le terme tout connu est égal à $\frac{PQ^2}{500}$ que nous pouvons écrire $\frac{P}{25} \cdot \frac{Q^2}{20}$; on devra donc avoir, par suite de l'assimilation de celle en u avec celle en z

$$K^5 + AK^4 + BK^3 + CK^2 + DK + E = \frac{5K + A}{25} \cdot \frac{(10K^2 + 4AK + B)^2}{20};$$

remplaçant $\frac{(10K^2 + 4AK + B)^2}{20}$ par son égal $5K^4 + 4AK^3 + 3BK^2 + 2CK + D$, on trouve, après avoir effectué la multiplication du second membre, que les termes en K^5 et en K^4 disparaissent. Multipliant alors toute l'équation par 25 en réduisant il vient

$$10BK^3 + 15CK^2 + 20DK + 25E = 4A^2K^3 + 3ABK^2 + 2ACK + AD.$$

Laissant alors 25 E seul dans le premier membre, on trouve

$$25E = (4A^2 - 10B)K^3 - 3(5C - AB)K^2 + 2ACK + D(A - 20K),$$

ce qui peut s'écrire, en remarquant que $4A^2 - 10B = \frac{5C - AB}{K}$

$$25E = -2(5C - AB)K^2 + 2ACK + D(A - 20K).$$

Remplaçant D par sa valeur ci-dessus, on obtient la valeur suivante de E

$$E = \frac{AB^2}{500} + \frac{2}{25}(5C - AB)K^2 + \frac{1}{25}\left(AC - B^2 + \frac{A^2B}{5}\right)K.$$

On pourra remarquer, comme vérification, que si l'équation en y était immédiatement conforme à celle en z, il faudrait que les coefficients C. D. E fussent tels qu'on

ein.
$$C = \frac{AB}{5}, \quad D = \frac{B^2}{20}, \quad E = \frac{AB^2}{500}.$$

Or de la première il résulte que K serait nul, en cette condition, introduite dans les valeurs de D et de E les ramène en effet aux formes voulues.

Nous pouvons donc affirmer qu'une équation du cinquième degré ayant la forme

$$\left.\begin{array}{l} y^5 + Ay^4 + By^3 + Cy^2 + \left\{ \frac{B^2}{20} - \frac{1}{5}(5C - AB)K \right\} y \\ \quad + \frac{1}{25}\left\{ \frac{AB^2}{20} + 2(5C - AB)K^2 + \left(AC - B^2 + \frac{A^2B}{5}\right)K \right\} \end{array}\right\} = 0$$

dans laquelle A, B, C sont quelconques et où K représente la fonction $\dfrac{5C - AB}{4A^2 - 10B}$ est résoluble par le procédé que nous venons d'indiquer.

Mais cela suppose, si l'on désigne par P et Q les deux premiers coefficients de la transformée en u, que la tangente $-\frac{P}{5}\sqrt{-\frac{10}{Q}}$ est possible; ce qui aura toujours lieu lorsque Q sera négatif. Nous sommes ainsi conduit à chercher les conditions que devront réaliser A, B, C pour que le coefficient du terme en u^3 soit négatif.

Or ce coefficient a pour expression générale $10K^2 + 4AK + B$.

Si l'on y remplace K par sa valeur, il deviendra

$$\frac{10(5C - AB)^2 + 4A(5C - AB)(4A^2 - 10B) + B(4A^2 - 10B)^2}{(4A^2 - 10B)^2}$$

et l'on trouve, toutes réductions faites,

$$10\,\frac{8CA^3 - 3AB(AB + 10C) + 5(5C^2 + 2B^3)}{(4A^2 - 10B)^2}.$$

Le dénominateur de cette expression étant toujours positif, il suffira, pour être éclairé sur sa négativité, de s'assurer que le numérateur est négatif.

Par exemple si l'on a $A = B = C = 1$, on trouve que ce numérateur est égal à $+10$; de sorte que dans ces conditions, l'équation n'est pas résoluble par le procédé indiqué.

Mais si C étant égal à l'unité positive, A et B sont l'un et l'autre égaux à l'unité négative, le numérateur prend la valeur -26 et le coefficient de u^2 est $-\frac{260}{14^2}$, soit $-\frac{65}{49}$, l'équation sera donc résoluble.

Dans le but de bien fixer les idées sur le côté pratique de ce procédé de résolution, cherchons les racines d'une équation numérique en y ayant le type ci-dessus défini. Prenons par exemple celle dans laquelle on a $A=-1$, $B=-1$, $C=+1$. Nous venons de reconnaître qu'en effet, avec de telles valeurs pour les trois premiers coefficients, l'équation sera résoluble. Nous prévenons le lecteur que, voulant surtout ici donner un specimen de la suite des opérations, nous ne nous attacherons pas à obtenir les valeurs que nous cherchons avec une grande approximation.

La première chose à faire est de compléter l'équation en y. Or des valeurs ci-dessus de A, B, C on conclura les déterminations suivantes :

$$K = \frac{2}{7}\ ,\quad D = -\frac{5}{4}\cdot\frac{1}{7}\ ,\quad E = -\frac{1}{20.7^2}\ .$$

Par conséquent la proposition en y sera

$$y^5 - y^4 - y^3 + y^2 - \frac{5}{4}\cdot\frac{1}{7}\,y - \frac{1}{20.7^2} = 0\ .$$

Quant à la transformée en u, il suffit de connaître les deux premiers coefficients P et Q dont les trois autres sont des fonctions.

Or on trouve
$$P = \frac{3}{7}\ ,\quad Q = -5\,\frac{13}{7^2}\ .$$

Par conséquent le coefficient de u^2 sera $\frac{PQ}{5} = -3\,\frac{13}{7^3}$, celui de u sera $\frac{Q^2}{20} = \frac{5}{4}\cdot\frac{13^2}{7^4}$; enfin le terme tout connu aura pour valeur $\frac{PQ^2}{500} = \frac{3}{20}\cdot\frac{13^2}{7^5}$. De sorte que l'équation en u sera constituée comme suit :

$$u^5 + \frac{3}{7}\,u^4 - 5\cdot\frac{13}{7^2}\,u^3 - 3\cdot\frac{13}{7^3}\,u^2 + \frac{5}{4}\cdot\frac{13^2}{7^4}\,u + \frac{3}{20}\cdot\frac{13^2}{7^5} = 0\ .$$

Nous devons maintenant procéder à la détermination de l'angle $5a$ qui a pour tangente $-\frac{P}{5}\sqrt{-\frac{10}{Q}}$; avec les valeurs ci-dessus de P et de Q, on trouve que cette tangente est égale à $-\frac{3}{5.7}\sqrt{\frac{10}{5\frac{13}{7^2}}}$ qui, tous les calculs faits, prend la valeur numérique $-0,235$. A cette tangente correspond un angle de $-13°.20'$ ou de $+166°40'$ qui, divisé par 5 donne lieu aux cinq angles suivants :

$$33°20', \quad 69°20', \quad -74°40', \quad -38°40', \quad -2°.40'$$

dont les valeurs numériques des tangentes sont respectivement

$$0,658, \quad 2,752, \quad -3,670, \quad -0,800, \quad -0,047.$$

Multipliant alors chacun de ces nombres par $\sqrt{-\frac{Q}{10}} = 0,364$, on obtiendra pour les valeurs de u les cinq produits :

$$0,239, \quad 1,002, \quad -1,336, \quad -0,291, \quad -0,017.$$

On vérifiera qu'en égard au degré d'approximation avec lequel nous avons opéré, la somme de ces cinq racines d'une part, leur produit, d'autre part, sont respectivement égaux et de signe contraire au coefficient de u^4 et au terme tout connu de l'équation en u.

Pour avoir maintenant les valeurs de y, il suffira d'ajouter K, c'est-à-dire $0,286$, à chaque racine u et l'on obtiendra ainsi pour les cinq solutions de la proposée :

$$0,525, \quad 1,288, \quad -1,050, \quad -0,005, \quad +0,269.$$

On remarquera que, dans l'équation en u, le terme tout connu étant positif, il était nécessaire que le nombre des racines négatives fut impair. Pour celle en y dont le terme tout connu est négatif, ce sera le contraire, et, en effet, le nombre des racines négatives se trouve maintenant réduit de trois à deux.

Ici encore on vérifiera qu'en égard au degré d'approximation auquel nous nous sommes limité, la somme des racines et leur produit sont respectivement égaux et de signe contraire au coefficient de y^4 et au terme tout connu de l'équation en y.

Après ce que nous avons dit au sujet des équations du troisième et du quatrième degré et en réfléchissant à la nature des raisonnements qui viennent d'être mis en oeuvre, il sera facile au lecteur de se convaincre que l'équation dont nous venons de nous occuper, comme toutes celles qui l'ont précédée doit la multiplicité de ses racines à la multiplicité même des valeurs que peut prendre la division des angles, laquelle correspond en géométrie aux directions et en algèbre aux racines de l'unité. Nous sommes donc toujours ramené à cette coïncidence de l'accord nécessaire qui existe entre le nombre de solutions pour un degré quelconque et celui des racines de l'unité pour ce même degré. Nous insisterons d'autant moins sur la particularité actuelle que le principe auquel elle se rattache sera établi dans toute sa généralité lorsque nous nous occuperons de la théorie des fonctions résolvantes de cinq nombres.

VIII.

Avant de nous occuper de ce qu'il y a de général dans la théorie de l'équation du cinquième degré nous présenterons quelques explications sur une autre classe d'équations susceptibles d'être résolues. En cette matière l'algèbre n'est pas assez riche de faits pour que nous laissions dans l'oubli ceux qui lui sont acquis. C'est surtout lorsque une branche de la science n'a pu être complétée dans son ensemble que l'étude des particularités offre de l'intérêt. Qui pourrait prétendre que dans le nombre il ne s'en trouvera pas une qui deviendra un jour un instrument de progrès.

Le nouveau cas sur lequel nous nous proposons d'appeler l'attention du lecteur prend son origine dans l'identité qui résulte de l'élévation à la cinquième puissance du binome $a+b$. Nous nous sommes déjà occupé une première fois de cette identité (Voir Art. II du présent chapitre). Nous allons l'interroger à un autre point de vue.

Si, dans ce développement, on met à part les deux termes a^5 et b^5, les quatre autres pourront être écrits sous la forme :

$$5ba^2(a^2+2ab+2b^2)+5b^4a$$

ou bien

$$5ba^2(a+b)^2+5b^3a(a+b).$$

On aura donc l'identité

$$(a+b)^5-5ba^2(a+b)^2-5b^3a(a+b)-(a^5+b^5)=0.$$

En conséquence si l'on avait une équation de la forme

$$x^5+px^2+qx+r=0$$

et si l'on pouvait déterminer deux nombres a et b tels qu'on eût

$$p=-5ba^2, \quad q=-5b^3a, \quad r=-(a^5+b^5),$$

la somme $a+b$ de ces nombres serait la valeur de x.

Rationnellement parlant, et sauf la difficulté du mécanisme opératif, une pareille détermination est toujours possible. On remarquera toutefois que comme nous avons trois conditions pour deux inconnues seulement, il sera nécessaire, si l'on veut que a et b satisfassent à toutes ces conditions qu'il existe au préalable une certaine relation entre les coefficients p, q, r.

Nous nous expliquerons tout à l'heure sur ces diverses appréciations ; mais avant nous présenterons une observation qui va nous permettre de nous éclairer sur la forme et sur le nombre des racines.

On conçoit que, les valeurs de a et de b étant déterminées, si l'on en trouvait deux autres a' et b' telles que $b'a'^2$ fût égal à $-\frac{p}{5}$, que b'^3a' le fût à $-\frac{q}{5}$, qu'enfin la somme $a'^5 + b'^5$ conservât la valeur $-r$, on conçoit, disons-nous, qu'à la suite de ces constatations, on pourrait affirmer que $a'+b'$ est également racine de l'équation. Or, en ayant recours à un mode d'exploration déjà appliqué dans ce qui précède, soit pour le troisième degré, soit pour le premier cas de résolution du cinquième, on sera conduit à expérimenter pour a' et b' les formes am, bn; et l'on voit tout de suite que s'il était reconnu que m et n sont des racines cinquièmes quelconques de l'unité, la condition en r serait vérifiée par les 25 valeurs que la somme $am + bn$ serait susceptible de recevoir. Voyons maintenant ce que nous apprendront les deux autres conditions.

Celles-ci deviendront avec les nouveaux éléments savoir :

$$p = -5ba^2nm^2, \quad q = -5b^3an^3m \ ;$$

de sorte que pour que les valeurs de p et de q restassent invariables et que $am + bn$ pût être réputé racine de la proposée, il faudrait que l'on eût simultanément

$$nm^2 = 1 \ , \quad n^3m = 1 \ .$$

Or en divisant la seconde par la première on a $n^2 = m$. Mettant alors cette valeur de m dans l'une et dans l'autre, il vient

$$n^5 = 1$$

Il arrive donc, comme nous l'avions soupçonné, que n pourra être une racine quelconque de l'unité. Si maintenant on fait le produit des deux conditions en m et n, et si l'on remplace n^2 par m on trouve $m^5 = 1$; de sorte que les valeurs de m seront à leur tour les racines cinquièmes de l'unité.

Mais on ne pourra pas indistinctement associer une valeur quelconque de m avec une valeur quelconque de n, parceque la relation $n^2 = m$ nous fait voir qu'il faudra que la racine cinquième de l'unité qu'on prendra pour m soit toujours le carré de celle qu'on aura adoptée pour n.

Par conséquent, α désignant la première racine cinquième de l'unité, si l'on prend α pour n, il faudra prendre α^2 pour m ; si l'on prend α^2 pour n, on prendra α^4 pour m ; à la valeur α^3 de n correspondra α^6 ou α pour m ; avec celle α^4 de n, il faudra associer α^8 ou α^3 pour m ; enfin les valeurs α^5 ou 1 marcheront ensemble.

Il suit de là que les racines seront au nombre de cinq et qu'elles prendront les formes suivantes

$$a+b, \quad a\alpha+b\alpha^3, \quad a\alpha^2+b\alpha, \quad a\alpha^3+b\alpha^4, \quad a\alpha^4+b\alpha^2 .$$

On reconnaît encore ici que l'existence de ces cinq racines est une dépendance nécessaire de celle des cinq racines cinquièmes de l'unité, car si ces dernières étaient réduites à l'unique valeur 1, toutes les expressions ci-dessus revêtiraient la forme commune $a+b$.

Nous n'avons donc plus maintenant, pour compléter la solution, qu'à trouver les valeurs de a et de b.

A cet effet, élevons au cube la condition en p et divisons-la par celle en q, nous aurons

$$a^5 = \frac{p^3}{25 \cdot q},$$

puis élevons au carré la seconde et divisons-la par la première il viendra

$$b^5 = -\frac{q^2}{5 \cdot p}.$$

Nous obtenons ainsi directement a et b, et si maintenant on substitue ces valeurs de a^5 et de b^5 dans la troisième, il viendra

$$r = \frac{1}{5}\left(\frac{q^2}{p} - \frac{p^3}{5 \cdot q}\right);$$

ce qui nous fait connaître la relation que nous avons dit devoir exister entre les coefficients p, q et r.

Nous pouvons donc affirmer qu'une équation du cinquième degré de la forme

$$x^5 + px^2 + qx + \frac{1}{5}\left(\frac{q^2}{p} - \frac{p^3}{5 \cdot q}\right) = 0$$

est résoluble et que ses cinq racines s'obtiendront en

mettant dans les types ci-dessus indiqués, à la place de a et de b, les valeurs

$$\sqrt[5]{\frac{p^3}{25.q}}\ ,\ -\sqrt[5]{\frac{q^2}{5p}}$$

Comme les valeurs de a et de b sont nécessairement réelles, il en resulte que cette catégorie d'équations aura toujours une racine réelle et quatre racines imaginaires. La réalité de a et de b fait voir en même temps que ces équations échappent au cas irréductible. Mais, sur ce dernier point, il est nécessaire de présenter une observation.

L'existence d'une relation de la forme $a^5+b^5=-r$ nous porte naturellement à déterminer a et b par la connaissance de la somme et du produit de leurs cinquièmes puissances. Pour réaliser cette pensée il faudrait avoir a^5b^5; or on l'obtient immédiatement en multipliant le carré de la première condition par la seconde. Cela donne $a^5b^5=-\frac{p^2q}{125}$.

Il suit de là que a^5 et b^5 seront les racines d'une équation du second degré ainsi conçue :

$$x^2+rx-\frac{p^2q}{125}=0$$

et de là on déduit :

$$a=\sqrt[5]{-\frac{r}{2}+\sqrt{\frac{r^2}{4}+\frac{p^2q}{125}}}\ ,\quad b=\sqrt[5]{-\frac{r}{2}-\sqrt{\frac{r^2}{4}+\frac{p^2q}{125}}}$$

Or il semblerait résulter de ces valeurs que le cas irréductible pourra exister, et qu'il se présentera lorsque, q étant négatif, la quantité $\frac{r^2}{4}-\frac{p^2q}{125}$ le sera à son tour, ce qui impliquerait contradiction avec les conclusions précédentes. Mais l'objection disparaît lorsque l'on a égard à l'équation de condition qui lie r à p et à q. Cette condition devient en effet lorsque q est négatif

$$\frac{r}{2}=\pm\frac{1}{10}\left(\frac{q^2}{p}+\frac{p^3}{5.q}\right)$$

le signe supérieur correspondant au cas de p positif,

et le signe inférieur à celui de p négatif. De là on déduira la valeur suivante de l'expression qui dans a et b est couverte par le radical carré.

$$\frac{r^2}{4} - \frac{p^2q}{125} = \frac{1}{100}\left(\frac{q^4}{p^2} + \frac{2}{5}p^2q + \frac{p^6}{25.q^2}\right) - \frac{p^2q}{125}$$

mais $-\frac{p^2q}{125}$ étant la même chose que $-\frac{1}{100}\,\frac{4}{5}\,p^2q$, on voit que cette expression se réduit à $\frac{1}{100}\left(\frac{q^2}{p} - \frac{p^3}{5.q}\right)^2$ et, parce qu'elle est une deuxième puissance, non seulement elle sera toujours positive mais en outre il n'existera plus de radical carré sous celui du cinquième degré. Il est donc vrai que l'équation qui nous occupe se trouve complètement à l'abri des empêchements de l'irréductibilité. En poursuivant d'ailleurs les calculs et remplaçant, sous le radical du cinquième degré, $-\frac{r}{2}$ par sa valeur $\pm\frac{1}{10}\left(\frac{q^2}{p} + \frac{p^3}{5.q}\right)$ on retombera sur les valeurs précédentes de a et de b.

Nous ne devons pas négliger de faire remarquer que l'équation actuelle présente, quant à ses racines, une particularité qui la distingue et de celles de l'équation du troisième degré et de celles de l'équation du cinquième que nous avons traitée à l'article II du présent chapitre. Dans ces deux derniers cas, l'ensemble des racines est symétrique par rapport à a et à b ; c'est-à-dire que si, dans toutes ces racines on permute a en b et b en a, on ne cessera pas d'avoir les trois ou les cinq mêmes nombres.

Dans l'équation actuelle il n'en est pas ainsi, une pareille permutation conduirait, sauf pour la racine a+b, à des nombres différents des premiers qui, par conséquent, cesseraient d'être racines de la proposée.

D'ailleurs puisque les racines sont les précédentes dans lesquelles a et b sont changés de place, il s'ensuit qu'elles correspondront à l'identité précédente en a et b, dans laquelle ces deux éléments seront permutés entre eux, c'est-à-dire à

$$(a+b)^5 - 5ab^2(a+b)^2 - 5a^3b\,(a+b) - (a^5+b^5) = 0,$$

cela permettra de résoudre l'équation

$$x^5 + p'x^2 + q'x + r = 0\ ,$$

de même forme que la précédente dans laquelle les coefficients de x^2 ou de x seront différents de p ou de q, mais qui seront liés avec eux par les relations

$$p' = -\sqrt[5]{5q^3p}\ ,\quad q' = p\sqrt[5]{\frac{p^3}{25.q}}\ .$$

Quant au terme tout connu il reste le même dans les deux équations.

Ces observations montrent qu'il ne saurait être permis de prendre indistinctement a et b pour les associer avec les différentes puissances de α exigées par l'état de la question. Il faut que le choix à faire pour cette association soit établi après discussion; sans quoi on serait exposé à calculer des racines qui appartiendraient à une équation autre que la proposée. C'est là un détail de pratique sur lequel nous aurons occasion de revenir lorsque nous nous occuperons de la construction géométrique des racines et sur lequel nous donnerons alors tous les éclaircissements nécessaires.

IX

Les études dont nous venons de présenter l'exposé, bien qu'appliquées à des cas particuliers, ne manquent pas d'un certain intérêt. Elles montrent d'abord que tout n'est pas inaccessible à l'algèbre dans le cinquième degré; elles nous initient de plus en plus à diverses circonstances de calcul déjà révélées en partie par les degrés précédents et qui se confirment en s'étendant dans celui-ci;

elles corroborent le principe que c'est à l'existence des racines de l'unité qu'il faut exclusivement attribuer la multiplicité des racines des équations ; elles nous font entrevoir comment les mêmes racines de l'unité contribuent, dans chaque cas, à caractériser les espèces dont se trouvent composés les divers groupes de racines, et, par cela même, elles jettent un grand jour sur la nature de l'intervention dans l'algèbre des formes imaginaires ; enfin elles appellent vivement l'attention sur l'utilité que nous pouvons retirer de la considération des identités de toute sorte pour étendre le nombre des équations résolubles. Ce sont là des avantages réels qui nous paraissent militer en faveur de cette première partie de notre travail.

Nous allons maintenant entrer dans un ordre de considérations plus étendues auxquelles viendront se rattacher les précédentes spécialités, nous verrons comment celles-ci sont des dépendances de principes généraux qui les dominent et les éclairent ; nous passerons en revue des propriétés qui n'appartiennent pas seulement à quelques racines, mais à toutes, et nous acquerrons ainsi des notions précises, sinon sur leur valeur absolue, du moins sur leurs origines, sur les nécessités de leurs formes, sur les lois de leur constitution. C'est en procédant à l'étude des fonctions résolvantes de cinq nombres que nous allons parcourir cette nouvelle et importante étape du difficile problème qui a pour objet la résolution complète de l'équation du cinquième degré.

Soient pris arbitrairement cinq nombres x_1, x_2, x_3, x_4, x_5 et représentons par α, α^2, α^3, α^4, α^5 les cinq racines de l'unité. Les indices placés au bas de la lettre x n'ayant qu'une valeur de convention dont l'unique objet est de distinguer les nombres entre eux, l'arrangement $x_1\,x_2\,x_3\,x_4\,x_5$ peut être considéré comme quelconque.

Cela posé, multiplions le premier nombre par α, le second par α^2 et ainsi de suite et faisons la somme des produits ainsi obtenus. Cette somme est ce que nous appelons la première résolvante et nous la désignerons par X_1. Puis, conservant aux cinq nombres le même arrangement, multiplions-les par les carrés de α, α^2, α^3, α^4, α^5 et faisons encore la somme de ces produits, nous obtiendrons ainsi la seconde résolvante que nous représenterons par X_2 ; employant ensuite comme multiplicateurs les cubes des α, nous aurons la troisième résolvante X_3. La quatrième X_4 s'obtiendra en faisant usage pour multiplicateurs des quatrièmes puissances des α ; et enfin avec la cinquième puissance des α prise pour facteur nous obtiendrons X_5. On aura donc, pour définir les résolvantes les formules suivantes :

$$X_1 = x_1\alpha + x_2\alpha^2 + x_3\alpha^3 + x_4\alpha^4 + x_5\alpha^5$$

$$X_2 = x_1\alpha^2 + x_2\alpha^{2.2} + x_3\alpha^{3.2} + x_4\alpha^{4.2} + x_5\alpha^{5.2}$$

$$X_3 = x_1\alpha^3 + x_2\alpha^{2.3} + x_3\alpha^{3.3} + x_4\alpha^{4.3} + x_5\alpha^{5.3}$$

$$X_4 = x_1\alpha^4 + x_2\alpha^{2.4} + x_3\alpha^{3.4} + x_4\alpha^{4.4} + x_5\alpha^{5.4}$$

$$X_5 = x_1\alpha^5 + x_2\alpha^{2.5} + x_3\alpha^{3.5} + x_4\alpha^{4.5} + x_5\alpha^{5.5}$$

On remarquera d'ailleurs que la cinquième puissance de α et ses multiples étant toujours l'unité, il en résulte que les derniers termes des résolvantes se réduisent invariablement à x_5 et que la cinquième résolvante n'est autre chose que la somme $x_1 + x_2 + x_3 + x_4 + x_5$ de nos cinq nombres.

Si, dans les expressions ci-dessus, on réduit les exposants de α à leur plus simple valeur au-dessous de 5, on aura :

$$X_1 = x_1\alpha + x_2\alpha^2 + x_3\alpha^3 + x_4\alpha^4 + x_5$$

$$X_2 = x_1\alpha^2 + x_2\alpha^4 + x_3\alpha + x_4\alpha^3 + x_5$$

$$X_3 = x_1\alpha^3 + x_2\alpha + x_3\alpha^4 + x_2\alpha^2 + x_5$$

$$X_4 = x_1\alpha^4 + x_2\alpha^3 + x_3\alpha^2 + x_4\alpha + x_5$$

$$X_5 = x_1 + x_2 + {}_3 + x_4 + x_5$$

Cela posé, il résulte des propriétés connues des racines de l'unité que α étant de la forme $a + b\sqrt{-1}$, α^4 sera de celle $a - b\sqrt{-1}$, qu'en outre α^2 étant représenté par $a' + b'\sqrt{-1}$, α^3 le sera par $a' - b'\sqrt{-1}$.

Faisant usage de ces diverses valeurs on trouve que X_1 prend la forme

$$(x_1+x_4)a + (x_2+x_3)a' + x_5 + \{(x_1-x_4)b + (x_2-x_3)b'\}\sqrt{-1}$$

et que X_4 devient à son tour

$$(x_1+x_4)a + (x_2+x_3)a' + x_5 - \{(x_1-x_4)b + (x_2-x_3)b'\}\sqrt{-1}\ ;$$

de telle sorte que si l'on pose

$$(x_1+x_4)a + (x_2+x_3)a' + x_5 = P, \quad (x_1-x_4)b + (x_2-x_3)b' = Q$$

on trouvera
$$X_1 = P + Q\sqrt{-1}, \quad X_4 = P - Q\sqrt{-1}.$$

En conséquence les deux résolvantes X_1 et X_4 prennent la forme de deux imaginaires conjuguées.

Il en est de même de X_2 et X_3. En effet on a, par une substitution analogue

$$X_2 = (x_1+x_4)a' + (x_2+x_3)a + x_5 + \{(x_1-x_4)b' - (x_2-x_3)b\}\sqrt{-1}$$

$$X_3 = (x_1+x_4)a' + (x_2+x_3)a + x_5 - \{(x_1-x_4)b' - (x_2-x_3)\sqrt{-1}.$$

Posant donc pour abréger

$$(x_1+x_4)a' + (x_2+x_3)a + x_5 = M, \quad (x_1-x_4)b' - (x_2-x_3)b = N,$$

on aura
$$X_2 = M + N\sqrt{-1}, \quad X_3 = M - N\sqrt{-1}.$$

En résumé les quatres premières résolvantes forment deux couples d'imaginaires conjuguées.

Cette conclusion qui nous sera utile par la suite, suppose d'ailleurs que les cinq nombres donnés x_1, x_2, x_3, x_4 et x_5 sont réels, et, dans ce cas elle ne souffre pas d'exception. Mais il n'en serait pas de même, comme il est facile de s'en convaincre, si, parmi ces nombres il y en avait un ou plusieurs imaginaires : par exemple, si x_1 était égal à $z_1 + y_1\sqrt{-1}$, on se convaincra que la partie réelle de X_1 devient

$$(z_1 + x_4)a + (x_2 + x_3)a' + x_5 - y_1 b$$

tandis que celle de X_4 devient $(z_1 + x_4)a + (x_2 + x_3)a' + x_5 + y_1 b$.

Elles prennent les formes $T - y_1 b$, $T + y_1 b$ et cessent d'être égales. Il en serait de même des parties imaginaires de X_1 et X_4. L'une devient $U + y_1 a$, l'autre $U - y_1 a$, leur égalité n'existe plus, de sorte que les caractères essentiels des imaginaires conjuguées disparaissent complètement.

On voit, par cet exemple, combien il serait quelquefois imprudent d'appliquer aux expressions imaginaires les propriétés déduites de la considération du réel et à quelles erreurs on pourrait être conduit si, se laissant guider par de simples analogies, on admettait, sans justification préalable, certaines inductions. Nous reviendrons plus en détail sur cet objet lorsque nous chercherons à nous rendre compte des influences qu'exerce sur la constitution de l'équation du 5e degré l'hypothèse que tout ou partie des cinq nombres x_1, x_2, x_3, x_4, x_5 devient imaginaire.

Ces conventions étant ainsi établies, procédons, à l'aide des α, sur les fonctions X_1, X_2, X_3, X_4, X_5 de la même manière que nous l'avons fait sur les cinq nombres donnés, nous obtiendrons par ce moyen de nouvelles fonctions que nous désignerons par X'_1, X'_2, X'_3, X'_4, X'_5 et nous aurons

$$X'_1 = X_1\alpha + X_2\alpha^2 + X_3\alpha^3 + X_4\alpha^4 + X_5\alpha^5$$

$$X'_2 = X_1\alpha^2 + X_2\alpha^{2.2} + X_3\alpha^{3.2} + X_4\alpha^{4.2} + X_5\alpha^{5.2}$$

$$X'_3 = X_1\alpha^3 + X_2\alpha^{2.3} + X_3\alpha^{3.3} + X_4\alpha^{4.3} + X_5\alpha^{5.3}$$

$$X'_4 = X_1\alpha^4 + X_2\alpha^{2.4} + X_3\alpha^{3.4} + X_4\alpha^{4.4} + X_5\alpha^{5.4}$$

$$X'_5 = X_1\alpha^5 + X_2\alpha^{5.2} + X_3\alpha^{3.5} + X_4\alpha^{4.5} + X_5\alpha^{5.5}.$$

Or je dis que les fonctions X' jouissent de la propriété

remarquable que chacune d'elles est égale au quintuple d'un de nos cinq nombres et qu'on a

$$X'_1 = 5x_4\ ,\ X'_2 = 5x_3\ ,\ X'_3 = 5x_2\ ,\ X'_4 = 5x_1\ ,\ X'_5 = 5x_5\ .$$

C'est par ce motif que, tandis que nous attribuons aux X la dénomination de fonctions résolvantes, nous donnons aux X' celle de fonctions résolues. Quant à la loi à l'aide de laquelle elles sont formées les unes et les autres, par l'intervention des puissances de α, nous continuerons, ainsi que nous l'avons fait dans ce qui précède, de l'appeler la loi puissancielle des résolvantes ou des résolues.

Justifions maintenant notre proposition.

Prenons une résolue quelconque X'_K, elle aura pour valeur

$$X_1\alpha^K + X_2\alpha^{2K} + X_3\alpha^{3K} + X_4\alpha^{4K} + X_5\alpha^{5K}\ .$$

Si nous considérons son premier terme $X_1\alpha^K$, comme dans X_1 figurent toutes les puissances de α, il s'en trouvera nécessairement une, celle du degré μ par exemple, qui, multipliée par α^K, aura un degré $\mu + K$ qui sera égal à 5. Il sera même facile de connaître ce degré, et, pour cela, il suffira de poser $\mu + K = 5$, d'où l'on déduit $\mu = 5 - K$. Toutes les autres puissances de α qui figureront dans X_1 seront nécessairement différentes de 5, et comme, dans chaque terme, les indices des x sont les mêmes que les degrés des α, il s'ensuit que le terme pour lequel α se trouvera élevé à la puissance 5 sera celui qui contient x_μ ou x_{5-K}

Si maintenant nous passons au second terme $X_2\alpha^{2K}$, il résulte de la loi puissancielle de la formation de X_2 que, dans cette résolvante, le terme en x_μ sera multiplié par $\alpha^{2\mu}$, lors donc qu'on viendra à lui donner le nouveau facteur α^{2K}, le degré définitif de α sera $2(\mu + K)$, c'est-à-dire un multiple de 5, ce qui fait disparaître α et le ramène à l'unité.

On verra de même que dans le troisième terme

de la résolue $X_3\alpha^{3K}$ le nombre x_μ sera multiplié par $\alpha^{3(\mu+K)}$, c'est-à-dire par l'unité, et les mêmes effets se reproduiront dans $X_4\alpha^{4K}$ et dans $X_5\alpha^{5K}$.

Par conséquent dans l'addition qui représente la valeur de X'_K les termes en x_μ donneront pour somme $5x_\mu$ ou $5x_{5-K}$.

J'ajoute maintenant que la somme des cinq termes qui contiennent tout autre nombre que celui x_μ sera nulle. Prenons en effet le nombre x_ν. celui-ci dans X_1 aura pour facteur $\alpha^{\nu+K}$, le degré $\nu+K$ n'étant pas un multiple de 5. Puis successivement, dans les autres résolvantes, ce nombre aura les facteurs

$$\alpha^{2(\nu+K)}, \quad \alpha^{3(\nu+K)}, \quad \alpha^{4(\nu+K)}, \quad \alpha^{5(\nu+K)}.$$

Un seul de ces degrés, le dernier, est un multiple de 5 ; et comme ils sont tous différents les uns des autres, il s'ensuit que la somme de ces puissances se ramènera, par la réunion de α^5 à l'unité, à

$$1+\alpha+\alpha^2+\alpha^3+\alpha^4$$

quantité nulle qui anéantira le nombre x_ν.

Par ce que d'ailleurs ν est quelconque, il arrivera que tous les nombres autres que x_μ disparaîtront de la somme et que celle-ci se réduira à $5x_\mu$.

Il est donc vrai, comme nous l'avons annoncé, qu'on aura généralement

$$X'_K = 5x_\mu = 5x_{5-K}.$$

Telle est la proposition fondamentale de laquelle nous déduirons les conséquences les plus importantes en ce qui concerne les formes et la constitution des racines.

Mais, avant d'entrer dans ces détails, nous croyons devoir insister sur ce fait algébrique très-remarquable de la génération des cinq nombres, quels qu'ils soient, à l'aide de l'expression générale

$$X_1\alpha^K+X_2\alpha^{2K}+X_3\alpha^{3K}+X_4\alpha^{4K}+X_5\alpha^{5K}$$

dans laquelle la substitution successive pour K des cinq valeurs numériques 1, 2, 3, 4, 5 met à jour la série de ces cinq nombres.

On voit qu'à l'aide des cinq éléments fixes X_1, X_2, X_3, X_4, X_5 convenablement combinés avec les racines cinquièmes de l'unité, l'algèbre possède la faculté de concentrer cinq nombres dans un seul symbole, et ce symbole se trouve constitué de telle manière qu'on reconnaît avec la plus grande évidence que c'est à l'existence de ces racines cinquièmes de l'unité que cette faculté doit être exclusivement attribuée.

Nous verrons plus loin, dans l'article XII que c'est pareillement dans ce fait que se trouve l'explication de l'existence de cinq racines pour toute équation du cinquième degré.

Mais ce sur quoi nous voulons surtout appeler l'attention en ce moment, c'est sur la constitution particulière que revêtent les éléments X_1, X_2, X_3, X_4, X_5 des racines lorsque ces racines sont réelles

Le lecteur se rappellera que, dans le présent article, il a été établi que, lorsque les nombres donnés sont réels, les quatre premières résolvantes forment deux groupes, l'un X_1 et X_4, l'autre X_2 et X_3 composés chacun de deux imaginaires conjuguées de la forme $A \pm B\sqrt{-1}$.

De sorte que c'est précisément lorsque les nombres sont réels que la formule linéaire

$$x = X_1\alpha^{K} + X_2\alpha^{2K} + X_3\alpha^{3K} + X_4\alpha^{4K} + X_5\alpha^{5K},$$

qui les concentre dans leur ensemble, doit nécessairement recourir à la forme imaginaire pour l'expression de leurs éléments X_1, X_2, X_3, X_4. Quant au dernier X_5, il est toujours réel.

Concluons donc que l'algèbre, tout en possédant la précieuse propriété de nous donner dans une seule expression linéaire l'ensemble collectif de cinq nombres, ne trouve pas dans ses moyens la faculté, lorsque ces nombres sont réels, de s'exonérer de l'imaginaire; elle lui fait au contraire un appel très-général puisque alors, sauf x_5, tout est imaginaire dans l'expression ci-dessus.

Lorsqu'on réfléchit sur ces faits remarquables et qu'on les étudie avec toute l'attention qu'ils méritent, il nous paraît impossible de ne pas reconnaître combien peu nous serions éclairés sur la véritable nature des ressources et des procédés algébriques si, comme on l'a fait jusqu'à ce jour, on voulait maintenir une barrière infranchissable entre le réel et l'imaginaire ; si, alors que l'algèbre les associe et les confond incessamment, on persistait à les isoler ; à réserver pour l'un toutes les faveurs de notre intelligence et à frapper d'interdit la compréhension de l'autre. Espérons que nos idées changeront bientôt à cet égard, et que nous cesserons enfin de séparer dans nos conceptions ce qu'à tout instant la science déclare uni dans ses arrêts.

Les observations que nous venons de présenter sur la forme imaginaire de x_1, x_2, x_3, x_4 confirment et généralisent les idées que nous avons développées sur l'irréductibilité, soit dans le 4.e chapitre, soit dans le commencement de celui-ci, irréductibilité qui tient, comme on le sait, à une circonstance d'imaginarité.

Mais jusqu'à présent cet imaginaire, non prévu au départ de toutes les théories qui ont pour objet la résolution de l'équation du 3.e degré et de quelque cas de celle du 5.e, a été un grand sujet d'étonnement pour les géomètres, et ils ont d'autant plus difficilement accepté l'idée de sa manifestation que c'est précisément lorsque toutes les apparences semblent l'exclure de la question, lorsque du début à la fin tout est réel, les coefficients de l'équation aussi bien que ses racines, qu'il est venu brutalement, pour ainsi dire, imposer sa forme incomprise et ses empêchements insurmontables.

Maintenant, du moins, à l'aide des études que nous venons de développer sur les fonctions résolvantes et résolues, nous saurons que si l'imaginaire ne se montre pas manifestement dans toute question qui a pour objet la résolution d'une équation du cinquième degré, il existe, implicitement il est vrai, mais nécessairement, dans l'énoncé même de cette question, puisque l'objet de celle-ci est de déterminer un groupe de cinq nombres ; or nous venons d'apprendre que si, quels que soient ces nombres, l'algèbre possède la faculté de nous les faire connaître par une simple expression linéaire qu'une indéterminée diversifie cinq fois, elle n'a pas les moyens, lorsque ces nombres sont réels, de maintenir l'espèce linéaire de cette expression sans le concours de la forme imaginaire. Cette dernière forme est donc inséparable des données mêmes, et par suite elle doit nécessairement reparaître dans la valeur algébrique qui, après toute analyse, sera finalement la représentation de x. Par ce moyen l'accord le plus logique s'établit entre les prémisses et la conclusion, et les étonnements provoqués par celle-ci ne peuvent que cesser alors que le voile qui obscurcissait les premières est percé à jour.

Il est d'ailleurs facile de voir comment, à l'aide des procédés analytiques ordinaires, le symbole collectif des cinq nombres, quoique compliqué d'imaginaires, se dégage de cette forme à mesure que les calculs s'effectuent et se résout finalement en réel.

En effet, maintenant ici les notations du présent article l'expression générale des résolues pour des nombres réels, sera :

$$(P+Q\sqrt{-1})\alpha^{K}+(M+N\sqrt{-1})\alpha^{2K}+(M-N\sqrt{-1})\alpha^{3K}+(P-Q\sqrt{-1})\alpha^{4K}+X_5.$$

Or on sait que la première et la quatrième puissance de α ont les valeurs conjuguées : $\cos\frac{2\pi}{5}\pm\sqrt{-1}\sin\frac{2\pi}{5}$. et que les deuxième et troisième, pareillement conjuguées, sont représentées par $\cos\frac{4\pi}{5}\pm\sqrt{-1}\sin\frac{4\pi}{5}$.

Faisant en conséquence ces substitutions dans l'expression ci dessus, on trouvera pour les racines les les formes suivantes :

$$\frac{2}{5}\left(P\cos\frac{2\pi}{5}+M\cos\frac{4\pi}{5}\right)+\frac{1}{5}X_5\pm\frac{2}{5}\left(Q\sin\frac{2\pi}{5}+N\sin\frac{4\pi}{5}\right)$$

$$\frac{2}{5}\left(P\cos\frac{4\pi}{5}+M\cos\frac{2\pi}{5}\right)+\frac{1}{5}X_5\pm\frac{2}{5}\left(Q\sin\frac{4\pi}{5}-N\sin\frac{2\pi}{5}\right)$$

$$\frac{2}{5}(P+M)+\frac{1}{5}X_5$$

formes dans lesquelles tout est devenu réel.

Il semblerait même résulter de là que l'obstacle de l'irréductibilité a disparu. Malheureusement il n'en est rien; car ici les valeurs de P, M, N, Q sont évidemment données en fonction directe de x_1, x_2, x_3, x_4, x_5, c'est-à-dire des racines mêmes, tandis que, pour que l'équation fût résolue, c'est en fonction des coefficients qu'il faudrait les exprimer. Or nous avons vu, lorsque nous avons traité la question soit pour le 3e degré, soit pour un cas particulier du 5e, que, dans cette recherche, il se présente entre les coefficients des combinaisons imaginaires recouvertes de radicaux du 3e et du 5e degrés. Mais ces extractions de racines, indispensables pour déterminer P, M, N, Q en fonction des données, sont des opérations que l'algèbre n'a pas les moyens d'exécuter, et de là la permanence de l'obstacle irréductible.

X

Tâchons maintenant de nous éclairer sur le nombre de valeurs que peut avoir chaque résolvante et sur certaines relations qui existent entre elles. Nous avons avons dit en débutant que l'arrangement des nombres donnés, auquel nous avons fait application de la loi puissancielle pour former la première résolvante, était quelconque. Or il est évident qu'à chaque arrangement nouveau correspondra une résolvante différente. Il y aura donc autant de valeurs pour celle-ci qu'il y a d'arrangements possibles de cinq nombres, c'est-à-dire 120.

Parmi ces valeurs, il n'est pas possible qu'il y

en ait deux d'égales ; car, si cela était, il s'établirait entre les nombres donnés et α une relation de laquelle on en déduirait deux autres en égalant séparément le réel au réel et l'imaginaire à l'imaginaire, et par suite il n'aurait pas été vrai de dire que les nombres donnés sont quelconques.

On remarquera maintenant que les 120 arrangements peuvent être divisés en cinq groupes composés de 24 valeurs chacun et qui seront caractérisés par la circonstance que, dans chacun d'eux la même lettre occupera la première place.

Or je dis que la connaissance des 24 composantes d'un groupe suffit, à l'aide des puissances de α, pour conduire à celle des composantes des autres groupes.

Mais avant d'entrer dans les détails de la démonstration, il convient de s'expliquer sur quelques notations qui peuvent être utilement employées pour procéder à certains classements des 120 valeurs de X.

Nous prendrons d'abord le symbole général M pour désigner une quelconque de ces valeurs. Puis, si nous voulons distinguer celles qui s'appliquent exclusivement à un groupe, nous ferons usage, pour celui par exemple qui réunit toutes les valeurs commençant par x_k, de la notation $\underline{M}_k$, de sorte que l'ensemble des M sera composé de la réunion des $\underline{M}_1$, $\underline{M}_2$, $\underline{M}_3$, $\underline{M}_4$, $\underline{M}_5$, c'est-à-dire de celle des groupes qui commencent par x_1, par x_2, par x_3, par x_4, par x_5.

Mais dans chaque groupe nous aurons besoin d'établir des subdivisions basées sur la place qu'occuperont les nombres autres que celui qui caractérise le groupe. Ainsi x_k étant la caractéristique du groupe et figurant par conséquent à la première place, un autre nombre x_ℓ peut successivement occuper les rangs 2, 3, 4, 5, et il y aura six composantes de $\underline{M}_k$ pour chacun de ces rangs assignés à x_ℓ.

Or nous ferons usage de la notation $(\underline{M}_k\ x_\ell)_2$ pour désigner les six composantes du groupe k dans lesquelles x_ℓ occupe le rang 2, de la notation $(\underline{M}_k\ x_\ell)_3$ pour désigner celles du même groupe dans lesquelles x_ℓ occupe le rang 3 et ainsi de suite. De sorte que la notation générale $(M_K\, x_\ell)_\mu$ nous apprend : 1° par la valeur de M qu'il s'agit d'une valeur X_1 ; 2° par l'indice $_K$ que cette valeur est comprise dans le groupe commençant par x_K ; 3° par la présence de x_ℓ et de l'indice μ hors des parenthèses que, dans ce groupe, on veut s'occuper des valeurs dans lesquelles x_ℓ occupe la place μ. Si μ reçoit une valeur fixe, cela répondra à six valeurs spéciales de M_K, définies par cette valeur de μ. Si l'on entend au contraire que μ peut recevoir les quatre valeurs 2, 3, 4, 5, la notation $(\underline{M}_K\, x_\ell)_{\bar{\mu}}$ représentera, aussi bien que $\underline{M}_K$ les 24 valeurs du groupe K.

Mais il est évident que, dans le groupe $\underline{M}_K$ chacun des nombres autres que x_K pourrait être employé, comme vient de l'être x_ℓ à catégoriser les valeurs $\underline{M}_K$ puisque chacun d'eux y occupe, comme lui, six fois les rangs 2, 3, 4, 5. Nous sommes donc en droit de considérer l'indice ℓ comme quelconque, s'il s'agit de l'ensemble des valeurs de M_K.

Mais en dehors de cet ensemble et en ce qui concerne spécialement les quatre subdivisions du groupe, les six valeurs représentées par $(\underline{M}_K\, x_\ell)_\mu$ seront différentes de celles $(\underline{M}_K\, x_{\ell'})_\mu$.

Sans doute par la variation intégrale de μ l'une et l'autre de ces notations donnera l'ensemble du groupe K ; mais pour chaque valeur particulière de μ elles représenteront des collections non identiques de six composantes.

Procédons maintenant à l'étude des relations qui peuvent exister d'un groupe à l'autre. Supposons, par exemple, connues les 24 valeurs du groupe dans lequel x_K occupe la première place et voyons comment, avec ces valeurs, nous obtiendrons celles du groupe dans lequel c'est x_ℓ qui figure au premier rang.

Nous venons de voir que les 24 valeurs du groupe K sont comprises dans le symbole $(\underline{M}_K\, x_\ell)_\mu$, quel que soit ℓ, en y supposant que μ prend successivement les valeurs 2, 3, 4, 5.

Mais, pour le moment, nous admettrons que μ

a une valeur fixe et unique, de sorte que le symbole .... $(\underline{M}_K\, x_\ell)_\mu$ ne représentera que six des valeurs du groupe K, celles dans lesquelles x_ℓ occupe un rang déterminé μ.

Or ce qu'il faudrait pour que ces six valeurs devinssent des composantes du groupe l c'est que x_ℓ qui est maintenant multiplié par α^μ passât à la première place et eût par conséquent α pour facteur ; or c'est une propriété qu'il sera très-facile de leur faire acquérir en les multipliant par une puissance τ de α telle que l'on ait $\alpha^{\mu+\tau} = \alpha$, d'où l'on déduit, en ayant égard à ce que $\alpha^5 = 1$, $\mu + \tau = 5+1$ et par suite $\tau = 5 - \mu + 1$.

Quand cela sera fait, les coefficients des quatre autres nombres qui, dans chacune de nos six valeurs, étaient primitivement différents les uns des autres, continueront de jouir de cette propriété. Or, quelles que soient les positions que les nouveaux coefficients vont assigner, dans chaque cas, à ces quatre nombres, on sera certain qu'elles formeront toujours une combinaison appartenant au groupe commençant par x_ℓ, puisque, dans ce groupe, ces nombres figurent à toutes les places excepté la première. Il suit de là que ces six valeurs particulières du groupe x_ℓ ne seront autre chose que le produit des six ci-dessus du groupe x_K par le facteur constant $\alpha^{5-\mu+1}$ ou $\alpha^{6-\mu}$ et nous pourrons les écrire

$$\alpha^{6-\mu}\,(\underline{M}_K\, x_\ell)_\mu .$$

On pourra d'ailleurs remarquer que, par ce que les six composantes primitives du groupe K possèdent x_K à la première place, ce même nombre va se trouver, après la multiplication par $\alpha^{6-\mu}$ reporté à la place $6-\mu+1$ ou $7-\mu$; de sorte que dans le groupe l les nouvelles composantes seront définies par le symbole

$$(\underline{M}_\ell\, x_K)_{7-\mu}.$$

sans perdre de vue que pour toutes les autres composantes du groupe l la quantité μ pourra prendre toutes les valeurs entières jusqu'à 5 sauf celle 1 qui donnerait à x_K la première place exclusivement réservée à x_ℓ.

En résumé, les six combinaisons du groupe K

dans lesquelles x_ℓ occupe la place μ se transforment en combinaisons du groupe ℓ lorsqu'on les multiplie par $\alpha^{6-\mu}$.

Or, comme en dehors de la place 1 qui, dans le groupe K est interdite à x_ℓ, le rang μ est susceptible des quatre valeurs 2, 3, 4, 5, on voit que la totalité des valeurs du groupe x_ℓ s'obtiendra en multipliant celles du groupe K par $\alpha^{6-\mu}$; de sorte que si l'on entre dans le détail des quatre valeurs que peut recevoir μ, le groupe ℓ sera une dépendance du groupe K conformément aux symboles suivants

$$\alpha^4(\underline{M}_K x_\ell)_2,\quad \alpha^3(\underline{M}_K x_\ell)_3,\quad \alpha^2(\underline{M}_K x_\ell)_4,\quad \alpha(\underline{M}_K x_\ell)_5.$$

Ne considérons maintenant qu'une seule des combinaisons $(\underline{M}_K x_\ell)_\mu$, quelle qu'elle soit d'ailleurs, et μ étant fixe. Dans cette combinaison les trois autres nombres $x_{\ell'}$, $x_{\ell''}$, $x_{\ell'''}$ occuperont des places μ', μ'', μ''' différentes des rangs 1 et μ. Ils auront donc pour facteurs $\alpha^{\mu'}$, $\alpha^{\mu''}$, $\alpha^{\mu'''}$. Par conséquent si l'on multiplie cette combinaison, non plus par $\alpha^{6-\mu}$, mais par $\alpha^{6-\mu'}$, $x_{\ell'}$ passant au premier rang, elle deviendra une valeur du groupe ℓ'; si on la multiplie par $\alpha^{6-\mu''}$, ce sera ℓ'' qui prendra la première place, et l'on obtiendra une valeur du groupe ℓ''; enfin, en employant le facteur $\alpha^{6-\mu'''}$, le résultat sera une valeur du groupe ℓ'''.

Ainsi, une même combinaison du groupe K devient successivement une combinaison de chacun des quatre autres groupes en la multipliant par la puissance $\alpha^{6-\mu}$ dans l'exposant de laquelle μ prend les quatre valeurs 2, 3, 4, 5, ce qui correspond à la série α^4, α^3, α^2, α.

Nous arrivons donc à cette conclusion qu'à une combinaison quelconque M, en correspondent quatre autres qui sont

$$M\alpha,\ M\alpha^2,\ M\alpha^3,\ M\alpha^4.$$

De sorte que si l'on désigne par X une valeur quelconque de x_1 et par M_1, M_2, ... M_{24}, les 24 valeurs d'un groupe, l'équation en x qui donnera tous les X_1 sera

$$(X^5 - M_1^5)(X^5 - M_2^5)\ \dots\dots\ (X^5 - M_{24}^5) = 0$$

La difficulté de la détermination des 120 valeurs de X_1 s'abaisse donc en fait à celle de la résolution d'une équation du vingt-quatrième degré.

Quant aux fonctions X_2, X_3, X_4, il est facile de se convaincre, d'après la loi de leur formation, que chacune d'elles a aussi 120 valeurs et que ces valeurs sont exactement les mêmes que celles de X_1. Soit prise en effet une valeur quelconque de X_1, savoir : $\alpha x_a + \alpha^2 x_b + \alpha^3 x_c + \alpha^4 x_d + \alpha^5 x_e$ la valeur correspondante de X_K sera : $\alpha^K x_a + \alpha^{2K} x_b + \alpha^{3K} x_c + \alpha^{4K} x_d + \alpha^{5K} x_e$.

Or, comme 5 est un nombre premier, tous les résidus des exposants de α pris par rapport à 5 seront différents les uns des autres et auront pour valeurs les nombres 1, 2, 3, 4, 5 ; seulement la distribution de ces exposants entre les cinq termes se trouvera différente de ce qu'elle est dans la valeur de X_1 qui a servi de point de départ. Mais, quelle que soit cette distribution, elle se rencontrera certainement dans les valeurs de X_1 puisque celles-ci ne sont autre chose que la collection de tous les arrangements possibles des cinq nombres donnés. D'ailleurs parce que, tant que K n'est pas égal à 5, le principe sur lequel nous nous sommes appuyé persiste, il s'en suit qu'il est vrai de dire que toutes les autres fonctions résolvantes, sauf X_5, ont exactement, tant en nombre qu'en grandeur les mêmes valeurs que la première.

Il sera toujours facile de connaître à quel groupe des valeurs de X_1 appartiendra la valeur de X_K correspondant à celle qui lui a donné naissance. Ce groupe sera, en effet, celui pour lequel on a : $\alpha^{mK} = \alpha$, d'où $mK = 6$. Par conséquent, pour la seconde résolvante, K étant égal à 2, on aura $m = 3$; et la valeur de X_2 sera du groupe x_c. Pour la troisième résolvante, K étant égal à 3, m devient 2, et par suite la valeur de X_3 sera du groupe x_b. Enfin, pour la quatrième résolvante $K = 4$; mais comme 6 n'est pas divisible par 4, on lui substituera 6+10 ou 16 ; d'où l'on conclura que la valeur obtenue pour X_4

fait partie du groupe x_3.

Il résulte d'ailleurs de ce qui vient d'être démontré que ces valeurs, dont chacune appartient à un groupe différent, deviendront égales à une valeur du groupe primitif en les multipliant par une puissance convenable de α. Nous n'insisterons pas ici sur cette application de la règle à l'aide de laquelle on rattache une valeur d'un groupe à celle d'un autre groupe.

Quant à la cinquième résolvante dans laquelle α est élevé dans tous les termes à des cinquièmes puissances, il est évident qu'elle a la valeur unique ..... $x_1 + x_2 + x_3 + x_4 + x_5$.

XI .

Puisque la première résolvante possède 120 valeurs, il en résulte qu'il y aura 120 manières de procéder à la formation des autres résolvantes, aussi avons-nous trouvé que les valeurs de celles-ci sont également au nombre de 120. Il ne faut pas d'ailleurs perdre de vue que ce fait algébrique tient à ce que le nombre 5 est premier. Dans cette circonstance, il arrive qu'une racine cinquième quelconque de l'unité, par son élévation aux puissances successives, possède la propriété de les reproduire toutes, de sorte que l'application de la loi puissancielle ne peut alors donner lieu qu'à des arrangements toujours différents entre eux à mesure qu'on change le point de départ. Il n'y a d'exception à cette règle que pour une catégorie de puissances : celles dont les degrés sont des multiples de 5. Celles-ci, appliquées à une racine quelconque de l'unité, donnent toujours cette même unité pour résultat. Aussi la cinquième résolvante qui s'obtient par l'élévation des α de la première à la puissance du degré 5 n'est-elle susceptible que d'une seule valeur

Pour les degrés qui ne sont pas premiers, toutes les racines de l'unité ne possèdent pas la propriété dont nous venons de parler. Il en est quelques-unes dont l'élévation à une puissance quelconque ne saurait reproduire l'ensemble de ces racines. Par exemple, dans le quatrième degré l'élévation aux puissances de α^2 ne peut jamais donner que α^2 ou α^4. Ce n'est que pour les α dont l'exposant est premier avec 4, comme α et α^3, qu'on obtient, par l'élévation aux puissances successives, la totalité des racines. Aussi le nombre de valeurs de la seconde résolvante est-il bien plus limité dans ce degré que celui de la première et de la troisième de ces fonctions. Nous avons vu en effet que, tandis que celles-ci ont 24 valeurs chacune, la seconde n'en a que 6 qui ne diffèrent deux à deux que par le signe. C'est précisément dans cette réduction du nombre des valeurs de la seconde résolvante que réside la propriété de résoudre l'équation du quatrième degré, ainsi que cela résulte des études exposées à l'article XXIII du chapitre sixième.

Il était nécessaire d'indiquer tout au moins ces observations parce qu'elles constatent entre les degrés des différences constitutives qui permettent de concevoir pourquoi ce que l'on peut faire dans l'un, ne se pourra pas toujours dans un autre. Mais nous n'insistons pas davantage dans cet ordre de faits que le lecteur pourra étudier dans toutes ses conséquences à l'aide des propriétés bien connues des racines de l'unité, suivant que les degrés auxquels elles appartiennent sont des nombres premiers ou non premiers.

La première résolvante, nous venons de le constater, possède 120 valeurs. Or il doit sembler, au premier abord, fort extraordinaire, que, quelle que soit celle de ces valeurs qu'il aura convenu de choisir pour point de départ, la série de calculs que nous avons indiquée, appliquée à cette valeur quelconque, conduise toujours à l'ensemble des cinq mêmes nombres ; c'est là cependant un fait constant. En effet nous n'avons pas manqué de faire remarquer qu'en employant les nombres donnés x_1, x_2, x_3, x_4, x_5 dans l'ordre marqué par leurs indices, et ces indices n'ayant aucune relation obligée avec les grandeurs, il en résulte qu'on est parfaitement autorisé à considérer cet ordre comme quelconque.

Pour s'en mieux convaincre, on n'a qu'à prendre une valeur arbitraire de X_1, comme $\alpha x_a + \alpha^2 x_b + \alpha^3 x_c + \alpha^4 x_d + \alpha^5 x_e$. Rien ne s'oppose à ce que nous posions :

$$x_a = x'_1\ ,\ x_b = x'_2\ ,\ x_c = x'_3\ ,\ x_d = x'_4\ .\ x_e = x'_5\ ;$$

Nous rentrons ainsi, au point de vue des indices, dans l'ordonnancement précédent, et nous arriverons ainsi par conséquent aux conclusions suivantes :

$$X'_1 = 5x'_4\ ,\ X'_2 = 5x'_3\ ,\ X'_3 = 5x'_2\ ,\ X'_4 = 5x'_1\ ,\ X'_5 = 5x'_5$$

Remplaçant maintenant les x' par leurs équivalents nous aurons

$$X'_1 = 5x_d\ ,\ X'_2 = 5x_c\ ,\ X'_3 = 5x_b\ ,\ X'_4 = 5x_a\ .\ X'_5 = 5x_e\ .$$

Ce sont donc toujours les cinq mêmes nombres qu'on obtient; seulement il faut les égaler individuellement aux résolues dans des ordres différents suivant que les arrangements primitifs qui constituent la première résolvante diffèrent eux-mêmes.

On voit d'ailleurs que la règle à déduire de cette étude consiste en ce que la première résolue est toujours le quintuple du nombre qui, dans le X_1 qu'on a choisi, occupe la quatrième place ; que la seconde X'_2 s'appliquera au nombre qui occupe le rang 3 dans X_1 ; la troisième X'_3 à celui qui occupe le rang 2 ; la quatrième à celui qui figure au premier rang ; enfin la cinquième au nombre qui est inscrit le dernier dans X_1.

En définitive, on peut concevoir tout ceci comme constituant un réseau de chemins qui possèdent 120 points de départ mais qui n'ont que cinq aboutissants possibles, lesquels représentent les nombres donnés. De chacune de ces origines, qu'il faut supposer très-diversement situées, part un groupe de cinq chemins figuratifs des opérations à l'aide desquelles on obtient les cinq résolues. Or ces chemins doivent toujours être tellement dirigés qu'ils marchent vers les points représentatifs des nombres donnés, chacun de ces points étant respectivement la terminaison d'un de ces chemins.

De la règle ci-dessus résultent diverses propriétés que nous ne passerons pas en revue dans toutes leurs particularités et sur lesquelles nous nous bornerons à appeler l'attention du lecteur par l'énoncé de quelques exemples : ainsi, les 24 résolvantes d'un groupe K ont toutes une quatrième résolue dont la valeur est $\int x_K$; les six résolvantes du groupe K, dans lesquelles x_ℓ occupe la place μ, attribuent en outre la valeur $\int x_\ell$ à la résolue du rang $5-\mu$; etc. etc. Nous ne nous arrêterons pas plus longtemps sur ces détails.

XII.

Des principes ci-dessus exposés résulte cette conséquence importante que les résolues, de quelque manière qu'on ait procédé à leur formation, c'est-à-dire quelle que soit la résolvante qu'il aura pu convenir de prendre pour point de départ, ne sont susceptibles que des cinq valeurs

$$\int x_1\ ,\ \int x_2\ ,\ \int x_3\ .\ \int x_4\ ,\ \int x_5\ .$$

De telle sorte que si l'on désigne symboliquement par X' les résolues et par x un quelconque des cinq nombres donnés, on devra avoir d'une manière générale

$$X' = \int x\ .$$

Substituant dans cette relation les valeurs de X' condensées sous forme d'une addition à cinq termes, il viendra

$$x = \frac{1}{5}\left(\alpha^K X_1 + \alpha^{2K} X_2 + \alpha^{3K} X_3 + \alpha^{4K} X_4 + \alpha^{5K} X_5\right).$$

On sera certain, en effet, quelle que soit la valeur de X_1 qu'on aura choisie, qu'en substituant à K les nombres successifs 1, 2, 3, 4, 5, on obtiendra la série des résolues et par suite celle des cinq nombres donnés.

Il suit de là que cette expression du premier degré en x, dans laquelle l'inconnue possède l'avantage d'être explicitement exprimée, conduit, par la variation de K, à cinq valeurs distinctes, et il n'est pas possible d'arriver plus directement qu'on ne le fait ici à cette conclusion que c'est en vertu de l'existence des racines cinquièmes de l'unité que ces cinq nombres sont possibles, puisque c'est par la variation des exposants de α, c'est-à-dire parceque $\sqrt[5]{1}$ possède les cinq valeurs α, α^2, α^3, α^4, α^5 que ces nombres viennent successivement à jour. Mais on sait, d'un autre côté, que l'équation du cinquième degré ainsi conçue :

$$x^5 - \Sigma(x_1)x^4 + \Sigma(x_1 x_2)x^3 - \Sigma(x_1 x_2 x_3)x^2 + \Sigma(x_1 x_2 x_3 x_4)x - x_1 x_2 x_3 x_4 x_5 = 0$$

a aussi pour racines x_1, x_2, x_3, x_4, x_5 ; il y a donc nécessairement équivalence entre celle-ci et l'équation linéaire en x ; d'où il est permis d'affirmer que si une équation du cinquième degré a cinq racines, c'est à l'existence des cinq valeurs de $\sqrt[5]{1}$ qu'elle doit cette propriété.

Ceci permet d'apprécier à sa juste valeur la haute importance de l'intervention en algèbre de la forme imaginaire, et l'on peut maintenant comprendre dans quelles limites étroites on a été obligé de se mouvoir tant qu'au point de vue théorique, on a déclaré que cette forme n'était que le néant, qu'une incompréhension, qu'un signe conventionnel. Dans cette situation, il n'a été possible de raisonner que sur le réel, ce qui est bien peu de chose, presque rien, dans une équation. On n'a pas même pu pratiquement obtenir ce réel dans la plupart des cas, parceque souvent, presque toujours, alors qu'on est bien certain qu'il existe, sa génération et sa mise à jour ne sont possibles que par l'imaginaire, ainsi que le démontre si pertinemment la circonstance de l'irréductibilité.

Mais avant d'entrer dans le détail des nombreuses conséquences qui résultent de l'assimilation qu'on peut faire entre l'équation générale du cinquième degré et l'équation linéaire en x, montrons que cette assimilation n'est par une déduction purement rationnelle, faisons-lui subir l'épreuve du mécanisme analytique, voyons comment l'algèbre procèdera au remplacement par les résolvantes, des fonctions symétriques ordinaires $\Sigma(x_1)$, $\Sigma(x_1 x_2)$ etc.... Non seulement ce travail placera le principe de cette assimilation hors de toute contestation, mais, par les formes des fonctions qu'il mettra à jour, il nous fera entrer en possession de tout le degré d'instruction qu'il est possible d'acquérir dans cette importante matière.

Dans ce but, essayons de former l'équation en x dont les racines sont les cinq valeurs que prend l'expression

$$\frac{1}{5}\left(\alpha^{K}x_1 + \alpha^{2K}x_2 + \alpha^{3K}x_3 + \alpha^{4K}x_4 + \alpha^{5K}x_5\right)$$

lorsqu'on y remplace K par les nombres $1, 2, 3, 4, 5$ et voyons d'abord si, en effet, nous obtiendrons ainsi une équation du cinquième degré à coefficients réels.

On peut donner à la relation qui exprime les cinq valeurs de x la forme

$$5x - x_5 = \alpha^{K}x_1 + \alpha^{2K}x_2 + \alpha^{3K}x_3 + \alpha^{4K}x_4 .$$

Ce qui revient à dire que $5x - x_5$ est susceptible des cinq valeurs exprimées dans le second membre. Si donc nous posons pour abréger

$$5x - x_5 = u ,$$

au lieu de chercher la forme de l'équation en x, nous pourrons nous occuper de déterminer celle d'une équation en u dont les racines seraient les cinq valeurs du second membre de l'équation précédente. En effet on passera de celle en u à celle en x en remplaçant u par $5x - x_5$. Or comme cette substitution n'introduira dans les coefficients que des quantités réelles, il s'ensuit que tout sera réel dans l'équation en x, si tout l'est dans celle en u, et que, si dans les coefficients de u il y avait des parties imaginaires, celles-ci seraient maintenues dans ceux de x.

On remarquera maintenant que les cinq valeurs de u jouissent de la propriété que leur somme est nulle.

Dans cette circonstance, il est prouvé que la somme de leurs produits deux à deux est égale à la demi-somme de leurs carrés prise négativement.

Or si nous faisons le carré de leur expression générale, nous aurons d'abord les carrés de leurs quatre termes qui donneront $\alpha^{2K}x_1^2 + \alpha^{4K}x_2^2 + \alpha^K x_3^2 + \alpha^{3K}x_4^2$.

Mais lorsque pour obtenir la somme générale on donnera à K les valeurs successives $1, 2, 3, 4, 5$, chaque résolvante se trouvera multipliée par $1 + \alpha + \alpha^2 + \alpha^3 + \alpha^4$, quantité nulle, de sorte que tous les termes disparaîtront.

Passons aux doubles produits : à l'exception de deux, ils seront tous multipliés par certaines puissances de α, par suite la variation de K produira un effet analogue au précédent, et tous ces termes seront annulés dans la somme. Mais les deux doubles produits $2x_1x_4$, $2x_2x_3$, dont les facteurs ont des puissances de α complémentaires, seront indépendants de α, de sorte que dans la somme, au lieu d'être multipliés par zéro, ils le seront par le nombre 5 ; il suit de là que la somme des produits des racines prises deux à deux sera

$$-5(x_1x_4 + x_2x_3).$$

Nous voyons donc dès à présent que l'indéterminée K et les α ont disparu, et il ne nous restera plus qu'à vérifier ultérieurement si la fonction $x_1x_4 + x_2x_3$ est réelle ou imaginaire.

Occupons-nous maintenant de la somme des produits trois à trois. On sait que lorsque la somme de cinq nombres est nulle, celle de leurs produits trois à trois a pour valeur le 1/3 de la somme de leurs cubes.

Voyons donc ce que sera cette dernière somme.

Il y aura dans les cubes trois espèces de termes :

1° Ceux de la forme $(\alpha^{mK}x_m)^3$. On se convaincra facilement que pour eux les circonstances ci-dessus se reproduiront. Chacun, dans la somme générale, sera multiplié par la quantité $1 + \alpha + \alpha^2 + \alpha^3 + \alpha^4$ et ils disparaîtront.

2° des termes formés par le produit de trois éléments résolvants et dont la forme générale sera

$$\alpha^{(m+n+p)K} X_m X_n X_p .$$

Or, quelles que soient les valeurs, toutes différentes entre elles, de m, n, p, comprises depuis 1 jusques à 4 inclusivement, jamais la somme $m+n+p$ ne peut être un multiple de 5, puisque cette somme reste comprise entre les limites 6 et 9 ; par suite le produit $X_m X_n X_p$ sera toujours accompagné d'un α et dès lors il disparaîtra dans la somme générale.

3° Nous aurons enfin des termes composés du produit d'un élément résolvant, par le carré d'un autre élément: leur forme générale sera

$$3\left(\alpha^{(2m+n)K} X_m^2 X_n\right) .$$

Tous ceux de ces termes pour lesquels $2m+n$ n'est pas un multiple de 5 conserveront une puissance de α et disparaîtront dans la somme. Mais lorsque $2m+n$ sera un multiple de 5 ces termes seront partout multipliés par l'unité et recevront le facteur 5 dans la somme. Or cette circonstance peut arriver de quatre manières savoir :

pour $m=1$ avec $n=3$, $m=2$ avec $n=1$, $m=3$ avec $n=4$, $m=4$ avec $n=2$.

Cela correspond à $3X_1^2X_3$, $3X_2^2X_1$, $3X_3^2X_4$, $3X_4^2X_2$.

Tous ces termes s'ajouteront dans la somme des cubes dont le 1/3 se trouvera ainsi égal à l'expression

$$5\left(X_1^2X_3 + X_2^2X_1 + X_3^2X_4 + X_4^2X_2\right) .$$

En la prenant avec un signe contraire elle deviendra le coefficient de n^2 qui ne contient plus ni l'indéterminée K ni les α apparents.

Pour obtenir la somme des produits quatre à quatre, nous aurons recours à la formule connue

$$S_4 + PS_3 + QS_2 + RS_1 + 4S = 0$$

dans laquelle les lettres P, Q, R, S représentent successivement les sommes de produits cherchées, et celles $S_1\ S_2\ S_3\ S_4$ sont les sommes des puissances 1, 2, 3, 4 des racines. Si d'ailleurs nous remarquons qu'ici S_1 et P sont nuls, la formule se réduira à

$$S_4 + QS_2 + 4S = 0$$

et parceque Q est égal à $-\frac{1}{2}S_2$, il viendra définitivement

$$S = \frac{1}{8}(S_2)^2 - \frac{1}{4}S_4 .$$

Le premier terme de cette valeur nous est connu ; nous avons en effet constaté qu'on a

$$S_2 = 10(X_1X_4 + X_2X_3) \text{ et par suite } \frac{1}{8}(S_2)^2 = \frac{25}{2}(X_1X_4 + X_2X_3)^2 .$$

Nous n'avons donc qu'à rechercher ce que pourra donner $\frac{1}{4}S_4$.

Or si l'on fait le développement de la quatrième puissance de x pris dans sa généralité, c'est-à-dire K restant quelconque, on aura cinq espèces de termes que nous allons passer en revue :

1° Ceux de la forme $(\alpha^{mK}X_m)^4$. Des raisonnements analogues à ceux déjà produits conduiront à cette conséquence que tous ces termes contiendront une puissance de α qui sera ensuite variable à mesure que la valeur de K changera, de sorte qu'ils disparaîtront tous dans la somme générale.

2° Ceux de la forme $4(\alpha^{3mK}X_m^3 \times \alpha^{nK}X_n)$ ou $4\alpha^{(3m+n)K}X_m^3X_n$. Or ceux-ci disparaîtront aussi toutes les fois que $3m+n$ ne sera pas un multiple de 5. On s'assurera d'ailleurs sans peine que $3m+n$ ne peut être un multiple de 5 que pour les cas suivants :

$m=1$ avec $n=2$, $m=2$ avec $n=4$, $m=3$ avec $n=1$, $m=4$ avec $n=3$.

En ayant égard au diviseur 4 et au signe $-$, tout cela sera représenté dans la somme générale par l'expression

$$-5(X_1^3X_2 + X_2^3X_4 + X_3^3X_1 + X_4^3X_3)$$

3° Les termes de la forme . . . .

$6\alpha^{2mK}x_m^2 \cdot \alpha^{2nK}x_n^2$ ou $6\alpha^{2(m+n)K}x_m^2x_n^2$. Or $m+n$ n'est plus un multiple de 5 que dans deux cas savoir :

$$m=1 \text{ avec } n=4, \quad m=2 \text{ avec } n=3.$$

La somme de ces termes produira donc

$$-\frac{15}{2}\left(x_1^2x_4^2+x_2^2x_3^2\right).$$

4° La quatrième espèce de termes aura la forme générale $12\alpha^{mK}x_m \cdot \alpha^{nK}x_n \cdot \alpha^{2pK}x_p^2$ ou $12\alpha^{(m+n+2p)K}x_mx_nx_p^2$.

Or jamais $m+n+2p$ ne pourra être un multiple de 5. En effet les seules valeurs possibles de $m+n+p$ sont 6, 7, 8, 9 qu'on peut faire correspondre respectivement avec les valeurs 1, 2, 3, 4 de p. Mais $6+1$, $7+2$, $8+3$, $9+4$ étant des nombres qui sont tous premiers avec 5 on en conclura que les termes de cette forme disparaîtront sans exception dans la somme générale.

5° Enfin la quatrième puissance contiendra les termes $24\alpha^Kx_1 \cdot \alpha^{2K}x_2 \cdot \alpha^{3K}x_3 \cdot \alpha^{4K}x_4$ ou $24\alpha^{(1+2+3+4)K}x_1x_2x_3x_4$ pour lesquels α disparaît et qui produiront dans la somme générale

$$-30x_1x_2x_3x_4$$

Nous pouvons donc dire que la valeur de $-\frac{1}{4}S_4$ sera :

$$-5\left(x_1^3x_2+x_2^3x_4+x_3^3x_1+x_4^3x_3\right)-\frac{15}{2}\left(x_1^2x_4^2+x_2^2x_3^2\right)-30x_1x_2x_3x_4.$$

Les deux derniers termes de cette valeur sont équivalents à

$$-\frac{15}{2}\left(x_1x_4+x_2x_3\right)^2-15x_1x_2x_3x_4 ;$$

et si l'on ajoute $\frac{1}{8}(S_2)^2$ qui est égal à $\frac{25}{2}(x_1x_4+x_2x_3)^2$, on trouvera définitivement pour coefficient de u savoir :

$$5\left\{(x_1x_4+x_2x_3)^2-3x_1x_2x_3x_4-\left(x_1^3x_2+x_2^3x_4+x_3^3x_1+x_4^3x_3\right)\right\}.$$

Il ne nous reste plus qu'à trouver le terme tout

connu. En le désignant par T nous pourrons, pour le déterminer, faire usage de la formule connue

$$S_5 + PS_4 + QS_3 + RS_2 + SS_1 + 5T = 0 ,$$

et comme, dans le cas actuel P et S_1 sont nuls on aura

$$T = -\frac{1}{5}(S_5 + QS_3 + RS_2) .$$

Nous avons vu en outre que $S_3 = -3R$ et $S_2 = -2Q$, moyennant quoi cette valeur devient

$$T = RQ - \frac{1}{5}S_5 .$$

R et Q étant déjà connus, il ne s'agit plus que de former S_5. On y procédera en élevant à la cinquième puissance la valeur générale de x dans laquelle on considérera toujours K comme quelconque, on constatera quels sont les termes dans lesquels les α persistent, et qui, lorsqu'on fera varier K, donneront un résultat nul dans la somme générale. Quant à ceux pour lesquels les α disparaîtront, ils seront quintuplés dans cette somme. Nous nous dispensons de reproduire ces calculs qui sont longs, mais ne présentent aucune difficulté et qui conduisent au résultat suivant :

$$T = -(X_1^5 + X_2^5 + X_3^5 + X_4^5) + 5(X_1^3X_3X_4 + X_1X_2^3X_3 + X_1X_2X_4^3 + X_2X_3^3X_4)$$
$$- 5(X_1^2X_2X_3^2 + X_1^2X_2^2X_4 + X_1X_3^2X_4^2 + X_2^2X_3X_4^2).$$

Nous croyons devoir faire remarquer, au point de vue du contrôle de toutes ces valeurs, qu'il résulte du mode de raisonnement employé que les seuls termes qui pouvaient figurer dans les expressions de tous les coefficients sont ceux dans lesquels la somme des produits de chaque exposant par l'indice respectif de la résolvante à laquelle cet exposant appartient est un multiple de 5 ; c'est ce que le lecteur pourra aisément vérifier.

Nous pouvons donc affirmer, à la suite de ces recherches, que cinq nombres quelconques x_1, x_2, x_3, x_4, x_5 peuvent toujours être exprimés par des combinaisons de leurs fonctions résolvantes avec les racines cinquièmes de l'unité et que ces combinaisons sont représentées par le type

$$x = \frac{1}{5}\left(\alpha^{K} x_1 + \alpha^{2K} x_2 + \alpha^{3K} x_3 + \alpha^{4K} x_4 + \alpha^{5K} x_5\right)$$

dans lequel il suffit de donner à K les valeurs successives 1, 2, 3, 4, 5 pour obtenir les nombres donnés, dans lequel, en outre, l'influence des racines de l'unité sur la constitution et la multiplicité de celles de l'équation du cinquième degré est rendue aussi explicite, aussi manifeste que possible.

Nous sommes également autorisé à ajouter que cette relation du premier degré en x, contenant une indéterminée susceptible de cinq valeurs est équivalente à une équation du cinquième degré dans laquelle l'indéterminée ne figure plus, et qui, si l'on pose pour abréger $5x - x_5 = u$, se trouve constituée ainsi qu'il suit :

$$0 = \begin{cases} u^5 \\ -5(x_1x_4 + x_2x_3)u^3 \\ -5(x_1^2x_3 + x_2^2x_1 + x_3^2x_4 + x_4^2x_2)u^2 \\ +5\left\{(x_1x_4 + x_2x_3)^2 - 3x_1x_2x_3x_4 - (x_1^3x_2 + x_2^3x_4 + x_3^3x_1 + x_4^3x_3)\right\}u \\ -(x_1^5 + x_2^5 + x_3^5 + x_4^5) + 5(x_1^3x_3x_4 + x_1x_2^3x_3 + x_1x_2x_4^3 + x_2x_3^3x_4) - \\ \qquad -5(x_1^2x_2x_3^2 + x_1^2x_2^2x_4 + x_1x_3^2x_4^2 + x_2^2x_3x_4^2) \end{cases}$$

XIII.

L'indéterminée K qui, dans l'équation linéaire en x, engendre par ses variations les cinq valeurs de l'inconnue est donc susceptible de disparaître, et avec elle disparaissent également tous les α apparents qui entrent dans la composition de cette équation. Mais ce n'est qu'à la condition de s'élever jusqu'au cinquième degré que tout cela devient possible.

Il s'en faut d'ailleurs que, dans l'état où se présente l'équation finale, on puisse affirmer immédiatement que tous les coefficients sont réels; car il n'est pas un seul des X qui y figurent dans lequel n'interviennent les racines de l'unité, et il serait par conséquent très-prématuré de conclure, sans plus ample informé, à la réalité de ces coefficients.

Pour s'éclairer à ce sujet, effectuer tout au long les calculs des diverses fonctions qui figurent dans l'équation en U, constituerait une opération fort pénible. Mais on peut assez simplement arriver au but en s'appuyant sur certaines propriétés bien connues des formes imaginaires.

Constatons d'abord que les quatre résolvantes X_1, X_2, X_3, X_4 sont nécessairement chacune de la forme $A+B\sqrt{-1}$, et qu'en outre elles peuvent être classées en deux groupes conjugués.

On sait en effet que la première racine cinquième de l'unité α étant $a+b\sqrt{-1}$, la quatrième α^4 sera $a-b\sqrt{-1}$. On sait également que la deuxième, α^2, étant $a'+b'\sqrt{-1}$, la troisième, α^3, sera $a'-b'\sqrt{-1}$.

On aura dès lors

$$X_1 = (a+b\sqrt{-1})x_1 + (a'+b'\sqrt{-1})x_2 + (a'-b'\sqrt{-1})x_3 + (a-b\sqrt{-1})x_4 + x_5.$$

En conséquence, si l'on pose :

$$a(x_1+x_4) + a'(x_2+x_3) + x_5 = M$$

$$b(x_1-x_4) + b'(x_2-x_3) = N$$

il viendra

$$X_1 = M + N\sqrt{-1}\,.$$

D'ailleurs, par rapport à X_1, la quatrième résolvante X_4 est constituée comme il suit :

$$X_4 = \alpha^4 x_1 + \alpha^{2.4}x_2 + \alpha^{3.4}x_3 + \alpha^{4.4}x_4 + x_5\,,$$

ce qui donne, en substituant aux exposants leur résidu par rapport à 5

$X_4 =$

$$X_4 = \alpha^4 x_1 + \alpha^3 x_2 + \alpha^2 x_3 + \alpha x_4 + x_5 .$$

c'est-à-dire que tandis que tous les α allaient en croissant dans X_1 depuis 1 jusqu'à 4, ils vont en décroissant dans X_4 depuis 4 jusqu'à 1, on se convaincra facilement que de cette disposition il résulte que l'on doit avoir

$$X_4 = M - N\sqrt{-1} .$$

Par un raisonnement semblable, on s'assurera que si l'on pose

$$a(x_2+x_3) + a'(x_1+x_4) + x_5 = P$$

$$b(x_3-x_2) + b'(x_1-x_4) = Q$$

les valeurs de X_2 et de X_3 seront

$$X_2 = P + Q\sqrt{-1} \;,\; X_3 = P - Q\sqrt{-1} .$$

Cela posé, on voit immédiatement que le coefficient .... $X_1X_4 + X_2X_3$ du terme en u^3 va se présenter sous la forme

$$(M+N\sqrt{-1})(M-N\sqrt{-1}) + (P+Q\sqrt{-1})(P-Q\sqrt{-1}) = M^2+N^2+P^2+Q^2$$

et qu'il sera par conséquent réel.

Une autre propriété des formes imaginaires, c'est que si l'on a

$$(a \pm b\sqrt{-1})^t (c \pm d\sqrt{-1})^s = A + B\sqrt{-1}$$

on aura pareillement

$$(a \mp b\sqrt{-1})^t (c \mp d\sqrt{-1})^s = A - B\sqrt{-1} .$$

puisque la seconde de ces expressions n'est autre chose que la première dans laquelle le signe de $\sqrt{-1}$ est changé.

Appliquons ceci au coefficient de u^2; nous pourrons lui donner la forme

$$X_1(X_1X_3 + X_2^2) + X_4(X_2X_4 + X_3^2)$$

ou, d'après ce qui précède

$$\{(M+N\sqrt{-1})(P-Q\sqrt{-1}) + (P+Q\sqrt{-1})^2\}(M+N\sqrt{-1}) + \{(M-N\sqrt{-1})(P+Q\sqrt{-1}) + (P-Q\sqrt{-1})^2\}(M-N\sqrt{-1}).$$

Or, de ce que nous venons de rappeler il résulte que si le premier facteur du premier terme est $A + B\sqrt{-1}$, le premier facteur du deuxième terme sera $A - B\sqrt{-1}$, on aura donc

$$(A + B\sqrt{-1})(M + N\sqrt{-1}) + (A - B\sqrt{-1})(M - N\sqrt{-1})$$

expression dans laquelle les imaginaires se détruisent et qui se réduit à $2(AM - BN)$

Comme d'ailleurs on a

$$A = MP + NQ + P^2 - Q^2$$

$$B = NP - MQ + 2PQ\ ,$$

on trouvera, en substituant, que le coefficient de u^2 prend la forme réelle $2P(M^2 - N^2) + 2M(P^2 - Q^2) + 4NQ(M - P)$

Dans le coefficient de u la réalité des deux premiers termes est évidente puisque les produits $x_1 x_4$ et $x_2 x_3$ sont réels ; nous n'avons donc à nous occuper que de la fonction qui compose le troisième terme. Elle peut s'écrire sous la forme

$$x_1(x_1^2 x_2 + x_3^3) + x_4(x_4^2 x_3 + x_2^3)$$

et devient $\left\{(M + N\sqrt{-1})^2(P + Q\sqrt{-1}) + (P - Q\sqrt{-1})^3\right\} x_1 + \left\{(M - N\sqrt{-1})^2(P - Q\sqrt{-1}) + (P + Q\sqrt{-1})^3\right\} x_4$

Or dans ce qui multiplie x_1 et x_4 les parties réelles des binomes imaginaires sont les mêmes et de même signe. Mais les parties imaginaires, tout en restant égales quant à leur grandeur, prennent dans le second cas un signe contraire à celui qu'elles ont dans le premier. Cette fonction, en y remplaçant x_1 et x_4 par leurs valeurs prendra donc la forme $(A + B\sqrt{-1})(M + N\sqrt{-1}) + (A - B\sqrt{-1})(M - N\sqrt{-1})$

et se réduira à $2(AM - BN)$, expression réelle dans laquelle il ne s'agira plus que de remplacer A et B par leurs valeurs en fonction de M, N, P, Q.

Passons enfin au terme tout connu. La fonction $\Sigma(x_1^5)$ qui forme la première partie de ce terme est réelle, puisque séparément les deux sommes $(M + N\sqrt{-1})^5 + (M - N\sqrt{-1})^5$ et $(P + Q\sqrt{-1})^5 + (P - Q\sqrt{-1})^5$ le sont.

La seconde partie, abstraction faite du coefficient, peut s'écrire

$$x_1 x_4 (x_4^2 x_2 + x_1^2 x_3) + x_2 x_3 (x_2^2 x_1 + x_3^2 x_4) .$$

Or dans cette expression chaque partie est séparément réelle. Nous savons en effet que $x_1 x_4$ et $x_2 x_3$ le sont. En outre chacune des expressions qui multiplient ces facteurs se compose de deux termes tels que le second n'est autre chose que le premier dans lequel x_4 et x_1 d'une part et x_2 et x_3 d'autre part, se remplacent mutuellement. Or, dans ces conditions, et eu égard à la constitution respective de ces résolvantes, l'imaginaire disparaît inévitablement.

Enfin la troisième partie du terme tout connu, en faisant abstraction du signe et du coefficient, peut se mettre sous la forme

$$x_1^2 x_2 (x_2 x_4 + x_3^2) + x_4^2 x_3 (x_3 x_1 + x_2^2) .$$

Or on vérifiera très facilement que chaque facteur du second produit n'est autre chose que la reproduction d'un facteur du premier dans lequel le signe de $\sqrt{-1}$ est changé, de sorte que dans l'ensemble tous les termes affectés d'imaginaire se détruiront et cette troisième partie sera réelle comme les autres.

Il est donc établi que tout sera réel dans l'équation ci-dessus.

XIV.

Après avoir procédé à toutes ces vérifications analytiques, revenons aux principes, résumons avec plus d'autorité encore que nous n'avons pu le faire d'abord l'ensemble des faits qui les constituent et complétons l'étude des équivalences qui s'établissent entre la forme connue de l'équation du cinquième degré et celle qui résulte de la considération des résolvantes.

Cinq nombres étant donnés, nous avons appris comment avec eux on peut constituer les cinq résolvantes

x_1, x_2, x_3, x_4, x_5 ; nous avons en outre démontré qu'à l'aide de ces résolvantes, nos cinq nombres sont susceptibles d'être analytiquement représentés par l'expression

$$\frac{1}{5}(\alpha^K x_1 + \alpha^{2K} x_2 + \alpha^{3K} x_3 + \alpha^{4K} x_4 + \alpha^{5K} x_5)$$

dans laquelle il suffira de donner à K les valeurs successives 1, 2, 3, 4, 5 pour obtenir chacun de nos cinq nombres. Tel est le principe le plus essentiel de toute cette théorie. Or il résulte de ce principe que si l'on forme l'équation du cinquième degré en x ayant pour racines les quintuples valeurs de l'expression ci-dessus, on devra obtenir exactement le même résultat en opérant ainsi qu'en posant immédiatement

$$(x-x_1)(x-x_2)(x-x_3)(x-x_4)(x-x_5) = 0$$

c'est-à-dire que l'équation à laquelle on parviendra, dans l'hypothèse d'ailleurs que les nombres x_1, x_2, x_3, x_4, x_5 ne sont pas imaginaires, aura nécessairement et évidemment ses coefficients réels. C'est ce que nous venons de constater dans l'article précédent. À la vérité la vérification s'est faite pour l'équation en u et non pour celle en x ; mais comme dans la relation du premier degré

$$5x - x_5 = u \quad ,$$

qui lie u à x, tout est réel, on voit qu'à cet égard, les coefficients de l'une de ces équations seront soumis à la même condition d'état que ceux de l'autre, et qu'ils seront en même temps ou réels ou imaginaires dans les deux.

On peut même être certain que pour l'équation en x les coefficients successifs de $x^4, x^3, x^2, \ldots\ldots$ seront égaux aux fonctions $-\Sigma(x_1)$, $+\Sigma(x_1 x_2)$, $-\Sigma(x_1 x_2 x_3)$, ..., l'égalité constatée de x à ....
$\frac{1}{5}(\alpha^K x_1 + \alpha^{2K} x_2 + \alpha^{3K} x_3 + \alpha^{4K} x_4 + \alpha^{5K} x_5)$ rend cette conclusion inévitable, et l'on est parfaitement en droit de l'accepter sans le contrôle du calcul. Toutefois, mais sans pousser la vérification jusqu'au bout, nous la présenterons

pour les coefficients de x^4 et de x^3.

Si dans l'équation en u on remplace cette inconnue par sa valeur il viendra d'abord

$$u^5 = (5x)^5 - 5X_5(5x)^4 + 10X_5^2(5x)^3 - 10X_5^3(5x)^2 + 5X_5^4(5x) - X_5^5 ;$$

on aura ensuite

$$u^3 = (5x)^3 - 3X_5(5x)^2 + 3X_5^2(5x) - X_5^3 .$$

Cela suffit pour faire voir que les deux premiers termes de l'équation en u vont donner lieu aux trois premiers termes suivants de celle en x

$$(5x)^5 - 5X_5(5x)^4 \quad \begin{array}{l} + 10X_5^2 \\ - 5(X_1X_4 + X_2X_3) \end{array} \Bigg| \, (5x)^3$$

Divisant toute l'équation par 5^5 nous aurons pour ces trois premiers termes

$$x^5 - X_5 x^4 - \tfrac{1}{5}(X_1X_4 + X_2X_3 - 2X_5^2)\, x^3 ,$$

On voit d'abord que le coefficient de x^4 a bien en effet pour valeur $-\Sigma(x_1)$.

Puis avec les valeurs connues des résolvantes on s'assurera qu'on doit avoir

$$X_1X_4 + X_2X_3 = 2\Sigma(x_1^2) - \Sigma(x_1 x_2) .$$

D'un autre côté si l'on développe X_5^2 on trouvera

$$-2X_5^2 = -2\Sigma(x_1^2) - 4\Sigma(x_1x_2)$$

on aura donc

$$X_1X_4 + X_2X_3 - 2X_5^2 = -5\Sigma(x_1, x_2)$$

et par suite la valeur du coefficient du troisième terme se réduit en effet à $\Sigma(x_1, x_2)$.

Les autres vérifications de ce genre n'ont d'autre inconvénient que celui de la longueur des calculs, mais comme ils ne présentent aucune difficulté, nous nous dispenserons d'en donner ici les détails.

XV.

XV.

En portant son attention sur la nature du raisonnement employé dans l'article XIII pour établir la réalité des coefficients de l'équation en u et par suite celle des coefficients de l'équation en x, on pourrait croire au premier abord que les conclusions auxquelles il nous a conduit semblent tenir essentiellement à ce que chacune des résolvantes X_1, X_2, X_3, X_4 est de la forme $A + B\sqrt{-1}$ et qu'en outre ces résolvantes, dans leur ensemble, se classent en deux couples $M \pm N\sqrt{1}$, $P \pm Q\sqrt{-1}$. Ces conditions sont en effet réalisées lorsque les cinq nombres donnés sont réels.

On se tromperait toutefois si, cédant sans autre examen à l'influence des considérations analogiques, l'on admettait que c'est toujours ainsi que les choses doivent se passer pour que les coefficients soient réels. Il est bien vrai, comme nous venons de le prouver, que si les conditions ci-dessus existent, et c'est ce qui a lieu lorsqu'aucun des nombres donnés n'est imaginaire, la réalité des coefficients en est une conséquence nécessaire. Mais, de ce que cette réalité se manifeste dans la circonstance que nous venons d'étudier, rien ne prouve qu'elle soit une dépendance nécessaire et exclusive des formes que revêtent alors les résolvantes, et qu'il ne peut pas se rencontrer d'autres formes de ces fonctions susceptibles de conduire, comme les premières, à une équation du cinquième degré, à coefficients réels. C'est une question dont nous allons nous occuper avec tout le soin qu'elle mérite.

L'hypothèse que les cinq nombres donnés sont réels étant complètement élucidée par ce qui précède, passons à celle qui consiste à admettre que, parmi ces nombres, il y en a d'imaginaires

Il est d'abord certain que, si un seul nombre est dans ce cas, la fonction X_5 y sera à son tour, et comme cette fonction prise négativement est le coefficient du terme en x^4, l'équation finale ne saurait rentrer dans la catégorie de celles à coefficients réels. On reconnaît en outre immédiatement que, dans cette hypothèse, le terme tout connu ne peut être qu'imaginaire. Il n'est donc pas admissible qu'une équation du cinquième degré de cette sorte puisse avoir comme solution quatre racines réelles et une seule racine imaginaire.

Supposons maintenant que sur nos cinq nombres, il y en a deux imaginaires. Comme nous sommes toujours maître d'attribuer à ces cinq nombres tels indices que nous voudrons, puisqu'on peut prendre au début telle valeur qu'il conviendra pour la première résolvante, nous appliquerons à ces deux imaginaires les indices 1 et 4 et nous aurons en conséquence

$$x_1 = z_1 + y_1\sqrt{-1}\ ,\quad x_4 = z_4 + y_4\sqrt{-1}\ .$$

Il en résulte que la fonction X_5 prendra la forme

$$(z_1 + z_4) + (x_2 + x_3 + x_5) + (y_1 + y_4)\sqrt{-1}\ .$$

Cette fonction serait donc imaginaire, et il en serait de même du coefficient de x^4, tant que le terme affecté de $\sqrt{-1}$ ne sera pas nul.

En conséquence si l'on veut que nos cinq nombres soient les racines d'une équation à coefficients réels, il faudra tout au moins que $y_1 + y_4 = 0$, c'est-à-dire que $y_4 = -y_1$. Cela posé, si l'on continue à désigner savoir :

$$\alpha \text{ par } a + b\sqrt{-1}\ ,\quad \alpha^2 \text{ par } a' + b'\sqrt{-1}$$

on trouvera pour X_1, sous la condition $y_4 = -y_1$, la valeur suivante

$$X_1 = a(z_1+z_4) - 2by_1 + a'(x_2+x_3) + x_5 + \{b(z_1-z_4) + b'(x_2-x_3)\}\sqrt{-1}.$$

Mais il a été constaté ci-dessus que X_4 n'est autre chose que X_1 dans lequel les signes de b et de b' sont changés. Il viendra donc

$$X_4 = a(z_1+z_4) + 2by_1 + a'(x_2+x_3) + x_5 - \{b(x_1-z_4) + b'(x_2-x_3)\}\sqrt{-1}.$$

De telle sorte que si l'on pose, pour abréger,

$$a(z_1+z_4) + a'(x_2+x_3) + x_5 = M\ ,\quad b(x_1-x_4) + b'(x_2-x_3) = N$$

les deux valeurs de X_1 et de X_4 se présenteront sous la forme . . . . $X_1 =$

$$X_1 = M - 2by_1 + N\sqrt{-1}, \quad X_4 = M + 2by_1 - N\sqrt{-1}.$$

Or dans ces valeurs les termes imaginaires sont bien égaux et de signe contraire, mais l'égalité des termes réels n'existe pas. Elles ne constituent donc pas un couple composé comme précédemment, et dès lors les conclusions déduites de l'existence d'un pareil couple restent quant-à-présent hypothétiques.

Cela posé occupons-nous des deux autres résolvantes X_2 et X_3; il résulte évidemment de la forme de X_1 comparée à celle de X_2 qu'on passe de la première à la seconde en changeant 1° a et b en a' et b'; 2° a' et b' en a et $-b$; on aura donc

$$X_2 = a'(z_1+z_4) - 2b'y_1 + a(x_2+x_3) + x_5 + \left\{ b'(z_1-z_4) - b(x_2-x_3) \right\} \sqrt{-1}.$$

Quant à X_3 il n'est autre chose que X_2 dans lequel b et b' sont changés de signe, de sorte qu'il viendra

$$X_3 = a'(z_1+z_4) + 2b'y_1 + a(x_2+x_3) + x_5 - \left\{ b'(z_1-z_4) - b(x_2-x_3) \right\} \sqrt{-1}.$$

En conséquence si l'on pose pour abréger :

$$a'(z_1+z_4) + a(x_2+x_3) + x_5 = P, \quad b'(z_1-z_4) - b(x_2-x_3) = Q$$

on aura

$$X_2 = P - 2b'y_1 + Q\sqrt{-1}, \quad X_3 = P + 2b'y_1 - Q\sqrt{-1},$$

valeurs imaginaires, mais qui, pas plus que les précédentes, ne forment un couple constitué suivant la forme $A \pm B\sqrt{-1}$.

Or nous allons voir que cela ne fera pas obstacle à la réalité des coefficients.

Celle du coefficient du terme en x^4 est déjà assurée par la condition $y_4 = -y_1$. Quant à celle du coefficient du terme en x^3 elle dépend de l'état de la fonction $X_1X_4 + X_2X_3$, or, on a

$$X_1X_4 = (M - 2by_1 + N\sqrt{-1})(M + 2by_1 - N\sqrt{-1}) = M^2 - 4b^2y_1^2 + N^2 + 4Nby_1\sqrt{-1},$$

$$X_2X_3 = (P - 2b'y_1 + Q\sqrt{-1})(P + 2b'y_1 - Q\sqrt{-1}) = P^2 - 4b'^2y_1^2 + Q^2 + 4Qb'y_1\sqrt{-1}.$$

Faisant la somme, tout sera réel excepté $4y_1(Nb+Qb')\sqrt{-1}$; de sorte qu'il s'agira de rechercher si $Nb+Qb'$ peut être annulé. Or on a

$Nb=$

$$Nb = b^2(z_1 - z_4) + bb'(x_2 - x_3) \quad , \quad Qb' = b'^2(z_1 - z_4) - bb'(x_2 - x_3).$$

Additionnant, le terme en $x_2 - x_3$ disparaît et il reste

$$Nb + Qb' = (b^2 + b'^2)(z_1 - z_4).$$

Or comme $b^2 + b'^2$ n'est pas nul, on voit que le moyen d'anéantir cette somme consistera à prendre z_1 pour valeur de z_4.

En conséquence, sous la double condition que $y_4 = -y_1$ et $z_4 = z_1$, les coefficients de x^4 et x^3 sont réels. D'ailleurs, sous les mêmes conditions, et sans qu'il soit nécessaire d'entrer à cet égard dans de longs calculs, il est très facile de se convaincre de la réalité des autres coefficients.

Celui de x^2, par exemple, se composera de la somme des produits des racines prises trois à trois et contiendra savoir :

1° Le produit des trois racines réelles $x_2 x_3 x_5$.

2° La somme des produits dans lesquels entre une seule racine imaginaire, c'est-à-dire

$$(x_2x_3 + x_2x_5 + x_3x_5)(z_1 + y_1\sqrt{-1}) + (x_2x_3 + x_2x_5 + x_3x_5)(z_1 - y_1\sqrt{-1})$$

somme dans laquelle l'imaginaire disparaît

3° enfin des trois produits qui contiennent chacun deux racines imaginaires soit

$$(z_1 + y_1\sqrt{-1})(z_1 - y_1\sqrt{-1})(x_2 + x_3 + x_5)$$

expression dans laquelle l'imaginaire disparaît également. Il est donc vrai de dire que le coefficient de x^2 sera réel.

Quant au coefficient de x, il sera formé de la somme des produits des racines prises quatre à quatre. Il aura donc pour valeur l'expression réelle :

$$x_2x_3x_5(z_1 + y_1\sqrt{-1}) + x_2x_3x_5(z_1 - y_1\sqrt{-1}) + (z_1 + y_1\sqrt{-1})(z_1 - y_1\sqrt{-1})(x_2x_3 + x_2x_5 + x_3x_5).$$

Enfin le terme tout connu aura pour valeur : ..

$$- x_2 x_3 x_5 (z_1 + y\sqrt{-1})(z_1 - y_1\sqrt{-1})$$

quantité qui est aussi réelle.

Une équation du cinquième degré à coefficients réels peut donc avoir deux racines imaginaires et, lorsque cette circonstance se produit, ces racines forment un couple de la forme $z_1 \pm y_1\sqrt{-1}$.

Si l'on admet l'existence de trois racines imaginaires, savoir :

$$z_1 + y_1\sqrt{-1}\,,\quad z_4 + y_4\sqrt{-1}\,,\quad z_2 + y_2\sqrt{-1}\,.$$

on remarquera d'abord qu'au cas où y_2 deviendrait nul on rentrerait dans l'espèce précédente. Il faudra donc, quoi qu'il arrive que $z_4 = z_1$ et $y_4 = -y_1$. Dès lors avec ces valeurs de z_4 et de y_4 la cinquième résolvante deviendra

$$X_5 = 2z_1 + x_3 + x_5 + z_2 + y_2\sqrt{-1}\,.$$

et comme son état imaginaire persistera tant que y_2 ne sera pas nul on voit que l'existence de trois racines imaginaires est inconciliable avec celle d'une équation à coefficients réels.

Si l'on a quatre racines imaginaires, savoir :

$$z_1 + y_1\sqrt{-1}\,,\quad z_4 + y_4\sqrt{-1}\,,\quad z_2 + y_2\sqrt{-1}\,,\quad z_3 + y_3\sqrt{-1}\,,$$

on remarquera que dans l'hypothèse que y_2 et y_3 seraient nuls, il ne resterait que deux racines imaginaires et il est prouvé que, dans ce cas, pour que les coefficients soient réels, il faut que $z_4 = z_1$, $y_4 = -y_1$. L'hypothèse que c'est y_1 et y_4 qui sont nuls conduira à des conclusions analogues pour z_2, z_3, y_2, y_3, c'est-à-dire qu'on devra avoir $z_3 = z_2$, $y_3 = -y_2$; on se convaincra d'ailleurs que de ces premiers faits qui attribuent aux racines la forme des deux couples

$$z_1 \pm y_1\sqrt{-1}\,,\quad z_2 \pm y_2\sqrt{-1}$$

résulte la conséquence que tous les coefficients sont réels.

Enfin si l'on admet que la racine x_5 devient elle-même imaginaire, de la forme $z_5 + y_5\sqrt{-1}$, on remarquera que l'hypothèse que y_5 est nul nous ramenant dans le cas précédent exige que l'on ait

$$\begin{cases} z_4 = z_1 \\ y_4 = -y_1 \end{cases} \qquad \begin{cases} z_3 = z_2 \\ y_3 = -y_2 \end{cases}$$

Dès lors la fonction X_5 devrait, avec l'imaginarité de x_5, se présenter sous la forme

$$X_5 = 2(z_1 + z_2) + z_5 + y_5\sqrt{-1}$$

laquelle ne sera jamais réelle tant que y_5 ne sera pas nul. En conséquence l'existence de cinq racines imaginaires est inconciliable avec celle d'une équation à coefficients réels.

De là il résulte définitivement que le nombre des racines imaginaires doit être toujours pair et que ces racines doivent former des couples de la forme $a \pm b\sqrt{-1}$.

On pourrait d'ailleurs, ainsi que nous l'avons fait pour le troisième et pour le quatrième degré, étudier directement sur les formes mêmes des coefficients soit de l'équation en u, soit de celle en x, les effets de la supposition que les nombres donnés sont imaginaires, et l'on arriverait aux mêmes conclusions que ci-dessus. Mais ce mode de recherches qui peut être utilement mis en œuvre lorsqu'on veut se familiariser avec la pratique du mécanisme analytique, ne nous apprendrait, au point de vue des principes, rien de plus que ce que nous savons déjà. Nous pouvons donc nous dispenser d'entrer dans des détails qu'il sera possible à chacun de poursuivre dans leur entier développement.

XVI.

On vient de voir que l'étude des fonctions

résolvantes nous a donné la connaissance de la forme générale des racines de l'équation du cinquième degré. Une fois cette forme connue il devient loisible de se livrer à une suite d'hypothèses ayant pour objet de la particulariser et l'on peut ainsi être conduit à certaines spécialités du type général que l'on reconnaît susceptibles d'être résolues.

Il n'est pas sans intérêt de faire voir que l'application du moyen que nous indiquons ici donne des résultats tout à fait identiques aux moyens d'une autre espèce dont nous avons fait usage au début de ce chapitre pour résoudre quelques cas particuliers de l'équation du cinquième degré.

Rappelons à cet effet que nous avons exposé dans ce qui précède l'étude de deux circonstances dans lesquelles les racines de l'équation du cinquième degré peuvent être obtenues. Nous avons montré comment ces deux cas se rattachent à l'existence de certaines identités qui résultent de l'élévation à la cinquième puissance du binome $a+b$.

Il serait possible qu'en recourant à des considérations d'une autre nature, on découvrît d'autres circonstances dans lesquelles l'équation du cinquième degré est susceptible de solution. Quelles seraient ces considérations? C'est ce qu'on ne saurait préciser à l'avance d'une manière générale; bornons-nous à constater qu'indépendamment des identités déduites de l'élévation de $a+b$ à la cinquième puissance, nous avons aussi mis à profit celles qui se rattachent à la considération des fonctions circulaires, et il n'est nullement douteux qu'on pourra utilement recourir à plusieurs autres.

Mais ce dont on doit être certain, c'est que les cas de résolution auxquels on pourra être ainsi conduit et les formes particulières que, pour ces cas, recevront les racines, seront toujours des déductions nécessaires des formes obtenues avec les résolvantes, puisque ces formes appartiennent à la généralité des cas.

Or il n'est pas sans intérêt, je le répète, de voir comment la forme générale des racines, donnée par les résolvantes, peut être soumise à certaines hypothèses sous l'influence desquelles on parvient aux conséquences mêmes que le développement de $(a+b)^5$ a constatées de son côté. Cet examen aura l'avantage non seulement de servir de confirmation à tout ce qui précède, mais en outre d'ouvrir la voie pour toutes les recherches de ce genre.

Nous avons établi que X_1, X_2, X_3, X_4, X_5 étant les cinq résolvantes, la valeur générale de x se présente sous la forme

$$x = \frac{1}{5}\left(X_1\alpha^{K} + X_2\alpha^{2K} + X_3\alpha^{3K} + X_4\alpha^{4K} + X_5\alpha^{5K}\right)$$

à l'aide de laquelle, si l'on donne à K les valeurs successives 1, 2, 3, 4, 5, on obtiendra les cinq valeurs de x.

Si nous considérons des équations dépouillées du terme en x^4, il faudra faire $X_5 = 0$ et alors on aura :

$$x = \frac{1}{5}\left(X_1\alpha^{K} + X_2\alpha^{2K} + X_3\alpha^{3K} + X_4\alpha^{4K}\right).$$

Posons maintenant l'hypothèse que X_2 et X_3 sont nuls, il en résulte immédiatement que l'expression des racines se réduit à

$$x = \frac{1}{5}\left(X_1\alpha^{K} + X_4\alpha^{4K}\right)$$

et par suite, en donnant à K les cinq valeurs dont cette indéterminée est susceptible, nous trouverons pour les racines les valeurs suivantes

$$\frac{1}{5}(X_1\alpha + X_4\alpha^4), \quad \frac{1}{5}(X_1\alpha^2 + X_4\alpha^3), \quad \frac{1}{5}(X_1\alpha^3 + X_4\alpha^2),$$

$$\frac{1}{5}(X_1\alpha^4 + X_4\alpha), \quad \frac{1}{5}(X_1 + X_4).$$

Or il a été constaté à l'article 2 du présent chapitre que de telles racines appartiennent au type d'équation

$$x^5 + px^3 + \frac{p^2}{5}x + r = 0.$$

Il faut donc, pour le cas particulier où X_2 et X_3 sont nuls, que la forme générale de l'équation en u donnée à l'article XII soit ramenée à ce type. C'est ce qui arrive, en effet, puisque, après l'annulation de X_2 et X_3, elle devient:

$$u^5 - 5X_1X_4u^3 + 5(X_1X_4)^2u - (X_1^5 + X_4^5) = 0 ;$$

et il suffira pour la résoudre de poser les deux conditions

$$X_1X_4 = -\frac{p}{5}, \quad r = -(X_1^5 + X_4^5)$$

et d'en déduire les valeurs de X_1 et de X_4. Ces valeurs, on le voit, ne sont autre chose ici que ce que nous avons appelé a et b dans l'article II. L'assimilation est donc complète. Si au lieu d'annuler X_2 et X_3, on annulait X_1 et X_4, on s'assurerait que les mêmes conclusions subsisteraient.

Mais, indépendamment de cette variété de l'équation générale du cinquième degré, la considération du développement de $(a+b)^5$ nous a conduit à une seconde variété que nous avons étudiée à l'article VII et qui est formulée ainsi qu'il suit :

$$x^5 - 5a^2bx^2 - 5ab^3x - (a^5 + b^5) = 0 .$$

Or l'hypothèse à faire sur les résolvantes X_1, X_2, X_3, X_4 pour obtenir cette forme particulière, consiste à supposer que ce sont les fonctions X_1 et X_3 qui deviennent nulles.

Alors les racines prennent les valeurs suivantes:

$$\frac{1}{5}(X_2\alpha^2 + X_4\alpha^4), \quad \frac{1}{5}(X_2\alpha^4 + X_4\alpha^3), \quad \frac{1}{5}(X_2\alpha + X_4\alpha^2).$$

$$\frac{1}{5}(X_2\alpha^4 + X_4\alpha), \quad \frac{1}{5}(X_2 + X_4)$$

En même temps, l'équation générale en u de l'article XII se spécialise sous la forme :

$$u^5 - 5X_4^2X_2 . u^2 - 5X_4X_2^3 . u - (X_4^5 + X_2^5) = 0$$

qui est exactement, par rapport à X_4 et X_2, ce qu'est la précédente par rapport à a et à b. L'assimilation est donc encore complète dans ce cas.

Si au lieu d'annuler x_1 et x_3 on annulait x_2 et x_4, on serait évidemment conduit à une équation particulière du même type.

Ces constatations sont très-propres à justifier l'utilité et la généralité des principes sur lesquels nous nous sommes appuyé.

XVII.

Les deux cas sur lesquels nous venons de nous expliquer dans l'article précédent et que nous avons présentés comme une conséquence d'hypothèses faites sur les valeurs de x_1, x_2, x_3, x_4, x_5 qui figurent dans l'expression générale des racines, nous étaient déjà révélés, ainsi qu'on l'a vu, au début de ce chapitre, par les identités déduites du développement de la cinquième puissance du binome $a+b$.

Mais ce dernier procédé, et il en est de même de tous ceux qu'on pourrait faire dériver de la considération d'autres identités, ne présente que des ressources limitées au point de vue de la recherche d'équations particulières du cinquième degré susceptibles d'être résolues ; ce n'est que pour celles de ces identités qui sont d'apparence fort simple, et qui s'offrent pour ainsi dire d'elles-mêmes au géomètre, qu'on peut espérer de réussir. Quant aux autres qui revêtiraient des formes plus compliquées, il faudrait d'abord aller à leur recherche et en faire ensuite une étude spéciale, avant de les interroger avec des idées préconçues. Tout ce qu'on peut espérer, c'est que des recherches analytiques, entreprises d'ailleurs en vue d'objets très-divers et, le plus souvent, différents de celui-ci, viendront mettre à jour de telles identités et, dans ce cas il y aura un intérêt évident à en faire des applications

Il n'en est pas de même, à beaucoup près, des hypothèses de diverses natures qu'on voudrait introduire à priori dans l'expression générale qui fait connaître la forme des racines ; à cet égard les ressources se multiplient dans une très-grande proportion. Les conséquences des hypothèses admises ne peuvent alors être que rationnelles, puisqu'elles s'appliquent à des formules théoriquement établies ; de sorte que les tentatives entreprises dans cette voie ne seront jamais infructueuses et conduiront à des résultats toujours certains et toujours vrais comme le sont les expressions desquelles ils dérivent.

Il serait inutile de s'étendre ici longuement sur ce sujet auquel le lecteur pourra par lui-même donner tout le développement qui lui paraîtra convenable. Nous nous bornerons à un seul exemple, et cela suffira pour donner une idée de la marche à suivre dans ces sortes de recherches.

Supposons que les résolvantes du cinquième degré sont liées entre elles par les relations suivantes :

$$X_2 = mX_1\ ,\quad X_3 = m^2X_1\ ,\quad X_4 = m^3X_1\ ,\quad X_5 = 0$$

m étant une quantité quelconque.

Les racines de l'équation en u, dans laquelle on a vu que $u = 5x$, seront alors données par l'expression générale

$$u = X_1\left(\alpha^{K} + m\,\alpha^{2K} + m^2\alpha^{3K} + m^3\alpha^{4K}\right)\ .$$

Quant aux coefficients de cette équation, on vérifiera par le calcul qu'ils prennent les valeurs suivantes savoir :

celui de u^3 ..... $-\,10\,m^3X_1^2$

celui de u^2 ...... $-\,10\,m^2X_1^3\,(1+m^5)$

celui de u ...... $-\,5\,mX_1^4(1+m^5+m^{10})$

et le terme tout connu

$$-X_1^5(1+m^5+m^{10}+m^{15}) \quad \text{ou} \quad -X_1^5(1+m^5)(1+m^{10})\ .$$

L'équation en u sera donc

$u^5 -$

$$u^5 - 10m^3x_1^2 . u^3 - 10m^2x_1^3(1+m^5) . u^2 - 5mx_1^4(1+m^5+m^{10}) . u - x_1^5(1+m^5+m^{10}+m^{15}) = 0.$$

La composition de cette équation est facile à retenir. Nous remarquerons d'abord que le coefficient de u^5 est l'unité et que le terme en u^4 manque ; puis pour nous éclairer sur ce qui concerne les autres coefficients, formons d'abord la suite des termes

$$-m^3x_1^2 , \quad -m^2x_1^3 , \quad -mx_1^4 , \quad -x_1^5$$

tous négatifs, suite dans laquelle les degrés des puissances de m vont en décroissant, et ceux des puissances de x_1 en croissant de la même quantité.

Considérons en second lieu cette autre suite,

$$1 , \quad 1+m^5 , \quad 1+m^5+m^{10} , \quad 1+m^5+m^{10}+m^{15} ;$$

cela fait, on reconnaît immédiatement que les coefficients de u^3, u^2, u et le terme tout connu sont les produits successifs des termes de même rang de ces deux suites.

Si maintenant on compare l'équation particulière qui nous occupe à l'équation générale du 5e degré privée du second terme, savoir

$$u^5 + pu^3 + qu^2 + ru + s = 0 ,$$

on aura les conditions suivantes

$$p = -10m^3x_1^2$$

$$q = -10m^2x_1^2(1+m^5)$$

$$r = -5mx_1^4(1+m^5+m^{10})$$

$$s = -x_1^5(1+m^5+m^{10}+m^{15}) = -x_1^5(1+m^5)(1+m^{10}) .$$

L'élimination de m et de x_1 entre ces quatre équations conduira à deux relations entre p, q, r, s au moyen desquelles deux de ces coefficients seront fonction des deux autres. Nous allons chercher de quelle manière r et s dépendent de p et de q.

A cet effet, si l'on élève p au cube et q au carré

on a $p^3 = -1000\, m^9 x_1^6$, $q^2 = 100\, m^4 x_1^6 (1+m^5)^2$.

Divisant alors p^3 par q^2 il vient

$$\frac{p^3}{q^2} = 10 \frac{m^5}{(1+m^5)^2}$$

relation qui ne contient plus x, et de laquelle on pourra tirer la valeur de m.

Chassant le dénominateur, faisant tout passer dans le premier membre et ordonnant par rapport à m, on trouve

$$m^{10} + 2\left(1+5\frac{q^2}{p^3}\right) m^5 + 1 = 0 ,$$

et l'on voit que cette équation pourra se résoudre comme une équation du second degré. Nous y reviendrons tout-à-l'heure.

Si maintenant on fait le produit de p par q, on a

$$pq = 100\, m^5 x_1^5 (1+m^5) , \quad \text{d'où} \quad x_1^5(1+m^5) = \frac{pq}{100.m^5} ;$$

substituant dans la dernière condition, il vient :

$$s = -\frac{pq}{100\, m^5}(1+m^{10})$$

d'où l'on déduit :

$$m^{10} + 100\frac{s}{pq} m^5 + 1 = 0 .$$

Or cette équation en m^{10} et m^5 devant être identique avec la précédente, il faudra que les coefficients de m^5 soient égaux, d'où il résulte

$$s = \frac{q}{50}\left(p + 5\frac{q^2}{p^2}\right)$$

Telle est la valeur de s en fonction de p et de q. Pour trouver celle de r, formons le carré de p nous aurons

$$p^2 = 100\, m^6 x_1^4 , \quad \text{d'où} \quad -5m x_1^4 = -\frac{p^2}{20.m^5} .$$

Substituant dans la condition où figure r et ordonnant par rapport à m, on trouve

$$m^{10} + \left(1 + 20\frac{r}{p^2}\right) m^5 + 1 = 0 .$$

Or cette équation en m^{10} et m^5 devant encore être identique avec la première, on égalera les coefficients de m^5, et l'on aura

$$r = \frac{1}{2}\left(\frac{p^2}{10} + \frac{q^2}{p}\right)$$

En conséquence l'équation du cinquième degré de la forme

$$u^5 + pu^3 + qu^2 + \frac{1}{2}\left(\frac{p^2}{10} + \frac{q^2}{p}\right)u + \frac{q}{50}\left(p + 5\,\frac{q^2}{p^2}\right) = 0$$

est résoluble et nous allons nous expliquer sur la forme et sur la valeur de ses racines.

Dans ce but déterminons m et x_1. En ce qui concerne m, l'équation en m, p et q étant résolue par rapport à m^5 donne

$$m^5 = -\left(1 + 5\,\frac{q^2}{p^3}\right) \pm 5\,\frac{q}{p}\sqrt{\frac{2}{5p} + \frac{q^2}{p^4}}$$

On aura d'après cela

$$m = \sqrt[5]{-1 - 5\,\frac{q^2}{p^3} \pm 5\,\frac{q}{p}\sqrt{\frac{2}{5p} + \frac{q^2}{p^4}}}\ ;$$

m étant ainsi obtenu, si l'on divise la seconde condition par la première, on a

$$\frac{q}{p} = \frac{x_1}{m}(1 + m^5), \quad \text{et de là} \quad x_1 = \frac{m}{1 + m^5}\,\frac{q}{p}.$$

Cela posé la forme générale des racines de l'équation en u étant, ainsi que nous l'avons établi,

$$u = x_1\alpha^K + x_2\alpha^{2K} + x_3\alpha^{3K} + x_4\alpha^{4K}.$$

Cette forme pour l'espèce actuelle devient d'abord

$$u = x_1(\alpha^K + m\alpha^{2K} + m^2\alpha^{3K} + m^3\alpha^{4K}),$$

et, par suite, en y remplaçant x_1 par la valeur ci-dessus déterminée

$$u = \frac{q}{p}\,\frac{m(\alpha^K + m\alpha^{2K} + m^2\alpha^{3K} + m^3\alpha^{4K})}{1 + m^5}\ ;$$

on substituera d'abord pour m sa valeur en fonction de p et de q, puis on remplacera K par les nombres successifs 1, 2, 3, 4, 5 et l'on obtiendra ainsi les cinq racines de l'équation.

Si, par exemple on suppose $p = 1$, $q = 1$, la

proposée deviendra $u^5 + u^3 + u^2 + 0,55\,u + 0,12 = 0$

Dans cette hypothèse on aura la série de doubles valeurs suivante :

$$m = \begin{cases} -0,6095 \\ -1,6407 \end{cases},\quad m^2 = \begin{cases} 0,3715 \\ 2,6943 \end{cases},\quad m^3 = \begin{cases} -0,2269 \\ -4,4211 \end{cases},\quad 1 + m^5 = \begin{cases} 0,916 \\ -10,916 \end{cases}.$$

Faisant usage de l'un ou de l'autre de ces systèmes, on obtiendra pour u les cinq valeurs ci-dessous

$$-0,356\ ,\ -0,287 \pm 0,393\sqrt{-1}\ ,\ +0,465 \pm 1,101\sqrt{-1}$$

dont une seule est réelle et dont les quatre autres sont imaginaires. Nous nous expliquerons tout à l'heure sur cette double valeur de m.

Cette équation n'échappera pas à la circonstance de l'irréductibilité, et nous allons en donner un exemple.

On a vu que la valeur de m se présente sous la forme :

$$m = \sqrt[5]{-1-5\frac{q^2}{p^3} \pm 5\frac{q}{p}\sqrt{\frac{2}{5p}+\frac{q^2}{p^4}}}$$

Tant que $\frac{2}{5p} + \frac{q^2}{p^4}$ est positif, le radical carré reste réel, mais lorsque cette même quantité est négative, on passe à l'imaginaire et l'irréductibilité se produit.

On voit d'abord que cela ne pourra arriver que lorsque p sera négatif dans la proposée. Il faudra en outre que $\frac{q^2}{p^4}$ soit moindre en valeur absolue que $\frac{2}{5p}$, ou que $\frac{q^2}{p^3}$ soit plus petit que $\frac{2}{5}$.

C'est ce qui arrive, par exemple, lorsque p étant égal à -1, on prend pour q la valeur $0,50$. Dans ce cas la proposée devient :

$$u^5 - u^3 + 0,5\,u^2 - 0,075\,u + 0,0025 = 0$$

Cette équation a donc toutes ses racines réelles et comme elle offre toujours 4 variations et une permanence lorsqu'on lui restitue le terme en u^4, soit avec le signe +

soit avec le signe −, il s'ensuit que 4 racines seront positives et une négative.

Quant à la valeur de m elle devient $\sqrt[5]{0.25 \pm 0.968\sqrt{-1}}$, ce qui nous met dans l'impossibilité d'obtenir la valeur arithmétique des racines.

En résolvant l'équation par approximation on trouve pour ces racines, savoir :

$$+0,61\ ,\ +0,34\ ,\ +0,21\ ,\ +0,0465\ ,\ -1,2165\ .$$

Nous verrons dans le chapitre suivant que les procédés géométriques permettent de surmonter l'obstacle de l'irréductibilité, et qu'ils nous donneront, à l'aide de longueurs dirigées, l'image visible et exacte des racines.

Il est nécessaire de donner quelques explications sur la double valeur que reçoit m dans le cas actuel.

Comme chacune de ces valeurs substituée dans l'expression générale des racines fera prendre cinq valeurs à cette expression, on pourrait croire que l'équation actuelle est susceptible de dix solutions, conséquence tout-à-fait contraire aux principes établis. Toutefois cette difficulté disparaîtrait s'il était prouvé que les cinq solutions fournies par la seconde valeur de m sont exactement les mêmes que celles qu'a déjà données la première de ces valeurs. Or c'est bien ainsi que les choses se passent, ainsi que nous allons le faire voir.

On remarquera en effet que toutes les équations en m qui ont passé sous nos yeux ont l'unité pour terme tout connu et que par suite si l'on désigne par m^5 et m'^5 les deux racines de cette équation on devra avoir $m^5 m'^5 = 1$ d'où $m'^5 = \frac{1}{m^5}$ et par suite $m' = \frac{1}{m}\alpha^\mu$, le nombre μ pouvant recevoir toutes les valeurs comprises depuis 1 jusqu'à 5 inclusivement. Le second groupe des cinq solutions correspondant à m' sera donc

$$\frac{\frac{1}{m}\alpha^\mu}{1+\frac{1}{m^5}}\left(\alpha^K + \frac{1}{m}\alpha^{2K+\mu} + \frac{1}{m^2}\alpha^{3K+2\mu} + \frac{1}{m^3}\alpha^{4K+3\mu}\right)$$

qui, toutes réductions faites, prend la forme

$$\frac{m}{1+m^5}\left(m^3\alpha^{K+\mu}+m^2\alpha^{2(K+\mu)}+m\alpha^{3(K+\mu)}+\alpha^{4(K+\mu)}\right)$$

Or cette expression est exactement la même que celle donnée par m ; car le premier facteur monome est égal de part et d'autre, et le facteur polynome par la variation de $K+\mu$ depuis 1 jusqu'à 5 revêt les mêmes valeurs que son homologue dans m. La difficulté qui s'était présentée se trouve donc ainsi écartée.

Lorsque nous nous occuperons de l'interprétation de tous ces résultats par les voies géométriques, le lecteur verra passer sous les yeux les diverses figures représentatives de chacun des faits algébriques que nous venons d'exposer.

Nous mettons ici un terme à ce qui concerne l'étude algébrique de l'équation du cinquième degré. Nous croyons en avoir assez dit pour donner une idée de ce que la théorie nous a mis en mesure de connaître sur cet important sujet, et pour expliquer comment, dans la pratique, les divers principes ci-dessus exposés devront être compris et appliqués.

Nous allons maintenant, ainsi que nous l'avons fait pour les degrés précédents, nous occuper des corrélations qui, au point de vue du cinquième degré, existent entre l'algèbre et la géométrie.

Nous rétablissons ici le sommaire qui aurait dû figurer en tête du présent chapitre.

Sommaire. —

Sommaire du Chapitre 8.

— I. Observations sur la théorie des équations du cinquième degré. L'impossibilité de les résoudre dans le cas général ne doit pas dispenser d'exposer ce qu'il est permis d'en savoir. — II. Solution du cas particulier dans lequel l'équation se présente sous la forme $x^5 + px^3 + \frac{p^2}{5}x + r = 0$. On montre que l'existence de cinq racines est une conséquence nécessaire du fait que l'unité possède à son tour cinq racines cinquièmes. — III. De la positivité de l'expression $\frac{r^2}{4} + \left(\frac{p}{5}\right)^5$ et des conséquences qui en résultent pour la nature des racines. — IV. De la négativité de la même expression et de son influence sur la nature des racines. — V. Du cas irréductible dans le cinquième degré et pour le type d'équation dont on s'occupe ici. — VI. Comment l'irréductibilité disparaît par la considération des fonctions circulaires. Résolution explicite de l'équation ci-dessus, dans le cas de l'irréductibilité, à l'aide des cosinus. — VII. Résolution d'une certaine classe d'équations du 5e degré à l'aide de la fonction circulaire de la tangente. — VIII. Résolution de l'équation $x^5 + px^2 + qx + \frac{1}{5}\left(\frac{q^2}{p} - \frac{p^3}{5q}\right) = 0$. Cette équation possède le privilège d'échapper à la circonstance de l'irréductibilité. — IX. Définition des résolvantes et des résolues de cinq nombres. Les résolues jouissent de la propriété que chacune d'elles est égale au quintuple de l'un des cinq nombres donnés. Le fait algébrique de la génération de cinq nombres quels qu'ils soient, par la combinaison des fonctions résolvantes et des racines de l'unité est le point de départ de l'irréductibilité. — X. Détermination du nombre des valeurs des résolvantes ; leur distribution en cinq groupes ; à l'aide des racines cinquièmes de l'unité employées comme facteurs, on peut passer des valeurs d'un groupe à celles d'un autre groupe quel qu'il soit. La détermination des 120 valeurs des résolvantes dépend de la résolution d'une équation du 24e degré. — XI. De la distinction qu'il convient d'établir, au point de vue du nombre de valeurs de chaque résolvante, entre les équations dont le degré est un nombre premier et celles dont le degré est un nombre composé. Quelle que soit la valeur de la résolvante qu'on aura prise comme point de départ, les cinq résolues reproduiront toujours dans leur ensemble les cinq nombres donnés. — XII. Équivalence entre l'équation linéaire en x, qui donne les cinq nombres par leurs résolvantes et l'équation générale du cinquième degré. Formation de cette équation. Composition de ses coefficients en fonction des résolvantes. — XIII. L'équation ainsi formée a tous ses coefficients réels. — XIV. On démontre que ces coefficients ne sont autre chose que les fonctions symétriques connues des racines $\xi(x_1)$, $\xi(x_1 x_2)$, $\xi(x_1, x_2, x_3)$ etc. — XV. On constate d'une manière générale que l'existence de cinq racines pour l'équation du cinquième degré est la conséquence nécessaire des cinq racines de l'unité. Lorsque les racines de la proposée ne sont pas toutes réelles, les résolvantes cessent de se présenter sous la forme d'imaginaires conjuguées. Dans une équation à coefficients réels, il y a toujours un nombre impair de racines réelles et un nombre pair de racines imaginaires. — XVI. On fait voir comment la formule qui donne les racines par les résolvantes peut conduire à diverses espèces d'équations particulières susceptibles de solution. Coïncidences entre cette manière d'opérer et celle mise en œuvre pour les équations traitées aux articles 2 et 8. — XVII. Nouvel exemple d'une équation particulière du cinquième degré susceptible de solution.

Chap. 9e

46.

Chapitre neuvième

Construction géométrique des racines de l'équation du cinquième degré.

Sommaire. — I. Construction des racines de l'équation $x^5 + px^3 + \frac{1}{5}p^2x + r = 0$ lorsque l'une de ces racines est réelle et les quatre autres imaginaires. — II. Intervention de la géométrie dans le cas dit irréductible. — III. De l'équation $x^5 + px^2 + qx + r = 0$. On précise le sens qu'il faut attribuer à quelques-unes des quantités qui la composent ou qui en sont des conséquences. — IV. Détermination géométrique des éléments constituants des racines de cette équation. — V. Construction des racines pour le cas où le coefficient q est positif. — VI. Construction des racines pour le cas où q est négatif. — VII. De l'équation .... $x^5 + px^3 + qx^2 + \frac{1}{2}\left(\frac{p^2}{10} + \frac{q^2}{p}\right)x + \frac{q}{50}\left(p + 5\frac{q^2}{p^2}\right) = 0$. Construction de ses racines lorsqu'il y en a une réelle et quatre imaginaires. — VIII. Figuration polygonale du premier membre pour les racines imaginaires. — IX. Modification des procédés géométriques pour le cas irréductible.

I.

Nous avons vu dans le chapitre précédent qu'il y a des circonstances dans lesquelles l'équation du cinquième degré est résoluble et nous en avons montré plusieurs exemples. Nous allons faire voir comment dans ces divers cas, la géométrie devient l'interprète de la fonction algébrique.

Il a été établi à l'article II de ce chapitre que lorsqu'une équation du 5e degré est de la forme :

$$x^5 + px^3 + \frac{p^2}{5}x + r = 0,$$

elle

elle est résoluble, et que si, d'une part, on pose :

$$a = \sqrt[5]{-\frac{r}{2}+\sqrt{\frac{r^2}{4}+\left(\frac{p}{5}\right)^5}}, \quad b = \sqrt[5]{-\frac{r}{2}-\sqrt{\frac{r^2}{4}+\left(\frac{p}{5}\right)^5}}.$$

Si, d'autre part, on désigne par α la racine cinquième de l'unité, les cinq racines de l'équation sont :

$$a+b, \; a\alpha+b\alpha^4, \; a\alpha^2+b\alpha^3, \; a\alpha^3+b\alpha^2, \; a\alpha^4+b\alpha.$$

Tant que p est positif les deux valeurs de a et de b sont faciles à obtenir par les procédés arithmétiques connus, on pourra donc déterminer par ce moyen la racine réelle ; elle s'obtiendra ensuite géométriquement en portant sur la ligne de base, à partir de l'origine, une longueur qui, eu égard au choix fait pour l'unité des longueurs sera representative de a, et puis ajoutant à la suite une longueur représentative de b.

Quant aux quatre autres racines qui sont toutes imaginaires, leur valeur géométrique s'obtient par une construction fort simple.

De l'origine O comme centre, (fig. 14), on décrira deux circonférences, l'une avec la longueur a pour rayon, l'autre avec la longueur b et l'on tracera les directions qui, à partir de la ligne de base, divisent ces circonférences en cinq parties égales. On obtiendra ainsi, par l'intersection de ces directions avec la première circonférence, cinq longueurs dirigées Oa_1, Oa_2, Oa_3, Oa_4, Oa_5 qui seront les valeurs de $a\alpha$, $a\alpha^2$, $a\alpha^3$, $a\alpha^4$, a ; et par l'intersection des mêmes directions avec la seconde circonférence, cinq autres longueurs dirigées Ob_1, Ob_2, Ob_3, Ob_4, Ob_5 qui seront les valeurs de $b\alpha$, $b\alpha^2$, $b\alpha^3$, $b\alpha^4$ b.

Pour faire un usage convenable de ces quantités, suivant les divers cas dans lesquels la proposée pourra se trouver, il faudra ici, comme nous l'avons indiqué pour le 3e degré, avoir égard aux propriétés principales qui, pour ces éléments, sont une conséquence des signes que prennent p et r dans leur expression analytique. Si, par exemple, la proposée a tous ses termes positifs, on reconnaîtra que l'élément a sera positif, l'élément b négatif et que celui-ci sera le plus grand des deux. Dès lors la racine $a\alpha - b\alpha^4$ s'obtiendra en menant par a_1 extrémité de $a\alpha$, une longueur égale et parallèle à Ob_4, qui représente $b\alpha^4$, mais marchant en sens inverse à cause du signe $-$. On aboutira ainsi à un point x_1 tel que Ox_1 dirigé sera la racine cherchée. Faisant des constructions analogues pour les points a_2, a_3, a_4 on obtiendra pour les autres racines les longueurs dirigées Ox_2, Ox_3, Ox_4. Quant à la racine réelle qui, dans ce cas est négative, elle est représentée par Ox_5. On remarquera, comme vérification, que la somme directive des quatre racines imaginaires, dans quelque ordre qu'on veuille la faire, devra se terminer en un point de la ligne de base situé du côté positif à une distance de l'origine égale à Ox_5. Nous avons représenté sur la figure cette construction pour la combinaison $x_1 + x_4 + x_2 + x_3$, ce qui fait aboutir au point r sur la ligne de base tel qu'on a $Or = Ox_5$.

Si la forme de la proposée est $x^5 - px^3 + \frac{p^2}{5}x - r = 0$, c'est-à-dire si p et r, au lieu d'être positifs, deviennent tous deux négatifs, les valeurs de a et de b, sous la réserve que le radical carré reste réel, sont alors positives et la construction fournit le système des quatre racines imaginaires Ox'_1, Ox'_2, Ox'_3, Ox'_4, la racine réelle Ox'_5 est alors positive. On vérifiera encore dans ce cas, que l'addition directive des quatre racines imaginaires, faite dans tel ordre qu'on voudra, conduira à un point de la ligne de base, du côté négatif, situé à une distance égale à Ox'_5. Nous avons représenté cette addition sur la figure pour la combinaison $x'_4 + x'_2 + x'_3 + x'_1$, ce qui fait aboutir au point r' sur la ligne de base tel qu'on a $Or' = Ox'_5$.

Si dans la proposée p est seul négatif, les deux valeurs de a et de b sont simultanément négatives et conservent d'ailleurs les mêmes grandeurs que dans le dernier cas que nous venons de traiter. La construction conduira donc à des racines qui seront exactement les précédentes changées de signe. C'est qu'en effet le premier membre de la proposée n'est autre chose alors que ce que devient $x^5 - px^3 + \frac{p^2}{5}x - r$, quand on fait x négatif.

Enfin si dans la proposée r seul est négatif, a est positif, b est négatif, et a est le plus grand des deux. La construction devra donc être dirigée conformément à ces conditions. Au reste, ce cas n'est autre chose que le premier dans lequel le signe de x est changé.

Pour toutes les racines imaginaires, le premier membre de la proposée représente une figure géométrique fermée qu'on pourra construire par les procédés déjà expliqués, soit pour le troisième, soit pour le quatrième degré. Nous n'insisterons donc pas sur ce point.

II

Mais une circonstance sur laquelle nous ne devons pas négliger de porter notre attention, c'est celle dans laquelle l'équation qui nous occupe tombe, comme l'équation du troisième degré, dans le cas dit irréductible. Or cette circonstance étant encore provoquée ici par la présence de la forme imaginaire, c'est une chose qui rentre tout-à-fait dans notre sujet que de montrer comment les considérations concrètes sont propres à faire disparaître l'obstacle résultant de cette forme, et à nous conduire, au moyen des longueurs dirigées, à la connaissance des racines que l'algèbre est impuissante à nous donner.

En conséquence, procédons à la détermination géométrique de ces racines dans le cas où $\frac{r^2}{4} - \left(\frac{p}{5}\right)^5$ étant négatif, elles sont réelles. Il faudra d'abord pour cela construire l'expression double

$$\sqrt[5]{-\frac{r}{2} \pm \sqrt{-1}\sqrt{\left(\frac{p}{5}\right)^5 - \frac{r^2}{4}}}$$

A cet effet, soit O l'origine (fig. 15) GOD la ligne de base, OUV' la circonférence unité ; menons par U' une tangente à cette dernière prolongée jusqu'à un point P tel qu'on ait $OP = \frac{p}{5}$. Par une suite d'arcs concentriques partant de P et de perpendiculaires à la ligne de base, on arrivera sur le prolongement de OP à un point P' tel que OP' sera égal à $(\frac{p}{5})^5$. Décrivant alors sur OP' une demi-circonférence qui est rencontrée en P" par la tangente en a à la circonférence unité, on aura $OP'' = \sqrt{(\frac{p}{5})^5}$.

Cela posé, si l'on prend $OQ = -\frac{r}{2}$, si l'on élève par Q une perpendiculaire à la ligne de base et si du centre O on rabat le point P" sur cette perpendiculaire en P‴ on formera un triangle rectangle OQP‴ dans lequel on aura

$$\overline{QP'''}^2 = \overline{OP'''}^2 - \overline{OQ}^2 = \left(\frac{p}{5}\right)^5 - \frac{r^2}{4}$$

d'où résulte la conséquence que OP‴ dirigé est le représentant de $-\frac{r}{2} + \sqrt{-1}\sqrt{(\frac{p}{5})^5 - \frac{r^2}{4}}$.

Ce qui reste à faire maintenant consiste donc à prendre la racine cinquième de OP‴ dirigé. Or, en ce qui concerne l'élément directif, il faudra prendre la cinquième partie de l'arc P‴P"b, ce qui conduira à la direction OT ; quant à la longueur OP‴, qui est égale à $\sqrt{(\frac{p}{5})^5}$, sa racine cinquième sera $\sqrt{\frac{p}{5}}$. Construisant donc sur $OP = \frac{p}{5}$ une demi-circonférence qui est rencontrée en A par la tangente menée par a à la circonférence unité, on aura $OA = \sqrt{\frac{p}{5}}$. Il ne s'agira plus que de rabattre, du centre O, le point A sur la direction OT au point N, et ON dirigé sera définitivement la valeur de $\sqrt[5]{-\frac{r}{2} + \sqrt{-1}\sqrt{(\frac{p}{5})^5 - \frac{r^2}{4}}}$

Quant à l'autre élément dans lequel le radical carré est négatif, on voit facilement, d'après la figure, qu'il sera la racine cinquième de OP^{IV} dirigé. On l'obtiendra donc en prenant la cinquième partie de l'arc $P^{IV}P'''P''b$. Ce qui conduira à la direction OT' sur laquelle on rabattra en

ON' la longueur OA qui est tout aussi bien la racine cinquième de la longueur OP^{IV} que celle de OP$'''$ puisque ces deux longueurs sont égales. On aura donc

$$ON' \text{ dirigé} = \sqrt[5]{-\frac{r}{2}-\sqrt{-1}\sqrt{\left(\frac{p}{5}\right)^5-\frac{r^2}{4}}}$$

Ces constructions préliminaires étant ainsi obtenues, procédons à celle des racines.

Représentons à cet effet sur la figure 16 la circonférence dont le rayon OA est égal à la longueur commune aux deux éléments et reproduisons en Ot_0 et Ot'_0 les deux directions obtenues pour ces éléments. Il faut maintenant remarquer que lorsque nous avons été conduit à diviser en cinq parties égales l'angle P'''P''b, ou, pour mieux dire les angles P'''P''b + 2Kπ, nous aurions obtenu cinq valeurs distinctes pour la ligne divisoire et par conséquent cinq valeurs du premier élément. Ces cinq valeurs auraient toutes eu même longueur, de sorte que leur extrémité doit se trouver sur la circonférence de rayon OA. Quant à leurs directions, si l'on désigne par θ l'angle de Ot_0 avec la ligne de base, ce seront celles qui correspondent aux angles θ, $\theta+\frac{2\pi}{5}$, $\theta+\frac{4\pi}{5}$, $\theta+\frac{6\pi}{5}$, $\theta+\frac{8\pi}{5}$; elles sont donc distantes entre elles d'un cinquième de circonférence. Nous les représentons sur la figure par Ot_0, Ot_1, Ot_2, Ot_3, Ot_4 prises de manière à satisfaire à cette condition.

Les mêmes choses peuvent se dire pour le second élément qui aura également cinq valeurs, toutes de même longueur que précédemment et dont les directions seront distantes entre elles d'un cinquième de circonférence; elles sont représentées sur la figure par Ot'_0, Ot'_1, Ot'_2, Ot'_3, Ot'_4.

Il résulte d'ailleurs de la construction que les angles qui séparent deux directions ayant même indice sont tous égaux entre eux et à $\frac{\varphi}{5}$, si l'on désigne par φ l'angle P'''OP^{IV} de la figure précédente.

Ces quintuples valeurs des deux éléments correspondent

aux cinq produits obtenus en multipliant chacun d'eux par les racines cinquièmes de l'unité. Or ces valeurs peuvent être combinées entre elles de 25 manières différentes, mais d'après les conditions auxquelles nous sommes obligé de satisfaire nous ne pouvons admettre que celles qui par leur addition, tant en longueur qu'en direction, nous feront aboutir à un point de la ligne de base, c'est-à-dire donneront des racines réelles; cela exige, puisque toutes les longueurs sont égales que nous combinions entre elles celles qui, situées en dessus et en dessous de la ligne de base, font des angles égaux avec elle.

Or cette condition est satisfaite par la combinaison de Ot_0 avec Ot'_4; pour le prouver, remarquons que l'angle de Ot_0 avec la ligne de base est le cinquième de l'angle $P'''Ob$ de la figure précédente; si donc on le désigne par ψ, ce sera $\frac{\psi}{5}$. Remarquons encore que de la construction il résulte que $\psi + \frac{1}{2}\psi$ est égal à la demi-circonférence ou à π; on aura donc $\frac{\psi}{5} + \frac{\psi}{10} = \frac{\pi}{5}$ d'où $\frac{\psi}{5} = \frac{2\pi}{5} - 2\frac{\psi}{5}$. Cela posé la direction de Ot'_4 a évidemment pour valeur $\frac{\psi}{5} + \frac{\psi}{5} + \frac{8\pi}{5}$. Remplaçant $\frac{\psi}{5}$ par sa valeur ci-dessus, cette expression devient $\frac{\psi}{5} - \frac{2\psi}{5} + \frac{10\pi}{5}$ ou simplement $-\frac{\psi}{5}$; d'où il suit qu'en effet les deux directions Ot_0, Ot'_4 font, l'une en dessus, l'autre en dessous, le même angle avec la ligne de base.

Ce premier point établi, il est évident que Ot_1 qui est distant de Ot_0 de $\frac{2\pi}{5}$ devra être combiné avec Ot'_3 qui est distant de Ot'_4 du même angle; par la même raison Ot_2 sera combiné avec Ot'_2; puis Ot_3 avec Ot'_1; et enfin Ot_4 avec Ot'_0. On se convaincra d'ailleurs facilement que toutes ces combinaisons satisfont à la loi d'association des éléments en vertu de laquelle, si la somme $a+b$ donne une racine, toutes les autres seront obtenues par l'expression .... $a\alpha^K + b\,\alpha^{5-K}$.

Rien ne sera plus facile maintenant que d'obtenir

les racines. Il suffira pour cela d'ajouter directement les deux éléments dont nous venons de faire connaître l'association, ce qui se fera en menant par l'extrémité de l'un une longueur égale et parallèle à l'autre ; l'on obtiendra ainsi les cinq racines On_0, On_1, On_2, On_3, On_4.

Ainsi que nous l'avons déjà dit dans le cinquième chapitre, des circonstances analogues à celles que nous venons d'indiquer se rencontrent dans tous les degrés. Il y a pour chacun une classe d'équations résolubles ; elle correspond, si m est le degré considéré à la division d'un angle en m parties égales et pour toutes ces équations il existe un cas d'irréductibilité. Ce sont là des choses bien connues en théorie, mais ce qui ne l'est pas, ou ce qui l'est beaucoup moins, c'est que les considérations directives donnent un moyen facile de reproduire physiquement dans ses divers détails une fonction analytique qui, jusqu'à présent s'est montrée rebelle à toutes les tentatives d'interprétation entreprises dans le pur domaine de l'abstraction.

III.

Passons maintenant à l'étude d'une autre équation du même degré déjà signalée dans le cinquième chapitre comme susceptible d'être résolue. Elle se distingue de l'équation générale de ce degré parce qu'elle est privée des termes en x^4 et en x^3 ; en outre parce qu'il existe une relation entre le terme tout connu r et les coefficients p et q des termes en x^2 et en x. Cette équation est donc de la forme $x^5 + px^2 + qx + r = 0$, mais sous la condition que r est égal à $\frac{1}{5}\left(\frac{q^2}{p} - \frac{p^3}{5q}\right)$.

Nous avons vu, page 386, que, α désignant la racine cinquième de l'unité les racines sont exprimées ainsi qu'il suit :

$$a+b,\ a\alpha+b\alpha^3,\ a\alpha^2+b\alpha,\ a\alpha^3+b\alpha^4,\ a\alpha^4+b\alpha^2,$$

les deux éléments a et b ayant pour valeurs respectives :

$$a = \sqrt[5]{-\frac{r}{2}+\sqrt{\frac{r^2}{4}+\frac{p^2q}{125}}}, \qquad b = \sqrt[5]{-\frac{r}{2}-\sqrt{\frac{r^2}{4}+\frac{p^2q}{125}}}.$$

Avant de rechercher comment toutes ces choses pourront être représentées par la géométrie, il est nécessaire, ainsi que nous l'avons fait remarquer à la page 389, de procéder à une discussion préalable de cette opération, et de bien préciser le sens qu'il faut attribuer à quelques-unes des quantités qui la composent ou qui en sont des conséquences.

Examinons au préalable les faits qui résultent de la positivité ou de la négativité des coefficients :

Et d'abord comme r dépend de p et de q on reconnaîtra que son état, quant aux signes, sera réglé conformément aux indications du tableau suivant :

N° 1. avec $\begin{cases}+p\\+q\end{cases}$ et $\frac{q^2}{p}\begin{cases}>\\<\end{cases}$ que $\frac{p^3}{5q}$, on aura $\begin{cases}r \text{ positif}\\ r \text{ négatif}\end{cases}$

N° 2. avec $\begin{cases}-p\\+q\end{cases}$ et $\frac{q^2}{p}\begin{cases}<\\>\end{cases}$ que $\frac{p^3}{5q}$, on aura $\begin{cases}r \text{ positif}\\ r \text{ négatif}\end{cases}$

N° 3. avec $\begin{cases}+p\\-q\end{cases}$, r est toujours positif

N° 4. avec $\begin{cases}-p\\-q\end{cases}$, r est toujours négatif.

On voit donc qu'il arrivera quelquefois, et c'est ce qui a lieu pour les n°s 1 et 2, c'est-à-dire lorsque q est positif, que, pour les mêmes signes des termes en x et en x^2, r sera tantôt positif et tantôt négatif ; son signe indiquera celui de la racine réelle qui devra toujours lui être contraire.

Présentons maintenant une observation importante au sujet des racines. On remarquera que ces racines ne sont pas comme celles de l'équation précédente, symétriques dans leur ensemble par rapport aux deux éléments a et b. Lorsque cette symétrie existe, on peut sans inconvénient permuter a et b dans le groupe des cinq racines ; on obtient dans les deux cas les mêmes cinq valeurs de x. C'est ainsi que $a\alpha + b\alpha^4$ devient par la permutation $b\alpha + a\alpha^4$ et réciproquement. Or comme l'une et l'autre sont racines, on voit que ces changements dans les détails n'en apportent pas dans l'ensemble. Il convient toutefois de ne pas perdre de vue que, dans ces substitutions, chaque lettre doit emporter avec elle son signe additif ou soustractif, ces signes étant alors des attributs spéciaux, inséparables de la valeur des éléments et non des indices de constitution formulaire comme le sont les α qui interviennent, eux, et s'imposent avant toute détermination particulière de a et de b.

Il n'en est pas de même dans l'équation actuelle ; la première racine, par exemple, devient, par la permutation $b\alpha + a\alpha^3$, expression qui n'est pas racine. En conséquence les deux éléments a et b étant connus, il ne saurait être permis ici de les employer indistinctement l'un pour l'autre dans le groupe des racines. Cela ne pourrait se faire que pour la racine réelle qui reste toujours elle-même lorsqu'on permute a et b dans son expression. Mais une semblable permutation introduite dans le groupe des quatre racines imaginaires conduirait à quatre nouvelles valeurs différentes de celles dont elles sont une dérivation. Il est donc nécessaire, dans le cas actuel, de déterminer à l'avance quel est celui des deux éléments qu'il conviendra de mettre à la première ou à la seconde place dans l'expression de chacune des racines. On conçoit même qu'il devra y avoir dans les données de la question, une obligation à cet égard, sans quoi on serait autorisé à dire que l'équation a plus de racines que son degré ne le comporte.

Pour s'éclairer à ce sujet, on remarquera que de la constitution de l'équation qui nous occupe, étudiée dans le chapitre 8, pages 383 et suivantes, il résulte que les éléments a et b sont soumis aux deux conditions : $-\frac{p}{5} = ba^2$, $-\frac{q}{5} = b^3a$.

C'est de ces équations que l'on fait dépendre le choix de celles des racines de l'unité par lesquelles il faudra multiplier a et b pour que les premiers membres restent toujours réels. Et comme, d'un autre côté, ces équations donnent directement $a^5 = \frac{p^3}{25q}$, $b^5 = \frac{q^2}{5p}$, on voit qu'il y a connexité entre les valeurs ainsi assignées à a et à b et les puissances de α qui doivent les multiplier l'une et l'autre pour former l'expression des racines. Il ne saurait donc être permis de permuter ces deux éléments que sous la réserve expresse de modifier concurremment d'une manière convenable la puissance de α dont il faudra faire usage après cette permutation pour que les valeurs de $-\frac{p}{5}$ et de $-\frac{q}{5}$ continuent de rester réelles.

Il doit donc être bien entendu qu'avec la forme que nous avons indiquée pour les racines, la valeur de a devra toujours être celle qui sera donnée par le calcul de $\sqrt[5]{\frac{p^3}{25q}}$ et celle de b par celui de $-\sqrt[5]{\frac{q^2}{5p}}$. Si, au lieu de ces formes, on voulait faire usage de celles qui donnent a et b en fonction de r, p et q qui leur sont d'ailleurs équivalentes, on se convaincra qu'il faut prendre pour a celle dans laquelle le radical carré est positif, et pour b celle dans laquelle ce radical est négatif.

IV.

Ces premières déterminations étant ainsi faites,

procédons à la construction géométrique des éléments a et b tels qu'ils sont donnés en fonction de r, p et q.

Soit O l'origine, (fig. 17), GOD la ligne de base et Oab la circonférence décrite du point O comme centre avec le rayon unité. Par le point a menons à cette circonférence une tangente prolongée jusqu'à un point p_1, tel que Op_1 soit égal à $\frac{p}{5}$. Par une suite d'arcs concentriques et de perpendiculaires à la ligne de base on détermine les points p_2 et p_3, et l'on aura : $Op_2 = \left(\frac{p}{5}\right)^2$, $Op_3 = \left(\frac{p}{5}\right)^3$; si, en outre, on abaisse du point a sur Op_1 la perpendiculaire ap', on aura $Op' = \frac{1}{\frac{p}{5}}$; cela fait sur la droite Op_1 prolongée de l'autre côté de l'origine, prenons $Oq_1 = \frac{q}{5}$; par le point q_1 menons la tangente q_1b à la circonférence unité et puis la droite Obc ; à l'aide de l'arc concentrique q_1c et de la perpendiculaire cq_2 on déterminera le point q_2 tel que Oq_2 sera égal à $\left(\frac{q}{5}\right)^2$; enfin, abaissant du point b sur Oq_1 la perpendiculaire bq', on aura $Oq' = \frac{1}{\frac{q}{5}}$

Ces constructions faites, tout ce qui est nécessaire à la solution se trouve préparé.

Cherchons d'abord r en fonction de p et de q ; sa valeur peut être mise sous la forme :

$$\frac{\left(\frac{q}{5}\right)^2}{\frac{p}{5}} - \frac{\left(\frac{p}{5}\right)^3}{\frac{q}{5}} = \frac{Oq_2}{\frac{p}{5}} - \frac{Op_3}{\frac{q}{5}} = Oq_2 \times Op' - Op_3 \times Oq'.$$

Cela posé, si, sur $Oq_2 + Op'$ comme diamètre, je décris une demi-circonférence et si j'élève une perpendiculaire à ce diamètre par le point O, la rencontre de celle-ci avec la circonférence, au point Q, déterminera une longueur OQ dont le carré sera égal à $Oq_2 \times Op'$. La construction de ce carré est facile, par voie de perpendiculaires et d'arcs concentriques, et nous l'avons indiqué sur la figure. Cela nous conduit à un point Q' tel qu'on aura $OQ' = Oq_2 \times Op'$.

D'un autre côté, pour obtenir $Op_3 \times Oq'$, nous décrirons sur $Op_3 + Oq'$ comme diamètre une demi-circonférence qui sera coupée par la même perpendiculaire, en un point P tel que OP sera la racine carrée du produit qui nous occupe, nous formerons donc encore le carré de OP comme cela est indiqué sur la figure et nous obtenons ainsi un point P' tel que OP' est égal à $Op_3 \times Oq'$; en conséquence la différence P'Q' est la longueur de r.

Il ne reste donc plus pour connaître les deux éléments a et b qu'à construire $\sqrt{\frac{r^2}{4} + \frac{p^2q}{125}}$.. Or $\frac{p^2q}{125}$, ou, ce qui est la même chose $\left(\frac{p}{5}\right)^2 \cdot \frac{q}{5}$ est égal au produit de Op_2 par Oq_1. Construisant donc sur $Op_2 + Oq_1$, comme diamètre, une troisième circonférence, elle sera coupée par la précédente perpendiculaire en un point M tel qu'on aura $OM = \sqrt{Op_2 \times Oq_1}$.

Dès lors si, à partir de l'origine, et à gauche de la ligne de base, je prends $OR = \frac{r}{2}$; si, en même temps, j'élève sur cette ligne une perpendiculaire passant par O et si je rabats sur cette perpendiculaire, du centre O, le point M en M', je formerai un triangle rectangle ORM' dont l'hypothénuse aura pour valeur $\sqrt{\overline{OR}^2 + \overline{OM}^2}$, c'est-à-dire $\sqrt{\frac{r^2}{4} + \frac{p^2q}{125}}$.

Portant alors cette hypothénuse sur la ligne de base, à droite et à gauche du point R j'obtiendrai deux points E, E' tels que OE et OE' seront les cinquièmes puissances des éléments a et b. L'extraction de la racine cinquième se fera ensuite par les procédés arithmétiques ordinaires.

Nous ne devons pas négliger de faire observer que l'un des objets essentiels de cette construction a été d'obtenir géométriquement la valeur de r en fonction de p et de q. Lorsqu'il s'agira de déterminer uniquement les éléments a et b, elle pourra être notablement simplifiée. Car puisque nous avons constaté que a^5 est égal à $\frac{p^3}{25q}$, il s'ensuit que sa valeur sera OP' et puisque, à son tour, b^5 est égal à $-\frac{q^2}{5p}$, sa valeur sera représentée par la longueur OQ' prise en signe contraire. On vérifiera en effet que OP' = OE et que OQ' = OE'.

V.

Voyons maintenant comment, avec ces éléments, nous obtiendrons les longueurs dirigées représentatives des racines imaginaires.

Nous traiterons d'abord le cas où q est positif, ce qui correspond aux N.os 1 et 2 de notre classification.

Il convient de faire remarquer au préalable que les constructions de la figure 17 de l'article précédent s'appliquent à l'équation

$$x^5 + 8,5\,x^2 + 12,5\,x + 1,71 = 0$$

La racine réelle est alors négative et égale à −0,15. Dans ce cas a est positif, b est négatif et la valeur absolue de ce dernier élément surpasse celle de a.

Si, sans changer les signes de p et de q, on conservait à p sa valeur et qu'on prît 7,50 pour celle de q, r redeviendrait négatif et égal à −1,95. La racine réelle, alors positive, prend la valeur 0,21 et maintenant c'est a positif qui devient supérieur à b négatif.

Ce sont là des exemples des deux variétés du N.° 1 de notre précédente classification. Quant aux deux variétés du N.° 2, elles ne sont évidemment autre chose que celles du N.° 1 dans lesquelles le signe de x passe au négatif. En effet, si, dans le type général on remplace x par −x, elle devient

$-x^5 + px^2 - qx \pm r = 0$ et par suite $x^5 - px^2 + qx \mp r = 0$, qui sont, comme on le voit, les deux espèces du N.° 2.

Il suffira donc, pour la construction des racines, de donner l'indication du procédé qui concerne le n° 1.

D'ailleurs pour ces deux numéros, q restant positif et p entrant dans le radical carré par sa deuxième puissance, la quantité $\frac{p^2 q}{125}$ qui figure sous ce radical sera toujours positive, et la construction des deux éléments se fera dans tous les cas par les moyens indiqués ci-dessus, sans aucune modification.

Ces observations préliminaires ainsi faites, occupons-nous des quatre racines imaginaires dont nous indiquons la construction dans la figure 18.

Du point O comme centre on décrit deux circonférences, l'une avec un rayon égal à l'élément a, l'autre avec un rayon égal à l'élément b, on trace les directions qui divisent ces circonférences en cinq parties égales et l'on obtient ainsi, par l'intersection de ces directions avec la première circonférence, cinq longueurs dirigées Oa_1, Oa_2, Oa_3, Oa_4, Oa_5 qui seront respectivement les valeurs de $a\alpha$, $a\alpha^2$, $a\alpha^3$, $a\alpha^4$, a. L'intersection des mêmes directions avec la seconde circonférence donne cinq autres longueurs dirigées Ob_1, Ob_2, Ob_3, Ob_4, Ob_5 qui seront les valeurs de $b\alpha$, $b\alpha^2$, $b\alpha^3$, $b\alpha^4$, b.

Cela fait il s'agit de la variété du n° 1 dans laquelle le r est positif. Comme on sait que, dans ce cas, c'est le plus grand des éléments qu'il faut prendre négativement pour avoir la première racine, et que nous avons d'ailleurs constaté que c'est b qui est cet élément, on portera b à la suite du point a_1, dans la direction $-\alpha^3$ et l'on obtiendra ainsi le point x_1 ; puis on portera b à la suite du point a_2, dans la direction $-\alpha$ et l'on aura le point x_2 ; à la suite du point a_3, on portera b dans la direction $-\alpha^4$, ce qui donnera le point x_3 ; enfin à la suite du point a_4, on portera b dans la direction $-\alpha^2$ et l'on aura le point x_4 ; les quatre racines imaginaires cherchées seront donc les longueurs dirigées Ox_1, Ox_2, Ox_3, Ox_4. Si l'on en fait la somme dans tel ordre qu'on voudra.

on aboutira sur la ligne de b e à une distance de l'origine égale et de signe contraire à la racine réelle x_5. Nous indiquons sur la figure cette somme par la combinaison $x_1 + x_3 + x_4 + x_2$; on arrive ainsi à un point e tel qu'on a $x_5 = -0e$.

Lorsque la variété du N° 1 est celle pour laquelle r est négatif, c'est alors l'élément positif a qui est le plus grand des deux. On commencera donc par supposer mentalement que dans la figure les lettres b deviennent les lettres a et réciproquement ; après quoi l'on obtiendra les racines en ajoutant, à la suite du plus grand des deux rayons, le plus petit, mais dans une direction inverse de celle indiquée par la formule puisqu'il est négatif ; on obtient ainsi les quatre racines imaginaires $0x'_1$, $0x'_2$, $0x'_3$, $0x'_4$ qui correspondent à cette variété. La somme de ces racines, qui est représentée sur la figure dans l'ordre suivant : $x'_4 + x'_3 + x'_2 + x'_1$ conduit à une distance $-0f$ de l'origine, telle qu'on a $x'_5 = +0f$.

Les deux espèces du N° 2 ne sont autre chose nous l'avons dit que les deux précédentes dans lesquelles on a changé le signe de x ; par conséquent leurs racines seront celles ci-dessus prises négativement.

VI.

Ce qui concerne les N.os 3 et 4 exige une mention spéciale ; il convient d'abord de remarquer que, dans ces deux cas, pour lesquels q est négatif, la somme $\frac{r^2}{4} + \frac{p^2q}{125}$ qui, dans la valeur des éléments figure sous le radical carré, se transforme en la différence $\frac{r^2}{4} - \frac{p^2q}{125}$, différence qui, suivant les valeurs respectives de p et de q, semblerait pouvoir être positive ou négative. Mais nous avons prouvé que pour cette espèce d'équation la dernière supposition est inadmissible. Le radical carré sera donc toujours réel de sorte que la construction indiquée dans l'article précédent se maintient. Seulement $\frac{r^2}{4}$, au lieu de correspondre à l'un des petits côtés RO du triangle rectangle final, correspond à une hypothénuse, l'autre côté connu du triangle ayant pour carré $\frac{p^2q}{125}$. Cette modification dans la construction ne pouvant donner lieu à aucune difficulté, nous nous bornons à l'indiquer, d'autant plus que, suivant une remarque déjà faite on peut s'abstenir de rechercher a^5 et b^5 par ce procédé qui ne manque pas de complication, et qu'on obtient ces deux éléments par les formules directes $a^5 = \pm \frac{p^3}{25q}$, $b^5 = \pm \frac{q^2}{5p}$ le signe supérieur appartenant au N°4 et le signe inférieur au N°3.

Cela posé, admettons qu'il s'agit du N°3 pour lequel p est positif et q négatif. Les deux valeurs de a^5 et de b^5 et par suite celles de a et de b sont alors toutes deux négatives; décrivons (fig. 19), avec chacune pour rayon, du point O comme centre, deux circonférences, et traçons les directions qui les divisent en cinq parties égales, nous obtiendrons ainsi par l'intersection de ces directions avec la première circonférence cinq longueurs dirigées qui représenteront les produits successifs de l'un des éléments par α, α^2, α^3, α^4, α^5. L'intersection des mêmes directions avec la seconde circonférence donnera cinq autres longueurs dirigées qui représenteront les produits successifs du deuxième élément par les mêmes cinq racines de l'unité. Ou, par ce que, dans ce cas, les deux éléments doivent être pris négativement, nous les compterons toujours sur l'opposé des directions précédentes, lesquelles sont distinguées sur la figure par l'accentuation de toutes les lettres a et b.

En conséquence s'il est reconnu que l'élément a est le plus petit des deux, ainsi que le suppose la figure, pour avoir la première racine imaginaire, nous porterons à la suite de a'_1, le second élément suivant $-\alpha^3$ et nous aboutirons ainsi à un point x'_1 tel que $0x'_1$ sera la racine cherchée ; continuant des constructions semblables pour chacun des points a'_2, a'_3, a'_4, nous obtiendrons le groupe des quatre racines figurées par Ox'_1, Ox'_2, Ox'_3, Ox'_4.

Si, au contraire, l'élément a est le plus grand des deux, on commencera, comme nous l'avons fait dans le cas précédent, par supposer mentalement que, dans la figure, les lettres b deviennent les lettres a et réciproquement, et ce sera alors en ajoutant au plus grand rayon pris en sens inverse de sa direction, le plus petit pris également en sens inverse de la direction qui lui est assignée par la formule générale, qu'on obtiendra les quatre racines cherchées Ox_1, Ox_2, Ox_3, Ox_4.

Ce qui concerne la dernière catégorie N° 4 se déduit immédiatement de ce que nous venons de dire pour le N° 3 en remarquant que ses racines ne sont autre chose que les précédentes changées de signe. En effet, si dans l'équation du N° 3 : $x^5 + px^2 - qx - r = 0$, on suppose x négatif, il vient $-x^5 + px^2 + qx - r = 0$, et en changeant les signes $x^5 - px^2 - qx + r = 0$, qui est exactement celle du N° 4. Nous pourrons donc nous dispenser, à l'aide de ce qui précède, de représenter les constructions qui s'appliquent à ce cas.

VII.

Nous allons continuer de faire usage des procédés géométriques en les appliquer à l'équation traitée dans l'article XVIII du précédent chapitre.

Nous avons vu que cette équation se présente sous la forme $x^5 + px^3 + qx^2 + \frac{1}{2}\left(\frac{p^2}{10} + \frac{q^2}{p}\right)x + \frac{q}{50}\left(p + 5\,\frac{q^2}{p^2}\right) = 0$,

et nous avons constaté que ses cinq racines sont données par l'expression générale

$$x = \frac{q}{p}\,\frac{m\left(\alpha^{K} + m\alpha^{2K} + m^2\alpha^{3K} + m^3\alpha^{4K}\right)}{1 + m^5}$$

dans laquelle on substituera successivement pour K les valeurs entières comprises de 1 à 5 inclusivement. Chacune de ces substitutions donnera une racine.

Quant à m, c'est une fonction de p et de q dépendant d'une équation du 10e degré, mais se résolvant comme une du second, et nous avons trouvé

$$m = \sqrt[5]{-1-5\,\frac{q^2}{p^3} \pm 5\,\frac{q}{p}\sqrt{\frac{2}{5p}+\frac{q^2}{p^4}}} \;;$$

Puis nous avons fait une application de ces généralités au cas particulier où l'on a $p=1$, $q=1$

Nous avons trouvé qu'alors on est conduit à l'équation suivante :

$$x^5+x^3+x^2+0{,}55\,x+0{,}12=0$$

et qu'on a successivement

$$m=-0{,}6095\,,\quad m^2=0{,}3715\,,\quad m^3=-0{,}2269\,,\quad m^5=-0{,}084\,,\quad 1+m^5=0{,}916.$$

Nous nous expliquerons plus loin sur la seconde valeur de m.

Faisant usage de ces valeurs on trouve définitivement pour l'expression des racines

$$x = -0{,}6654\,(\alpha^K-0{,}6095\,\alpha^{2K}+0{,}3715\,\alpha^{3K}-0{,}2269\,\alpha^{4K}.$$

Parvenue à ce point l'algèbre a mis à jour, soit au point de vue des raisonnements, soit au point de vue des calculs, tout ce qu'elle est susceptible de produire ; mais devant l'imaginaire elle devient impuissante et s'abstient ; faisant alors appel aux moyens géométriques, nous allons voir se préparer et se produire l'image de ces racines que l'algèbre laisse incomprises.

A cet effet, du centre O (fig. 20) décrivons la circonférence unité et menons par le centre les cinq lignes qui divisent la circonférence en cinq parties égales, ces lignes nous donneront les cinq points d'intersection α_1, α_2, α_3, α_4, α_5, et si nous continuons à désigner par α la première des cinq racines de l'unité nous aurons

$$O\alpha_1=\alpha\,,\quad O\alpha_2=\alpha^2\,,\quad O\alpha_3=\alpha^3\,,\quad O\alpha_4=\alpha^4\,,\quad O\alpha_5=\alpha^5=1\,.$$

Cela posé, cherchons la première racine correspondant à $K = 1$, qui est exprimée par

$$x = -0,6654\,(\alpha - 0,6095\,\alpha^2 + 0,3715\,\alpha^3 - 0,2269\,\alpha^4),$$

en occupons-nous d'abord de la construction du polynome en α.

Le premier terme, d'après ce que nous venons de dire, est représenté par $O\alpha_1$, le second terme sera figuré par une droite partant du point α_1, ayant pour longueur 0,6095 et parallèle à $O\alpha_2$ mais marchant en sens inverse à cause du signe $-$. Tout cela est résumé dans la figure par la droite $\alpha_1 f$. Le troisième terme sera une droite fg partant du point f, ayant pour longueur 0,3715, parallèle à $O\alpha_3$ et marchant dans le même sens, puisque ce terme est positif. Enfin le quatrième terme sera représenté par une droite gQ partant de g, ayant pour longueur 0,2269 et parallèle à $O\alpha_4$, mais marchant en sens inverse à cause du signe $-$. Il suit de là que la longueur dirigée OQ est l'équivalent géométrique du facteur polynome de x. Il ne nous reste plus qu'à avoir égard au facteur monome $-0,6654$. Celui-ci indique d'abord que la longueur OQ devra être réduite dans le rapport de l'unité à la fraction 0,6654 ; opérant cette réduction nous obtenons une longueur OP ; mais, à cause du signe $-$ qui accompagne la fraction, nous devrons la porter dans la direction inverse de OP suivant Ox_4. La racine cherchée sera donc, tant en longueur qu'en direction Ox_4.

Nous donnons à cette racine l'indice 4 parce que nous avons établi que généralement la résolue X'_K correspond à la racine x_{5-K} et comme ici K est égal à 1, il s'ensuit que x_{5-K} devient x_4.

Cette racine est celle qui a pour valeur arithmétique imaginaire $-0,287-0,$[illegible]$93\sqrt{-1}$. On vérifiera en effet que la longueur projetée sur la ligne de base et la longueur projetante ont bien respectivement les valeurs

0, 287 en 0, 393 ; elles sont en outre négatives l'une et l'autre.

Si maintenant on donne à K la valeur 4 on obtiendra la racine x_{5-4} ou x_1. Or on reconnaîtra sans qu'il soit nécessaire d'insister sur les détails, qu'on sera alors conduit à faire, à partir du point α_4, une construction tout à fait symétrique à la précédente par rapport à la ligne de base et que, par suite, on aboutira à Ox_1 symétrique à son tour à Ox_4. Cette seconde racine est celle qui a pour valeur arithmétique $-0,287+0,393\sqrt{-1}$

Donnant ensuite à K la valeur 2, le facteur polynome prend la forme

$$\alpha^2 - 0,6095\,\alpha^4 + 0,3715\,\alpha - 0,2269\,\alpha^3 .$$

Son premier terme est évidemment représenté par la droite $O\alpha_2$; le second terme sera figuré par une droite partant du point α_2 ayant pour longueur 0, 6095 et parallèle à $O\alpha_4$, mais marchant en sens inverse à cause du signe –. Cela conduit au point f'. Le troisième terme sera une droite partant de ce dernier point, ayant pour longueur 0, 3715, parallèle à $O\alpha_1$ et marchant dans le même sens puisque ce terme est positif. On aboutit ainsi au point g'. Enfin le quatrième terme sera représenté par une droite g'Q' partant de g', ayant pour longueur 0,2269 et parallèle à $O\alpha_3$ mais marchant en sens inverse à cause du signe –. En conséquence la longueur dirigée OQ' est l'équivalent géométrique du facteur polynome de x. Maintenant pour avoir égard au facteur monome $-0,6654$, il faudra d'abord réduire la longueur OQ' dans le rapport de l'unité à la fraction 0, 6654, ce qui fait descendre le point Q' au point P', puis à cause du signe – on portera OP' dans la direction inverse suivant Ox_3. La racine cherchée x_{5-2} soit x_3 sera donc, tant en longueur qu'en direction Ox_3.

Cette racine est celle qui a pour valeur arithmétique imaginaire $0,465 - 1,101\sqrt{-1}$.

Il ne nous reste plus qu'à donner à 4 la valeur 3, ce qui doit nous faire connaître la racine x_2. Or, on reconnaîtra sans difficulté qu'on sera alors conduit à faire, à partir du point α_3, une construction tout-à-fait symétrique à la précédente par rapport à la ligne de base et que, par suite, on aboutira à Ox_2 symétrique à son tour à Ox_3.

Cette dernière racine est celle qui a pour valeur arithmétique $0,465 + 1,01\sqrt{-1}$.

Nous sommes donc en possession des 4 racines imaginaires; quant à la racine réelle x_5 qui s'obtient en faisant $K = 5$, elle prend la valeur arithmétique

$$-0,6654\,(1 - 0,6095 + 0,3714 - 0,2269) = -0,356\,.$$

Nous pouvons la soumettre à une vérification géométrique. En effet la somme des racines étant nulle on doit avoir $x_5 = -(x_1 + x_2 + x_3 + x_4)$. Or la somme des quatre racines imaginaires s'obtient au moyen de la construction Ox_3mnp qui s'explique d'elle-même. Cette somme est donc égale à Op. Mais comme il faut la prendre négativement, cela nous conduit de l'autre côté de O à un point x_5 tel que $Ox_5 = Op$.

Nous avons reconnu que la quantité m est susceptible de deux valeurs, mais nous avons démontré que ces valeurs sont telles que quelle que soit celle dont on voudra faire usage, on sera conduit aux mêmes racines. Leur ordre seulement sera changé et il résulte des formules qui ont passé sous nos yeux à ce sujet que, par exemple, tandis que pour $K = 1$, la première valeur de m nous donne x_4, la seconde valeur de m nous donnera x_1. Nous pouvons procéder sur toutes ces choses à une vérification géométrique.

Si pour $K = 1$ qui nous a donné x_4 avec la première valeur de m, nous mettons en œuvre la seconde, nous trouverons pour x, l'expression suivante

$$x = 0,15\,(\alpha - 1,6407\,\alpha^2 + 2,6943\,\alpha^3 - 4,4211\,\alpha^4)$$

et il faudra que cela nous donne x_1.

Si nous opérions comme précédemment, il faudrait construire d'abord le facteur polynome, ce qui nous conduirait à une droite dirigée, puis, pour avoir égard au facteur monome, nous réduirons la longueur de cette droite dans le rapport de l'unité à 0,15. Mais cette construction aurait l'inconvénient de nous faire sortir des limites du cadre. Pour éviter cette difficulté, nous n'avons qu'à multiplier immédiatement par le facteur monome 0,15 tous les termes du polynome ; alors ce que nous aurons à construire se réduira à

$$0,150\alpha - 0,246\alpha^2 + 0,404\alpha^3 - 0,663\alpha^4$$

et cette construction devra nous conduire directement au point x_1.

C'est ce qui se trouve en effet réalisé par le contour polygonal de quatre côtés $0qrsx$, qui vient se terminer en x_1 et dont les côtés ayant pour longueurs respectives les coefficients des α sont dirigés suivant les angles correspondant à α, $-\alpha^2 + \alpha^3, -\alpha^4$.

Si pour $k = 2$, qui nous a donné x_3 avec la première valeur de m, nous faisons usage de la seconde, nous trouverons pour x la valeur suivante :

$$x = 0,15\,(\alpha^2 - 1,6407\,\alpha^4 + 2,6943\,\alpha - 4,4211\,\alpha^3.$$

Par les mêmes motifs que précédemment, nous effectuerons immédiatement la multiplication par 0,15 du facteur polynome et nous aurons pour résultat

$$0,15\alpha^2 - 0,246\alpha^4 + 0,404\alpha - 0,663\alpha^3$$

qui devra nous donner x_2 ; mais pour éviter des surcharges dans la figure, nous ferons cette addition en portant le terme $+ 0,404\alpha$ au premier rang, et ne changeant rien à l'ordre dans lequel se suivent les autres. Nous obtenons ainsi la ligne brisée polygonale $0q'r's'x_2$ qui, en effet, vient aboutir au point x_2.

Le lecteur pourra se convaincre facilement qu'en faisant une construction analogue pour $k = 3$ et pour la seconde valeur de m, on aboutira au point x_3 et qu'enfin pour $k = 4$ on sera conduit à x_4.

VIII.

Bien que nous ayons donné déjà les représentations graphiques des polygones qui sont en géométrie l'image du premier membre de l'équation lorsqu'on y substitue pour x ses valeurs imaginaires, nous allons en faire une nouvelle application au cas qui nous occupe.

Commençons d'abord par x_1. Cette racine a pour valeur $-0,287+0,393\sqrt{-1}$; si l'on veut la mettre sous la forme $\rho(\cos\theta+\sqrt{-1}\sin\theta)$, on trouvera que $\rho=\sqrt{0,287^2+0,393^2}=0,4861$; de là il résulte que $\sin\theta$ qui est égal à $\frac{0,393}{\rho}$ prendra la valeur $\frac{0,393}{0,4861}$, soit $0,809$. En consultant les tables on trouve que ce sinus correspond à un angle de $54°$; mais comme ici le cosinus est négatif, il faudra prendre le supplément, c'est-à-dire $126°$. De sorte que la racine a pour longueur $0,4861$ et pour direction celle d'un angle de $126°$. En conséquence x^2 aura pour longueur $0,236$ et pour direction celle de l'angle de $252°$;

x^3 aura pour longueur $0,115$ et sera dirigé suivant l'angle de $18°$;

Enfin x^5 aura pour longueur $0,027$ et pour direction celle de l'angle $270°$.

Cela posé, l'équation proposée étant

$$x^5+x^3+x^2+0,55\,x+0,12=0$$

ce que nous aurons à construire sera

$$0,027(\cos 270°+\sqrt{-1}\sin 270°)$$
$$+\ 0,115(\cos 18°+\sqrt{-1}\sin 18°)$$
$$+\ 0,236(\cos 252°+\sqrt{-1}\sin 252°)$$
$$+\ 0,55\times 0,4861(\cos 126°+\sqrt{-1}\sin 126°)$$
$$+\ 0,12\ ;$$

et il faudra que cette construction, partant de l'origine,

vienne se terminer à la même origine. Ce tracé est figuré, pour les quatre premiers termes, par le contour polygonal O a b c d de telle sorte qu'on a $Oa = x^5$, $ab = x^3$, $bc = x^2$, enfin $cd = 0,55x$. Si la racine est exacte, le point d doit tomber sur la ligne de base à une distance de 0,12 à gauche de l'origine puisque l'addition de 0,12 à ce qui précède doit ramener à l'origine. On voit, d'après la figure, que toutes ces conditions sont réalisées.

Le lecteur se rendra facilement compte que pour la racine x_4 égale en longueur à x_1 et symétrique pour la position, la représentation du premier membre se fera par un polygone dont les côtés auront respectivement les mêmes longueurs et dont les positions seront symétriques.

Passons à la racine répondant à $K = 2$ qui est x_3. Celle-ci a pour expression $0,465 - 1,101\sqrt{-1}$. Par conséquent la longueur de la droite dirigée qui la représente sera........ $\sqrt{0,465^2 + 1,101^2} = 1,196$. Il suit de là que le sinus de sa direction aura pour valeur $-\frac{1101}{1,196} = -0,92$ ce qui correspond à un angle de 293°; de sorte que la racine actuelle a pour longueur 1,196 et pour direction celle d'un angle de 293°. En conséquence,

u^2 aura pour longueur 1,43 et pour direction celle de l'angle 226°
u^3 .... 1,71 .... 159°
u^5 .... 2,41 .... 25°.

De sorte que, conformément à la teneur de l'équation proposée, on devra procéder à la construction des cinq termes suivants :

$$2,41(\cos 25° + \sqrt{-1}\sin 25°)$$
$$+\ 1,71(\cos 159° + \sqrt{-1}\sin 159°)$$
$$+\ 1,43(\cos 226° + \sqrt{-1}\sin 226°)$$
$$+\ 0,55 \times 1,196(\cos 293° + \sqrt{-1}\sin 293°)$$
$$+\ 0,12\ ;$$

et il faudra que, partant de l'origine, elle vienne se terminer à la même origine. Les quatre premiers termes de ce tracé sont figurés par le contour polygonal $O\,a'b'c'd$; ils viennent aboutir, comme les quatre côtés du polygone précédent, au même point d distant de l'origine de 0,12, de sorte que les conditions auxquelles il fallait satisfaire se trouvent ainsi réalisées.

Quant au cas où la valeur de K est égale à 3, ce qui correspond à la racine x_2, l'égalité de longueur de cette racine avec celle x_3 et la symétrie par rapport à la ligne de base fait voir suffisamment qu'avec elle, le premier membre de la proposée serait représenté par un polygone égal au précédent et symétriquement placé au-dessous de la ligne de base.

IX.

Pour terminer ce qui concerne l'équation qui nous occupe, il nous reste à nous expliquer sur ce que deviennent les représentations géométriques dans le cas irréductible.

Nous avons vu, à l'article XVIII du précédent chapitre, qu'une équation de la forme

$$x^5 + px^3 + qx^2 + 0{,}5\left(0{,}1\,p^2 + \frac{q^2}{p}\right)x + 0{,}02\,q\left(p + 5\,\frac{q^2}{p^2}\right) = 0$$

est résoluble et que ses racines ont pour expression générale

$$x = \frac{q}{p} \cdot \frac{m}{1+m^5}\left(\alpha^K + m\alpha^{2K} + m^2\alpha^{3K} + m^3\alpha^{4K}\right)$$

α étant, comme à l'ordinaire, la racine 5e de l'unité et m une fonction de p et de q constituée ainsi qu'il suit.

$$m = \sqrt[5]{-1 - 5\,\frac{q^2}{p^3} \pm 5\,\frac{q}{p}\sqrt{\frac{2}{5p} + \frac{q^2}{p^4}}}$$

Nous avons fait remarquer que cette équation n'échappe pas à la circonstance de l'irréductibilité, et nous en avons donné un exemple pour le cas où $p = -1$ et $q = \frac{1}{2}$.

La proposée prend alors la forme

$$x^5 - x^3 + 0{,}5\,x^2 - 0{,}075\,x + 0{,}0025 = 0\,,$$

et ses racines, toutes réelles, ont été trouvées égales à

$$+0{,}61\,,\ +0{,}34\,,\ +0{,}21\,,\ +0{,}0465\,,\ -1{,}2165\,.$$

Dans ce cas, la substitution des valeurs de p et de q dans m donne

$$m = \sqrt[5]{0{,}25 \pm 0{,}968\sqrt{-1}}\,,$$

ce qui nous conduit à l'irréductibilité.

Nous allons voir comment, malgré cet obstacle, la géométrie nous donnera les moyens de construire les racines.

Soit GOD (fig. 21) la ligne de base, O l'origine. Du point O comme centre décrivons la circonférence unité et soient α_1, α_2, α_3, α_4, α_5 les points de division de cette circonférence par cinquièmes. Si, à une distance $Oa = 0{,}25$ de l'origine, comptée sur la ligne de base, on élève une perpendiculaire $am_5 = 0{,}968$ et qu'on joigne le point O avec le point m_5, la longueur dirigée Om_5 représentera la quantité $0{,}25 + 0{,}968\sqrt{-1}$ placée sous le radical du cinquième degré. Nous nous expliquerons plus tard sur la seconde valeur $0{,}25 - 0{,}968\sqrt{-1}$.

En conséquence m sera égal à la racine cinquième de Om_5 dirigé.

Or il arrive, dans le cas actuel, que la longueur Om_5 est égale à l'unité; sa racine cinquième sera donc 1; d'un autre côté la direction de Om_5 correspond à l'arc $\alpha_5 m_5$; la racine cinquième de cette direction, ou m, sera donc la direction du cinquième de cet angle.

Cela est représenté sur la figure par la droite dirigée Om_1; on aura ensuite et successivement en allant de cinquièmes en cinquièmes

$$Om_2 = m^2\,,\ Om_3 = m^3\,,\ Om_4 = m^4\,,\ Om_5 = m^5\,.$$

Quant à la valeur de x, à cause de $\dfrac{q}{p} = -\dfrac{1}{2}$, elle se présente sous la forme

$$x = -\frac{1}{2(1+m^5)}\left(m\alpha^K + m^2\alpha^{2K} + m^3\alpha^{3K} + m^4\alpha^{4K}\right).$$

Procédons à sa construction en supposons d'abord que $K=1$, ce qui donne

$$x = -\frac{1}{2(1+m^5)}\left(m\alpha + m^2\alpha^2 + m^3\alpha^3 + m^4\alpha^4\right).$$

Occupons-nous d'abord du tracé du facteur polynome ; comme ici toutes les longueurs des droites dirigées sont l'unité, ce tracé sera un polygone dont tous les côtés seront égaux à 1.

En d'abord pour avoir le terme $m\alpha$ on prendra à la suite de α_1 l'arc que fait m avec la ligne de base, et que, pour abréger, nous désignerons par μ, on obtiendra ainsi un point b' qu'on joindra avec l'origine et Ob' dirigé sera $m\alpha$.

Pour avoir $m^2\alpha^2$ il faudra d'abord, à la suite de α_2 ajouter l'arc 2μ, puis joignant le point ainsi obtenu avec le centre on aura la direction de $m^2\alpha^2$. Menant donc par b' une parallèle à cette dernière droite en prenant sur cette parallèle, à partir de b', une longueur égale à l'unité, on aura un point c' qui représentera l'addition $m\alpha + m^2\alpha^2$.

Puis la direction de $m^3\alpha^3$ étant obtenue par l'addition de l'arc 3μ à la suite de α_3, on mènera par le point c' une parallèle à cette direction, en prenant sur celle-ci, à partir de c', une longueur égale à l'unité, on arrive au point d' qui représente l'addition $m\alpha + m^2\alpha^2 + m^3\alpha^3$.

Enfin la direction $m^4\alpha^4$ sera déterminée en ajoutant l'arc 4μ à la suite de α_4. Prenant donc à partir de d' la longueur unité parallèlement à cette direction, on arrive à un point x'_4, de telle sorte que Ox'_4 dirigé représente le polynome $m\alpha + m^2\alpha^2 + m^3\alpha^3 + m^4\alpha^4$.

Il faut voir maintenant comment ce résultat sera influencé par le facteur monome $-\frac{1}{2(1+m^5)}$.

Pour cela, il faut d'abord construire $1+m^5$. A cet effet la droite dirigée Om_5 représentant m_5, à partir du point m_5 on portera l'unité parallèlement à la ligne de base; cela conduit au point M et par suite OM dirigé représente $1+m^5$. Si l'on désigne par ρ la longueur OM et par θ l'angle qu'elle fait avec la ligne de base on aura

$$1+m^5 = \rho\,(\cos\theta + \sqrt{-1}\,\sin\theta)$$

et par suite $\frac{1}{1+m^5} = \frac{1}{\rho}\;\frac{1}{\cos\theta+\sqrt{-1}\,\sin\theta} = \frac{1}{\rho}\,(\cos\theta - \sqrt{-1}\,\sin\theta)$

Cela posé, il résulte de la construction que le point x'_4 vient tomber sur le prolongement de OM ; mais en vertu du signe – il faudra reporter Ox'_4 sur OM même, de sorte que $-Ox'_4$ dirigé $= Ox'_4\,(\cos\theta + \sqrt{-1}\,\sin\theta)$. Telle est la valeur de $-(m\alpha + m^2\alpha^2 + m^3\alpha^3 + m^4\alpha^4)$. Multipliant par celle de $\frac{1}{2(1+m^5)}$, les deux coefficients de direction donnent l'unité positive pour produit, de sorte que le résultat sera une longueur dirigée sur la ligne de base à droite du point O et par conséquent une longueur réelle positive. Quant à cette longueur sa valeur sera $\frac{Ox'_4}{2\rho}$, c'est-à-dire, d'après les mesures sur la figure $\frac{0,15}{3,22}$, soit 0,0465 qui est en effet une des racines indiquée à l'article XVIII du précédent chapitre.

Une construction analogue sera répétée pour chacune des formes que prend la valeur générale de x lorsqu'on y remplace K par les nombres 2, 3, 4, 5.

Ces constructions sont indiquées sur la figure ; pour éviter la confusion, les lettres qui indiquent les sommets du contour polygonal afférent à chacune sont les mêmes, mais marquées d'autant d'accents que l'indique la valeur de K dont on s'occupe. Chaque polygone part du point O et son premier côté est figuré par un rayon plein. Quant à son aboutissement, il vient se placer, ainsi que nous venons de le voir pour le cas où K = 1, sur le prolongement de OM, au-dessous de la ligne de base. On obtient ainsi sur ce prolongement la série des points x'_4, x'_3, x'_2, x'_1, les indices de x' devant être, comme nous l'avons vu, toujours égaux à $5-K$.

Pour les quatre valeurs 1, 2, 3, 4 de K, l'uniformité de ces constructions est complète. Nous ne l'avons pas maintenue pour $K=5$, parceque nous serions sorti du cadre de la figure, et nous avons évité cet inconvénient en donnant la valeur $\frac{1}{2}$ à la longueur constante des cotes au lieu de lui conserver la valeur 1. Cette construction est figurée par le polygone $Ob''c''d''x'_5$ et l'on ne devra pas perdre de vue que la longueur Ox'_5 ainsi obtenue n'est que la moitié de la véritable.

Toutes les longueurs ainsi déterminées Ox'_4, Ox'_3, Ox'_2, Ox'_1 doivent être ensuite ramenées sur la ligne de base et y être réduites dans le rapport de 1 à 2ρ, ρ étant la longueur OM. Ce rapport étant le même que celui de $\frac{1}{2}$ à OM, on voit que si l'on prend sur la ligne de base $ON=\frac{1}{2}$, et qu'on joigne le point M avec le point N, on voit, disons-nous, que toutes les parallèles qui lui seront menées, jouiront de la propriété de déterminer sur la ligne de base et sur la droite indéfinie OM, des longueurs qui, comptées à partir du point O, seront dans le rapport voulu de 1 à 2ρ. En conséquence menant de telles parallèles par les points x'_4, x'_3, x'_2, x'_1, on obtiendra pour les quatre racines positives les longueurs Ox_4, Ox_3, Ox_2, Ox_1.

Quant à la racine négative, pour laquelle la longueur auxiliaire Ox'_5 n'est que moitié de ce qu'elle devrait être, la parallèle menée par x'_5 nous conduira au point $x'_{\frac{5}{2}}$ pour lequel la longueur $Ox'_{\frac{5}{2}}$ n'est que moitié de la longueur représentant la racine; on doublera donc cette longueur et on obtiendra ainsi Ox_5.

Jusqu'à présent nous n'avons procédé à nos déterminations qu'à l'aide de la première valeur de m; nous avons démontré qu'au point de vue algébrique la seconde de ces valeurs m' conduit aux mêmes résultats; il n'est pas sans intérêt de voir par quels moyens la géométrie, de son côté, met à jour la même propriété. C'est ce que nous allons exposer.

Rappelons à cet effet que la première valeur étant $\sqrt[5]{0,25 + 0,968\sqrt{-1}}$, la seconde est $\sqrt[5]{0,25 - 0,968\sqrt{-1}}$. En conséquence, pour l'une et pour l'autre, on doit prendre sur la ligne de base, à partir du point O, une longueur Oa égale à 0,25 ; mais tandis que pour la première on élève par a une perpendiculaire à la ligne de base en en-dessus, pour la seconde il faudra faire la même opération en-dessous. On obtient ainsi sur la circonférence unité un point m'_5, et la longueur dirigée Om'_5 représente la valeur de m'_5. Il suffira donc, pour avoir m' de prendre la racine cinquième de Om'_5 dirigé. Ici, comme dans le cas précédent, la longueur de Om'_5 est l'unité ; il ne reste donc, pour compléter l'opération, qu'à prendre la racine cinquième de la direction.

Or la position de Om'_5 étant tout à fait symétrique à celle de Om_5, l'arc afférent à Om'_5 sera $2\pi - \alpha_5 m_5$ ou $2\pi - 5\mu$ dont le cinquième est égal à $\frac{2\pi}{5} - \mu$, de sorte qu'en désignant par α_1 la longueur du cinquième de la circonférence on aura $m' = \alpha_1 - \mu$. On aura ensuite successivement $m'^2 = \alpha_2 - 2\mu$, $m'^3 = \alpha_3 - 3\mu$, $m'^4 = \alpha_4 - 4\mu$, $m'^5 = \alpha_5 - 3\mu$.

Quant à $1 + m'^5$, pour l'obtenir, on mènera par le point m'_5 une parallèle à la ligne de base égale à l'unité. On arrivera ainsi à un point M' et la droite dirigée OM' sera la valeur de $1 + m'^5$. Comme cette construction est tout à fait symétrique à la précédente par rapport à la ligne de base on voit que l'on a

$$1 + m'^5 = \rho(\cos\theta - \sqrt{-1}\sin\theta) \text{ et par conséquent } \frac{1}{1+m'^5} = \frac{1}{\rho}(\cos\theta + \sqrt{-1}\sin\theta)$$

Cela posé, la forme générale des racines, avec la seconde valeur de m sera

$$x = -\frac{1}{2}\,\frac{1}{1+m'^5}\left(m'\alpha^K + m'^2\alpha^{2K} + m'^3\alpha^{3K} + m'^4\alpha^{4K}\right)$$

Voyons ce qu'elle devient pour $K=1$. Le facteur polynome sera représenté par un polygone dont les longueurs des côtés seront toutes égales à l'unité. Quant aux directions ce seront celles déterminées par les angles successifs : $\alpha_2-\mu$, $\alpha_4-2\mu$, $\alpha_1-3\mu$, $\alpha_3-4\mu$ (a)

Si donc la construction qui va résulter de ces données était tout à fait symétrique par rapport à la ligne de base à l'une de celles qu'a fournies la première valeur de m, on voit que cette construction faite avec m' aboutirait nécessairement à un point du prolongement de OM' situé à la même distance de O que celui où est venue aboutir celle faite avec m.

Or c'est bien ainsi que les choses se passent.

On remarquera à cet effet que α_2 est symétrique avec α_3 et que α_1 l'est avec α_4 ; il en résulte que, quelle que soit la quantité φ, les expressions $\alpha_2-\varphi$ et $\alpha_3+\varphi$ seront symétriques et qu'il en sera de ~~mê~~me de $\alpha_1-\varphi$ et de $\alpha_4+\varphi$.

Dès lors la construction qu'on exécutera avec les éléments (a) ci-dessus aura pour symétrique celle qui sera faite avec les éléments

$$\alpha_3+\mu,\ \alpha_1+2\mu,\ \alpha_4+3\mu,\ \alpha_2+4\mu.$$

Or celle-ci appartient en effet à la première valeur de m et correspond à la valeur 3 de K, ainsi qu'il est facile de s'en convaincre. Elle nous a conduit sur le prolongement de OM au point x'_2.

En conséquence les éléments (a) nous conduiront sur le prolongement de OM' en un point ξ'_2 symétrique à x'_2. C'est ce qui est représenté sur la figure par le contour polygonal $Onpq\xi'_2$.

Parvenu à ce point il faudra faire subir à $O\xi'_2$ dirigé les influences du facteur monome $-\frac{1}{2\varrho}(\cos\theta+\sqrt{-1}\sin\theta)$. Et d'abord le signe $-$ transportera $O\xi'_2$ sur OM' et lui donnera pour coefficient de direction $\cos\theta-\sqrt{-1}\,.\sin\theta$, de sorte qu'après la multiplication le résultat sera la longueur $O\xi'_2$ partant de O, couchée sur le côté droit de la ligne de base en réduite dans le rapport de l'unité à 2ρ.

Cette réduction s'obtiendra d'ailleurs par un procédé géométrique analogue au précédent. On joindra à cet effet le point M' avec le point N déjà défini et l'on mènera par le point ξ'_2 une parallèle à $M'N$. Cette parallèle coupe la ligne de base au point x_2 de sorte que Ox_2 est la racine cherchée.

En procédant de même pour les autres valeurs de K, on obtiendra avec m' les racines déjà obtenues avec la valeur m.

On voit qu'ici c'est la valeur $K=1$ pour m' que nous avons trouvé le même résultat qu'avec la valeur $K=3$ pour m. On vérifiera sans peine que les valeurs 2, 3, 4, 5 de K pour m' correspondent respectivement aux valeurs 2, 1, 5, 4 de K pour m. Nous n'insisterons pas sur ces détails dont la vérification est des plus faciles.

Les divers exemples que nous venons de faire passer sous les yeux du lecteur font voir comment la géométrie devient l'interprète des résultats algébriques, non seulement lorsque ces résultats sont accessibles aux calculs ordinaires de l'analyse, mais encore lorsqu'ils sont inexécutables pour celle-ci. Nous ne pensons pas qu'il soit nécessaire d'entrer dans de plus longs détails à ce sujet. Si l'on est bien pénétré des principes généraux exposés dans notre ouvrage sur l'interprétation des formes imaginaires en abstrait et en concret; si, en outre, on a suivi avec attention les divers procédés que nous venons d'indiquer pour les équations des cinq premiers degrés, nous pensons qu'on sera en mesure de faire avec succès aux diverses fonctions analytiques qu'on pourra avoir à traiter, les applications de ces principes et de ces procédés.

Nous allons maintenant donner une idée de l'extension que quelques-uns des résultats particuliers, constatés dans ce qui précède, sont susceptibles de recevoir pour la généralité de tous les degrés.

Chapitre dixième

Les propriétés des fonctions résolvantes et résolues s'appliquent généralement à tous les degrés.

Sommaire. — I. Un grand intérêt s'attache à savoir ce qu'il faut penser des fonctions résolvantes et résolues dans tous les degrés. — II. Détermination de la forme des racines des équations du degré n. — III. Détails historiques à ce sujet. Assertions du géomètre Wronski, 1° sur la forme des racines; 2° sur leurs valeurs absolues. — IV. C'est une erreur d'attribuer à Bezout la priorité des idées émises par Wronski sur la forme des racines. Cette propriété ne saurait être déniée à Wronski. Mais ce géomètre s'est borné à affirmer; il n'a rien démontré. — V. Indication sommaire des principales conséquences de notre théorème. L'étude complète de ce sujet, ainsi que celle des assertions de Wronski sur les valeurs absolues des racines sera l'objet d'un ouvrage spécial. — VI. Nombre des valeurs des résolvantes, leurs divisions en groupes et en sous-groupes et notations y relatives. — VII. Des rapports qui lient entre elles et avec les racines de l'unité les valeurs dont se composent les divisions tant principales que secondaires des résolvantes. — VIII. L'équation du degré $n!$ qui donne les $n!$ valeurs de x, peut être abaissée à une équation du degré $(n-1)!$. Lorsque n est un nombre premier, chaque résolvante a $n!$ valeurs. — IX. Détermination du nombre des valeurs des résolvantes lorsque n n'étant pas premier est un composé de deux facteurs m et p. — *Résumé et conclusions.*

I.

On a pu remarquer que les principes développés dans le cours de cet écrit pour les fonctions résolvantes et résolues des cinq premiers degrés paraissent dès l'abord susceptibles d'être généralisés pour tous les degrés. Si des développements théoriques ultérieurs confirmaient cette prévision, il en résulterait qu'un véritable progrès serait réalisé pour cette branche de la science algébrique qui s'occupe de la résolution des équations. A la vérité ces sortes de fonctions ne conduisent pas, en ce qui concerne les valeurs des racines, à des expressions toujours calculables par les seuls procédés de l'algèbre. Mais, si ce que nous avons constaté pour les premiers degrés se maintient pour les autres, ces fonctions n'en auraient pas moins le mérite de nous révéler ce que doit être la constitution des racines au point de vue des exigences algébriques. De nous apprendre par suite que la multiplicité de ces racines, dans chaque degré, est en corrélation directe et intime avec celle des racines de l'unité pour ce degré ; d'éclairer nos conceptions sur la circonstance si obscure de l'irréductibilité ; de nous donner des moyens faciles de résoudre certaines espèces particulières d'équations dans tous les degrés et d'obtenir toutes les racines que ces degrés comportent.

A ces avantages très apparents dès aujourd'hui, et dont la nomenclature pourra s'étendre dans l'avenir, s'en joint un autre dont l'importance est facile à saisir.

car, ces fonctions permettant de mettre à jour les conditions de principe et de forme auxquelles l'expression générale des racines doit satisfaire, il en résulte que bien que l'algèbre par elle-même, et par les moyens qui lui sont propres, ne puisse pas nous faire connaître les conséquences arithmétiques de ces conditions, elle nous montre toutefois, dans le cas où d'autres fonctions pourraient faire mieux que les siennes, à quelles subordinations de calcul ces fonctions doivent d'ores et déjà être soumises pour que le but poursuivi soit atteint.

Ces diverses considérations montrent tout l'intérêt qui s'attache à ce qu'il faut penser des fonctions résolvantes et résolues dans le cas le plus général et à chercher par conséquent ce que deviennent, pour un degré quelconque, les idées et les principes que nous venons de développer à ce sujet pour les cinq premiers degrés. C'est par cette recherche que nous terminerons ce que nous avons à exposer sur l'intervention des formes imaginaires dans la théorie de la résolution des équations. Cette étude aura pour résultat de démontrer combien cette intervention est générale, combien elle est nécessaire.

II.

Considérons une suite de n nombres quelconques que nous désignerons par x_1, x_2, x_3 ..... x_{n-1}, x_n, l'emploi des indices n'ayant ici d'autre objet que de distinguer ces nombres les uns des autres. Puis désignons par α la première racine de l'unité du degré n, c'est-à-dire celle dont l'expression par les fonctions circulaires est représentée par $\cos \frac{2\pi}{n} + \sqrt{-1} \sin \frac{2\pi}{n}$.

Cela posé, formons à l'aide des nombres donnés et de α la fonction suivante :

$$x_1 \alpha + x_2 \alpha^2 + x_3 \alpha^3 + \dots\dots + x_{n-1} \alpha^{n-1} + x_n \alpha^n$$

sont la forme linéaire par rapport aux nombres donnés est des plus simples.

Maintenant, sans rien changer à l'ordre suivant lequel se succèdent les x, ordre qui est d'ailleurs quelconque, remplaçons les diverses puissances de α qui figurent dans la fonction, d'abord par leurs carrés, puis par leurs cubes, et ainsi de suite jusqu'à leur n^{me} puissance, nous obtiendrons ainsi un ensemble de n fonctions des nombres donnés. Ce sont ces fonctions que je désigne par la dénomination de <u>résolvantes</u>. Elles sont toutes linéaires, elles sont toutes une dépendance mathématique de la première et, pour abréger, j'appellerai loi puissancielle des résolvantes le mode de dérivation, à l'aide des puissances de α, au moyen duquel cette dépendance vient d'être définie.

Si, pour simplifier, on désigne successivement par X_1, X_2, X_3, ... X_{n-1}, X_n, ces n fonctions, on formera le tableau suivant

$$x_1\alpha + x_2\alpha^2 + x_3\alpha^3 + \ldots\ldots + x_{n-1}\alpha^{n-1} + x_n\alpha^n = X_1$$

$$x_1\alpha^2 + x_2\alpha^{2.2} + x_3\alpha^{2.3} + \ldots\ldots + x_{n-1}\alpha^{2(n-1)} + x_n\alpha^{2n} = X_2$$

$$\ldots\ldots\ldots\ldots\ldots\ldots\ldots\ldots\ldots\ldots\ldots\ldots\ldots\ldots$$

$$x_1\alpha^{\mu} + x_2\alpha^{\mu.2} + x_3\alpha^{\mu.3} + \ldots\ldots + x_{n-1}\alpha^{\mu(n-1)} + x_n\alpha^{\mu.n} = X_\mu$$

$$\ldots\ldots\ldots\ldots\ldots\ldots\ldots\ldots\ldots\ldots\ldots\ldots\ldots\ldots$$

$$x_1\alpha^{n-1} + x_2\alpha^{(n-1)2} + x_3\alpha^{(n-1)3} + \ldots\ldots + x_{n-1}\alpha^{(n-1)(n-1)} + x_n\alpha^{(n-1)n} = X_{n-1}$$

$$x_1\alpha^{n} + x_2\alpha^{n.2} + x_3\alpha^{n.3} + \ldots\ldots + x_{n-1}\alpha^{(n-1)n} + x_n\alpha^{n.n} = X_n$$

Ces choses ainsi entendues, faisons maintenant pour les X_1, X_2, ... X_n ce que nous avons fait pour les x_1, x_2, ... x_n, nous obtiendrons ainsi n nouvelles fonctions qui seront ce que j'appelle les <u>résolues</u> et que je désignerai par X'_1, X'_2, X'_3 ...... X'_{n-1}, X'_n. Ces fonctions seront encore toutes linéaires par rapport aux nombres donnés et c'est en vertu de la même loi puissancielle ci dessus définie qu'elles seront formées.

Nous obtiendrons ainsi le tableau suivant :

$$x_1\alpha + x_2\alpha^2 + x_3\alpha^3 + \dots\dots\dots + x_{n-1}\alpha^{n-1} + x_n\alpha^n = X'_1$$

$$x_1\alpha^2 + x_2\alpha^{2.2} + x_3\alpha^{2.3} + \dots\dots + x_{n-1}\alpha^{2(n-1)} + x_n\alpha^{2n} = X'_2$$

$$\dots\dots\dots\dots\dots\dots\dots\dots\dots\dots\dots\dots\dots\dots$$

$$x_1\alpha^K + x_2\alpha^{K.2} + x_3\alpha^{K.3} + \dots\dots + x_{n-1}\alpha^{K(n-1)} + x_n\alpha^{K.n} = X'_K$$

$$\dots\dots\dots\dots\dots\dots\dots\dots\dots\dots\dots\dots\dots\dots$$

$$x_1\alpha^{n-1} + x_2\alpha^{(n-1)2} + x_3\alpha^{(n-1)3} + \dots + x_{n-1}\alpha^{(n-1)(n-1)} + x_n\alpha^{(n-1)n} = X'_{n-1}$$

$$x_1\alpha^n + x_2\alpha^{n.2} + x_3\alpha^{n.3} + \dots\dots\dots + x_{n-1}\alpha^{(n-1)n} + x_n\alpha^{n.n} = X'_n$$

Or il est facile de démontrer que chacune des résolues ainsi formées est égale à n fois l'un des nombres donnés.

Considérons en effet un quelconque de ces nombres x_τ ; ce nombre sera multiplié savoir :

dans X_1 par α^τ, dans X_2 par $\alpha^{2\tau}$, dans X_3 par $\alpha^{3\tau}$, et ainsi de suite.

En conséquence, dans une résolue quelconque X'_K, il aura à cause de X_1, le facteur $\alpha^{\tau+K}$, à cause de X_2 le facteur $\alpha^{2(\tau+K)}$, à cause de X_3 le facteur $\alpha^{3(\tau+K)}$ et ainsi de suite. De sorte que, dans cette résolue, la somme de tous les termes en x_τ sera

$$x_\tau\left(\alpha^{\tau+K} + \alpha^{2(\tau+K)} + \dots\dots + \alpha^{(n-1)(\tau+K)} + \alpha^{n(\tau+K)}\right).$$

Or il arrivera de deux choses l'une, ou $\tau+K$ ne sera pas un multiple de n ou il le sera.

Dans le premier cas la somme qui multiplie x_τ sera nulle et par suite x_τ ne figurera pas dans X'_K.

Dans le second cette somme sera égale à n, et par suite nx_τ, figurera dans X'_K.

Mais comme chacun des nombres τ et K est

plus petit que n, il n'y aura qu'une seule manière de rendre $r+k$ multiple de n ; il faudra nécessairement pour cela que $r+k$ soit égal à n, d'où l'on déduit $r = n-k$.

On peut donc affirmer qu'aucun des nombres autre que x_{n-k} ne pourra figurer dans X'_k, que x_{n-k} y sera contenu seul, qu'il y sera multiplié par n et que par suite on aura.

$$X'_k = n \cdot x_{n-k} .$$

En conséquence, si l'on désigne un quelconque de nos n nombres par le symbole général x et si l'on considère k comme une indéterminée susceptible de recevoir toutes les valeurs entières depuis 1 jusqu'à n, on sera autorisé à écrire :

$$x = \frac{X'_k}{n} = \frac{1}{n}\left(X_1 \alpha^{k} + X_2 \alpha^{2k} + \ldots\ldots + X_{n-1}\alpha^{(n-1)k} + X_n \alpha^{nk} \right).$$

Il suit de là que cette relation reproduisant, par la substitution des n valeurs de k, les n nombres donnés, est l'équivalent algébrique nécessaire d'une équation du n^e degré ayant ces nombres pour racines, d'où l'on conclut que de pareilles racines sont toutes et simultanément exprimables par le symbole ci-dessus, ou, en d'autres termes que ce symbole est l'expression des racines d'une telle équation.

III.

Ce fait algébrique conduit à des conséquences diverses qui intéressent à un haut degré la théorie générale des équations. Je m'expliquerai tout-à-l'heure sur les plus essentielles de ces conséquences. Pour le moment je veux présenter quelques détails préliminaires sur l'historique de ces expressions et sur leur introduction dans le domaine de la science, détails que je ferai suivre de quelques observations critiques.

Vers les années 1811 et 1812 le géomètre Wronski

annonça que les racines d'une équation quelconque du degré n, privée de son second terme, sont exprimées comme suit :

$$x_1 = \rho\sqrt[n]{\xi_1} + \rho^2\sqrt[n]{\xi_2} + \rho_1^3\sqrt[n]{\xi_3} + \cdots\cdots + \rho_1^{n-2}\sqrt[n]{\xi_{n-2}} + \rho_1^{n-1}\sqrt[n]{\xi_{n-1}}$$

$$x_2 = \rho_2\sqrt[n]{\xi_1} + \rho_2^2\sqrt[n]{\xi_2} + \rho_2^3\sqrt[n]{\xi_3} + \cdots\cdots + \rho_2^{n-2}\sqrt[n]{\xi_{n-2}} + \rho_2^{n-1}\sqrt[n]{\xi_{n-1}}$$

. . . .

$$x_{n-1} = \rho_{n-1}\sqrt[n]{\xi_1} + \rho_{n-1}^2\sqrt[n]{\xi_2} + \rho_{n-1}^3\sqrt[n]{\xi_3} + \cdots + \rho_{n-1}^{n-2}\sqrt[n]{\xi_{n-2}} + \rho_{n-1}^{n-1}\sqrt[n]{\xi_{n-1}}$$

$$x_n = \rho_n\sqrt[n]{\xi_1} + \rho_n^2\sqrt[n]{\xi_2} + \rho_n^3\sqrt[n]{\xi_3} + \cdots + \rho_n^{n-2}\sqrt[n]{\xi_{n-1}} + \rho_n^{n-1}\sqrt[n]{\xi_{n-1}}$$

Dans ces expressions $\rho_1, \rho_2, \rho_3 \ldots\ldots \rho_{n-1}, \rho_n$ représentent les n racines de l'unité du degré n. Quant aux quantités $\xi_1, \xi_2, \xi_3, \ldots\ldots \xi_{n-1}$ que Wronski appelle les parties constituantes des racines, ce sont, d'après lui, les racines d'une équation du degré $n-1$ qui serait la réduite. L'auteur indique d'ailleurs la marche à suivre pour former cette dernière équation, et je dirai tout à l'heure en quoi consiste cette marche, du moins dans ce qu'elle a de plus général.

Tout cela est exposé dans une brochure in-4° de 16 pages, mais sans démonstration aucune.

Gergonne, dans un article qu'il fit paraître dans ses annales, et intitulé : *Doutes et réflexions sur la méthode proposée par M. Wronski pour la résolution générale des équations algébriques de tous les degrés*, présenta diverses observations tendant à faire suspecter la légitimité des assertions de l'auteur.

Il reconnut toutefois, dès l'abord, que le procédé indiqué réussit complètement pour le 3e degré. Plus tard, il reconnut encore qu'il en était de même pour le quatrième. Mais il fit remarquer, pour ce dernier cas, qu'indépendamment des deux relations

$$\rho^n - 1 = 0\,; \quad \rho_1 + \rho_2 + \rho_3 + \cdots\cdots + \rho_{n-1} + \rho_n = 0$$

qui sont générales et uniques pour tous les degrés, exprimées par des nombres premiers, on a en outre ici $\rho^2 + 1 = 0$. Or, dit-il, le calcul prouve que c'est précisément à cette nouvelle faculté d'annulation qu'est dû le succès de la méthode, et comme cette faculté n'existe pas pour tous les degrés qui sont premiers, c'est un motif de plus pour douter de ce succès dès le cinquième degré.

Quant à la vérification pour ce dernier degré, Gergonne dut y renoncer et l'on en comprendra facilement la raison. Voici en effet la série de calculs à laquelle on devrait se livrer pour procéder à cette application suivant les règles indiquées par Wronski.

n étant le degré d'une équation, il faut au préalable former deux sortes de fonctions des racines dans lesquelles la complication ne fait pas défaut. Les unes, au nombre de n^{n-1} sont le développement des n^{n-1} premières puissances de la somme des racines de la proposée, dont les termes seraient privés de leurs coefficients numériques. Les autres, au nombre de n^{n-2} sont telles qu'en y substituant pour $x_1, x_2, \ldots\ldots x_n$ leurs valeurs hypothétiques, elles deviennent des fonctions rationnelles et symétriques des éléments $\xi_1, \xi_2, \ldots \ldots \xi_{n-1}$. Cela fait, on pose entre ces fonctions n équations que Wronski appelle fondamentales, mais qu'il ne démontre pas. Ces équations lient les $n-1$ éléments $\xi_1, \xi_2, \ldots \xi_{n-1}$ avec les coefficients de la proposée. Alors entre les n équations, on élimine $n-2$ de ces éléments et l'on arrive ainsi à deux équations n'ayant qu'une inconnue. L'une de ces équations, dit Gergonne, paraît devoir être au moins du degré $1.2.3\ldots(n-1)$, l'autre du degré $1.2.3\ldots\ldots(n-2)n$, et, comme elles sont satisfaites par une même inconnue, elles doivent avoir un commun diviseur. Wronski affirme que ce commun diviseur existe en effet, qu'il est du degré $n-1$, et, qu'égalé à zéro, il constitue la réduite cherchée.

Il suit de là que, pour le 5e degré seulement, il faudrait calculer 625 fonctions de la première espèce et 125 de la seconde, en tout 750 ; puis poser cinq équations à 4 inconnues, et éliminer 3 de ces inconnues. Cela conduirait, dit Gergonne, à deux équations des degrés 24 et 30, entre les premiers membres desquelles on procéderait à la recherche du plus grand commun diviseur ; on obtiendrait ainsi, d'après Wronski, un polynome du 4e degré qui, égalé à zéro, serait la réduite cherchée.

On comprend sans peine, d'après cette nomenclature que Gergonne n'ait pas eu le courage d'entreprendre une pareille tâche et je doute qu'il se trouve beaucoup de géomètres assez patients pour parcourir jusqu'au bout toutes les étapes d'un tel programme.

Depuis cette critique du savant rédacteur des Annales, je ne sache pas qu'il ait été rien écrit de sérieux sur ce sujet. Toutefois je ne me permettrai pas d'être complètement affirmatif à cet égard et les informations qui pourront m'être données sur ce point seront les bienvenues.

IV.

En ce qui concerne les réserves faites par Gergonne pour dénier à Wronski la priorité de sa conception sur la forme à attribuer aux racines, elles me paraissent peu fondées. " La forme, dit-il, que l'auteur attribue aux "racines dans tous les degrés, est en effet exactement celle " que Bezout leur avait assignée avant lui." Les études de Bezout auxquelles il est ici fait allusion sont insérées dans les mémoires de l'Académie de Paris pour les années 1762 et 1765. J'ai lu ces études; on y trouve bien pour les cas, toujours particuliers, traités par l'auteur, quelques analogies avec les formes indiquées par Wronski. Or ce sont là de simples coïncidences qui devaient inévitablement se produire si le principe de Wronski est vrai. Bezout ne pouvait en effet que retrouver dans le particulier ce que Wronski signale comme général. Mais on n'y voit rien de nettement indiqué, rien qui ressemble à une affirmation formelle et surtout généralement applicable à tous les cas. Dans le travail de Bezout on retrouve sans doute des expressions conformes aux types de Wronski ; mais c'est comme conséquence des calculs que ces formes se présentent à l'auteur qui les accepte et les inscrit à ce titre, mais qui ne les a nullement préjugées.

Et, en effet, l'intervention des racines de l'unité indiquée par Wronski comme élément essentiellement et primordialement constitutif des racines, ne figure pas chez Bezout comme un antécédent obligatoire et qui a reçu à l'avance sa réglementation, elle ne se montre qu'après coup et comme un conséquent qui, au lieu d'obéir aux prescriptions d'une loi générale, semble, d'après les idées de l'auteur, devoir subir autant de variétés indépendantes les unes des autres qu'il pourra se présenter de cas particuliers.

Quant aux expressions radicales du degré n que Wronski appelle les parties constituantes des racines, parcequ'en effet elles les constituent dans chaque cas conformément aux valeurs que prennent les coefficients pour ce cas, tandis que les racines de l'unité restent immuables pour toutes les espèces, quant à ces expressions radicales, dis-je, Bezout les admet si peu comme devant former règle générale pour toutes les équations d'un même degré, que son but est au contraire de rechercher la résolution de certaines équations particulières de ce degré dont une des racines, une seule, qu'on le remarque bien, se compose, en nombre d'ailleurs limité, de l'addition de pareils radicaux.

Il faut le reconnaître, il est impossible de trouver dans les travaux de Bezout autre chose que des recherches tout à fait particularisées, qui, si les principes de Wronski sont vrais, devront, je le répète, avoir des points de contact nécessaires avec ces principes, mais qui, par la nature même et par la spécialisation de ces travaux sont complètement exclusives de toute idée de généralisation.

Wronski doit donc à mon avis être considéré comme le premier qui, en cette matière, soit venu faire l'annonce nettement affirmative d'un principe général sur la constitution des racines. A cet égard son droit paraît incontestable; mais hâtons-nous de dire qu'en fait de preuves il n'en a absolument produit aucune.

A l'exemple de beaucoup de géomètres du 17e siècle, et le grand Newton lui-même est de ce nombre, il a eu plus encore en vue sa personnalité que les intérêts de la science; désireux sans doute d'exploiter pour son compte exclusif les conséquences de ses découvertes, il s'est d'abord borné à prendre date pour s'assurer la gloire de la découverte, et peut être même, quand il l'a fait, celle-ci n'était-elle pas complète. Mais il s'est bien gardé de produire les preuves qui devaient justifier ses assertions, soit qu'il ne fût pas encore tout à fait prêt, soit qu'il ne voulût pas mettre les autres sur la voie de recherches complémentaires que son amour-propre le poussait à se réserver pour lui seul.

Quoi qu'il en soit, il y a en résumé deux choses dans les assertions de Wronski : la première consiste à savoir si, quant à la forme des racines, les expressions qu'il indique doivent être définitivement admises ou rejetées, la seconde à rechercher si les procédés qu'il prescrit pour obtenir les parties constituantes des racines sont justifiables.

Sur le premier point le doute n'est pas possible, Wronski ne s'est pas trompé quant à la forme. Il résulte en effet du théorème que j'ai démontré à l'article II que n nombres quelconques étant donnés, l'ensemble de ces nombres peut être représenté par l'expression

$$x = \frac{1}{n}\left(X_1 \alpha^{K} + X_2 \alpha^{2K} + \ldots\ldots + X_{n-1}\alpha^{(n-1)K} + X_n \alpha^{nK}\right)$$

dans laquelle $X_1, X_2 \ldots\ldots$ sont les fonctions résolvantes ci-dessus définies, et α la racine de l'unité du degré n. Il suffira ensuite de donner à K toutes les valeurs comprises de 1 à n pour obtenir la série des n nombres donnés.

Or ces nombres pouvant toujours être considérés comme les racines d'une équation du degré n, il s'ensuit que de telles racines doivent à leur tour être représentées par l'expression ci-dessus.

On reconnaîtra d'ailleurs facilement qu'admettre avec Wronski que l'équation est privée de son second terme, c'est attribuer la valeur zéro à la somme $x_1 + x_2 + \ldots + x_n$ des nombres donnés, c'est-à-dire à X_n. L'expression ci-dessus s'arrête alors au terme $X_{n-1}\,\alpha^{(n-1)K}$ et revêt exactement la forme du type indiqué par Wronski.

On peut, ce me semble, admettre comme certain que, si ce géomètre, au lieu d'employer les expressions radicales $\sqrt[n]{\xi_1}$, $\sqrt[n]{\xi_2}$, ... $\sqrt[n]{\xi_{n-1}}$, avait fait usage de nos résolvantes dont tout me porte à croire qu'il devait avoir connaissance, il y a longtemps que le fait dont il s'agit en ce moment aurait été acquis à la science, et aurait porté ses fruits. Mais, ainsi que je l'ai dit, dans le but très probable de satisfaire aux intérêts de son amour-propre, Wronski s'est montré aussi peu explicatif que possible, il s'est tu sur l'origine de ses expressions radicales, il s'est gardé de dire qu'elles avaient chacune pour équivalent algébrique la n^e partie de nos résolvantes, parce qu'il prévoyait bien que, cette explication étant donnée, tout ce qu'il y avait de mystérieux dans ses assertions allait disparaître et qu'il cesserait ainsi de rester seul maître de son secret.

V

Mais sans insister davantage sur le côté moral des procédés de Wronski, on doit reconnaître aujourd'hui que, malgré l'absence de toute justification, cette première partie de ses affirmations est exacte. Le théorème que nous venons de démontrer ne saurait laisser aucun doute à cet égard.

Quant aux conséquences de ce théorème, on peut entrevoir dès l'abord qu'elles doivent avoir une grande importance dans la théorie générale des équations. Quelques-unes d'entre elles sont même saisissables à première vue: ainsi l'on comprend, par la seule inspection de x, le motif pour lequel une équation du n^e degré a n racines; et l'on voit que ce fait est une conséquence directe de celui en vertu duquel l'unité possède à son tour n racines du même degré; l'on voit encore, d'après le type que le calcul assigne à l'expression de x, que, lorsque toutes les racines sont réelles, les résolvantes sont nécessairement de forme imaginaire; de sorte qu'en dehors de cette forme il n'est pas possible à l'algèbre de nous faire connaître l'expression de racines réelles; et là se trouve l'origine de la circonstance de l'irréductibilité. L'on voit encore que, dans sa représentation générale, la racine est exprimable par des fonctions des racines qui, non seulement sont rationnelles, mais entières et de plus linéaires.

Indépendamment de ces conséquences, pour ainsi dire apparentes par elles-mêmes, des études plus approfondies en révèlent une foule d'autres qui justifient de plus en plus l'importance de notre théorème dans la théorie générale des équations.

Mais nous ne saurions présenter ici l'exposé de toutes ces recherches. Nous le produirons plus tard en y ajoutant celles qui ont pour objet la seconde des affirmations de Wronski relative au degré de la réduite. Outre que ces études contiennent à elles seules la matière de tout un volume, elles ont un caractère de généralité qui nous ferait sortir du cadre exclusivement élémentaire dans lequel nous avons voulu renfermer le présent ouvrage.

* Nous nous bornerons donc à ajouter à ce que nous venons de dire sur la définition des résolvantes et

des résolues, ce qui se rapporte aux caractères les plus essentiels de leur constitution lorsqu'on les envisage exclusivement en elles-mêmes, et indépendamment des rapports qu'elles ont avec la résolution générale des équations.

VI.

On a vu dans l'article II qu'ayant pris des nombres donnés quelconques au nombre de n dans tel ordre qu'on voudra, et les ayant multipliés dans cet ordre par les puissances successives de α depuis la première jusqu'à la n^e, on obtient n produits dont l'addition forme la première résolvante.

Mais puisque l'ordre est arbitraire et qu'il y a $n!$ (*) manières de placer n choses les unes à la suite des autres, il s'ensuit que le nombre des valeurs de notre résolvante est $n!$.

Il est aisé de se convaincre que, dans l'hypothèse où les nombres donnés sont quelconques, toutes ces valeurs sont nécessairement différentes les unes des autres; si, en effet, il y en avait deux seulement qui fussent les mêmes, il en résulterait une condition de laquelle, en égalant séparément le réel au réel et l'imaginaire à l'imaginaire, on déduirait deux équations entre les nombres donnés, et dès lors il n'aurait pas été vrai de dire que ceux-ci sont quelconques.

Ces $n!$ valeurs sont susceptibles de certaines

(*) Ainsi que nous l'avons souvent pratiqué dans nos écrits et à l'exemple de Gergonne, le savant rédacteur des annales de mathématiques, nous employons la notation $n!$ pour représenter le produit de tous les nombres entiers de la suite naturelle depuis l'unité jusqu'à n. Cette notation n'est donc autre chose qu'un abrégé de l'expression $1.2.3\ldots(n-1)n$.

classifications au sujet desquelles nous allons nous expliquer.

On peut d'abord établir entre elles n groupes caractérisés chacun par cette circonstance que les valeurs qui en font partie commencent toutes par la même lettre, ce qui revient à dire, d'après notre définition, que cette lettre y est toujours multipliée par s. Ayant ainsi forcé la place d'une lettre, il n'en reste plus que $n-1$ à permuter ; et il résulte de là que chaque groupe se composera de $(n-1)!$ valeurs de X.

Celles-ci à leur tour seront susceptibles de n - sous-groupes qui seront caractérisés chacun par cette circonstance que les deux mêmes lettres y occuperont l'une la première place, l'autre la seconde. Il ne restera donc plus alors que $n-2$ lettres à permuter, de sorte que chaque sous groupe contiendra $(n-2)!$ valeurs de X.

On pourra ainsi continuer les subdivisions d'un groupe en supposant que l'on fixe la position de 3, 4, 5 .... m lettres ; auquel cas chacune de ces subdivisions se composera successivement de $(n-3)!$, $(n-4)!$, ... $(n-m)!$ valeurs de X, et leur nombre, dans le groupe considéré, sera le produit complémentaire à l'aide duquel on passera de $(n-m)!$ à $(n-1)!$, c'est-à-dire $\frac{(n-1)!}{(n-m)!}$

Avant de poursuivre ce que nous avons à dire sur ces divisions et subdivisions, il convient de s'expliquer sur quelques notations qui simplifieront l'exposé que nous nous proposons de faire de leurs principales propriétés.

Nous emploierons d'abord le symbole général M pour désigner une quelconque des valeurs de X. Puis si nous voulons distinguer celles qui s'appliquent exclusivement à un groupe, celui, par exemple, qui réunit toutes les valeurs commençant par x_k, nous ferons usage de la notation $\underline{[M]}_k$, de sorte que l'ensemble des M sera composé de la réunion des $\underline{[M]}_1$, $\underline{[M]}_2$, $\underline{[M]}_3$, ... $\underline{[M]}_{n-1}$, $\underline{[M]}_n$, c'est-à-dire de celle des groupes qui commencent par x_1, x_2, x_3, ... x_{n-1}, x_n.

Mais, ainsi que nous venons de le dire, dans

chaque groupe on peut avoir besoin d'établir des subdivisions basées sur la place des lettres autres que celle qui caractérise le groupe. Ainsi x_K étant la caractéristique du groupe et figurant par conséquent à la première place, une autre lettre x_ℓ peut successivement occuper les rangs $2, 3, 4, \ldots n-1, n$, et il y aura $(n-2)!$ composantes de $\underline{[M]}_K$ pour chacun de ces rangs assignés à x_ℓ.

Or nous ferons usage de la notation $\underline{[M(x_\ell)_2]}_K$ pour désigner les $(n-2)!$ composantes du groupe K dans lesquelles x_ℓ occupe le second rang et plus généralement de la notation $\underline{[M(x_\ell)_\mu]}_K$ pour exprimer les $(n-2)!$ composantes de ce groupe dans lesquelles x_ℓ occupe le rang μ, de sorte que l'ensemble des $(n-1)!$ valeurs du groupe K se composera des $n-1$ sous groupes exprimés par

$$\underline{[M(x_\ell)_2]}_K, \underline{[M(x_\ell)_3]}_K, \ldots\ldots \underline{[M(x_\ell)_{n-1}]}_K, \underline{[M(x_\ell)_n]}_K$$

Après avoir ainsi étudié ce qui s'applique au placement obligé de deux lettres dans un groupe, on peut vouloir s'occuper de ce qui concerne le placement obligé d'une troisième lettre x_g. Ainsi x_K occupant la première place, et x_μ celle du rang μ, ce qui nous reporte au sous-groupe $\underline{[M(x_\ell)_\mu]}_K$, la troisième lettre pourra occuper dans ce sous-groupe toutes les places, excepté celles des rangs 1 et μ. Si on lui assigne celle du rang ν, il ne restera plus que $n-3$ lettres à permuter, ce qui correspondra à $(n-3)!$ valeurs de X_1. Or nous désignerons l'ensemble de ces valeurs par la notation $\underline{[M(x_\ell)_\mu(x_g)_\nu]}_K$ dans laquelle μ est fixe et ν peut recevoir toutes les valeurs comprises de 2 à n excepté celle μ. Il suit de là que le sous-groupe $\underline{[M(x_\ell)_\mu]}_K$ se composera de l'ensemble des $n-2$ subdivisions:

$$\underline{[M(x_\ell)_\mu(x_g)_2]}_K, \underline{[M(x_\ell)_\mu(x_g)_3]}_K, \ldots\ldots \underline{[M(x_\ell)_\mu(x_g)_n]}_K.$$

l'indice μ de x_ℓ restant constant et celui de x_g prenant toutes les valeurs de 2 à n sauf celle μ.

A l'aide de ces explications on se rendra facilement compte de ce qu'il y aurait à faire si l'on voulait forcer les places d'un plus grand nombre de lettres.

VII.

Ces choses ainsi entendues, on se convaincra sans peine qu'à l'aide de certaines combinaisons des valeurs d'un groupe arbitraire K avec les puissances de α, on pourra passer à un autre groupe l quel qu'il soit.

En effet, dans le groupe K, considérons les $(n-2)!$ valeurs d'un sous-groupe quelconque caractérisé par la condition que la lettre x_ℓ y occupe la place μ. Il s'ensuit que dans ce sous-groupe x_ℓ a pour facteur α^μ.

Si nous multiplions ces $(n-2)!$ valeurs par α^θ, le facteur de x_ℓ va devenir $\alpha^{\mu+\theta}$. En conséquence si $\mu+\theta$ est égal à $n+1$, il arrivera que x_ℓ ne sera multiplié que par α ; que par suite il passera à la première place, et fera ainsi partie du groupe l. D'ailleurs, comme dans chacune de ces $(n-2)!$ valeurs, les puissances de α qui multiplient les lettres qui la composent sont toutes différentes les unes des autres, elles continueront de jouir de la même propriété après leur multiplication par la quantité constante α^θ, et deviendront à ce titre une des $n!$ valeurs de X_1.

Cela posé, de la condition ci-dessus entre θ et μ on déduit $\theta = n+1-\mu$. On peut donc être certain que les $(n-2)!$ valeurs du sous-groupe dans lequel x_ℓ occupe la place μ deviennent $(n-2)!$ valeurs du groupe l lorsqu'on les multiplie par la puissance $n+1-\mu$ de α.

Or μ pouvant avoir successivement les $n-1$ valeurs comprises de 2 à n, en répétant pour chaque sous-groupe une opération analogue, on en fera une des subdivisions du groupe l dont on obtiendra ainsi les $n-1$ sous-groupes.

Il est d'ailleurs facile de se convaincre que chacun de ces sous-groupes sera caractérisé par la circonstance que x_K y occupera une place déterminée et dépendant du rang μ qu'occupait x_l dans le groupe primitif K.

En effet lorsque, dans ce dernier groupe, on multiplie par $\alpha^{n+1-\mu}$ les $(n-2)!$ valeurs du sous-groupe dans lequel x_l occupe la place μ, le facteur primitif α de x_K devient... $\alpha^{n+2-\mu}$ et par suite $n+2-\mu$ sera la place constante de x_K dans toutes ces valeurs, de sorte que, d'après nos notations ces $(n-2)!$ valeurs, ainsi transformées pour passer dans le groupe l, seront exprimées par $\underline{\{M(x_K)_{n+2-\mu}\}}_l$ et l'on pourra écrire la relation :

$$\underline{\alpha^{n+1-\mu}\{M(x_l)_\mu\}}_K = \underline{\{M(x_K)_{n+2-\mu}\}}_l$$

dans laquelle μ recevra toutes les valeurs comprises de 2 à n.

Telles sont les observations essentielles que nous avons à présenter sur la distribution des $n!$ valeurs de X, en groupes et sous-groupes et sur les rapports qui lient entre elles et avec les racines de l'unité, celles de ces valeurs dont se composent ces divisions tant principales que secondaires.

VIII.

Considérons maintenant isolément une quelconque des $(n-1)!$ valeurs du groupe K et désignons-la par M_τ. Dans cette valeur, x_K occupe la première place. Un autre nombre x_l, pris d'ailleurs arbitrairement, occupera par exemple la place μ, et il résulte de ce que nous venons de dire que si l'on multiplie cette valeur par $\alpha^{n+1-\mu}$ elle deviendra une des valeurs du groupe x_l.

De sorte que généralement μ étant le rang d'un

de nos $n-1$ nombres, différent de x_K, si l'on multiplie M_τ par $\alpha^{n+1-\mu}$, on obtiendra une des valeurs du groupe commençant par le nombre qui, dans le groupe K, occupait le rang μ ; en d'autres termes, on obtiendra une des $n!$ valeurs de X_1. Mais puisque μ peut avoir toutes les valeurs comprises de 2 à n, on voit que la multiplication de M_τ par les puissances de α dont les degrés sont

$$(n+1)-2\ ,\ (n+1)-3\ ,\ \ldots\ldots\ (n+1)-(n-1)\ ,\ (n+1)-n$$

conduira toujours à une des $n!$ valeurs de X.

Or ces puissances correspondent à la série

$$\alpha^{n-1},\ \alpha^{n-2},\ \ldots\ldots\ \alpha^2,\ \alpha\ .$$

De telle sorte que si M_τ est racine de l'équation qui doit donner les $n!$ valeurs de X_1, on peut affirmer que

$$\alpha^{n-1}M_\tau\ ,\ \alpha^{n-2}M_\tau\ ,\ \ldots\ldots\ \alpha^2 M_\tau\ ,\ \alpha M_\tau\ ,$$

seront pareillement racines de cette équation. Par conséquent si l'on désigne par X le symbole général des $n!$ valeurs de X_1, le premier membre de l'équation en X devra contenir les facteurs:

$$(X-M_\tau),\ (X-\alpha M_\tau),\ (X-\alpha^2 M_\tau)\ \ldots\ldots\ (X-\alpha^{n-2}M_\tau),\ (X-\alpha^{n-1}M_\tau)$$

ou, en résumé, le facteur $(X^n - M_\tau^n)$.

D'ailleurs M_τ pouvant être une quelconque des $(n-1)!$ valeurs dont se compose le groupe $\underline{M_K}$, il s'ensuit que, si l'on désigne celles-ci par M_1, M_2, M_3 .... $M_{(n-1)!}$, l'équation en X qui donne les $n!$ valeurs de X_1, prendra la forme:

$$(X^n - M_1^n)(X^n - M_2^n)(X^n - M_3^n)\ \ldots\ldots\ (X^n - M_{(n-1)!}^n)\ .$$

Cette équation monte bien au degré $n!$ ainsi que cela doit être, mais elle se résoudra comme une équation du degré $(n-1)!$.

Quant aux autres résolvantes X_2, X_3, X_4 ..... X_{n-1}, X_n, il est facile de se convaincre, d'après la loi de leur formation, que, sauf X_n, chacune d'elles a aussi $n!$ valeurs, et que ces valeurs sont exactement les mêmes que celles de X_1, à la condition toutefois que n est un nombre premier.

En effet ayant pris une valeur quelconque de X_1, savoir :

$$x_1\alpha + x_2\alpha^2 + \ldots\ldots \alpha^{n-1}x_{n-1} + \alpha^n x_n$$

la valeur correspondante de X_K sera

$$x_1\alpha^K + x_2\alpha^{2K} + \ldots\ldots + \alpha^{(n-1)K}x_{n-1} + \alpha^{nK}x_n .$$

Or si n est supposé un nombre premier, tous les résidus des exposants de α pris par rapport à n seront différents les uns des autres et auront pour valeur les divers nombres compris de 1 à n. Seulement la distribution de ces exposants de α entre les n termes se trouvera différente de ce qu'elle est dans la valeur de X_1 qui a servi de point de départ. Mais, quelle que soit cette distribution, elle se rencontrera certainement parmi les valeurs de X_1 puisque celles-ci sont précisément l'entière collection de tous les arrangements possibles des n nombres donnés avec les n racines de l'unité.

D'ailleurs, par ce que, tant que K n'est pas égal à n, le principe sur lequel nous nous sommes appuyé persiste, il s'ensuit que toutes les autres fonctions résolvantes, autres que X_n, ont exactement, tant en nombre qu'en grandeur, les mêmes valeurs que la première.

Il sera toujours facile de savoir à quel groupe des $n!$ valeurs de X_1 appartiendra la valeur d'une résolvante quelconque X_μ, une fois qu'on sera fixé sur la valeur de X_1 prise pour point de départ de la formation des résolvantes. Ce groupe sera en effet celui pour lequel on aura $\alpha^{m\mu} = \alpha$ et par suite $m\mu = pn+1$; de là on déduit $m = \frac{pn+1}{\mu}$. Telle est la valeur générale de m. On la calculera par les moyens ordinaires en profitant de l'indétermination de p pour qu'elle soit entière. On obtiendra ainsi un nombre exprimant un certain rang ; on cherchera ce rang dans X_1 et la lettre qui y figurera sera la caractéristique du groupe auquel appartient X_μ.

On remarquera au surplus que dans la série de valeurs que peut prendre μ, depuis 1 jusqu'à n, il n'est pas possible qu'il se rencontre pour m deux valeurs égales. Si en effet on avait

$$\frac{pn+1}{\mu} = \frac{p'n+1}{\mu'}$$

on en déduirait que $\mu - \mu'$ doit être divisible par n, ce qui est impossible puisque μ et μ' sont moindres que n. En conséquence il ne peut y avoir deux resolvantes appartenant au même groupe et par suite toutes les résolvantes sont inégales.

IX.

Ce que nous venons de dire sur le nombre de valeurs que possède chaque résolvante ne s'applique qu'au cas où le degré n de l'équation est un nombre premier.

Lorsque ce degré est un nombre composé, les conclusions précédentes reçoivent, pour certaines résolvantes, des modifications plus ou moins importantes, dont nous ne ferons pas ici l'étude complète, mais sur lesquelles il est tout au moins nécessaire d'appeler l'attention du lecteur.

Pour traiter cette question dans toute son étendue et dans ses conséquences, il faudrait se livrer à des développements qui trouveront leur place dans ce que nous nous proposons de publier sur la théorie générale des équations. Dans le présent écrit, nous l'avons déjà dit, notre but principal a été de nous renfermer dans la spécialité des cinq premiers degrés. Si toutefois, dans ce dernier chapitre, nous abordons quelques considérations d'un ordre plus général, c'est qu'il nous a paru utile de montrer au lecteur que les faits individuels qui concernent ces degrés spéciaux ne sont pas des vérités isolées et indépendantes les unes des autres, mais des conséquences d'un principe général qui les englobe toutes dans une même formule dont le type s'applique sans exception à un degré quelconque.

Constater ce grand principe d'unité dans la théorie des équations, faire comprendre ce que présentent de général dans l'application les fonctions résolvantes et résolues, tel est le but restreint que nous poursuivons en ce moment, sauf à entrer plus tard dans de plus amples développements. Quant à la constitution même de ces fonctions, quant au nombre de leurs valeurs, et aux divers rapports que ces valeurs ont entre elles, nous nous bornerons aussi à indiquer ces choses dans ce qu'elles ont de plus général.

A ce point de vue restrictif, et en ce qui concerne les équations dont le degré est composé, il nous paraît suffisant de nous expliquer sur la circonstance où le degré n est formé de deux facteurs m et p seulement.

Dans ce cas, on s'assurera par des raisonnements identiques à ceux déjà exposés que les résolvantes dont le rang est premier avec n possèdent encore le même nombre $n!$ de valeurs.

Mais toutes les résolvantes dont les rangs sont des multiples de m et de p font exception à cette règle. Pour elles le nombre de valeurs qui leur appartiennent est toujours inférieur à $n!$, et nous allons rechercher ce que devient le nombre de ces valeurs.

Soit m le plus petit des deux facteurs de n et occupons-nous de la première résolvante qui tombe dans l'exception, c'est-à-dire de X_m. Celle-ci aura, comme la première X_1, un nombre de termes égal à n.

Or nous pouvons considérer X_1 comme formé de m groupes contenant chacun p termes, ainsi qu'il suit

x, α —

$$
\begin{array}{llll}
x_1\alpha & +x_2\alpha^2 & +\dots+x_{p-1}\alpha^{p-1} & +x_p\alpha^p \\
x_{p+1}\alpha^{p+1} & +x_{p+2}\alpha^{p+2} & +\dots+x_{p+(p-1)}\alpha^{p+p-1} & +x_{p+p}\alpha^{p+p} \\
\dots & \dots & \dots & \dots \\
x_{(m-2)p+1}\alpha^{(m-2)p+1} & +x_{(m-2)p+2}\alpha^{(m-2)p+2} & +\dots+x_{(m-2)p+p-1}\alpha^{(m-2)p+p-1} & +x_{(m-2)p+p}\alpha^{(m-2)p+p} \\
x_{(m-1)p+1}\alpha^{(m-1)p+1} & +x_{(m-1)p+2}\alpha^{(m-1)p+2} & +\dots+x_{(m-1)p+p-1}\alpha^{(m-1)p+p-1} & +x_{(m-1)p+p}\alpha^{(m-1)p+p}
\end{array}
$$

Cela posé, lorsque de X_1 nous voudrons passer à X_m, il faudra substituer α^m à α; alors le premier groupe deviendra

$$x_1\alpha^m + x_2\alpha^{2m} + \dots\dots + x_{p-1}\alpha^{(p-1)m} + x_p\alpha^{mp}.$$

Pour le second groupe, les exposants de α seront successivement :

$$(p+1)m,\ (p+2)m,\ \dots\ (p+p-1)m,\ (p+p)m$$

et comme α^{mp} n'est autre chose que l'unité on voit que ces exposants pourront être réduits à $m, 2m, \dots (p-1)m, pm$; c'est-à-dire qu'ils seront les mêmes que les premiers.

Il est d'ailleurs très-facile de se convaincre que c'est ainsi que les choses se passeront pour tous les groupes. De sorte que les lettres de même rang de chaque groupe se trouveront multipliées par la même puissance de α et que, par suite, la valeur de X_m pourra être mise sous la forme :

$$
X_m = \left\{
\begin{array}{l}
(x_1 + x_{p+1} + \dots\dots + x_{(m-2)p+1} + x_{(m-1)p+1})\alpha^m \\
+(x_2 + x_{p+2} + \dots\dots + x_{(m-2)p+2} + x_{(m-1)p+2})\alpha^{2m} \\
+ \dots\dots\dots \\
+(x_{p-1} + x_{p+p-1} + \dots\dots + x_{(m-2)p+p-1} + x_{(m-1)p+p-1})\alpha^{(p-1)m} \\
+(x_p + x_{p+p} + \dots\dots + x_{(m-2)p+p} + x_{(m-1)p+p})\alpha^{pm}
\end{array}
\right.
$$

comprenant ainsi p groupes composés chacun de m lettres.

Ce que nous avons à faire maintenant, c'est de rechercher de combien de valeurs une pareille expression est susceptible par les changements des n lettres $x_1, x_2 \ldots\ldots x_{n-1}, x_n$.

Or le premier groupe, celui que multiplie α^m, se compose de la somme de m de ces lettres et l'on sait que le nombre total d'arrangements qu'on peut faire avec m lettres toutes différentes, prises sur n, est égal au produit .... $n(n-1)(n-2)\ldots\ldots(n-m+1)$. Mais par ce que, dans le cas qui nous occupe, ces lettres doivent être employées par voie d'addition et qu'une pareille fonction est symétrique par rapport aux lettres ajoutées, il s'ensuit que tous les arrangements, au nombre de $m!$, qu'on pourra faire avec les lettres choisies ne devront compter que pour un, de sorte que le nombre total des arrangements possibles sera réduit, dans l'espèce actuelle, à

$$\frac{n(n-1)(n-2)\ldots\ldots(n-m+1)}{m!}$$

Tel est le nombre de valeurs dont est susceptible le premier groupe.

Celui-ci étant formé, les lettres qui y figurent ne peuvent plus faire partie des autres, de sorte que le second aura autant de valeurs qu'il y a d'arrangements de m lettres prises sur $n-m$. Le nombre de ces arrangements est

$(\overline{n-m})(\overline{n-m}-1)(\overline{n-m}-2)\ldots\ldots(\overline{n-m}-m+1)$; mais, comme encore ici les m nouvelles lettres choisies sont employées par voie d'addition, il ne faudra compter que pour une les $m!$ permutations dont elles sont susceptibles entre elles, ce qui réduit le nombre des valeurs cherchées à

$$\frac{(\overline{n-m})(\overline{n-m}-1)(\overline{n-m}-2)\ldots\ldots\ldots(\overline{n-m}-m+1)}{m!}$$

Passant au troisième groupe, on remarquera qu'il ne peut entrer dans sa composition aucune des lettres figurant dans les deux précédents. Par conséquent ce groupe aura autant de valeurs qu'il y a d'arrangements de m lettres prises sur n - 2m et par ce que toujours ces lettres sont employées par voie d'addition le nombre de ces valeurs sera :

$$\frac{(\overline{n-2m})(\overline{n-2m-1})(\overline{n-2m-2})\ldots\ldots(\overline{n-2m}-m+1)}{m!}$$

Continuant de la même manière pour les autres groupes, on s'assurera que la même formule ne cessera pas de subsister lorsqu'on retranchera à n les divers multiples de m jusqu'à celui p-1, de sorte que le nombre des valeurs de l'avant-dernier groupe sera

$$\frac{[\overline{n-(p-2)m}][\overline{n-(p-2)m}-1]\ldots\ldots[\overline{n-(p-2)m}-m+1]}{m!}$$

Et le nombre de valeurs du dernier sera exprimé par

$$\frac{[\overline{n-(p-1)m}][\overline{n-(p-1)m}-1]\ldots\ldots[\overline{n-(p-1)m}-m+1}{m!}$$

On peut remarquer, comme vérification, que lorsqu'on arrive au dernier groupe, il ne reste plus que m lettres qui, étant, comme les autres, employées par voie d'addition, ne peuvent donner lieu qu'à une valeur. C'est en effet à l'unité que se réduit la dernière formule lorsqu'on y opère les réductions.

Ces diverses expressions sont susceptibles d'être écrites plus simplement en remarquant que généralement le produit $(\overline{n-Km})(\overline{n-Km}-1)\ldots\ldots(\overline{n-Km}-m+1)$ peut être mis sous la forme $\frac{(n-Km)!}{[n-(K+1)m]!}$

Il en résulte que la série de valeurs que nous venons d'assigner à chaque groupe pourra être présentée comme suit :

$$\frac{n!}{m!(n-m)!}, \quad \frac{(n-m)!}{m!(n-2m)!}, \quad \frac{(n-2m)!}{m!(n-3m)!}, \ldots\ldots$$

$$\ldots\ldots\frac{[n-(p-2)m]!}{m![n-(p-1)m]!}, \quad \frac{[n-(p-1)m]!}{m!}.$$

On voit que le numérateur de l'une quelconque de

ces expressions est toujours contenu comme facteur dans le dénominateur de la précédente. Or comme le nombre de valeurs cherché se compose du produit de tous les termes de cette série, il il en résulte que ce produit se réduit à la forme très-simple $\frac{n!}{(m!)^p}$ et tel est le nombre de valeurs de x_m. On verra de même, sans qu'il soit nécessaire d'entrer dans de nouveaux détails que le nombre de valeurs de x_p sera $\frac{n!}{(p!)^m}$.

Par exemple si n est égal à 6 auquel cas $m=2$, $p=3$, les résolvantes dont l'indice est premier avec 6, c'est-à-dire x_1 et x_5 auront $6! = 720$ valeurs. x_2 en aura $\frac{6!}{(2!)^3}$ soit 90 et x_3 n'en possédera que $\frac{6!}{(3!)^2}$, c'est-à-dire 20. Quant à x_4 dont l'indice est multiple de 2, il n'en aura ni plus ni moins que x_2. Mais il n'en serait pas de même si n contenait le diviseur 4.

Par les motifs ci-dessus développés, nous limitons ici cet exposé qui est d'ailleurs suffisant pour ouvrir la voie de ces sortes de recherches.

Résumé et conclusions.

Il n'est pas possible, ce me semble, lorsqu'on a réfléchi sur les faits exposés dans le cours de cet ouvrage, de méconnaître tout ce que ces faits présentent de remarquable, soit au point de vue de leur nombre, soit à celui de leur importance. Après avoir vu l'imaginaire intervenir incessamment dans l'étude de chaque degré et y jouer un rôle non moins nécessaire que celui du réel, nous venons de constater, dans le présent chapitre, que cette intervention, quoique spécialisée dans chaque cas, suivant la valeur numérique du degré, loin d'agir dans l'indépendance et l'isolement, obéit au contraire aux prescriptions d'une loi universelle;

de telle sorte que chaque intervention particulière devient une application d'un principe simple, mais supérieur, qui englobe tous les degrés, qui les domine, et les soumet, quant au mode d'investigation à mettre en œuvre pour chacun, à une réglementation constante, uniforme, générale.

Et maintenant, nous le demandons, en présence d'enchaînements théoriques si rationnels, en présence des conséquences pratiques qui en découlent et dont toutes, sans exception, trouvent dans les faits algébriques la plus éclatante confirmation, comment pourrait-on persister à prétendre qu'il ne faut rien attribuer d'obligatoire, de précis, de fondé en raison à la mission que les expressions imaginaires sont appelées à remplir dans le domaine de l'algèbre? Comment pourrait-on continuer à affirmer que ce qui est si directement, si manifestement conforme aux lois de l'analyse n'est qu'une convention? que ce qui, dans aucune circonstance, n'échappe aux nécessités les plus rigoureuses de la logique n'est qu'un non-sens? que ce qui intervient à tout instant dans les calculs et y fonctionne avec la plus admirable précision est le néant?

Que l'on ait pu dire toutes ces choses tant que l'imaginaire n'a pas été compris, cela se conçoit à la rigueur; quoique, à vrai dire, qualifier ce que la raison ne comprend pas, n'est-ce pas se mettre en révolte ouverte contre les lois du raisonnement? Lorsque l'intelligence des choses fait défaut, la sagesse nous commande de n'avoir d'autre refuge que celui de l'abstention. Aller au-delà, n'est qu'une présomptueuse témérité. C'est s'exposer à ajouter l'erreur là où il n'y avait d'abord que l'incompréhension.

Mais aujourd'hui la question a changé de face. On reconnaîtra, nous l'espérons du moins, que l'élément essentiel et primordial $\sqrt{-1}$ de toute expression imaginaire ne peut être autre chose qu'un signe d'opération; opération impossible à réaliser, il est vrai, par l'algèbre avec l'élément numérique, que plus que tout autre nous avons pris l'habitude de considérer en elle, mais opération parfaitement et mathématiquement définie et qui, par conséquent, n'est ni une convention, ni un non-sens, ni le néant; mais qui est et sera ce que cette définition même veut qu'elle soit.

Or, une fois acquise la définition de ce qu'il y a à faire, le domaine de l'incompréhension cesse et nous entrons manifestement dans celui des choses possibles ou impossibles. L'intelligence, jusque là tenue en échec, reprend tous ses droits, car l'intelligence admet à priori et sans difficulté qu'une question est soluble ou qu'elle ne l'est pas. Elle comprend en outre que moins l'objet sur lequel porte la question sera doué de facultés, plus nous devrons nous attendre à des irréalisations; plus au contraire les propriétés dont jouira cet objet seront nombreuses et étendues, plus grandes seront les facilités de réalisation. De sorte que certaines conditions imposées à une espèce seront impossibles, tandis que les mêmes conditions imposées à une autre espèce cesseront de l'être. Il n'y a rien là qui répugne à l'intelligence. Elle doit au contraire y trouver l'accord le plus légitime entre la nature des choses créées et ce que nous sommes en droit d'exiger d'elles suivant cette nature même, suivant leur constitution plus ou moins perfectionnée.

C'est ainsi que la division par n d'un nombre qui n'est pas un multiple de n sera une opération à jamais irréalisable, parce que l'unité numérique est indivisible; tandis que celle d'une longueur quelconque par n pourra toujours se faire, parce que l'unité linéaire, mieux douée que l'unité numérique, jouit de la propriété d'être divisible en un nombre de parties quelconque. C'est par la même raison que l'opération $\sqrt{-1}$, inexécutable sur l'élément numérique, et même sur celui de la longueur considérée isolément, se comprend, s'explique et se réalise pour l'être géométrique complexe offrant une combinaison de la longueur avec l'angle, parce que cet être possède de plus que le nombre l'attribut de la continuité en même temps que celui de la direction.

Et ce n'est pas seulement dans l'ordre physique, mais encore dans le monde intellectuel que s'observe cette loi si naturelle. N'est-ce pas un principe d'éternelle justice que de n'exiger de chacun que suivant ses facultés et quelqu'un s'avisera-t-il jamais de demander au crétinisme les sublimes conceptions des Homère, des Virgile, des Newton et des Cuvier.

Il faut que l'influence des habitudes et les répulsions de la routine aient été bien puissantes pour que l'obligation nous soit faite d'invoquer l'évidence de si naturelles argumentations.

Et maintenant, pour en revenir à l'objet spécial du présent ouvrage, qui ne voit combien, dans la théorie des équations, l'intervention de l'imaginaire est incessante, nécessaire et féconde. N'est-ce pas à l'existence de l'imaginaire qu'est due la propriété qu'une équation du degré n a n racines? et cela parce que l'unité jouit de cette faculté, qu'on peut appeler primordiale en matière d'imaginaire, de posséder, pour chaque degré, autant de racines que l'indique ce degré. N'est-ce pas à l'aide de l'imaginaire que nous sommes parvenu à former l'expression algébrique aussi simple que remarquable de la constitution des racines, expression dont l'aspect seul suffit à démontrer l'impossibilité d'obtenir ces racines par les seules ressources du réel, même alors qu'aucune d'elles n'est imaginaire? n'est-ce pas enfin par l'intervention de l'imaginaire que la circonstance de l'irréductibilité se conçoit et s'explique dans tous les degrés, et se dégage des voiles mystérieux qui en obscurcissaient l'intelligence?

Ne persistons donc pas à isoler dans nos recherches ce que l'algèbre y associe incessamment; n'étudions pas cette science selon les vues trop restreintes de nos conceptions personnelles, mais dans le système plus fécond qui lui est propre, qu'elle nous révèle elle-même et dont la généralité, dépassant les limites que nous avons été disposé à lui attribuer, met entre nos mains un instrument à l'aide duquel le champ de l'analyse mathématique pourra être scruté à une plus grande profondeur et dans des directions plus multipliées.

Les équivalences constatées dans notre premier ouvrage entre les formes imaginaires et les propriétés géométriques de l'angle contiennent un grand enseignement. Elles établissent la véritable mesure de la puissance de production et d'interprétation de ces formes comparée à celle du réel; car le réel ne progresse que dans l'étendue circonscrite d'une même longueur rectiligne, tandis que l'imaginaire représente et imprime cette progression sur toutes les directions que comporte la surface doublement illimitée du plan géométrique. Concluons donc qu'entre ces deux modes de production il existe une proportionnalité dont le rapport est l'infini, et cessons enfin de maintenir une conséquence si importante à l'état de lettre morte.

Paris, 23 Juillet 1872.

Errata.

page 39. — 4e ligne avant la fin : au lieu de pour <u>lc</u> négatif, lisez pour <u>b</u> negatif.

page 57. — Lignes 9 et 10 : au lieu de essentiellement positif, lisez : essentiellement réel

page 70. — 3e ligne avant la fin au lieu de $\pm s$ lisez $\mp s$.

page 86 — rétablir comme suit l'avant-dernière formule du bas de la page

$$\left(\sqrt[3]{g}+\sqrt[3]{l}\right)^3-3\sqrt[3]{gl}\left(\sqrt[3]{g}+\sqrt[3]{l}\right)$$

page 88 — Dans la formule en tête de la page les premiers radicaux de chaque terme doivent être <u>cubiques</u>.

page 92 — Dans la formule de la ligne 14. Substituez sous les radicaux carrés le terme $\frac{pq}{27}$ au terme $\frac{p^3}{27}$.

page 97 — Ligne 13 au lieu de $\frac{1}{2}\left\{x'-(a^2+b^2)\right\}$ lisez $\frac{1}{2}\left\{x^2-(a'^2+b'^2)\right\}$.

page 103 — Dans la formule qui précède la 7e ligne avant la fin substituez $a+b$ à $a-b$.

page 132 — Dans la 2e équation en φ et α du bas de la page fermer la parenthèse intérieure du 1er terme.

page 166 — A l'avant-dernière ligne passez un trait sur $x_3\,x_1$

page 172 — A la seconde équation du commencement de la page, ouvrir la parenthèse avant le 1er terme z_3.

page 174 — 6e ligne avant la fin de la page, au lieu de <u>toutes conditions</u> : lisez <u>toutes les conditions</u>.

page 175 — Ligne 12 au lieu de $\frac{Z_1^2}{3}$ lisez $\frac{Z_1^2}{3}$.

page 177 — Ligne 10, supprimer la virgule entre z_1 et $y_1\sqrt{-1}$.

page 211 — Ligne 14, à la suite du mot <u>on</u> ajouter celui <u>aura</u>.

page 285 — Ligne 9, au lieu de <u>Cos. α</u> lisez <u>Cos. 4α</u>.

page 306 — Dernière ligne au lieu de <u>K'</u> lisez X'.

page 315 — Dans l'équation de la ligne 19 le coefficient de $X_1 - X_3$ du second membre est α.

page 317 — 5e ligne à partir de la fin, au lieu de <u>dernière</u> lisez <u>deuxième</u>.

page 320 — Ligne 19 au lieu de ODT, lisez OD_1T.
Lignes 21 et 22 mettre un trait sur $\overline{x_1X_1'}$ et sur $\overline{x_3X_1'}$
Ligne 23 au lieu de X_3 lisez x_3

page 324 — Ligne 11 au lieu de $(w + \frac{W_4}{4})^4$ lisez $(w - \frac{W_4}{4})^4$.

même ligne au lieu de $(\frac{W_1}{3})^2$ lisez $(\frac{W_1}{4})^2$.

page 327 — Ligne 1 au lieu de s'en lisez se.

page 337 — Ligne 15 au lieu de seront lisez sont.

page 355 — Ligne 10 au lieu de $\alpha^5 + b^5$ lisez $\alpha^5 - b^5$

page 368 — Ligne 19 au lieu de α lisez θ.

page 386 — A la dernière équation du bas de la page, fermer la parenthèse du terme tout connu.

page 401 — Ligne 2 au lieu de $(^M K^x l)\mu$ lisez $(\underline{M} K^x l)\mu$.

page 411 — Ligne 11 au lieu de tes termes lisez ces termes

page 413 — Dans la seconde équation de la ligne 10 au lieu de $X_1 X_2$ lisez $X_1 X_4$.

page 434 — Ligne 8, après en décroissant ajoutez d'une unité.

" Ligne 21, dans la valeur de q au lieu de X^2, mettez X_1^3.

page 435 — Dans la formule de la ligne 4 donner le signe — au second membre.

page 437 — Ligne 13 au lieu de n'échappera lisez n'échappe

page 439 — Ligne 11 au lieu de les yeux lisez ses yeux

page 444 — Ligne 14 au lieu de devra de lisez devra se

page 457 — Ligne 3 au lieu de par lisez pour.

page 460 — Ligne 18 fermer la parenthèse à la fin de la formule qui donne la valeur de x.

page 470 — Ligne 16 après le mot mesurer ajouter prises.

page 472 — Ligne 2: au lieu de $m'^5 = \alpha_5 - 3\mu$, lisez $m'^5 = \alpha_5 - 5\mu$.

page 474 — Ligne 13 au lieu de c'est la valeur, lisez c'est avec la valeur.

page 475 — Ligne 18 au lieu de propriété lisez priorité.

page 486 — Ligne 20 au lieu de intérêts lisez instincts.

page 489 — Ligne 9 au lieu de $n-$ lisez $n-1$

page 493 — A la fin de l'avant-dernière ligne, lisez $n!$

Table des matières.

F. VALLÈS. Pl. I.

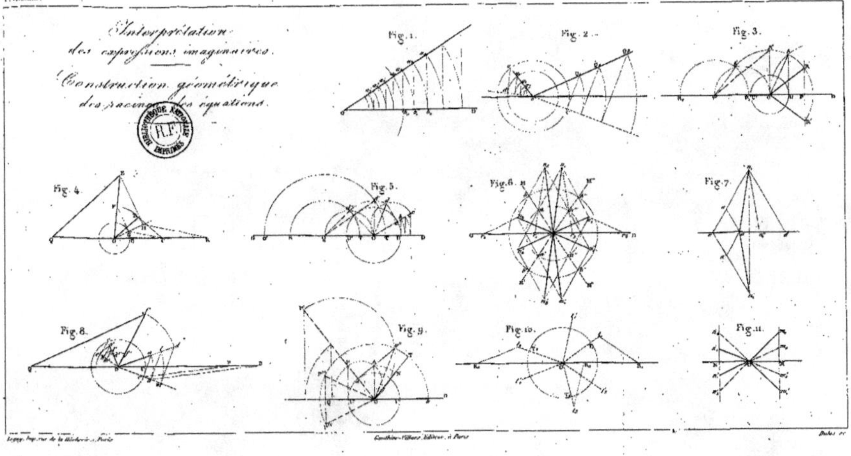

Gauthier-Villars, Éditeur, à Paris

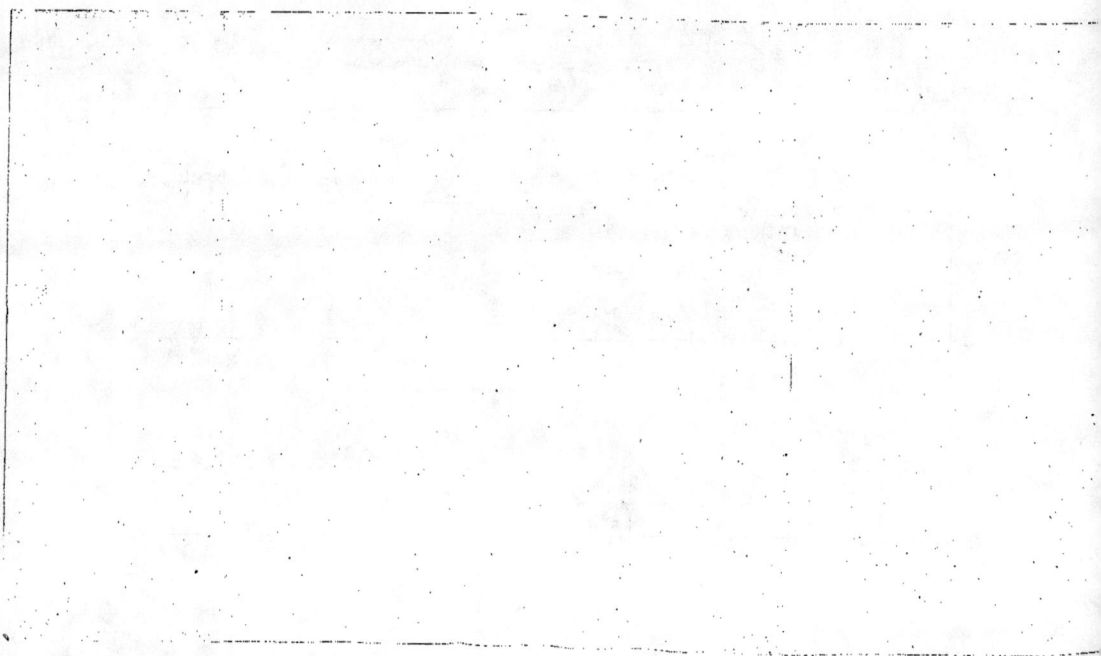

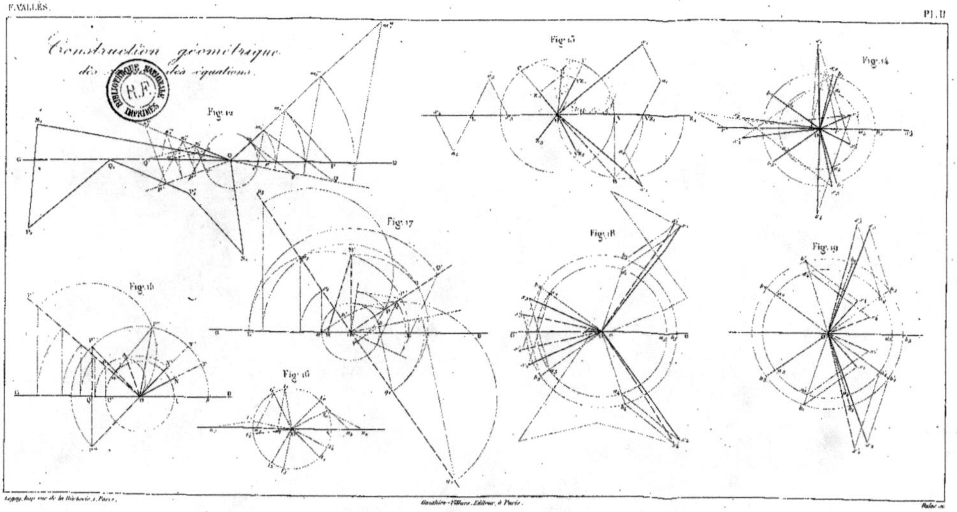

Lepay, Imp. rue de la Bûcherie, 1, Paris. Gauthier-Villars, Éditeur, à Paris. Malo sc.

PL. III.

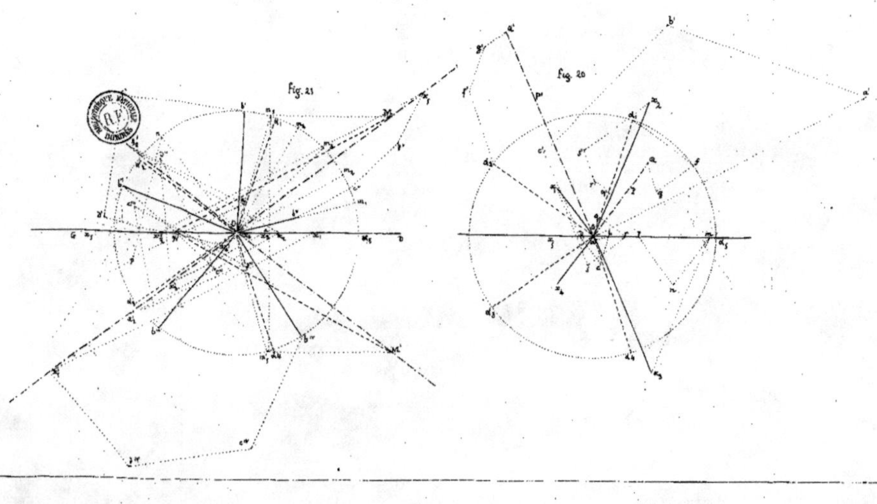

www.ingramcontent.com/pod-product-compliance
Lightning Source LLC
Chambersburg PA
CBHW060914220326
41599CB00020B/2960